面向新工科的电工电子信息基础课程系列教材

教育部高等学校电工电子基础课程教学指导分委员会推荐教材

"十二五"普通高等教育本科国家级规划教材

通信原理简明教程

第5版

李学华　吴韶波　杨玮　南利平　编著

清華大学出版社
北　京

内 容 简 介

本书以现代通信系统为背景,全面介绍通信系统的一般模型和通信技术的基本原理。

全书共 8 章,内容包括绪论、模拟调制系统、模拟信号的数字化、数字信号的基带传输、数字信号的调制传输、现代数字调制技术、差错控制编码、同步技术。

本书内容简练,理论联系实际,对基本原理的分析深入浅出,并注重吸收和应用新的技术成果。书中配有重难点内容的视频课资源和大量典型例题和习题,并附有大部分习题答案,便于教学与自学。

本书可作为高等院校电子信息类相关专业的本科生教材,还可作为相关领域工程技术人员的参考书。

版权所有,侵权必究。举报:010-62782989,beiqinquan@tup.tsinghua.edu.cn。

图书在版编目(CIP)数据

通信原理简明教程/李学华等编著. -- 5 版. -- 北京:清华大学出版社,2025.5.
(面向新工科的电工电子信息基础课程系列教材). -- ISBN 978-7-302-69067-2

Ⅰ. TN911

中国国家版本馆 CIP 数据核字第 2025JB6838 号

责任编辑:文 怡
封面设计:王昭红
责任校对:李建庄
责任印制:杨 艳

出版发行:清华大学出版社
    网 址:https://www.tup.com.cn,https://www.wqxuetang.com
    地 址:北京清华大学学研大厦 A 座 邮 编:100084
    社 总 机:010-83470000   邮 购:010-62786544
    投稿与读者服务:010-62776969,c-service@tup.tsinghua.edu.cn
    质量反馈:010-62772015,zhiliang@tup.tsinghua.edu.cn
    课件下载:https://www.tup.com.cn,010-83470236
印 装 者:三河市铭诚印务有限公司
经 销:全国新华书店
开 本:185mm×260mm   印 张:20.5   字 数:472 千字
版 次:2000 年 3 月第 1 版 2025 年 5 月第 5 版 印 次:2025 年 5 月第 1 次印刷
印 数:1~1500
定 价:69.00 元

产品编号:110026-01

前言

本书以习近平新时代中国特色社会主义思想为指导，全面贯彻落实党的二十大精神，深化教材综合改革，对2020年出版的《通信原理简明教程》(第4版)进行了修订。信息通信技术(ICT)正在深刻改变着经济社会。"通信原理"是信息通信类专业的核心课，是基础到专业、理论到应用的衔接桥梁。考虑到作者一贯提倡的编书原则，要为学生提供一本值得读和容易读得懂的教材，本次修订进一步加强物理概念的阐述和基于问题的思路分析，将通信系统中调制、编码、传输等最核心的内容，按照"发现-分析-解决"问题的思路进行组织，突出通信技术的基础性和传承性，并以前沿性与创新性内容为拓展，使学生在掌握通信系统中基本概念、问题建模和系统分析的一般方法的同时，从前人的积累中获得启迪，体现科学而合理的认知规律，从而进行高效率的学习。同时对重难点问题提供了配套的视频资源，有助于不同层次的学生进行自学。本书内容可以满足50~80学时的教学。为了提升新形态教材的动态性和针对性，本次改版聚焦高素质应用型人才培养，将第4版中的第2章进行缩编，以附录A基础知识概要的形式，对本书所涉及的部分基础知识作简要说明，便于读者自主且快速地了解有关的概念和结论。同时，更新多项应用案例，立足经典基础知识，结合通信技术的前沿发展，采用立体化的呈现方式，识旧物而言新，激发学生探索未知的兴趣，培养创新思维品质。

全书共8章。第1章绪论初步介绍通信和通信系统的基本概念，介绍本书的使用方法和建议。第2章为模拟通信部分，包括模拟调制的原理及方法，抗噪声性能的分析模型及方法，模拟通信系统的应用举例。第3~7章为数字通信部分。第3章的内容为模拟信号的数字化，在数字化的基础上介绍时分复用的原理及数字电话的应用体制。第4章讨论数字信号的基带传输，包括传输方式及基带系统传输错误率的分析和计算。第5章讨论数字信号的调制传输，包括各种调制方法及调制系统传输差错率。第6章讨论现代数字调制技术，介绍近年来得到广泛应用的新型调制技术，并补充和更新部分前沿调制技术概述。第7章的内容为差错控制编码，介绍差错控制的基本概念，讨论线性码的编译码方法及纠错性能，介绍几种新型的信道编码方法。第8章介绍同步技术。

本书第1~4章由李学华编写修订，第5章由吴韶波编写修订，第6、7章由杨玮编写修订，第8章由李振松编写修订。陈硕和王亚飞对第6章和第7章的部分内容进行了补充。陈硕、姚媛媛、张贤补充了部分应用案例。全书由李学华统编定稿。南利平老师作为教材前三版的主编和统稿人，为教材的修订做了阶段性的工作。为了便于各校的教学，作者精心制作了视频课和电子课件，电子课件可以通过扫描前言二维码获取，视频课

前言

可以通过扫描书中对应二维码观看。与本书配套的在线开放课已经在中国大学 MOOC、学堂在线和学银在线开课,欢迎读者学习交流。

感谢清华大学朱雪龙老师和北京邮电大学乐光新老师对本书第 1 版的审阅,感谢清华大学出版社王仁康、陈国新、文怡等编辑对本书出版的帮助,感谢北京信息科技大学汪毓铎、李振松、王亚飞等老师在长期教学工作中的合作和支持。对本书所列文献作者,在此一并致谢。

由于作者水平有限,书中难免有不当之处,欢迎读者批评指正。

作 者

2025 年 1 月

教学大纲＋教案＋课件

目录

第1章 绪论 ······ 1
1.1 通信和通信系统的一般概念 ······ 2
1.2 模拟通信与数字通信 ······ 3
1.3 通信发展简史 ······ 5
1.4 信息及其度量 ······ 5
1.4.1 信息量 ······ 6
1.4.2 平均信息量 ······ 7
1.5 通信系统的质量指标 ······ 8
1.5.1 模拟通信系统的质量指标 ······ 9
1.5.2 数字通信系统的质量指标 ······ 9
1.6 本书的结构和使用方法 ······ 10
习题 ······ 12

第2章 模拟调制系统 ······ 13
2.1 引言 ······ 14
2.2 模拟线性调制系统 ······ 14
2.2.1 常规调幅 ······ 14
2.2.2 抑制载波双边带调幅 ······ 18
2.2.3 单边带调制 ······ 21
2.2.4 残留边带调制 ······ 29
2.3 线性调制系统的抗噪声性能 ······ 31
2.3.1 通信系统抗噪声性能的分析模型 ······ 31
2.3.2 线性调制相干解调的抗噪声性能 ······ 33
2.3.3 常规调幅包络检波的抗噪声性能 ······ 36
2.4 模拟非线性调制系统 ······ 40
2.4.1 角调制的基本概念 ······ 41
2.4.2 调频信号 ······ 42
2.4.3 调频信号的产生与解调 ······ 50
2.5 调频系统的抗噪声性能 ······ 54
2.5.1 非相干解调的抗噪声性能 ······ 54
2.5.2 调频系统中的门限效应 ······ 59
2.5.3 相干解调的抗噪声性能 ······ 60

目录

   2.5.4 调频系统中的加重技术 …… 61
 2.6 各种模拟调制系统的比较 …… 63
 2.7 频分复用 …… 63
   2.7.1 频分复用原理 …… 64
   2.7.2 复合调制 …… 65
 2.8 模拟通信系统的应用举例 …… 65
   2.8.1 调幅广播 …… 65
   2.8.2 基于软件无线电的 FM 收音机 …… 65
 习题 …… 67

第 3 章 模拟信号的数字化 …… 73

 3.1 引言 …… 74
 3.2 模拟信号的抽样 …… 74
   3.2.1 理想抽样 …… 75
   3.2.2 实际抽样 …… 79
 3.3 模拟信号的量化 …… 83
   3.3.1 量化的原理 …… 83
   3.3.2 均匀量化和线性 PCM 编码 …… 86
   3.3.3 非均匀量化 …… 91
 3.4 A 律 PCM 编码 …… 94
   3.4.1 常用的二进制码组 …… 94
   3.4.2 A 律 PCM 编码规则 …… 95
 3.5 脉冲编码调制系统 …… 97
   3.5.1 脉冲编码调制系统原理 …… 97
   3.5.2 PCM 系统的抗噪声性能分析 …… 98
   3.5.3 PCM 信号的码元速率和带宽 …… 100
 3.6 差分脉码调制 …… 101
   3.6.1 压缩编码简介 …… 101
   3.6.2 差分脉码调制原理 …… 103
   3.6.3 自适应差分脉码调制 …… 104
 3.7 增量调制 …… 105
   3.7.1 简单增量调制 …… 106
   3.7.2 自适应增量调制 …… 108

目录

  3.8 时分复用 ·················· 109
    3.8.1 时分复用原理 ·················· 109
    3.8.2 数字复接系列 ·················· 110
  习题 ·················· 113

第4章 数字信号的基带传输 117

  4.1 引言 ·················· 118
  4.2 数字基带信号的码型 ·················· 118
    4.2.1 数字基带信号的码型设计原则 ·················· 118
    4.2.2 二元码 ·················· 118
    4.2.3 三元码 ·················· 121
    4.2.4 多元码 ·················· 123
  4.3 数字基带信号的功率谱 ·················· 124
  4.4 无码间串扰的传输 ·················· 130
    4.4.1 无码间串扰的传输条件 ·················· 131
    4.4.2 无码间串扰的传输波形 ·················· 133
  4.5 部分响应基带传输系统 ·················· 138
    4.5.1 第Ⅰ类部分响应波形 ·················· 139
    4.5.2 部分响应系统的一般形式 ·················· 142
  4.6 数字信号基带传输的差错率 ·················· 144
    4.6.1 二元码的误比特率 ·················· 144
    4.6.2 多元码的差错率 ·················· 150
  4.7 扰码和解扰 ·················· 151
    4.7.1 m序列的产生和性质 ·················· 151
    4.7.2 扰码和解扰原理 ·················· 156
    4.7.3 m序列在误码测试中的应用 ·················· 157
  4.8 眼图 ·················· 158
  4.9 均衡 ·················· 159
    4.9.1 时域均衡原理 ·················· 159
    4.9.2 均衡器构成 ·················· 162
  习题 ·················· 163

第5章 数字信号的调制传输 167

  5.1 二进制数字调制 ·················· 168

目录

    5.1.1 二进制幅度键控 ································· 168
    5.1.2 二进制频移键控 ································· 171
    5.1.3 二进制相移键控 ································· 174
    5.1.4 二进制差分相移键控 ····························· 177
  5.2 二进制数字调制的抗噪声性能 ·························· 180
    5.2.1 2ASK 的抗噪声性能 ······························ 180
    5.2.2 2FSK 的抗噪声性能 ······························ 183
    5.2.3 2PSK 和 2DPSK 的抗噪声性能 ···················· 186
    5.2.4 二进制数字调制系统的性能比较 ··················· 187
  5.3 数字信号的最佳接收 ································· 190
    5.3.1 使用匹配滤波器的最佳接收机 ····················· 190
    5.3.2 相关接收机 ··································· 196
    5.3.3 使用匹配滤波器的最佳接收性能 ··················· 197
    5.3.4 最佳非相干接收 ································ 202
    5.3.5 最佳系统性能比较 ······························· 203
  5.4 多进制数字调制 ····································· 205
    5.4.1 多进制幅度键控 ································· 205
    5.4.2 多进制相移键控 ································· 207
    5.4.3 多进制频移键控 ································· 211
 习题 ··· 214
第 6 章 现代数字调制技术 ·································· 219
  6.1 偏移四相相移键控 ··································· 220
  6.2 π/4 四相相移键控 ··································· 222
  6.3 最小频移键控 ······································· 225
    6.3.1 MSK 信号的正交性 ······························ 226
    6.3.2 MSK 信号的相位连续性 ·························· 227
    6.3.3 MSK 信号的产生与解调 ·························· 229
    6.3.4 MSK 信号的功率谱特性 ·························· 229
  6.4 高斯最小频移键控 ··································· 230
  6.5 正交幅度调制 ······································· 231
  6.6 正交频分复用 ······································· 234
    6.6.1 多载波调制技术 ································ 234

目录

	6.6.2 正交频分复用技术	235
6.7	5G 中的新型调制技术	238
	6.7.1 5G-NR 物理信道中的调制技术	238
	6.7.2 5G 调制技术的发展趋势	241
6.8	新型调制技术的应用	242
	6.8.1 数字电视地面广播	242
	6.8.2 卫星直播电视	243
习题		244

第 7 章 差错控制编码 — 245

- 7.1 差错控制编码的基本概念 — 246
  - 7.1.1 差错控制方式 — 246
  - 7.1.2 差错控制编码分类 — 248
  - 7.1.3 几种简单的检错码 — 248
  - 7.1.4 检错和纠错的基本原理 — 250
- 7.2 线性分组码 — 251
  - 7.2.1 系统码编码 — 251
  - 7.2.2 系统码译码 — 254
- 7.3 循环码 — 257
  - 7.3.1 循环码的描述 — 257
  - 7.3.2 循环码的生成多项式 — 258
  - 7.3.3 循环码的编码和译码 — 260
- 7.4 卷积码 — 262
  - 7.4.1 卷积码的编码及描述 — 262
  - 7.4.2 卷积码的译码方法 — 265
- 7.5 Turbo 码 — 266
- 7.6 差错控制编码对系统性能的改善 — 267
- 7.7 5G 中的新型编码技术 — 268
  - 7.7.1 低密度校验码 — 269
  - 7.7.2 极化码 — 270
- 习题 — 272

第 8 章 同步技术 — 274

- 8.1 载波同步 — 275

目录

   8.1.1 插入导频法 …………………………………………………… 275
   8.1.2 直接法 ……………………………………………………… 276
  8.2 位同步 …………………………………………………………… 279
   8.2.1 外同步法 …………………………………………………… 279
   8.2.2 自同步法 …………………………………………………… 279
  8.3 帧同步 …………………………………………………………… 281
   8.3.1 连贯式插入法 ……………………………………………… 281
   8.3.2 间歇式插入法 ……………………………………………… 282
  8.4 同步技术在卫星通信中的应用 ………………………………… 282
  8.5 综合应用：数字通信技术典型案例分析 ……………………… 283
  习题 ………………………………………………………………… 285
部分习题答案 …………………………………………………………… 286
附录 A 基础知识概要 ………………………………………………… 294
附录 B 常用三角公式 ………………………………………………… 303
附录 C Q 函数表和误差函数表 ……………………………………… 305
附录 D 第一类贝塞尔函数表 …………………………………………… 309
附录 E 缩写词表 …………………………………………………………… 312
参考文献 ………………………………………………………………… 315

第1章 绪论

1.1 通信和通信系统的一般概念

通信的目的是传递消息中所包含的信息,例如,把地点 A 的消息传输到地点 B,或者把地点 A 和地点 B 的消息双向传输。通信能跨越距离的障碍完成信息的转移和交流。

消息的表达形式有语言、文字、图像、数据等。实现通信的方式很多。随着现代科学技术的发展,目前使用最广泛的方式是电通信方式,即用电信号携带所要传递的消息,然后经过各种电信道进行传输,达到通信的目的。之所以使用电通信方式,是因为这种方式能使消息几乎在任意的通信距离上实现迅速而又准确的传递。如今,在自然科学领域涉及"通信"这一术语时,一般是指电通信。就广泛的意义上来说,光通信也属于电通信,因为光也是一种电磁波。

电信号由一地向另一地传输需要通过媒介。按媒介的不同,通信方式可分为两大类:一类称为有线通信;另一类称为无线通信。

有线通信是用导线作为传输媒介的通信方式,这里的导线可以是架空明线、各种电缆、波导以及光纤。例如,普通的有线电话系统如图 1-1 所示。图中,电话机完成话音信号与音频电信号之间的变换,电端机完成音频电信号与数字信号之间的变换,光端机完成数字信号与光信号之间的变换,两地的光端机之间用光缆连接。

图 1-1 有线电话系统示意图

无线通信则不需要通过有线传输,而是利用无线电波在空间的传播来传递消息。例如,移动电话系统如图 1-2 所示。图中,各基站与移动交换局用有线或无线相连,各基站与移动电话之间用无线方式进行通信联络。移动电话把电话信号转换成相应的高频电磁波,通过天线发往基站。同理,基站也通过天线将信号发往移动电话,最终实现移动电话与其他电话之间的通信。

无论是有线通信还是无线通信,为了实现消息的传递和交换,都需要一定的技术设备和传输媒介。为完成通信任务所需要的一切技术设备和传输媒介所构成的总体称为通信系统。通信系统的一般模型如图 1-3 所示。图中,信源即原始电信号的来源,它的作用是将原始消息转换为相应的电信号。这样的电信号通常称为消息信号或基带信号。常用的信源有电话机的话筒、摄像机、传真机和计算机等。为了传输基带信号,须经发送设备对基带信号进行各种处理和变换,以使它适合于在信道中传输。这些处理和变换通常包括调制、放大和滤波等。在发送设备和接收设备之间用于传输信号的媒介称为信道。在接收端,接收设备的功能与发送设备的相反,其作用是对接收的信号进行必要的处理和变换,以便恢复出相应的基带信号。收信者的作用是将恢复出来的原始电信号转换成相应的消息,例如电话机的听筒将音频电信号转换成声音,提供给最终的消息接收对象。图 1-3 中的噪声源是信道中的噪声以及分散在通信系统其他各处的噪声的集中表示。

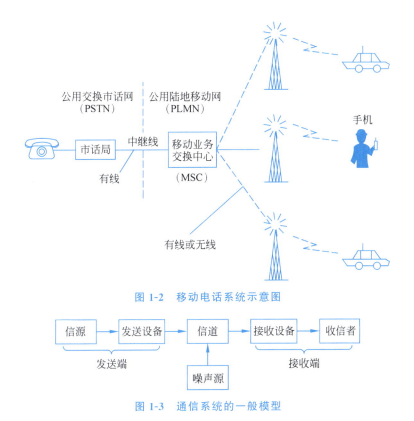

图 1-2 移动电话系统示意图

图 1-3 通信系统的一般模型

图 1-3 概括地描述了通信系统的组成,它反映了通信系统的共性,通常称为通信系统的一般模型。根据所要研究的对象和所关心的问题的不同,还要使用不同形式的较具体的通信系统。对通信系统及其基本理论的讨论,就是围绕通信系统的模型而展开的。

1.2 模拟通信与数字通信

通信系统中待传输的消息形式是多种多样的,它可以是符号、文字、话音或图像等。为了实现消息的传输和交换,首先需要把消息转换为相应的电信号(以下简称信号)。通常,这些信号是以它的某个参量的变化来表示消息的。按照信号参量的取值方式不同可将信号分为两类,即模拟信号与数字信号。模拟信号的某个参量与消息相对应而连续取值,如电话机话筒输出的话音信号等都属于模拟信号。数字信号的参量是离散取值的,如计算机输出的信号就是数字信号。

这样,根据通信系统所传输的是模拟信号还是数字信号,可以相应地把通信系统分成模拟通信系统与数字通信系统。也就是说,信道中传输模拟信号的系统称为模拟通信系统,信道中传输数字信号的系统称为数字通信系统。当然,以上的分类方法是以信道传输信号的差异为标准的,而不是根据信源输出的信号来划分的。如果在发送端先把模拟信号变换成数字信号,即进行 A/D 变换,然后就可用数字方式进行传输;在接收端再进行相反的变换——D/A 变换,以还原出模拟信号。

模拟信号和数字信号通常都要经过调制形成模拟调制信号和数字调制信号,以适应信道的传输特性。在短距离的有线传输场合,也使用基带传输的方式。

综合以上情况,通信系统的分类可表示如下:

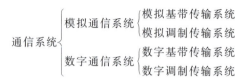

本书将按以上分类方法对通信系统的组成、基本工作原理及性能进行深入的讨论。

模拟通信系统的模型大体上与图 1-3 相仿,其方框图如图 1-4 所示。对应于图 1-3 中的发送设备,一般来说应包括调制器、放大器、天线等,但这里只画了一个调制器,目的是突出调制的重要性。同样,接收设备只画了一个解调器。这样,图 1-4 就是一个最简化的模拟通信系统模型。

图 1-4 模拟通信系统模型

数字通信系统模型如图 1-5 所示。这里的发送设备包括信源编码、信道编码和调制器 3 部分。信源编码是对模拟信号进行编码,得到相应的数字信号;而信道编码则是对数字信号进行再次编码,使之具有自动检错或纠错的能力。数字信号对载波进行调制形成数字调制信号。高质量的数字通信系统才有信道编码部分。

图 1-5 数字通信系统模型

图 1-3~图 1-5 所示均为单向通信系统,但在绝大多数场合,通信的双方互通信息,因而要求双向通信。单向通信称为单工方式,双向通信称为双工方式。

就目前来说,不论是模拟通信还是数字通信,在通信业务中都得到了广泛应用。但是,几十年来,数字通信发展十分迅速,在整个通信领域中所占比重日益增长,在大多数通信系统中已替代模拟通信,成为当代通信系统的主流。这是因为与模拟通信相比,数字通信更能适应对通信技术越来越高的要求。数字通信的主要优点如下。

(1) 抗干扰能力强。在远距离传输中,各中继站可以对数字信号波形进行整形再生而消除噪声的积累。此外,还可以采用各种差错控制编码方法进一步改善传输质量。

(2) 便于加密,有利于实现保密通信。

（3）易于实现集成化，使通信设备的体积小、功耗低。

（4）数字信号便于处理、存储、交换，便于和计算机连接，也便于用计算机进行管理。

当然，数字通信的许多优点都是以比模拟通信占据更宽的频带为代价的。以电话为例，一路模拟电话通常只占据 4kHz 带宽，但一路数字电话要占据 20～60kHz 的带宽。随着社会生产力的发展，有待传输的数据量急剧增加，传输可靠性和保密性要求越来越高，所以实际工程中宁可牺牲系统频带也要采用数字通信。至于在频带富裕的场合，如毫米波通信、光通信等，当然都唯一地选择数字通信。

1.3 通信发展简史

电通信的历史并不长，至今只有 180 多年的时间。一般把 1838 年有线电报的发明作为开始使用电通信的标志，但那时的通信距离只有 70km。1876 年发明的有线电话被看作现代电通信的开端。1878 年世界上第一个人工交换局只有 21 个用户。无线电报于 1896 年实现，它开创了无线电通信发展的道路。1906 年，电子管的发明迅速提高了无线通信及有线通信的水平。

伴随着通信技术的发展，通信科学自 20 世纪 30 年代起获得了突破性的进展，先后形成了脉冲编码原理、信息论、通信统计理论等重要理论体系。而 20 世纪 50 年代以来，晶体管和集成电路的问世，不仅使模拟通信获得了高速发展，而且促成了具有广阔前景的数字通信方式的形成。在通信种类上，相继出现了脉码通信、微波通信、卫星通信、光纤通信、计算机通信等。计算机和通信技术的密切结合，使通信的对象突破了人与人之间的范畴，实现了人与机器或机器与机器之间的通信。

进入 20 世纪 80 年代以来，除了传统的电话网、电报网以外，各种先进的通信网蓬勃发展，如移动通信网、综合业务数字网、公用数据网、智能网、宽带交换网等。先进的通信网络使通信不断朝着综合化、宽带化、自动化和智能化的方向发展。为人类提供方便快捷的服务是通信技术追求的目标。特别是近 30 年以来，我国通信产业从"2G 跟随"，到"3G 突破"，再到"4G 同步"和"5G 引领"，实现了历史性和跨越式的发展。以 5G 为代表的先进通信技术和网络，具有显著的智能化特征，正在广泛地融合到垂直行业当中，赋能传统产业，实现突破性变革。

随着人工智能的超高速发展，通信技术与人工智能不断深度融合，5G 将向第 6 代移动通信系统（6G）继续演进与发展，无线通信面临前所未有的范式转变。人工智能与 6G 技术结合将改变通信方式，提升速度和容量，同时带来智能感知和监测能力。6G 技术将利用太赫兹频率实现更快的数据传输，而人工智能在优化网络、管理资源和确保安全方面发挥关键作用。可见，未来的通信技术和通信网络的发展将深刻改变人类社会的经济生态。

1.4 信息及其度量

前面已经提到，按照参量取值的特点可将电信号分为模拟信号和数字信号。能用连续的函数值表示的电信号为模拟信号，只能用离散的函数值表示的信号为数字信号。例如常见的文字和数字,它们只具有有限个不同的符号,通常用一组二进制数表示这些符号,符号的组合就组成了消息。

国际电报电话咨询委员会(CCITT)推荐的 2 号国际电码是数字信号的一个典型例子。电码由字符组成,字符包括文字、数字和控制符等。如表 1-1 所示,电码表是一种 5 单位代码,各个字符用 5 位二进制数表示,一共可以表示 32 种不同字符。采用"字母换挡"和"数字换挡"两个专用字符后,可表示的字符数扩大近一倍。

表 1-1 2 号国际电码表

字母	数字	5 单位代码					字母	数字	5 单位代码				
		1	2	3	4	5			1	2	3	4	5
A	—	1	1	0	0	0	Q	1	1	1	1	0	1
B	?	1	0	0	1	1	R	4	0	1	0	1	0
C	:	0	1	1	1	0	S	!	1	0	1	0	0
D	÷	1	0	0	1	0	T	5	0	0	0	0	1
E	3	1	0	0	0	0	U	7	1	1	1	0	0
F	%	1	0	1	1	0	V	=	0	1	1	1	1
G	@	0	1	0	1	1	W	2	1	1	0	0	1
H	£	0	0	1	0	1	X	/	1	0	1	1	1
I	8	0	1	1	0	0	Y	6	1	0	1	0	1
J	铃	1	0	0	1	0	Z	+	1	0	0	0	1
K	(	1	1	1	1	0	←回车		0	0	0	1	0
L	)	0	1	0	0	1	≡换行		0	1	0	0	0
M	.	0	0	1	1	1	↓字母		1	1	1	1	1
N	,	0	0	1	1	0	↑数字		1	1	0	1	1
O	9	0	0	0	1	1	间隔		0	0	1	0	0
P	0	0	1	1	0	1	空格		0	0	0	0	0

通信系统通过传输信号而传递了消息,其传输能力该如何度量呢?

1.4.1 信息量

通信系统传输的具体对象是消息,其最终的目的在于通过消息的传送使收信者获知信息。这里所说的信息,指的是收信者在收到消息之前对消息的不确定性。消息是具体的,而信息是抽象的。为了对通信系统的传输能力进行定量的分析和衡量,就必须对信息进行定量的描述。不同的消息含有不同数量的信息,同一个消息对不同的接收对象来说信息的多少也不同,所以对信息的度量应当是客观的。

衡量信息多少的物理量为信息量。以我们的直观经验,已经对信息量有了一定程度的理解。首先,信息量的大小与消息所描述事件的出现概率有关。若某一消息出现的概率很小,当收信者收到时就会感到很突然,那么该消息的信息量就很大。若消息出现的概率很大,收信者事先已有所估计,则该消息的信息量就较小。若收到完全确定的消息则没有信息量。因此,信息量应该是消息出现概率的单调递减函数。其次,如果收到的不只是一个消息,而是若干互相独立的消息,则总的信息量应该是每个消息的信息量之和,这就意味着信息量还应满足相加性的条件。再次,对于由有限个符号组成的离散信源来说,随着消息长度的增加,其可能出现的消息数目却是按指数增加的。基于以上的认识,对信息量作如下定义:若一个消息 x_i 出现的概率为 $P(x_i)$,则这一消息所含的信息量为

$$I(x_i) = \log \frac{1}{P(x_i)} = -\log P(x_i) \tag{1-1}$$

式中,对数以 2 为底时,信息量的单位为比特(bit);对数以 e 为底时,信息量的单位为奈特(nit)。目前应用最广泛的单位是比特。

消息是用符号表达的,所以消息所含的信息量即符号所含的信息量。

例 1-1 表 1-2 给出英文字母出现的概率。求字母 e 和 q 的信息量。

表 1-2 英文字母出现的概率

符号	概率	符号	概率	符号	概率
空隙	0.20	s	0.052	y,w	0.012
e	0.105	h	0.047	g	0.011
t	0.072	d	0.035	b	0.0105
o	0.0654	i	0.029	v	0.008
a	0.063	c	0.023	k	0.003
n	0.059	f,u	0.0225	x	0.002
l	0.055	m	0.021	j,q,z	0.001
r	0.054	p	0.0175		

解 由表 1-2 可知 e 的出现概率为 $P(e) = 0.105$,可计算其信息量 $I(e)$,即有

$$I(e) = -\log_2 P(e) = -\log_2 0.105 = 3.24 \text{(bit)}$$

q 的出现概率 $P(q) = 0.001$,其信息量为

$$I(q) = -\log_2 P(q) = -\log_2 0.001 = 9.97 \text{(bit)}$$

1.4.2 平均信息量

式(1-1)是单一符号出现时的信息量。对于由一串符号构成的消息,假设各符号的出现是相互独立的,根据信息量相加的概念,整个消息的信息量为

$$I = -\sum_{i=1}^{N} n_i \log P(x_i) \tag{1-2}$$

式中,n_i 为第 i 种符号出现的次数;$P(x_i)$ 为第 i 种符号出现的概率;N 为信息源的符号种类。

当消息很长时,用符号出现概率和次数来计算消息的信息量是比较麻烦的,此时可用平均信息量的概念来计算。平均信息量是指每个符号所含信息量的统计平均值,N 种符号的平均信息量为

$$H(x) = -\sum_{i=1}^{N} P(x_i) \log P(x_i) \tag{1-3}$$

式(1-3)的单位为比特/符号(bit/sym)。由于 H 与热力学中熵的定义式类似,所以又称为信源的熵。

有了平均信息量 $H(x)$ 和符号的总个数 n，可求出总信息量为

$$I = H(x) \cdot n \tag{1-4}$$

可以证明，当信源中每种符号出现的概率相等，而且各符号的出现为统计独立时，该信源的平均信息量最大，即信源的熵有最大值，可表示为

$$H_{\max} = -\sum_{i=1}^{N} \frac{1}{N} \log \frac{1}{N} = \log N \tag{1-5}$$

由式(1-5)可知，对于二进制信源，在等概率条件下，每个符号可提供 1bit 的信息量。由于这种内在的联系，工程上常用比特表示二进制码的位数。例如，二进制码 101 为 3 位码，有时也称为 3 比特码。

通过以上的介绍，可以对数字信号有初步的了解。数字序列由码元组成，每个码元所含的信息量由码元出现的概率决定。数字通信中所提到的码元速率 R_s 和信息速率 R_b 从不同的角度反映了数字通信系统的传输效率。

例 1-2 一离散信源由 A、B、C、D 四种符号组成，设每个符号的出现都是独立的。

(1) 当四种符号出现概率分别为 1/4、1/4、1/8、3/8 时，求信源的平均信息量。

(2) 当四种符号等概出现时，求信源的平均信息量。

解 (1) 不等概时信源的平均信息量为

$$H(x) = -\sum_{i=1}^{4} P(x_i) \log_2 P(x_i)$$

$$= -\frac{1}{4}\log_2\frac{1}{4} - \frac{1}{4}\log_2\frac{1}{4} - \frac{1}{8}\log_2\frac{1}{8} - \frac{3}{8}\log_2\frac{3}{8}$$

$$= 0.5 + 0.5 + 0.375 + 0.53$$

$$\approx 1.91 (\text{bit/sym})$$

(2) 等概时信源的平均信息量为最大值，即

$$H_{\max} = \log_2 N = \log_2 4 = 2 (\text{bit/sym})$$

1.5 通信系统的质量指标

为了衡量通信系统的质量优劣，必须使用通信系统的性能指标，即质量指标。这些指标是对整个系统进行综合评估而规定的。通信系统的性能指标是一个十分复杂的问题，涉及通信的有效性、可靠性、适应性、标准性、经济性及维护使用等。但是从研究信息传输的角度来说，通信的有效性和可靠性是最重要的指标。有效性是指传输一定的信息量所消耗的信道资源数（带宽或时间），而可靠性是指接收信息的准确程度。这两项指标体现了对通信系统最基本的要求。

有效性和可靠性这两个要求通常是矛盾的，因此只能根据需要及技术发展水平尽可能取得适当的折中。例如，在一定可靠性指标下，尽量提高消息的传输速度；或者在一定有效性条件下，使消息的传输质量尽可能高。

模拟通信和数字通信对这两个指标要求的具体内容有很大差别，必须分别加以说明。

1.5.1 模拟通信系统的质量指标

1. 有效性

模拟通信系统的有效性用有效传输带宽来度量。同样的消息采用不同的调制方式时,需要不同的频带宽度。频带宽度越窄,则有效性越好。如传输一路模拟电话,单边带信号只需要 4kHz 带宽,而常规调幅或双边带信号则需要 8kHz 带宽,因此在一定频带内用单边带信号传输的路数比常规调幅信号多一倍,也就是可以传输更多的消息。显然,单边带系统的有效性比常规调幅系统要好。

2. 可靠性

模拟通信系统的可靠性用接收端最终的输出信噪比来度量。信噪比越大,通信质量越高。如普通电话要求信噪比在 20dB 以上,电视图像则要求信噪比在 40dB 以上。信噪比是由信号功率和传输中引入的噪声功率决定的。不同调制方式在同样信道条件下所得到的输出信噪比是不同的。例如,调频信号的抗干扰性能比调幅信号好,但调频信号所需的传输带宽宽于调幅信号。

1.5.2 数字通信系统的质量指标

1. 有效性

数字通信系统的有效性用传输速率和频带利用率来衡量。

1) 传输速率

数字信号由码元组成,码元携带有一定的信息量。定义单位时间传输的码元数为码元速率 R_s,单位为码元/秒,又称波特(baud),简记为 Bd,所以码元速率也称波特率。定义单位时间传输的信息量为信息速率 R_b,单位为比特/秒(bit/s),所以信息速率又称比特率。一个二进制码元的信息量为 1bit,一个 M 进制码元的信息量为 $\log_2 M$ bit,所以码元速率 R_s 和信息速率 R_b 之间的关系为

$$R_b = R_s \log_2 M \text{(bit/s)} \qquad (1\text{-}6)$$

$$R_s = \frac{R_b}{\log_2 M} \text{(baud)} \qquad (1\text{-}7)$$

视频

如每秒传送 2400 个码元,则码元速率为 2400baud;当采用二进制时,信息速率为 2400bit/s;若采用四进制时,信息速率为 4800bit/s。

二进制的码元速率和信息速率在数量上相等,有时简称它们为数码率。

2) 频带利用率

对于两个传输速率相等的系统,如果使用的带宽不同,则二者传输效率也不同,所以频带利用率更本质地反映了数字通信系统的有效性。

定义单位频带内的码元传输速率为码元频带利用率,即

$$\eta_s = \frac{R_s}{B} \text{(baud/Hz)} \qquad (1\text{-}8)$$

定义单位频带内的信息传输速率为信息频带利用率,即

$$\eta_b = \frac{R_b}{B} (\text{bit}/(\text{s} \cdot \text{Hz})) \tag{1-9}$$

式(1-9)的应用更为广泛,如果不加以说明,频带利用率均指信息频带利用率。

为了更加清晰地理解数字通信系统的有效性指标,可按照图1-6进行梳理。

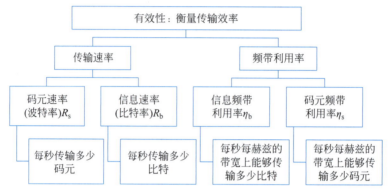

图 1-6 有效性指标分析

2. 可靠性

数字通信系统的可靠性用差错率来衡量。

定义误比特率 P_b 为

$$P_b = \frac{错误比特数}{传输总比特数} \tag{1-10}$$

定义误码元率 P_s 为

$$P_s = \frac{错误码元数}{传输总码元数} \tag{1-11}$$

有时将误比特率称为误信率,误码元率称为误符号率,也称误码率。

在二进制码中,有

$$P_b = P_s$$

这时误信率和误码率相同。

差错率越小,通信的可靠性越高。对 P_b 的要求与所传输的信号有关,如传输数字电话信号时,要求 P_b 为 $10^{-3} \sim 10^{-6}$,而传输计算机数据则要求 $P_b < 10^{-9}$。当信道不能满足要求时,必须加差错控制措施。

1.6 本书的结构和使用方法

以现代通信系统为背景,系统地介绍通信理论的基础,是本书的宗旨。具体地说,建立通信系统的一般模型,讨论信息传输的基本原理和分析方法是本书的范围。全书的内容可分为模拟通信和数字通信两大部分,其中以数字通信为主。各部分内容之间的关系如图 1-7 所示,其中虚线框内的基础知识是本课程所涉及的基础知识,读者可根据先修课程的情况选择使用。本书的核心内容如图 1-8 所示。

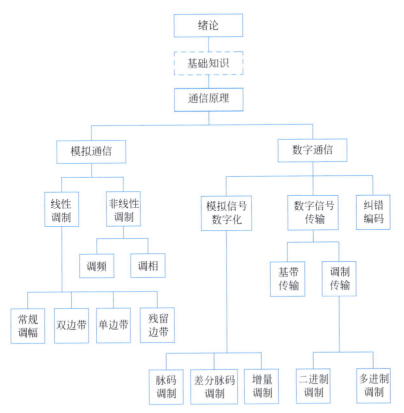

图 1-7 本书各部分内容之间的关系

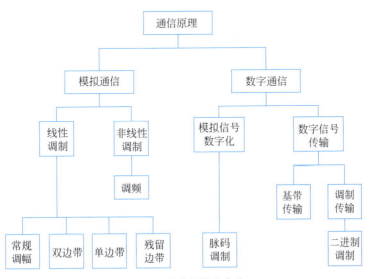

图 1-8 本书的核心内容

习题

1.1 消息源以概率 $P_1=1/2, P_2=1/4, P_3=1/8, P_4=1/16, P_5=1/16$ 发送 5 种消息符号 m_1, m_2, m_3, m_4, m_5。若每个消息符号出现是独立的,求每个消息符号的信息量。

1.2 若信源发出概率各为 1/2、1/4、1/6 和 1/12 的 4 个字母序列,求其平均信息量。

1.3 设有 4 种消息符号,其出现概率分别是 1/4、1/8、1/8、1/2。各消息符号出现是相对独立的,求该符号集的平均信息量。

1.4 一个离散信号源每毫秒发出 4 种符号中的一个,各相互独立符号出现的概率分别为 0.4、0.3、0.2、0.1。求该信号源的平均信息量与信息速率。

1.5 某二元码序列的信息速率是 2400bit/s,若改用八元码序列传送该消息,试求码元速率是多少?

1.6 某消息用十六元码序列传送时,码元速率是 300baud。若改用二元码序列传输该消息,其信息速率是多少?

1.7 某消息以 2Mbit/s 的信息速率通过有噪声的信道,在接收机输出端平均每小时出现 72bit 差错。试求误比特率。

1.8 一个二元码序列以 2×10^6 bit/s 的信息速率通过信道,并已知信道的误比特率为 5×10^{-9}。试求出现 1bit 差错的平均时间间隔。

1.9 设一个码字由 5 位独立的二进制码构成。若已知信道的误比特率分别为 10^{-1} 和 10^{-8},则错字率 P_w 分别是多少?

第 2 章 模拟调制系统

2.1 引言

在通信系统中,信源输出的是由原始消息直接变换成的电信号,即消息信号。这种信号一般具有从零频开始的较宽的频谱,而且在频谱的低端分布较大的能量,所以称为基带信号,不宜直接在信道中传输。将消息信号对频率较高的载波进行调制,使信号的频谱搬移到适合信道的频率范围内进行传输。在通信系统的接收端对已调信号进行解调,恢复出原来的消息。

对不同的信道,考虑经济技术等因素,可以采用不同的调制方式。根据基带信号是模拟信号还是数字信号,相应的调制方式有模拟调制和数字调制。基带信号的作用是对载波进行调制,所以基带信号又称为调制信号,而已调信号则称为××调制信号,××是指调制方式。在模拟通信中通常称基带信号为调制信号,在数字通信中则分别称为数字基带信号和数字调制信号。由于模拟调制的理论和技术是数字调制的基础,而且相当数量的模拟通信设备还在使用当中,所以第2章首先讨论模拟调制的原理,第5章和第6章再讨论数字调制的原理。

以模拟信号为调制信号,对连续的正(余)弦载波进行调制,即载波的参数随着调制信号而变化,这种调制方式称为模拟调制。根据载波参数的不同,分为幅度调制和角度调制。设调制信号为 $f(t)$,载波信号为

$$c(t) = A\cos(\omega_c t + \theta_0)$$

式中,A 为载波的幅度;ω_c 为载波的角频率;θ_0 为载波的初相位。载波经模拟信号调制后的数学表示式为

$$s(t) = A(t)\cos[\omega_c t + \varphi(t) + \theta_0]$$

式中,$A(t)$ 为载波瞬时幅度;$\varphi(t)$ 为载波的相位偏移。如果 $\varphi(t)$ 为常数,$A(t)$ 随 $f(t)$ 成比例变化,则称为幅度调制,简称调幅。如果 $A(t)$ 为常数,$\varphi(t)$ 或 $\varphi(t)$ 的导数随 $f(t)$ 成比例变化,则称为角度调制,前者称为相位调制,后者称为频率调制。

本章讨论模拟调制中的线性调制系统和非线性调制系统。在线性调制中有常规调幅(AM)、双边带(DSB)调制、单边带(SSB)调制和残留边带(VSB)调制。在非线性调制中有调频(FM)和调相(PM)。讨论的主要内容包括:各种已调制信号的时域和频域表达式,调制和解调的原理及方法,系统的抗噪声性能,各种调制的性能比较。

2.2 模拟线性调制系统

2.2.1 常规调幅

1. 信号的表达和产生

设调制信号为 $f(t)$,其平均值 $\overline{f(t)}=0$。$f(t)$ 叠加直流 A_0 后对载波的幅度进行调制,就形成了常规调幅信号,也称为标准调幅信号或完全调幅信号,其时间波形表达式为

$$s_{AM}(t) = [A_0 + f(t)]\cos(\omega_c t + \theta_c) \tag{2-1}$$

式中,ω_c 为载波信号的角频率;θ_c 为载波信号的起始相位。由式(2-1)画出的时间波形

如图 2-1 所示。

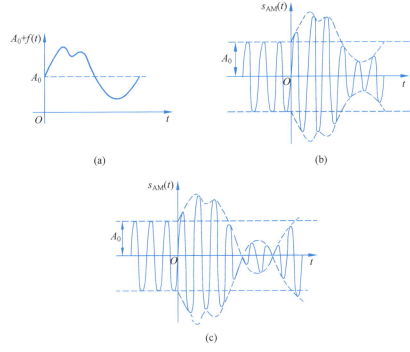

图 2-1　常规调幅波形

由时间波形可知,当满足条件 $A_0 \geqslant |f(t)|_{\max}$ 时,已调信号的包络与调制信号成正比,如图 2-1(b)所示,所以用包络检波的方法很容易恢复出原始的调制信号。如果以上条件得不到满足,就会出现过调幅现象,如图 2-1(c)所示。这时如果还用包络检波的方法进行解调,其结果就会失真。可见,A_0 与 $f(t)$ 之间的关系是常规调幅信号的重要特征。

设调制信号为单频余弦函数,即

$$f(t) = A_m \cos(\omega_m t + \theta_m) \tag{2-2}$$

则调幅信号为

$$\begin{aligned} s_{AM}(t) &= [A_0 + A_m \cos(\omega_m t + \theta_m)] \cos(\omega_c t + \theta_c) \\ &= A_0 [1 + \beta_{AM} \cos(\omega_m t + \theta_m)] \cos(\omega_c t + \theta_c) \end{aligned} \tag{2-3}$$

式中,$\beta_{AM} = A_m/A_0$,该比值称为调幅指数,用百分比表示时,称为调制度。β_{AM} 取值共有小于 1、等于 1 和大于 1 三种可能,分别对应于正常调幅、满调幅和过调幅三种情况。在实际的系统中,通常取 β_{AM} 为 30%~60%,这是因为器件的线性范围有限。若 $f(t)$ 为一般信号,取调幅指数 $\beta_{AM} = |f(t)|_{\max}/A_0$。

由式(2-3)可进一步讨论常规调幅信号的频域特性。为简单起见,令载波的初相位 $\theta_c = 0$,则调幅信号的时域表达式为

$$\begin{aligned} s_{AM}(t) &= [A_0 + f(t)] \cos \omega_c t \\ &= A_0 \cos \omega_c t + f(t) \cos \omega_c t \end{aligned} \tag{2-4}$$

已知 $f(t)$ 的频谱为 $F(\omega)$，可写出以下傅里叶变换对：

$$f(t) \leftrightarrow F(\omega)$$

$$A_0 \cos\omega_c t \leftrightarrow \pi A_0 [\delta(\omega-\omega_c) + \delta(\omega+\omega_c)]$$

$$f(t)\cos\omega_c t \leftrightarrow \frac{1}{2}[F(\omega-\omega_c) + F(\omega+\omega_c)]$$

所以 $s_{\text{AM}}(t)$ 的频域表达式为

$$S_{\text{AM}}(\omega) = \pi A_0 [\delta(\omega-\omega_c) + \delta(\omega+\omega_c)] + \frac{1}{2}[F(\omega-\omega_c) + F(\omega+\omega_c)] \quad (2\text{-}5)$$

调制前后的频谱如图 2-2 所示。由频谱图可知，已调信号的频谱与基带信号的频谱在形状上是完全一样的，只是位置进行了搬移。在载频 $\pm\omega_c$ 处有冲激函数，说明频谱中有载波分量。在 $\pm\omega_c$ 两侧有两个边带，在外侧的边带称为上边带，在内侧的边带称为下边带。常规调幅信号是双边带的信号，已调信号的带宽是基带信号最高频率 f_H 的 2 倍。通常将基带信号的带宽 W 取作 f_H，这样常规调幅信号的带宽是基带信号带宽的 2 倍，即 $B_{\text{AM}} = 2W$。

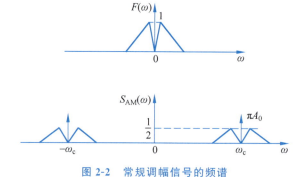

图 2-2　常规调幅信号的频谱

在式(2-1)中 A_0 称为直流分量，在式(2-4)中 A_0 称为载波幅度，前者强调的是调制信号的组成，而后者强调的是已调信号的组成。

调幅信号的平均功率可由信号的均方值求出。将调幅信号的时间表达式平方后求均值，便可求出信号在 1Ω 电阻上的平均功率 P_{AM}，即

$$\begin{aligned} P_{\text{AM}} &= \overline{s_{\text{AM}}^2(t)} \\ &= \overline{[A_0 + f(t)]^2 \cos^2\omega_c t} \\ &= \overline{A_0^2 \cos^2\omega_c t + f^2(t)\cos^2\omega_c t + 2A_0 f(t)\cos^2\omega_c t} \end{aligned}$$

通常假设调制信号没有直流分量，即 $\overline{f(t)} = 0$，再由

$$\cos^2\omega_c t = \frac{1}{2}(1 + \cos 2\omega_c t)$$

$$\overline{\cos 2\omega_c t} = 0$$

可得

$$P_{\text{AM}} = \frac{A_0^2}{2} + \frac{\overline{f^2(t)}}{2} = P_c + P_f \quad (2\text{-}6)$$

式中,$P_c = A_0^2/2$,为载波功率;$P_f = \overline{f(t)^2}/2$,为边带功率。

由式(2-6)可知,常规调幅信号的功率由载波功率 P_c 和边带功率 P_f 两部分组成,其中只有边带功率才与调制信号有关,载波分量并不携带信息,所以边带功率为有用功率。定义边带功率与总功率之比为调制效率 η_{AM},即

$$\eta_{AM} = \frac{P_f}{P_{AM}} = \frac{P_f}{P_c + P_f}$$

$$= \frac{\frac{1}{2}\overline{f^2(t)}}{\frac{1}{2}A_0^2 + \frac{1}{2}\overline{f^2(t)}} = \frac{\overline{f^2(t)}}{A_0^2 + \overline{f^2(t)}} \tag{2-7}$$

为了计算 η_{AM},必须知道 $f(t)$ 的具体形式和 A_0 的数值。当 $f(t)$ 为式(2-2)所示的单频余弦时,$\overline{f^2(t)} = A_m^2/2$,代入式(2-7),得

$$\eta_{AM} = \frac{\frac{1}{2}A_m^2}{A_0^2 + \frac{1}{2}A_m^2} = \frac{A_m^2}{2A_0^2 + A_m^2} = \frac{\beta_{AM}^2}{2 + \beta_{AM}^2} \tag{2-8}$$

在满调幅的临界状态下,$\beta_{AM} = 1$,这时调制效率 η_{AM} 的最大值为 1/3。由此可知,常规调幅信号的调制效率很低,这是因为载波分量不携带信息却占据了大部分功率。从传输信息的角度来说,载波分量的功率是毫无意义的。

常规调幅的优点是接收机的结构简单,价格便宜。在无线电广播中的中波和短波广播均使用这种制式。

例 2-1 已知一个 AM 广播电台输出功率是 50kW,采用单频余弦信号进行调制,调幅指数为 0.707。

(1) 试计算调制效率和载波功率;
(2) 如果天线用 50Ω 的电阻负载表示,求载波信号的峰值幅度。

解 (1) 根据式(2-8)可得调制效率 η_{AM} 为

$$\eta_{AM} = \frac{\beta_{AM}^2}{2 + \beta_{AM}^2} = \frac{0.707^2}{2 + 0.707^2} = \frac{1}{5}$$

调制效率 η_{AM} 与载波功率 P_c 的关系为

$$\eta_{AM} = \frac{P_f}{P_c + P_f} = \frac{P_f}{P_{AM}}$$

载波功率为

$$P_c = P_{AM} - P_f = P_{AM}(1 - \eta_{AM}) = 50 \times \left(1 - \frac{1}{5}\right) = 40 \text{(kW)}$$

(2) 载波功率 P_c 与载波峰值 A 的关系为

$$P_c = \frac{A^2}{2R}$$

所以

视频

$$A = \sqrt{2P_c R} = \sqrt{2 \times 40 \times 10^3 \times 50} = 2000(\text{V})$$

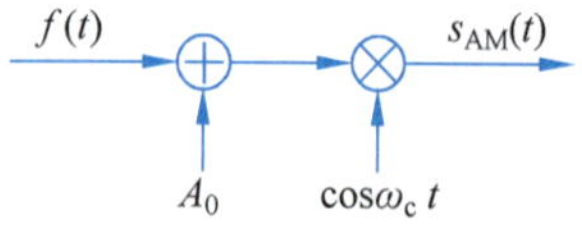

由时域表达式(2-4)可知,常规调幅是调制信号叠加直流分量后与载波相乘,数学模型如图 2-3 所示。

图 2-3 常规调幅调制模型

2. 解调

常规调幅信号一般采用非相干解调。解调器有包络检波器、平方律检波器等。最常见和最容易实现的非相干解调器是包络检波器,它广泛用于调幅广播的收音机中。包络检波器的原理图及其输入、输出的波形如图 2-4 所示。检波器由二极管、电阻和电容滤波器组成。为使包络检波器工作在最佳状态,RC 较好的取值范围是

$$f_m \ll \frac{1}{RC} \ll f_c \tag{2-9}$$

式中,f_m 是调制信号的最高频率;f_c 是载波的频率。在满足式(2-9)的条件下,检波器的输出近似为

$$s_d(t) \approx A_0 + f(t) \tag{2-10}$$

检波后的信号还要经过低通滤波器,滤除直流和其他高频分量,最终得到调制信号 $f(t)$。

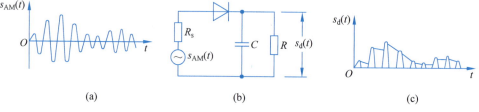

图 2-4 调幅信号的包络检波

包络检波器一般只适用含有载波分量的常规调幅信号。从恢复消息的角度来看,载波分量无关紧要。但正是因为有了载波分量,在解调时才可以采用包络检波,使解调电路很简单,而且解调后的信号幅度比相干解调的幅度大一倍。从这个意义上来说,常规调幅信号的包络检波也为其他幅度调制信号的非相干解调提供了依据,即借助载波分量,任何幅度调制信号都可以实现非相干解调。为了简化载波分量的获取,可以在发送端发送幅度调制信号的同时发送一个独立的载波信号,有时也称为导频信号。

2.2.2 抑制载波双边带调幅

1. 信号的表达和产生

在常规调幅信号中,信息完全由边带传送。在消息信号 $f(t)$ 上不附加直流分量 A_0,直接用 $f(t)$ 调制载波的幅度,便可得到抑制载波的双边带调幅信号,简称双边带信号。双边带信号的时间波形表达式为

$$s_{\text{DSB}}(t) = f(t)\cos\omega_c(t) \tag{2-11}$$

相应的已调信号的频谱表达式为

$$S_{\text{DSB}}(\omega) = \frac{1}{2}F(\omega - \omega_c) + \frac{1}{2}F(\omega + \omega_c) \tag{2-12}$$

双边带信号的时间波形及频谱如图 2-5 和图 2-6 所示。由时间波形可知,双边带信号在 $f(t)$ 改变符号时恰好 $c(t)$ 也改变符号,这时载波就出现了反相点。已调信号的幅度包络与 $f(t)$ 不完全相同,说明它的包络不完全载有 $f(t)$ 的信息,因而不能采用简单的包络检波来恢复调制信号。

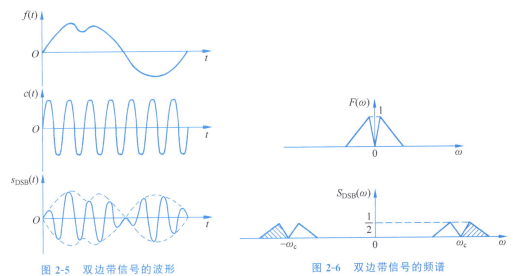

图 2-5　双边带信号的波形　　　　图 2-6　双边带信号的频谱

双边带信号的平均功率为已调信号的均方值,即

$$P_{\text{DSB}} = \overline{s_{\text{DSB}}^2(t)} = \overline{f^2(t)\cos^2\omega_c t} = \overline{f^2(t)}/2 \tag{2-13}$$

由于边带功率即是信号的全部功率,所以调制效率 $\eta_{\text{DSB}}=1$。

抑制载波的双边带信号虽然节省了载波功率,但已调信号的频带宽度仍是调制信号带宽的 2 倍。由频谱图可知,双边带的上、下两个边带是完全对称的,它们都携带了调制信号的全部信息,所以完全可用一个边带来传输。这样,除了节省载波功率之外,还可节省一半传输频带,这就是单边带调制能解决的问题。

由时间波形表达式(2-11)可知,抑制载波双边带调幅的调制过程是调制信号与载波的相乘运算,数学模型如图 2-7 所示。

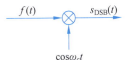

图 2-7　双边带调幅调制模型

产生双边带信号的过程,实际上是频率搬移的过程。用基波频率为 ω_c 的任何周期性信号 $c(t)$ 与调制信号 $f(t)$ 相乘,就可以产生双边带信号。

2. 解调

由双边带信号的频谱可知,如果将已调信号的频谱搬回到原点位置,就可得到原始的调制信号频谱,即恢复出原始信号。解调中的频谱搬移同样可用相乘运算来实现。已调信号乘上与调制载波完全相同的载波 $c_d(t)$,其表达式为

$$s_p(t) = s_{\text{DSB}}(t)\cos\omega_c t = f(t)\cos^2\omega_c t = \frac{1}{2}f(t) + \frac{1}{2}f(t)\cos 2\omega_c t$$

经低通滤波器(LPF)滤除高频分量,得到

$$s_d(t) = \frac{1}{2}f(t) \tag{2-14}$$

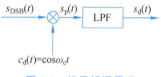

图 2-8 相干解调原理

解调时所使用的载波与调制载波同频同相,因此称为相干载波,相应的解调方式称为相干解调,原理框图如图 2-8 所示。

相干解调的关键是必须产生一个同频同相的载波,如果这个条件得不到保证,将会对原始信号的恢复产生不利的影响。

解调与调制中的相乘运算完全相同,因而解调电路也可采用与调制电路一样的形式。

例 2-2 设本地载波信号与发送载波的频率误差和相位误差分别为 $\Delta\omega$ 和 $\Delta\theta$,试分析对解调结果的影响。

解 设本地载波信号为

$$c_1(t) = \cos(\omega_c t + \Delta\omega t + \Delta\theta)$$

与 DSB 信号相乘后为

$$s_{DSB}(t)c_1(t) = f(t)\cos\omega_c t \cdot \cos(\omega_c t + \Delta\omega t + \Delta\theta)$$

$$= \frac{1}{2}f(t)\cos(\Delta\omega t + \Delta\theta) + \frac{1}{2}f(t)\cos(2\omega_c t + \Delta\omega t + \Delta\theta)$$

经 LPF 后得到

$$s_d(t) = \frac{1}{2}f(t)\cos(\Delta\omega t + \Delta\theta)$$

为讨论方便,分别设以下两种特殊情况。

(1) 设 $\Delta\omega = 0, \Delta\theta \neq 0$ 时,解调输出为

$$s_d(t) = \frac{1}{2}f(t)\cos(\Delta\theta)$$

(2) 设 $\Delta\omega \neq 0, \Delta\theta = 0$ 时,解调输出为

$$s_d(t) = \frac{1}{2}f(t)\cos(\Delta\omega t)$$

上面的结果说明,当两端的载波只有相位误差时,由于 $\Delta\theta$ 是固定值,解调后输出信号的幅度将受到衰减的影响,但不会产生失真。衰减的程度取决于 $\Delta\theta$ 的大小。当 $\Delta\theta = \pm\pi/2$ 时,输出信号为零。当 $\Delta\theta > \pi/2$ 时,不仅输出信号的幅度受到衰减,而且符号也要改变。不过对于模拟信号(如话音和音乐等)来说,符号的改变没有什么影响,但是对于调制信号是数据信号的情况,则要引起错误。

当两端的载波只有频率误差时,解调输出仍为双边带调幅信号,但该信号的载波角频率为 $\Delta\omega$,因此输出信号明显产生失真。一般 $\Delta\omega$ 较小,解调输出的信号受到时变的衰减。如果是话音信号,解调输出听到的音量会有周期性变化的声音。通常 $\Delta\theta$ 和 $\Delta\omega$ 这两种误差都存在,因此两种影响也都存在,这样就在不同程度上影响了通信的质量。

2.2.3 单边带调制

由于双边带信号中的任一个边带都包含调制信号的全部信息,因此就信息传输的目的而言,只要传送其中的一个边带就足够了。这种只传送一个边带的通信方式称为单边带通信。相应地,只产生一个边带的调制方式称为单边带调制。

1. 用滤波法形成单边带信号

产生单边带信号最直观的方法是让双边带信号通过一个单边带滤波器,保留所需要的一个边带,滤除不要的边带,即可得到单边带信号。这种方法称为滤波法,它是最简单的也是最常用的方法。

滤波法原理如图 2-9 所示,图中 $H_{SSB}(\omega)$ 为单边带滤波器的传递函数。因为边带既可取上边带,也可取下边带,所以传递函数有两种形式。上边带滤波器和下边带滤波器的传递函数分别为

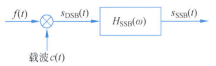

图 2-9 用滤波法形成单边带信号

视频

$$H_{SSB}(\omega) = H_{USB}(\omega) = \begin{cases} 1, & |\omega| > \omega_c \\ 0, & |\omega| \leq \omega_c \end{cases} \quad (2\text{-}15)$$

$$H_{SSB}(\omega) = H_{LSB}(\omega) = \begin{cases} 1, & |\omega| < \omega_c \\ 0, & |\omega| \geq \omega_c \end{cases} \quad (2\text{-}16)$$

式(2-15)所示的上边带滤波器的传递函数为理想高通滤波器的特性,式(2-16)所示的下边带滤波器的传递函数为理想低通滤波器的特性。

由单边带信号的形成过程可写出单边带信号的频谱为

$$S_{SSB}(\omega) = S_{DSB}(\omega) H(\omega) \quad (2\text{-}17)$$

此式仅表示出单边带信号和双边带信号之间的联系,并未反映出调制信号和已调信号之间的定量关系。滤波法的频谱变换关系如图 2-10 所示。

单边带滤波器从理论上来说应该有理想的低通或高通特性,但是理想的滤波特性是不可能实现的。实际的滤波器从通带到阻带总有一个过渡带 Δf,这就要求双边带的上、下边带之间有一定的频率间隔 ΔB。只有当 $\Delta f \leq \Delta B$ 时,滤波器方可实现。所以用滤波法产生单边带信号时,在上、下边带间隔 ΔB 已经确定的情况下,关键是滤波器能否实现。一般的调制信号都具有丰富的低频成分,经调制后得到的双边带信号的上、下边带之间的间隔很窄。例如,模拟电话信号的最低频率为 300Hz,经过双边带调制后,上、下边带之间的间隔仅有 600Hz,这个间隔应是单边带滤波器的过渡带。要求在这样窄的过渡带内阻带衰减上升到 40dB 以上,才能有效地抑制无用的一个边带。这就使滤波器的设计和制作很困难,有时甚至难以实现。

为此,在工程中往往采用多级频率搬移和多级滤波的方法,简称多级滤波法,其目的是人为扩大上下边带的间隔,达到扩大单边带滤波器过渡带的效果,使得滤波法得以工程

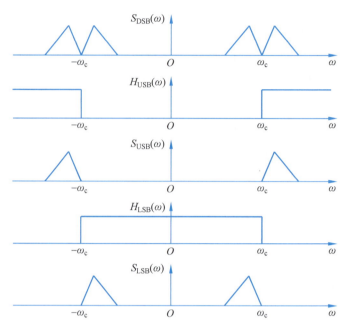

图 2-10 滤波法形成单边带信号的频谱变换

实现。图 2-11(a)是一个二级滤波法的原理图,$f_{c2}>f_{c1}$。第一级单边带滤波器 $H_1(f)$ 滤出以 f_{c1} 为载频的上边带信号或下边带信号,以此单边带信号作为调制信号对频率为 f_{c2} 的载波进行双边带调制,再由第二级单边带滤波器 $H_2(f)$ 滤出以 f_{c2} 为载频的单边带信号。

设调制信号的最低频率为 f_L,调制信号的频谱如图 2-11(b)所示,第一级和第二级滤波的频谱图如图 2-11(c)和图 2-11(d)所示。由图可知,第一级调制后上、下边带的间隔 $\Delta B_1 = 2f_L$,第一级滤波后得到上边带信号。通常 $f_{c1} \gg f_L$,这样第二级调制后上、下边带的间隔为

$$\Delta B_2 = 2f_{c1} + 2f_L \approx 2f_{c1}$$

此时的频率间隔取决于载频 f_{c1}。显然,与之前的 ΔB_1 相比,ΔB_2 得到了扩大,这可以降低滤波器的设计和制作难度,通常 f_{c2} 是指定的,合理地选择 f_{c1} 便可设计出合适的单边带信号调制器。

即使用多级滤波法加宽了边带间隔,也应要求调制信号的低频分量频率不能太低。如果调制信号的低频分量接近零频,则用滤波器来分割上、下边带极为困难。数据信号的低频分量极为丰富,如果仍采用滤波法进行调制,则必须先采用某种技术(如部分响应技术),在改变了信号的频谱结构后再进行调制。

2. 用相移法形成单边带信号

上面的滤波法是从频域的角度来考虑的,如果从时域的角度来分析呢?就是下面要讨论的相移法。相移法可以从单边带信号的时域表达式得到。为了分析方便,先以单频调制的情况为例,了解相移法的原理。

视频

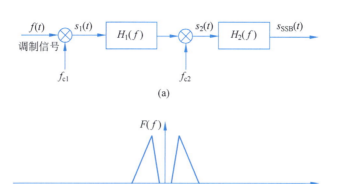

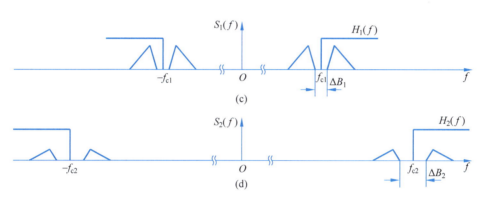

图 2-11 多级滤波法原理图及频谱图

1）单频调制

设单频调制信号为

$$f(t)=A_m\cos\omega_m t$$

载波为

$$c(t)=\cos\omega_c t$$

双边带信号的时域表达式为

$$s_{DSB}(t)=A_m\cos\omega_m t\cos\omega_c t$$
$$=\frac{1}{2}A_m\cos(\omega_c+\omega_m)t+\frac{1}{2}A_m\cos(\omega_c-\omega_m)t$$

保留上边带的单边带调制信号为

$$s_{USB}(t)=\frac{1}{2}A_m\cos(\omega_c+\omega_m)t$$
$$=\frac{A_m}{2}\cos\omega_m t\cos\omega_c t-\frac{A_m}{2}\sin\omega_m t\sin\omega_c t \tag{2-18}$$

保留下边带的单边带调制信号为

$$s_{LSB}(t)=\frac{A_m}{2}\cos(\omega_c-\omega_m)t$$

$$= \frac{A_m}{2}\cos\omega_m t\cos\omega_c t + \frac{A_m}{2}\sin\omega_m t\sin\omega_c t \qquad (2\text{-}19)$$

式(2-18)和式(2-19)中的第一项是调制信号与载波信号的乘积,称为同相分量;而第二项则是调制信号与载波信号分别相移$-\pi/2$后的乘积,称为正交分量。由以上两个表达式可得到实现单边带调制的另一种方法,即相移法,如图 2-12 所示。上支路产生同相分量,下支路产生正交分量。两路信号相减时得到上边带信号,相加时则得到下边带信号。

由此不难理解,如果调制信号为确定的周期性信号,由于它可以分解成许多频率分量之和,因此只要求相移Ⅰ是一个宽带相移网络,对每个频率分量都能相移$-\pi/2$。这时,将输入调制信号由单频信号变为$f(t)/2$,则图 2-12 所示的相移法同样适用。

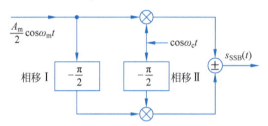

图 2-12 用相移法形成单边带信号

如果调制信号是一般的非周期性信号,是否可以用相移法形成单边带信号呢?同样,也要先求出一般情况下的单边带信号的时域表达式,这需要借助希尔伯特变换。为此首先简要介绍希尔伯特变换及其主要性质。

2) 希尔伯特变换

虽然实际信号都是时间的实函数即实信号,但在信号分析中,有时引入时间的复函数即复信号却会带来方便。在复信号中有一种信号为解析信号,解析信号在时域中的解析性与在频域中的因果性是等效的。由此可以证明,时域解析函数的实部与虚部之间存在着确定的关系。

设信号为$f(t)$,对应的解析信号为

$$z(t) = f(t) + j\hat{f}(t) \qquad (2\text{-}20)$$

式中,$f(t)$为实部,$\hat{f}(t)$为虚部。$z(t)$的傅里叶变换为

$$Z(\omega) = F(\omega) + j\hat{F}(\omega) \qquad (2\text{-}21)$$

式中,$F(\omega)$和$\hat{F}(\omega)$分别为$f(t)$和$\hat{f}(t)$的傅里叶变换。

为了满足频域的因果性,应有

$$\hat{F}(\omega) = \begin{cases} -jF(\omega), & \omega > 0 \\ jF(\omega), & \omega < 0 \end{cases} \qquad (2\text{-}22)$$

因此式(2-21)可记作

$$Z(\omega) = 2F(\omega)U(\omega) \qquad (2\text{-}23)$$

由傅里叶变换理论可知,频域相乘等效于时域卷积。单位阶跃函数$U(\omega)$的傅里叶反变换为

$$\mathscr{F}^{-1}[U(\omega)] = \frac{1}{2}\delta(t) + \frac{\mathrm{j}}{2\pi t}$$

式(2-23)的傅里叶反变换为

$$\begin{aligned} z(t) &= f(t) * \left[\delta(t) + \frac{\mathrm{j}}{\pi t}\right] \\ &= f(t) + \mathrm{j}\left[f(t) * \frac{1}{\pi t}\right] \\ &= f(t) + \mathrm{j}\left[\frac{1}{\pi}\int_{-\infty}^{\infty}\frac{f(\tau)}{t-\tau}\mathrm{d}\tau\right] \end{aligned} \quad (2\text{-}24)$$

此式应与式(2-20)相对应,即

$$\hat{f}(t) = \frac{1}{\pi}\int_{-\infty}^{\infty}\frac{f(\tau)}{t-\tau}\mathrm{d}\tau \quad (2\text{-}25)$$

同理可求得

$$f(t) = -\frac{1}{\pi}\int_{-\infty}^{\infty}\frac{\hat{f}(\tau)}{t-\tau}\mathrm{d}\tau \quad (2\text{-}26)$$

由式(2-25)和式(2-26)可知,时域解析函数的实部和虚部之间存在对应的确定关系。通常把这一对关系式称为希尔伯特变换对,式(2-25)称为希尔伯特变换,而式(2-26)称为希尔伯特反变换。

不难看出,式(2-25)是时间域的卷积运算,即

$$\hat{f}(t) = f(t) * \frac{1}{\pi t}$$

此式所表示的变换关系如图 2-13 所示,图中 $f(t)$ 是激励函数,$1/\pi t$ 是网络的单位冲激响应,$\hat{f}(t)$ 是网络的输出响应。由于该网络能完成希尔伯特变换,因此称为希尔伯特滤波器。

考虑到

$$\frac{1}{\pi t} \leftrightarrow -\mathrm{j} \cdot \mathrm{sgn}\omega$$

因此希尔伯特滤波器的传递函数为

$$H_{\mathrm{H}}(\omega) = -\mathrm{j} \cdot \mathrm{sgn}\omega \quad (2\text{-}27)$$

其传递函数的模和相角特性分别示于图 2-14 中,说明希尔伯特滤波器是一个宽带移相全通网络,它能使每个正频率分量都相移$-\pi/2$。

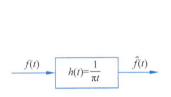

图 2-13 希尔伯特变换关系图

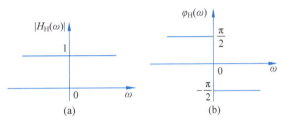

图 2-14 希尔伯特滤波器的传递函数

由以上分析可写出 $\hat{f}(t)$ 的频域表达式为

$$\hat{F}(\omega) = F(\omega)H_H(\omega) = -\mathrm{j}\cdot\mathrm{sgn}\omega F(\omega) \tag{2-28}$$

对于给定的信号,可求出相应的希尔伯特变换。在分析单边带信号时,表 2-1 列出的希尔伯特变换对是十分有用的。

表 2-1 希尔伯特变换对

序 号	$m(t)$	$\hat{m}(t)$
1	$\cos\omega_c t$	$\sin\omega_c t$
2	$\sin\omega_c t$	$-\cos\omega_c t$
3	$f(t)\cos\omega_c t$	$f(t)\sin\omega_c t$
4	$f(t)\sin\omega_c t$	$-f(t)\cos\omega_c t$

3) 一般情况下的时域表达式

下面由滤波法得到的单边带信号的频域表达式,推导其时域表达式。

单边带信号的频域表达式为

$$S_{\mathrm{SSB}}(\omega) = S_{\mathrm{DSB}}(\omega)H_{\mathrm{SSB}}(\omega)$$

频域相乘等效于时域卷积。若单边带滤波器的冲激响应为 $h_{\mathrm{SSB}}(t)$,则单边带信号的时域表达式为

$$s_{\mathrm{SSB}}(t) = s_{\mathrm{DSB}}(t) * h_{\mathrm{SSB}}(t) \tag{2-29}$$

上边带滤波器的传递函数 $H_{\mathrm{USB}}(\omega)$ 和下边带滤波器的传递函数 $H_{\mathrm{LSB}}(\omega)$ 分别如式(2-15)和式(2-16)所示,它们所对应的冲激响应分别为

$$h_{\mathrm{USB}}(t) = \delta(t) - \frac{1}{\pi}\frac{\sin\omega_c t}{t} \tag{2-30}$$

$$h_{\mathrm{LSB}}(t) = \frac{1}{\pi}\frac{\sin\omega_c t}{t} \tag{2-31}$$

以下边带调制为例,将式(2-31)代入式(2-29),得

$$\begin{aligned}
s_{\mathrm{LSB}}(t) &= s_{\mathrm{DSB}}(t) * h_{\mathrm{LSB}}(t) \\
&= [f(t)\cos\omega_c t] * \left[\frac{1}{\pi}\frac{\sin\omega_c t}{t}\right] \\
&= \frac{1}{\pi}\int_{-\infty}^{\infty}\frac{f(\tau)\cos\omega_c\tau\sin(\omega_c t-\omega_c\tau)}{t-\tau}\mathrm{d}\tau \\
&= \frac{1}{\pi}\sin\omega_c t\int_{-\infty}^{\infty}\frac{f(\tau)\cos\omega_c\tau\cos\omega_c\tau}{t-\tau}\mathrm{d}\tau - \frac{1}{\pi}\cos\omega_c t\int_{-\infty}^{\infty}\frac{f(\tau)\cos\omega_c\tau\sin\omega_c\tau}{t-\tau}\mathrm{d}\tau \\
&= \frac{1}{2}\sin\omega_c t\left[\frac{1}{\pi}\int_{-\infty}^{\infty}\frac{f(\tau)}{t-\tau}\mathrm{d}\tau\right] + \frac{1}{2}\sin\omega_c t\left[\frac{1}{\pi}\int_{-\infty}^{\infty}\frac{f(\tau)\cos2\omega_c\tau}{t-\tau}\mathrm{d}\tau\right] - \\
&\quad \frac{1}{2}\cos\omega_c t\left[\frac{1}{\pi}\int_{-\infty}^{\infty}\frac{f(\tau)\sin2\omega_c\tau}{t-\tau}\mathrm{d}\tau\right]
\end{aligned}$$

由希尔伯特变换的定义及表 2-1,可将上式进一步简化为

$$s_{\text{LSB}}(t) = \frac{1}{2}\hat{f}(t)\sin\omega_c t + \frac{1}{2}f(t)\sin 2\omega_c t \sin\omega_c t + \frac{1}{2}f(t)\cos 2\omega_c t \cos\omega_c t$$
$$= \frac{1}{2}f(t)\cos\omega_c t + \frac{1}{2}\hat{f}(t)\sin\omega_c t \tag{2-32}$$

同理可求出上边带信号的时间表达式为

$$s_{\text{USB}}(t) = \frac{1}{2}f(t)\cos\omega_c t - \frac{1}{2}\hat{f}(t)\sin\omega_c t \tag{2-33}$$

上边带信号和下边带信号之和为

$$s_{\text{DSB}}(t) = s_{\text{LSB}}(t) + s_{\text{USB}}(t) = f(t)\cos\omega_c t$$

由于希尔伯特滤波器是一宽带相移网络,因此根据式(2-32)和式(2-33)可得到单边带调制相移法的一般模型,如图 2-15 所示。图中,$H_H(\omega)$为希尔伯特滤波器。图中上支路乘法器的输出为同相分量,下支路乘法器的输出为正交分量。相移法中各点频谱变换关系如图 2-16 所示。为了在实轴上画出复频谱,图中第二个频谱的纵轴为 $\hat{F}(\omega)/\text{j}$。

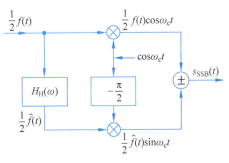

图 2-15 单边带调制相移法的方框图

从理论上讲,用相移法可以无失真地产生单边带信号,但是具体实现起来是十分困

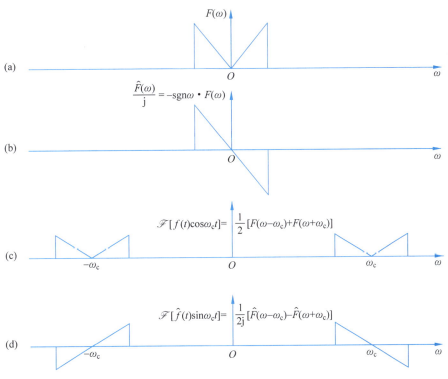

图 2-16 相移法中各点频谱变换关系

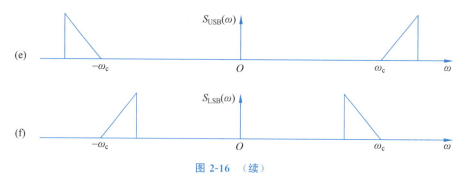

图 2-16 （续）

难的。一方面要求载波的 $-\pi/2$ 相移必须十分稳定和准确；另一方面要求对调制信号 $f(t)$ 的所有频率分量都必须相移 $-\pi/2$，即实现宽带相移网络，这一点即使近似达到也是很困难的，特别是对靠近零频附近的频率分量。

单边带信号的时域表达式表达了已调信号和调制信号之间的定量关系，在判断信号的类型以及对信号进行定量的分析计算时，都必须使用时域表达式。由于式(2-32)和式(2-33)是由式(2-29)推导而来的，所以表达式中的系数为 1/2，但该系数并不影响信号的性质，在以后分析问题时可不计入。

与常规调幅和双边带信号相比，单边带信号的实现方法更加复杂，但是单边带信号的带宽就是基带信号的带宽，在传输同样信息的情况下节省了一半的带宽，提高了通信的有效性。在短波通信中单边带调制是一种重要的调制方式。

4) 单边带信号的解调

单边带信号也是抑制载波的信号，与抑制载波的双边带信号相比，单边带信号的包络更不能反映调制信号的波形。一种典型的情况是，当调制信号是单频正弦信号时，相应的单边带信号也是单频正弦信号，只是频率发生了变化，从包络上完全看不出调制信号的迹象。因此，不能直接用包络检波法进行解调。

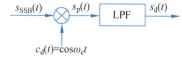

图 2-17 单边带信号的相干解调

单边带信号相干解调的框图如图 2-17 所示，解调器由乘法器和低通滤波器组成。

单边带信号的时域表达式为

$$s_{SSB}(t) = f(t)\cos\omega_c t \mp \hat{f}(t)\sin\omega_c t$$

乘上相干载波后得

$$s_p(t) = s_{SSB}(t)\cos\omega_c t$$
$$= \frac{1}{2}f(t) + \frac{1}{2}f(t)\cos2\omega_c t \mp \frac{1}{2}\hat{f}(t)\sin2\omega_c t$$

经低通滤波器后的解调输出为

$$s_d(t) = \frac{1}{2}f(t)$$

这一过程与双边带信号的解调相似，同样要求接收端的本地载波与发送端的载波完全同步。

2.2.4 残留边带调制

单边带调制的优点是节省频带,但是单边带信号的产生在技术上存在一定的困难。采用滤波法时,需要制作截止特性比较陡峭的滤波器,而采用相移法时,宽带相移网络很难用硬件实现。对具有直流或极低频率分量的调制信号,实际上无法实现单边带调制。双边带调制容易实现,但传输带宽是单边带信号的 2 倍。在单边带调制和双边带调制之间有一种折中的调制方法,称为残留边带调制。残留边带除了保留一个边带的绝大部分以外还保留另一个边带的一小部分,即残留部分。这样,残留边带调制既避免了单边带实现上的困难,又克服了双边带占用频带宽的缺点,被广泛应用于广播电视中。

1. 残留边带信号的产生

残留边带信号通常用滤波法产生,原理框图如图 2-18 所示。图中,$H_{\text{VSB}}(\omega)$ 为残留边带滤波器的传递函数,残留部分下边带的传递函数如图 2-19 所示,残留部分上边带的传递函数如图 2-20 所示。

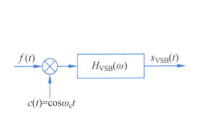

图 2-18 滤波法产生残留边带信号

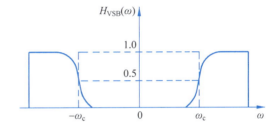

图 2-19 残留下边带的滤波器传递函数

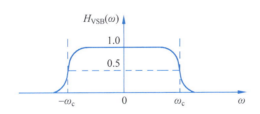

图 2-20 残留上边带的滤波器传递函数

显然,残留边带滤波器的传递函数是关键,如何确定? 在解调中将证明,为了相干解调时无失真地得到调制信号,残留边带滤波器的传递函数在载频分割处必须具有互补对称特性。

由滤波法产生残留边带信号的过程,可写出残留边带信号的频域表达式为

$$S_{\text{VSB}}(\omega) = \frac{1}{2} H_{\text{VSB}}(\omega)[F(\omega - \omega_c) + F(\omega + \omega_c)] \qquad (2\text{-}34)$$

2. 残留边带信号的解调

1) 相干解调

残留边带信号也是抑制载波的已调信号,所以同样不能简单地采用包络检波方式,而需要采用如图 2-21 所示的相干解调。下面从解调入手,推导残留边带滤波器应满足的

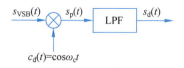

图 2-21 残留边带信号的相干解调

具体形式。

残留边带信号和相干载波相乘后的结果是 $s_p(t)$,即
$$s_p(t)=s_{\text{VSB}}(t)c_d(t)=s_{\text{VSB}}(t)\cos\omega_c t$$

在时域里乘上余弦函数等效于在频域中频谱函数的频率搬移,所以 $s_p(t)$ 的频谱 $S_p(\omega)$ 为

$$S_p(\omega)=\frac{1}{2}[S_{\text{VSB}}(\omega-\omega_c)+S_{\text{VSB}}(\omega+\omega_c)] \qquad (2\text{-}35)$$

对残留边带信号的频谱进行搬移,也就是对式(2-34)进行频率搬移,因此式(2-35)可写为

$$\begin{aligned}S_p(\omega)=&\frac{1}{4}H_{\text{VSB}}(\omega-\omega_c)[F(\omega-2\omega_c)+F(\omega)]+\\&\frac{1}{4}H_{\text{VSB}}(\omega+\omega_c)[F(\omega)+F(\omega+2\omega_c)]\\=&\frac{1}{4}F(\omega)[H_{\text{VSB}}(\omega-\omega_c)+H_{\text{VSB}}(\omega+\omega_c)]+\\&\frac{1}{4}[H_{\text{VSB}}(\omega-\omega_c)F(\omega-2\omega_c)+H_{\text{VSB}}(\omega+\omega_c)F(\omega+2\omega_c)]\quad(2\text{-}36)\end{aligned}$$

选择合适的低通滤波器的截止频率,滤除式(2-36)中右侧的第 2 项,可得到

$$S_d(\omega)=\frac{1}{4}F(\omega)[H_{\text{VSB}}(\omega-\omega_c)+H_{\text{VSB}}(\omega+\omega_c)]$$

由上式可知,如果调制信号的最高频率为 ω_H,为了保证相干解调的结果不失真,必须要求

$$H_{\text{VSB}}(\omega-\omega_c)+H_{\text{VSB}}(\omega+\omega_c)=\text{常数}, \quad |\omega|\leqslant\omega_H \qquad (2\text{-}37)$$

以残留上边带的滤波器为例,将滤波器传递函数 $H_{\text{VSB}}(\omega)$ 进行 $\pm\omega_c$ 的频移,得到的两个传递函数分别为 $H_{\text{VSB}}(\omega-\omega_c)$ 和 $H_{\text{VSB}}(\omega+\omega_c)$,如图 2-22 所示。然后将两个传递函数相加,其结果在 $|\omega|\leqslant\omega_H$ 范围应是常数。为了满足该要求,就必须使 $H_{\text{VSB}}(\omega-\omega_c)$ 和 $H_{\text{VSB}}(\omega+\omega_c)$ 在 $\omega=0$ 处具有互补对称的特性。从几何意义上来说,$H_{\text{VSB}}(\omega-\omega_c)$ 的衰减特性曲线与纵轴围成的两小块阴影面积必须相等,$H_{\text{VSB}}(\omega+\omega_c)$ 的衰减特性曲线与纵轴围成的两小块空白面积必须相等,这样就要求残留边带滤波器的衰减特性 $H_{\text{VSB}}(\omega)$ 在 $\pm\omega_c$ 处具有互补对称的特性。

上述概念表明,残留边带滤波器的衰减特性有很大的选择自由度,但这并不等于对滤波器的衰减特性没有制约。如果衰减特性比较陡峭,已调信号就会接近单边带信号,这时的滤波器就难以制作;如果滤波器衰减特性比较平缓,则会接近双边带信号。在残留边带信号的带宽和滤波器实现之间应有合适的选择。

滤波器衰减特性又称滚降特性,衰减特性的曲线形状又称滚降形状。满足互补对称特性的滚降形状可以有无穷多种,目前应用最多的是直线滚降和余弦滚降。例如,在电视信号传输和数据信号传输中就分别使用了直线滚降和余弦滚降。

2) 插入大载波的包络检波

与双边带信号和单边带信号一样,残留边带信号也不能直接采用包络检波的方法,

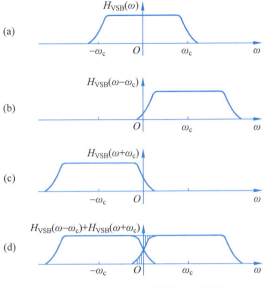

图 2-22 残留边带滤波器的衰减特性

其原因是在这些已调信号中不含有载波分量,已调信号的包络不完全载有调制信号的信息。但是,如果在接收端再加入一个足够大的载波,那么也可以用包络检波的方式进行解调,近似地恢复调制信号。解调的方框图如图 2-23 所示。为了不失一般性,输入已调信号 $s(t)$ 表示除常规调幅以外的各种线性调制信号。

图 2-23 插入大载波的包络检波

从原则上来说,载波可以在接收端插入,也可以在发送端插入。在发射机只有一个而接收机有多个的情况下,为了使接收设备简化,要采用在发送时插入载波的方法。例如,地面广播电视信号中的亮度信号采用残留边带调制,在发射时加入大载波,所以在电视接收机中对亮度信号可用包络检波的方式进行解调。

不论相干解调还是插入大载波解调,其共同条件是需要一个与调制载波相干的载波。如何产生相干载波是一个很重要的问题,产生的方法参阅第 8 章。

2.3 线性调制系统的抗噪声性能

2.3.1 通信系统抗噪声性能的分析模型

前面的分析都是在没有干扰的条件下进行的,实际在任何通信系统内,干扰都是不可避免的。由有关信道与噪声的内容可知,通信系统将加性干扰中的起伏干扰作为研究的对象。

由于起伏干扰的物理特征,通常称其为加性高斯白噪声。高斯噪声是指它的概率密度函数为高斯分布,白噪声是指它的功率谱密度为均匀分布。

由于噪声只对已调信号的接收产生影响,因此通信系统的抗噪声性能可以用解调器的抗噪声性能来衡量。分析解调器抗噪声性能的模型如图 2-24 所示。图中,$s(t)$ 为已调信号,$n(t)$ 为传输过程中叠加的加性高斯白噪声。经过带通滤波器后到达解调器输入端的信号为 $s_i(t)$,噪声为 $n_i(t)$。解调器输出的有用信号为 $s_o(t)$,噪声为 $n_o(t)$。

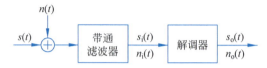

图 2-24 解调器抗噪声性能的分析模型

对图 2-24 进行分析可知,带通滤波器的作用一是选频,即把所需要的信号选出来;二是抑制带外噪声,即对信号带宽以外的噪声进行抑制。滤波器的输入是已调信号 $s(t)$ 和白噪声 $n(t)$ 的叠加。滤波器输出的信号 $s_i(t)$ 就是输入的信号 $s(t)$,而滤波器输出的噪声 $n_i(t)$ 却与输入的噪声 $n(t)$ 不同。从噪声的概率分布来说,输入噪声和输出噪声都是高斯分布,但是它们的功率谱分布范围不同,输入噪声 $n(t)$ 是白噪声,输出噪声 $n_i(t)$ 是窄带噪声,这种噪声称为高斯窄带噪声。设带通滤波器的中心频率为 ω_0,则窄带高斯噪声的表达式为

$$n_i(t) = V(t)\cos[\omega_0 t + \theta(t)] \tag{2-38}$$

将式(2-38)展开,可得到窄带高斯噪声的另一种常用的表示形式为

$$\begin{aligned} n_i(t) &= V(t)\cos[\omega_0 t + \theta(t)] \\ &= V(t)\cos\theta(t)\cos\omega_0 t - V(t)\sin\theta(t)\sin\omega_0 t \\ &= n_I(t)\cos\omega_0 t - n_Q(t)\sin\omega_0 t \end{aligned} \tag{2-39}$$

式中

$$n_I(t) = V(t)\cos\theta(t) \tag{2-40}$$

$$n_Q(t) = V(t)\sin\theta(t) \tag{2-41}$$

通常把余弦项的振幅 $n_I(t)$ 称为同相分量,正弦项的振幅 $n_Q(t)$ 称为正交分量。

由随机过程的知识可知,窄带噪声 $n_i(t)$ 及其同相分量 $n_I(t)$,正交分量 $n_Q(t)$ 都是均值为 0 的随机过程,即

$$\overline{n_i(t)} = \overline{n_I(t)} = \overline{n_Q(t)} = 0 \tag{2-42}$$

并且,$n_i(t)$、$n_I(t)$ 与 $n_Q(t)$ 有相同的方差,即平均功率相等,有

$$E[n_i^2(t)] = E[n_I^2(t)] = E[n_Q^2(t)] = N_i \tag{2-43}$$

这里,N_i 为窄带噪声功率。若高斯白噪声的双边功率谱密度为 $n_0/2$,带通滤波器传输特性为理想矩形函数,单边带宽为 B,如图 2-25 所示,则带通滤波器输出的窄带噪声功率为

$$N_i = \frac{n_0}{2} \cdot 2B = n_0 B \tag{2-44}$$

当然,也可以直接表示为单边功率谱密度 n_0 和单边带宽 B 的乘积,即

$$N_i = n_0 B$$

为了使已调信号能无失真地进入解调器,而同时又最大限度地抑制噪声,带宽 B 应等于已调信号的频带宽度。

图 2-25 带通滤波器的传递函数

在模拟通信系统中常用解调器输出信噪比来衡量通信系统的质量,输出信噪比定义为

$$\frac{S_o}{N_o} = \frac{\text{解调器输出有用信号的平均功率}}{\text{解调器输出噪声的平均功率}} \qquad (2\text{-}45)$$

此式的定义很简单,但所包含的意义非常重要。首先,通信系统的质量最终要用解调器的输出信噪比来衡量,而质量标准是根据人的感官生理特点而确定的。一般来说,听觉对声音信号信噪比的要求为 20~40dB,视觉对图像信号信噪比的要求为 40~60dB。其次,输出信噪比确定的条件是解调后有用信号与噪声能分开,否则无法分别计算它们的功率。最后,对通信系统来说,影响输出信噪比的因素是调制方式和解调方式。在调制信号带宽、已调信号功率和信道条件都相同的条件下,输出信噪比反映了通信系统的抗噪声性能。

另外,还用信噪比增益 G 作为不同调制方式解调器抗噪声性能的度量。信噪比增益定义为

$$G = \frac{S_o/N_o}{S_i/N_i} \qquad (2\text{-}46)$$

式中,S_i/N_i 为输入信噪比,定义为

$$\frac{S_i}{N_i} = \frac{\text{解调器输入已调信号的平均功率}}{\text{解调器输入噪声的平均功率}} \qquad (2\text{-}47)$$

显然,信噪比增益越高,则解调器的抗噪声性能越好。当然,这种比较必须是有条件的。在相同的条件下,通过比较不同系统的信噪比增益,才能说明系统的抗噪声性能。

2.3.2 线性调制相干解调的抗噪声性能

线性调制相干解调的抗噪声性能分析模型如图 2-26 所示。当存在加性干扰时,相干解调器的输入是已调信号和窄带噪声的叠加,即

$$s_i(t) + n_i(t) = s(t) + n_i(t)$$

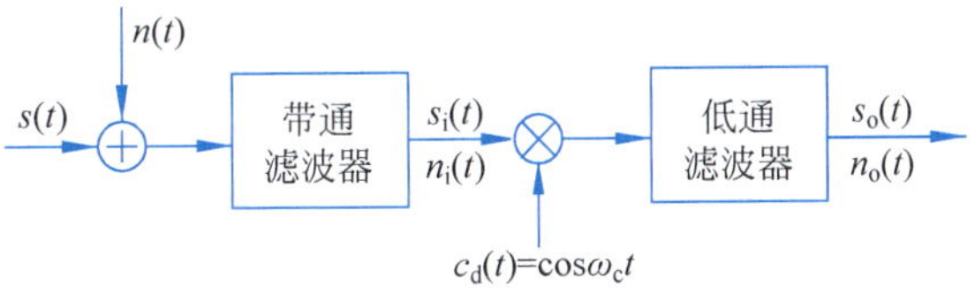

图 2-26 线性调制相干解调的抗噪声性能分析模型

下面分别讨论双边带调制和单边带调制的相干解调。

1. 双边带调制相干解调

在双边带信号的接收机中,带通滤波器的中心频率 ω_0 与调制载波频率 ω_c 相同,窄带噪声 $n_i(t)$ 的表达式为

$$n_i(t) = n_I(t)\cos\omega_c t - n_Q(t)\sin\omega_c t$$

解调器的输入乘上同频同相本地载波后,得

$$\begin{aligned}
&[s(t) + n_i(t)]\cos\omega_c t \\
&= [f(t)\cos\omega_c t + n_I(t)\cos\omega_c t - n_Q(t)\sin\omega_c t]\cos\omega_c t \\
&= f(t)\cos^2\omega_c t + n_I(t)\cos^2\omega_c t - n_Q(t)\sin\omega_c t\cos\omega_c t \\
&= \frac{1}{2}f(t) + \frac{1}{2}f(t)\cos 2\omega_c t + \frac{1}{2}n_I(t) + \frac{1}{2}n_I(t)\cos 2\omega_c t - \frac{1}{2}n_Q(t)\sin 2\omega_c t
\end{aligned}$$

(2-48)

经低通滤波后得到解调输出为

$$s_o(t) + n_o(t) = \frac{1}{2}f(t) + \frac{1}{2}n_I(t) \tag{2-49}$$

若调制信号 $f(t)$ 是均值为 0 的信号,其带宽为 W,则输出有用信号的平均功率

$$S_o = \overline{\frac{1}{4}f^2(t)} = \frac{1}{4}E[f^2(t)] \tag{2-50}$$

输出噪声的平均功率

$$N_o = \overline{\frac{1}{4}n_I^2(t)} = \frac{1}{4}n_0 B_{DSB} = \frac{1}{2}n_0 W \tag{2-51}$$

输出信噪比

$$\frac{S_o}{N_o} = \frac{E[f^2(t)]}{2n_0 W} \tag{2-52}$$

输入已调信号的平均功率

$$S_i = \overline{f^2(t)\cos^2\omega_c t} = \frac{1}{2}\overline{f^2(t)} = \frac{1}{2}E[f^2(t)] \tag{2-53}$$

输入噪声的平均功率

$$N_i = n_0 B_{DSB} = 2n_0 W \tag{2-54}$$

输入信噪比

$$\frac{S_i}{N_i} = \frac{E[f^2(t)]}{4n_0 W} \tag{2-55}$$

因而信噪比增益

$$G_{DSB} = \frac{S_o/N_o}{S_i/N_i} = 2 \tag{2-56}$$

2. 单边带调制相干解调

对于上边带调制,带通滤波器中心频率 ω_0、载波频率 ω_c 与带宽 W 之间的关系如图 2-27 所示,可表示为

$$\frac{1}{2\pi}(\omega_0 - \omega_c) = \frac{W}{2}$$

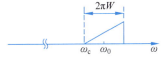

图 2-27 上边带信号频谱示意图

窄带噪声的表达式为

$$n_i(t) = n_I(t)\cos\omega_0 t - n_Q(t)\sin\omega_0 t$$

解调器的输入和相干载波相乘后，得

$$[s(t) + n_i(t)]\cos\omega_c t$$
$$= \left[\frac{1}{2}f(t)\cos\omega_c t - \frac{1}{2}\hat{f}(t)\sin\omega_c t + n_I(t)\cos\omega_0 t - n_Q(t)\sin\omega_0 t\right]\cos\omega_c t$$
$$= \frac{1}{2}f(t)\cos^2\omega_c t - \frac{1}{2}\hat{f}(t)\sin\omega_c t\cos\omega_c t + n_I(t)\cos\omega_0 t\cos\omega_c t - n_Q(t)\sin\omega_0 t\cos\omega_c t$$
$$= \frac{1}{4}f(t) + \frac{1}{4}f(t)\cos 2\omega_c t - \frac{1}{4}\hat{f}(t)\sin 2\omega_c t + \frac{1}{2}n_I(t)\cos(\omega_0 - \omega_c)t +$$
$$\frac{1}{2}n_I(t)\cos(\omega_0 + \omega_c)t - \frac{1}{2}n_Q(t)\sin(\omega_0 - \omega_c)t - \frac{1}{2}n_Q(t)\sin(\omega_0 + \omega_c)t$$

(2-57)

低通滤波器的输出为

$$s_o(t) + n_o(t) = \frac{1}{4}f(t) + \frac{1}{2}n_I(t)\cos(\pi Wt) - \frac{1}{2}n_Q(t)\sin(\pi Wt) \quad (2\text{-}58)$$

输出有用信号的平均功率

$$S_o = \frac{1}{16}E[f^2(t)] \quad (2\text{-}59)$$

输出噪声的平均功率

$$N_o = \frac{1}{4}\overline{[n_I(t)\cos(\pi Wt) - n_Q(t)\sin(\pi Wt)]^2}$$
$$= \frac{1}{4}\overline{[n_I^2(t)\cos^2(\pi Wt) + n_Q^2(t)\sin^2(\pi Wt) - n_I(t)n_Q(t)\sin 2(\pi Wt)]}$$
$$= \frac{1}{4}E\left[\frac{1}{2}n_I^2(t) + \frac{1}{2}n_Q^2(t)\right] = \frac{1}{4}E[n_I^2(t)] = \frac{1}{4}n_0 B_{SSB}$$
$$= \frac{1}{4}n_0 W \quad (2\text{-}60)$$

所以输出信噪比

$$\frac{S_o}{N_o} = \frac{E[f^2(t)]}{4n_0 W} \quad (2\text{-}61)$$

解调器输入的上边带信号的平均功率为

$$S_i = \overline{\left[\frac{1}{2}f(t)\cos\omega_c t - \frac{1}{2}\hat{f}(t)\sin\omega_c t\right]^2}$$
$$= \frac{1}{4}\overline{\left[\frac{1}{2}f^2(t) + \frac{1}{2}f^2(t)\cos 2\omega_c t + \frac{1}{2}\hat{f}^2(t) - \frac{1}{2}\hat{f}^2(t)\cos 2\omega_c t - f(t)\hat{f}(t)\sin 2\omega_c t\right]}$$

$$= \frac{1}{8}E[f^2(t)] + \frac{1}{8}E[\hat{f}^2(t)] \qquad (2\text{-}62)$$

式中，$\hat{f}(t)$ 为 $f(t)$ 的希尔伯特变换。由式(2-28)可知，$f(t)$ 与 $\hat{f}(t)$ 的幅度谱是相同的，只是相位谱不同，因而 $\hat{f}(t)$ 与 $f(t)$ 的平均功率相等。这样，式(2-62)可写为

$$S_i = \frac{1}{4}E[f^2(t)] \qquad (2\text{-}63)$$

输入噪声的平均功率

$$N_i = n_0 B_{SSB} = n_0 W \qquad (2\text{-}64)$$

可得信噪比增益

$$G_{SSB} = \frac{S_o/N_o}{S_i/N_i} = 1 \qquad (2\text{-}65)$$

式(2-65)指出单边带调制相干解调的信噪比增益为 1，而双边带时却为 2，但是这并不能说明双边带调制的抗噪声性能优于单边带调制。对比式(2-53)和式(2-63)可知，在上述讨论中，双边带已调信号的平均功率是单边带信号的 2 倍。所以式(2-52)和式(2-61)所表示的输出信噪比是在不同的输入信号功率情况下得到的。如果在相同的输入信号功率 S_i、噪声功率谱密度 n_0 和调制信号带宽 W 情况下，对这两种调制方法进行比较，就可以推导出它们的输出信噪比是相等的。也就是说，这两种调制的抗噪声性能是相同的，但双边带信号的传输带宽是单边带的 2 倍。

至于残留边带调制相干解调的抗噪声性能，其分析方法与单边带调制大体上是相似的。由于残留边带信号的带宽在取值范围内有不同的情况，所以抗噪声性能的计算比较复杂。如果残留的边带不是太宽，可以近似认为其抗噪声性能与单边带调制相同。

2.3.3 常规调幅包络检波的抗噪声性能

常规调幅包络检波的一般模型如图 2-28 所示，这里的解调器是包络检波器。

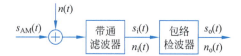

图 2-28 常规调幅包络检波的一般模型

解调器的输入为常规调幅信号，即

$$s_i(t) = [A_0 + f(t)]\cos\omega_c t$$

式中，$f(t)$ 为调制信号；A_0 为载波幅度。这里仍假设 $f(t)$ 是均值为 0 的信号。输入已调信号的平均功率

$$\begin{aligned}S_i &= \overline{s_i^2(t)} \\ &= \overline{[A_0 + f(t)]^2 \cos^2\omega_c t} = \frac{1}{2}A_0^2 + \frac{1}{2}\overline{f^2(t)} \\ &= \frac{1}{2}A_0^2 + \frac{1}{2}E[f^2(t)] \end{aligned} \qquad (2\text{-}66)$$

在图 2-28 中,带通滤波器的中心频率与常规调幅信号的载波频率相同,输入噪声为
$$n_i(t) = n_I(t)\cos\omega_c t - n_Q(t)\sin\omega_c t$$
常规调幅信号的带宽为 B_{AM},调制信号带宽为 W,因此有 $B_{AM} = 2W$,这样输入噪声的平均功率

$$N_i = n_0 B_{AM} = 2n_0 W \tag{2-67}$$

解调器输入信噪比

$$\frac{S_i}{N_i} = \frac{A_0^2 + E[f^2(t)]}{4n_0 W} \tag{2-68}$$

解调器输入是信号与噪声叠加后的混合波形,于是有

$$s_i(t) + n_i(t) = [A_0 + f(t)]\cos\omega_c t + n_I(t)\cos\omega_c t - n_Q(t)\sin\omega_c t$$
$$= [A_0 + f(t) + n_I(t)]\cos\omega_c t - n_Q(t)\sin\omega_c t \tag{2-69}$$

同频率的正余弦波可写成一个合成矢量,即有

$$s_i(t) + n_i(t) = A(t)\cos[\omega_c t + \varphi(t)] \tag{2-70}$$

式中,$A(t)$ 为瞬时幅度,

$$A(t) = \sqrt{[A_0 + f(t) + n_I(t)]^2 + n_Q^2(t)} \tag{2-71}$$

$\varphi(t)$ 为相位,

$$\varphi(t) = \arctan\left[\frac{n_Q(t)}{A_0 + f(t) + n_I(t)}\right] \tag{2-72}$$

理想包络检波器的输出即为 $A(t)$。由式(2-71)可知,包络 $A(t)$ 与信号和噪声之间存在非线性关系,信号和噪声无法完全分开,因此计算信噪比存在一定的困难。为使讨论简单,下面讨论两种特殊的输入情况。

1. 大信噪比情况

所谓大信噪比是指输入信号幅度远大于噪声幅度,即

$$[A_0 + f(t)] \gg \sqrt{n_I^2(t) + n_Q^2(t)} \tag{2-73}$$

因此,式(2-71)可简化为

$$A(t) = \sqrt{[A_0 + f(t)]^2 + 2n_I(t)[A_0 + f(t)] + n_I^2(t) + n_Q^2(t)}$$
$$= [A_0 + f(t)]\sqrt{1 + \frac{2n_I(t)}{A_0 + f(t)} + \frac{n_I^2(t) + n_Q^2(t)}{[A_0 + f(t)]^2}}$$
$$\approx [A_0 + f(t)]\sqrt{1 + \frac{2n_I(t)}{A_0 + f(t)}}$$

使用幂级数展开式,可将上式写为

$$A(t) \approx [A_0 + f(t)]\left[1 + \frac{n_I(t)}{A_0 + f(t)}\right]$$
$$= A_0 + f(t) + n_I(t) \tag{2-74}$$

式(2-74)中有用信号与噪声独立地分成两项,可分别计算它们的功率。输出有用信号的

平均功率
$$S_o = \overline{f^2(t)} = E[f^2(t)] \tag{2-75}$$

输出噪声的平均功率
$$N_o = \overline{n_I^2(t)} = E[n_I^2(t)] = n_0 B_{AM} = 2n_0 W \tag{2-76}$$

输出信噪比
$$\frac{S_o}{N_o} = \frac{E[f^2(t)]}{2n_0 W} \tag{2-77}$$

由式(2-68)和式(2-77)可得信噪比增益
$$G_{AM} = \frac{S_o/N_o}{S_i/N_i} = \frac{2E[f^2(t)]}{A_0^2 + E[f^2(t)]} \tag{2-78}$$

上式说明,常规调幅信号的信噪比增益与信号中的直流分量有关。对于正常的调幅信号,应有 $A_0 \geqslant |f(t)|_{max}$,所以 G_{AM} 总是小于1。这说明解调对输入信噪比没有改善,而是恶化了。可以证明,相干解调时常规调幅的信噪比增益与式(2-78)相同。

当调制信号为单频正弦信号时,$f(t) = A_m \cos\omega_m t$,$\overline{f^2(t)} = A_m^2/2$,代入式(2-78),得
$$G_{AM} = \frac{A_m^2}{A_0^2 + A_m^2/2} = \frac{2A_m^2}{2A_0^2 + A_m^2}$$

将 $\beta_{AM} = A_m/A_0$ 代入上式,得
$$G_{AM} = \frac{2\beta_{AM}^2}{2 + \beta_{AM}^2} \tag{2-79}$$

因为 $\beta_{AM} \leqslant 1$,所以 $G_{AM} \leqslant 2/3$。比较式(2-79)和式(2-8)可知,信噪比增益 G_{AM} 恰好是调制效率 η_{AM} 的2倍。

2. 小信噪比情况

小信噪比是指噪声幅度远大于信号幅度,即
$$A_0 + f(t) \ll \sqrt{n_I^2(t) + n_Q^2(t)}$$

经过计算可知,包络检波器的输出不存在单独的调制信号 $f(t)$,即信号与噪声无法分开。在这种情况下,无法通过包络检波器恢复出原来的调制信号,因为调制信号已被噪声所扰乱。

在输入为小信噪比时,计算包络检波器输出信噪比很困难,一般用近似公式
$$\left(\frac{S_o}{N_o}\right)_{AM} \approx \left(\frac{S_i}{N_i}\right)_{AM}^2 \tag{2-80}$$

如果在式(2-78)中,为计算简单,设 $A_0^2 = \overline{f^2(t)}$,并将此式与式(2-80)合并,可得
$$\left(\frac{S_o}{N_o}\right)_{AM} \approx \begin{cases} \left(\frac{S_i}{N_i}\right), & \frac{S_i}{N_i} \gg 1 \\ \left(\frac{S_i}{N_i}\right)^2, & \frac{S_i}{N_i} \ll 1 \end{cases} \tag{2-81}$$

由式(2-81)可知,大信噪比时,随着输入信噪比的下降,输出信噪比线性下降。当输入信噪比下降到某一值时,如果输入信噪比继续下降,输出信噪比将以较快的速度下降,这种现象称为解调器的门限效应,开始出现门限效应时的输入信噪比值称为门限值。也就是说,当输入信噪比在门限值以下时,输出信噪比将急剧恶化。这种门限效应是由包络检波器的非线性解调作用引起的。

常规调幅信号也可采用相干解调,所得结果与式(2-78)相同,而且不存在包络检波时的门限效应。由于大多数情况下输入信噪比较高,特别是在无线电广播中为了保证收听质量,发射功率都很大,包络检波电路实现起来非常容易,因而该解调方式获得了广泛应用。

例 2-3 对单频调制的常规调幅信号进行包络检波。设每个边带的功率为 10mW,载波功率为 100mW,接收机带通滤波器的带宽为 10kHz,信道噪声单边功率谱密度为 $5\times 10^{-9}\text{W/Hz}$。

(1) 求解调输出信噪比。

(2) 如果改为抑制载波双边带信号,其性能优于常规调幅多少分贝?

解题思路:

(1) 根据题目条件,是对单频调制的常规调幅信号进行包络检波,又已知边带功率和载波功率,可求出调制效率,进一步求出信噪比增益,再利用比值求出输出信噪比。

(2) 改为 DSB 之后,分析信号与噪声的变化,利用信噪比增益求解输出信噪比,再进行比较。

解 (1) 由本例条件可知常规调幅信号的带宽 $B_{AM}=10\text{kHz}$,其调制效率和解调信噪比增益分别为

$$\eta_{AM}=\frac{P_f}{P_f+P_c}=\frac{10\times 2}{10\times 2+100}=\frac{1}{6}$$

$$G_{AM}=2\eta_{AM}=\frac{1}{3}$$

输入信噪比为

$$\frac{S_i}{N_i}=\frac{120\times 10^{-3}}{5\times 10^{-9}\times 10\times 10^3}=2400$$

输出信噪比为

$$\frac{S_o}{N_o}=G_{AM}\frac{S_i}{N_i}=\frac{1}{3}\times 2400=800$$

(2) 如果改为抑制载波双边带信号,其功率应与常规调幅信号功率相同,即

$$S_i=120(\text{mW})$$

因两种信号的带宽相同,所以输入噪声功率也相同。双边带信号的输入信噪比同样为

$$\frac{S_i}{N_i}=\frac{120\times 10^{-3}}{5\times 10^{-9}\times 10\times 10^3}=2400$$

输出信噪比为

$$\frac{S_o}{N_o}=G_{DSB}\frac{S_i}{N_i}=2\times 2400=4800$$

视频

设 DSB 信号的性能优于 AM 信号的分贝数为 Γ,可计算出

$$\Gamma = 10\lg \frac{(S_o/N_o)_{DSB}}{(S_o/N_o)_{AM}} = 10\lg\frac{4800}{800} = 10\lg 6 = 7.78 \text{(dB)}$$

例 2-4 对双边带信号和单边带进行相干解调,接收信号功率为 2mW,噪声双边功率谱密度为 $2\times 10^{-3} \mu\text{W/Hz}$,调制信号是最高频率为 4kHz 的低通信号。

(1) 比较解调器输入信噪比;
(2) 比较解调器输出信噪比。

解题思路:
(1) 根据信噪比的基本定义来求解输入信噪比。
(2) 根据单边带和双边带相干解调的信噪比增益求解输出信噪比。

解 单边带信号的输入信噪比和输出信噪比分别为

$$\frac{S_i}{N_i} = \frac{S_i}{n_0 B_{SSB}} = \frac{2\times 10^{-3}}{2\times 2\times 10^{-3}\times 10^{-6}\times 4\times 10^3} = \frac{1000}{8} = 125$$

$$\frac{S_o}{N_o} = G_{SSB} \frac{S_i}{N_i} = \frac{S_i}{N_i} = 125$$

双边带信号的输入信噪比和输出信噪比分别为

$$\frac{S_i}{N_i} = \frac{S_i}{n_0 B_{DSB}} = \frac{2\times 10^{-3}}{2\times 2\times 10^{-3}\times 10^{-6}\times 2\times 4\times 10^3} = \frac{1000}{16} = 62.5$$

$$\frac{S_o}{N_o} = G_{DSB} \frac{S_i}{N_i} = 2\times 62.5 = 125$$

输入信噪比的比较为

$$\left(\frac{S_i}{N_i}\right)_{SSB} : \left(\frac{S_i}{N_i}\right)_{DSB} = 2:1$$

输出信噪比的比较为

$$\left(\frac{S_o}{N_o}\right)_{SSB} : \left(\frac{S_o}{N_o}\right)_{DSB} = 1:1$$

本题是在相同的输入信号功率、相同的输入噪声功率谱密度、相同的基带信号带宽这 3 个前提条件下进行的比较,计算结果说明两种信号的抗噪声性能相同。

2.4 模拟非线性调制系统

　　幅度调制属于线性调制,其调制方法是用调制信号改变载波的幅度,以实现调制信号频谱的线性搬移。要完成频率的搬移,还可以采用另一种调制方式,即用调制信号改变载波的频率或相位。但这种调制与线性调制不同,已调信号的频谱不再是原调制信号频谱的线性搬移,而是一种非线性变换,因而称为非线性调制。非线性调制分为频率调制(FM)和相位调制(PM),分别简称为调频和调相,两者又统称为角调制。调频和调相之间有着密切的内在联系,鉴于调频已得到广泛的应用,本节主要讨论频率调制。

2.4.1 角调制的基本概念

任何一个正弦型信号,如果幅度不变而角度可变,则称为角度调制信号,可表示为

$$c(t) = A\cos[\theta(t)] \tag{2-82}$$

式中,$\theta(t)$为正弦波的瞬时相角,又称瞬时相位。将$\theta(t)$对时间t求导可得瞬时频率

$$\omega(t) = \frac{\mathrm{d}\theta(t)}{\mathrm{d}t} \tag{2-83}$$

瞬时相位和瞬时频率又可表示为以下积分关系:

$$\theta(t) = \int \omega(t)\mathrm{d}t \tag{2-84}$$

角度调制信号的一般表示式为

$$s(t) = A\cos[\omega_c t + \varphi(t) + \theta_0] \tag{2-85}$$

式中,A、ω_c和θ_0均为常数,它们分别是载波的幅度、角频率和初始相位。$\varphi(t)$为相对于载波相位$\omega_c t$的瞬时相位偏移,其导数$\mathrm{d}\varphi(t)/\mathrm{d}t$为瞬时频率偏移。

当幅度A和角频率ω_c保持不变,而瞬时相位偏移是调制信号$f(t)$的线性函数时,这种调制方式称为相位调制。此时瞬时相位偏移可表达为

$$\varphi(t) = K_{\mathrm{PM}} f(t) \tag{2-86}$$

式中,K_{PM}称为相移常数,这是取决于具体电路的一个常数,代表调相器的灵敏度,单位为 rad/V,其含义是调制信号单位幅度引起调相信号的相位偏移量。相应的已调信号称为调相信号。

当初始相位为 0 时,调相信号的时域表达式为

$$s_{\mathrm{PM}}(t) = A\cos[\omega_c t + K_{\mathrm{PM}} f(t)] \tag{2-87}$$

其瞬时相位为

$$\theta(t) = \omega_c t + K_{\mathrm{PM}} f(t) \tag{2-88}$$

对式(2-88)求导,可得瞬时频率为

$$\omega(t) = \frac{\mathrm{d}\theta(t)}{\mathrm{d}t} = \omega_c + K_{\mathrm{PM}} \frac{\mathrm{d}f(t)}{\mathrm{d}t} \tag{2-89}$$

如果载波的瞬时角频率偏移$\Delta\omega(t)$是调制信号的线性函数,则这种调制方式称为频率调制。此时瞬时的角频率偏移为

$$\Delta\omega(t) = \frac{\mathrm{d}\varphi(t)}{\mathrm{d}t} = K_{\mathrm{FM}} f(t) \tag{2-90}$$

式中,K_{FM}为频偏常数,代表调频器的灵敏度,单位为 rad/(V·s),其含义是调制信号单位幅度引起调频信号的角频率偏移量。此时瞬时角频率为

$$\omega(t) = \omega_c + K_{\mathrm{FM}} f(t) \tag{2-91}$$

瞬时相位为

$$\theta(t) = \int \omega(t)\mathrm{d}t = \omega_c t + K_{\mathrm{FM}} \int f(t)\mathrm{d}t \tag{2-92}$$

所以调频信号的时域表达式为

$$s_{FM}(t) = A\cos\left[\omega_c t + K_{FM}\int f(t)\mathrm{d}t\right] \tag{2-93}$$

比较式(2-88)和式(2-92)可知,相位的变化和频率的变化均引起角度的变化,所以相位调制和频率调制统称为角调制。由式(2-87)和式(2-93)可以看出,调相信号与调频信号的区别仅仅在于前者的相位偏移随调制信号 $f(t)$ 线性变化,而后者的相位偏移随 $f(t)$ 的积分呈线性变化。如果预先不知道调制信号 $f(t)$ 的具体形式,则很难判断已调信号是调相信号还是调频信号。下面以单频调制为例加以说明。

设调制信号为单频余弦波,即

$$f(t) = A_m\cos\omega_m t$$

当它对载波进行相位调制时,由式(2-87)可得调相信号

$$\begin{aligned}s_{PM}(t) &= A\cos\left[\omega_c t + K_{PM}A_m\cos\omega_m t\right]\\ &= A\cos\left[\omega_c t + \beta_{PM}\cos\omega_m t\right]\end{aligned} \tag{2-94}$$

式中,β_{PM} 称为调相指数,关系式为

$$\beta_{PM} = K_{PM}A_m \tag{2-95}$$

其数值为调相信号最大的相位偏移。

如果调制信号对载波进行频率调制,则由式(2-93)可得调频信号表达式为

$$\begin{aligned}s_{FM}(t) &= A\cos\left[\omega_c t + K_{FM}A_m\int\cos\omega_m t\,\mathrm{d}t\right]\\ &= A\cos\left[\omega_c t + \beta_{FM}\sin\omega_m t\right]\end{aligned} \tag{2-96}$$

式中,β_{FM} 称为调频指数,可表示为

$$\beta_{FM} = \frac{K_{FM}A_m}{\omega_m} = \frac{\Delta\omega_{max}}{\omega_m} = \frac{\Delta f_{max}}{f_m} \tag{2-97}$$

其数值为调频信号最大的相位偏移。由于 $K_{FM}A_m$ 为最大角频率偏移,即 $\Delta\omega_{max} = K_{FM}A_m$,则 Δf_{max} 为最大的频率偏移。由式(2-94)和式(2-96)画得的调相信号和调频信号分别如图 2-29(a)和图 2-29(b)所示。

由于瞬时角频率与瞬时相角之间存在着确定的关系,所以调相信号和调频信号可以互相转换。对调制信号先进行微分,然后用微分信号对载波进行调频,调频输出信号等效于调相信号,这种调相方式称为间接调相。同样,对调制信号先进行积分,然后用积分信号对载波进行调相,则调相输出信号等效于调频信号,这种调频方式称为间接调频。直接调相和间接调相如图 2-30 所示。直接调频和间接调频如图 2-31 所示。由于实际相位调制器的调节范围不可能超出 $(-\pi,\pi)$,因而直接调相和间接调频仅适用于相位偏移和频率偏移不大的窄带调制情况,而直接调频和间接调相常用于宽带调制情况。

2.4.2 调频信号

根据调制前后信号带宽的相对变化,可将角调制分为宽带和窄带两种。角调制信号的带宽取决于相位偏移的大小,一般认为确定窄带角调制的条件为

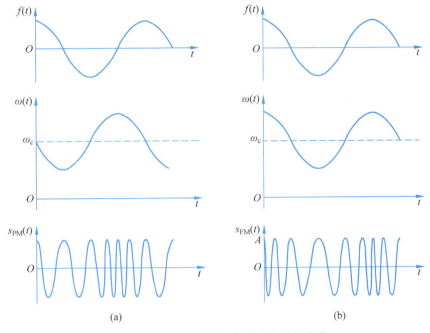

图 2-29 单频调制时的调相信号和调频信号

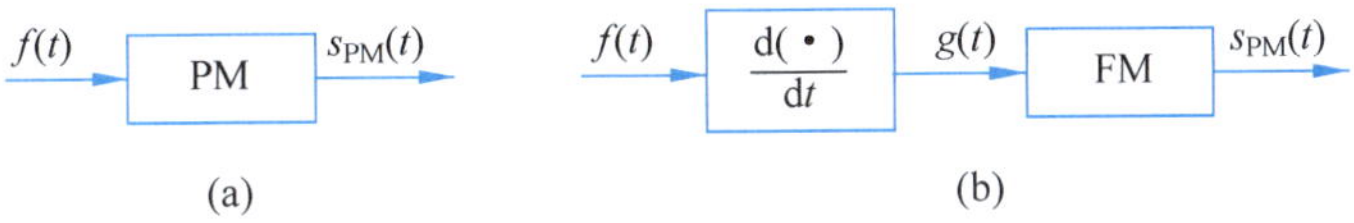

图 2-30 直接调相和间接调相

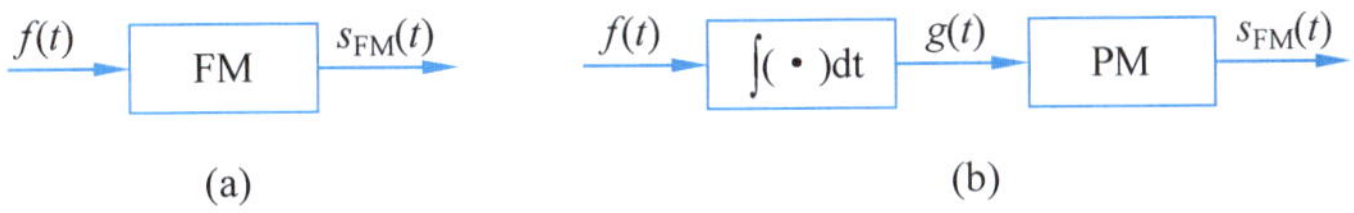

图 2-31 直接调频和间接调频

$$\begin{cases} \left| K_{FM} \int f(t) dt \right|_{max} \ll \dfrac{\pi}{6} \quad (\text{或 } 0.5) \\ \left| K_{PM} f(t) \right|_{max} \ll \dfrac{\pi}{6} \quad (\text{或 } 0.5) \end{cases} \quad (2\text{-}98)$$

即由调频或调相所引起的最大瞬时相位偏移远小于 30°时,就称为窄带调频(NBFM)或窄带调相(NBPM)。当式(2-98)条件得不到满足时,则称为宽带调频(WBFM)或宽带调相(WBPM)。以下将集中讨论调频信号。

1. 窄带调频

调频信号的时域表达式为

$$\begin{aligned} s_{FM}(t) &= A\cos\left[\omega_c t + K_{FM}\int f(t)dt\right] \\ &= A\cos\omega_c t \cos\left[K_{FM}\int f(t)dt\right] - A\sin\omega_c t \sin\left[K_{FM}\int f(t)dt\right] \end{aligned} \quad (2\text{-}99)$$

当满足式(2-98)的条件时,可得近似式

$$\sin\left[K_{FM}\int f(t)dt\right] \approx K_{FM}\int f(t)dt$$

$$\cos\left[K_{FM}\int f(t)dt\right] \approx 1$$

式(2-99)可简化为

$$s_{NBFM}(t) \approx A\cos\omega_c t - \left[AK_{FM}\int f(t)dt\right]\sin\omega_c t \tag{2-100}$$

调制信号 $f(t)$ 的频谱为 $F(\omega)$,设 $f(t)$ 的均值为 0,即 $F(0)=0$。为求出窄带调频信号的频谱,先列出以下傅里叶变换对:

$$f(t) \leftrightarrow F(\omega)$$

$$\cos\omega_c t \leftrightarrow \pi[\delta(\omega-\omega_c)+\delta(\omega+\omega_c)]$$

$$\sin\omega_c t \leftrightarrow \frac{\pi}{j}[\delta(\omega-\omega_c)-\delta(\omega+\omega_c)]$$

$$\int f(t)dt \leftrightarrow \frac{F(\omega)}{j\omega}+\pi F(0)\delta(\omega)=\frac{F(\omega)}{j\omega}$$

$$\left[\int f(t)dt\right]\sin\omega_c t \leftrightarrow \frac{1}{2j}\left[\frac{F(\omega-\omega_c)}{j(\omega-\omega_c)}-\frac{F(\omega+\omega_c)}{j(\omega+\omega_c)}\right]$$

将以上的傅里叶变换代入式(2-100),可得窄带调频信号的频域表达式

$$S_{NBFM}(\omega) = \pi A[\delta(\omega-\omega_c)+\delta(\omega+\omega_c)] + \frac{AK_{FM}}{2}\left[\frac{F(\omega-\omega_c)}{\omega-\omega_c}-\frac{F(\omega+\omega_c)}{\omega+\omega_c}\right] \tag{2-101}$$

式(2-100)和式(2-101)是窄带调频信号的时域和频域的一般表达式。将它们与式(2-4)和式(2-5)相比较,可看出窄带调频信号与常规调幅信号既有相似之处,又有重要区别。相似之处在于,它们在 $\pm\omega_c$ 处有载波分量,在 $\pm\omega_c$ 两侧有围绕着载频的两个边带。由于都有两个边带,所以它们的带宽相同,都是调制信号最高频率的 2 倍。而两种信号的区别也是明显的。首先,窄带调频时的正、负频率分量分别乘因式 $1/(\omega-\omega_c)$ 和 $1/(\omega+\omega_c)$,由于因式是频率的函数,所以这种加权是频率加权,加权的结果引起调制信号频谱的失真。另外,正、负频率分量的符号相反,说明它们在相位上相差 $180°$。

下面仍以单频调制的情况为例。设调制信号

$$f(t)=A_m\cos\omega_m t$$

窄带调频信号为

$$\begin{aligned}s_{NBFM}(t) &\approx A\cos\omega_c t - A\left[K_{FM}\int f(t)dt\right]\sin\omega_c t\\ &= A\cos\omega_c t - AA_m K_{FM}\frac{1}{\omega_m}\sin\omega_m t\sin\omega_c t\\ &= A\cos\omega_c t + \frac{AA_m K_{FM}}{2\omega_m}[\cos(\omega_c+\omega_m)t-\cos(\omega_c-\omega_m)t]\end{aligned} \tag{2-102}$$

常规调幅信号为

$$s_{AM}(t) = (A + A_m\cos\omega_m t)\cos\omega_c t$$
$$= A\cos\omega_c t + A_m\cos\omega_m t\cos\omega_c t$$
$$= A\cos\omega_c t + \frac{A_m}{2}[\cos(\omega_c+\omega_m)t + \cos(\omega_c-\omega_m)t] \quad (2\text{-}103)$$

为了对两种调制进行比较,可分别画出它们的频谱图。图 2-32(a)为单频调制信号的频谱,图 2-32(b)和图 2-32(c)分别为常规调幅和窄带调频的频谱。还需要指出的是,实际上在常规调幅中,边带的幅度不得超过载波的一半,否则将出现过调。类似地,对于实际的窄带调频则要求边带的幅度远小于载波的幅度,否则不满足窄带的条件。

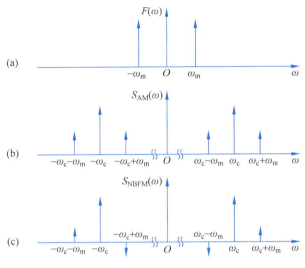

图 2-32 常规调幅和窄带调频的频谱

2. 宽带调频

当不满足式(2-98)的条件时,调频信号就不能简化为式(2-100)。由于调制信号对载波进行频率调制将产生较大的频偏,所以已调信号在传输时要占用较宽的频带,这就形成了宽带调频信号。

由于分析一般的调频信号比较困难,因此先来讨论调制信号是单频信号时的简单情况,然后再推广到一般情况。

1) 调频信号的表达

设调制信号为单频信号 $f(t)$,即
$$f(t) = A_m\cos\omega_m t = A_m\cos 2\pi f_m t$$

由式(2-96)可知,调频信号的时域表达式为
$$s_{FM}(t) = A\cos(\omega_c t + \beta_{FM}\sin\omega_m t) \quad (2\text{-}104)$$

对式(2-104)利用三角公式展开,有
$$s_{FM}(t) = A\cos\omega_c t\cos(\beta_{FM}\sin\omega_m t) - A\sin\omega_c t\sin(\beta_{FM}\sin\omega_m t) \quad (2\text{-}105)$$

将式(2-105)中的两个因子进一步展开成傅里叶级数,其中偶函数因子
$$\cos(\beta_{FM}\sin\omega_m t) = J_0(\beta_{FM}) + 2\sum_{n=1}^{\infty}J_{2n}(\beta_{FM})\cos(2n\omega_m t) \quad (2\text{-}106)$$

奇函数因子

$$\sin(\beta_{FM}\sin\omega_m t) = 2\sum_{n=1}^{\infty} J_{2n-1}(\beta_{FM})\sin(2n-1)\omega_m t \tag{2-107}$$

式(2-106)和式(2-107)中的 $J_n(\beta_{FM})$ 称为第一类 n 阶贝塞尔函数,它是 n 和 β_{FM} 的函数,其值可用无穷级数表示如下:

$$J_n(\beta_{FM}) = \sum_{m=0}^{\infty} \frac{(-1)^m \left(\frac{1}{2}\beta_{FM}\right)^{n+2m}}{m!(n+m)!} \tag{2-108}$$

表 D-1 中列出贝塞尔函数值,给出了阶数 n 和 β_{FM} 为不同值时的 $J_n(\beta_{FM})$ 值。前 8 阶贝塞尔函数曲线如图 2-33 和图 2-34 所示。函数表给出了精确的计算值,但 β_{FM} 的取值不连续,有 0.2 的步长。曲线描绘了函数值随 β_{FM} 值的连续变化,但读数的精度有限。为了求出合适的 $J_n(\beta_{FM})$ 值,应将函数表和曲线结合起来使用。为简便起见,函数表和曲线中的 β_{FM} 均用 β 表示。

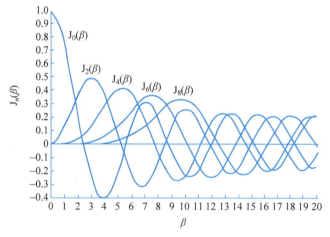

图 2-33　偶数阶贝塞尔函数

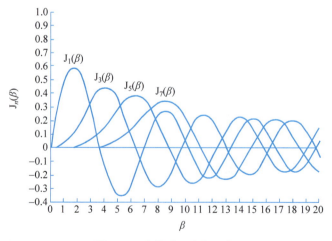

图 2-34　奇数阶贝塞尔函数

贝塞尔函数的主要性质如下。

（1） $$J_{-n}(\beta_{FM}) = (-1)^n J_n(\beta_{FM}) \tag{2-109}$$

n 为奇数时，$\quad J_{-n}(\beta_{FM}) = -J_n(\beta_{FM})$

n 为偶数时，$\quad J_n(\beta_{FM}) = J_{-n}(\beta_{FM})$

（2）对于任意 β_{FM} 值，各阶贝塞尔函数的平方和恒等于 1，即

$$\sum_{n=-\infty}^{\infty} J_n^2(\beta_{FM}) = 1 \tag{2-110}$$

（3）当调频指数 β_{FM} 很小，理论上满足 $\beta_{FM} \ll 1$ 时，有

$$\begin{cases} J_0(\beta_{FM}) \approx 1 \\ J_1(\beta_{FM}) \approx \dfrac{1}{2}\beta_{FM} \\ J_n(\beta_{FM}) \approx 0, \quad n > 1 \end{cases} \tag{2-111}$$

将式(2-106)和式(2-107)代入式(2-105)，得

$$s_{FM}(t) = A\cos\omega_c t \left[J_0(\beta_{FM}) + 2\sum_{n=1}^{\infty} J_{2n}(\beta_{FM})\cos(2n\omega_m t) \right] - \\ A\sin\omega_c t \left[2\sum_{n=1}^{\infty} J_{2n-1}(\beta_{FM})\sin(2n-1)\omega_m t \right]$$

利用三角公式

$$\cos x \cos y = \frac{1}{2}\cos(x-y) + \frac{1}{2}\cos(x+y)$$

$$\sin x \sin y = \frac{1}{2}\cos(x-y) - \frac{1}{2}\cos(x+y)$$

再利用式(2-109)，可得到调频信号的级数展开式

$$s_{FM}(t) = A\sum_{n=-\infty}^{\infty} J_n(\beta_{FM})\cos(\omega_c + n\omega_m)t \tag{2-112}$$

对式(2-112)进行傅里叶变换，即得到调频信号的频域表达式

$$S_{FM}(\omega) = \pi A \sum_{n=-\infty}^{\infty} J_n(\beta_{FM})[\delta(\omega - \omega_c - n\omega_m) + \delta(\omega + \omega_c + n\omega_m)] \tag{2-113}$$

由式(2-112)和式(2-113)可知，调制信号虽是单频的，但已调信号的频谱中含有无穷多个频率分量。当 $n=0$ 时就是载波分量 ω_c，其幅度为 $AJ_0(\beta_{FM})$。当 $n \neq 0$ 时在载频 ω_c 两侧分布着 n 次上下边频 $\omega_c \pm n\omega_m$，相邻边频之间的间隔为 ω_m，边频的幅度为 $AJ_n(\beta_{FM})$。当 n 为奇数时，上下边频的极性相反；当 n 为偶数时，极性相同。由此可见，调频信号的频谱不再是调制信号频谱的线性搬移，这就说明了频率调制的非线性性质。

由图 2-33、图 2-34 及式(2-111)还可以看出，当 $\beta_{FM} \ll 1$ 时，只有 $J_0(\beta_{FM})$ 和 $J_1(\beta_{FM})$ 有值，n 为其他值时，$J_n(\beta_{FM})$ 都近似为 0，这说明已调信号只有载频 ω_c 和上下边频 $\omega_c \pm \omega_m$，这种情况就是窄带调频。当 β_{FM} 逐渐增大时，边频分量逐渐增多。当 $\beta_{FM} > 1$ 时便成了宽带调频。此外，$J_0(\beta_{FM})$ 是随 β_{FM} 值呈衰减波动的。对应于 $J_0(\beta_{FM})$ 的过零点，说

明 β_{FM} 取这些值时,已调信号中没有载波分量,已调信号的全部功率分配到了各次边频上。

2) 调频信号的带宽

调频信号的频谱中包含有无穷多个分量,因此理论上调频信号的频带宽度为无限宽。但是实际上频谱的分布仍是相对集中的。由贝塞尔函数图可以看到,随着 n 的增大,$J_n(\beta_{FM})$ 的最大值逐渐下降。因此,只要适当地选择 n 值,当边频分量小到一定程度时便可以忽略不计,这样就可使已调信号的频谱限制在有限的频带内。这时调频信号的近似带宽为

$$B_{FM} \approx 2n_{max} f_m \qquad (2-114)$$

式中,n_{max} 为最高边频次数,它取决于实际应用中对信号失真的要求。一个常用的原则是将最大边频数取到 $(1+\beta_{FM})$ 次。计算结果表明,大于 $(2+\beta_{FM})$ 次的边频分量其幅度小于未调载波幅度的 10%,将最大边频数取到 $(1+\beta_{FM})$ 次,意味着大于未调载波幅度 10% 的边频分量均被保留。根据这个原则,调频信号的带宽表示为

$$B_{FM} = 2(1+\beta_{FM})f_m = 2f_m + 2\Delta f_{max} \qquad (2-115)$$

式(2-115)说明调频信号的带宽取决于最大频偏和调制信号的频率,该式称为卡森公式。

在 $\beta_{FM} \ll 1$ 的情况下,式(2-115)可以简化为

$$B_{FM} \approx 2f_m$$

这是窄带调频的情况,与前面的分析是一致的。这时的带宽由第 1 对边频决定,带宽只随调制信号的频率 f_m 变化。

在 $\beta_{FM} \gg 1$ 的情况下,式(2-115)可以简化为

$$B_{FM} \approx 2\Delta f_{max}$$

这是大指数宽带调频情况,说明带宽由最大频偏决定。

以上讨论的是单频调制的宽带调频信号。由于调频是一种非线性过程,如果调制信号不是单一频率,则其宽带调频信号的频谱分析将更加复杂。根据分析和经验,当调制信号为任意限带信号时,所得到的调频信号的近似带宽仍然可用卡森公式来估算。

对于调制信号是任意的限带信号,可以定义一频偏比 D_{FM},即有

$$D_{FM} = \frac{\text{峰值(角)频率偏移}}{\text{调制信号的最高(角)频率}} = \frac{\Delta \omega_{max}}{\omega_{max}} = \frac{\Delta f_{max}}{f_{max}} \qquad (2-116)$$

式中,$\Delta \omega_{max}$ 为最大角频率偏移。参照式(2-90),有

$$\Delta \omega_{max} = K_{FM} |f(t)|_{max}$$

然后用 D_{FM} 代替卡森公式中的 β_{FM},用 f_{max} 代替 f_m,可得到任意限带信号调制时的频带宽度估算公式

$$B_{FM} = 2(D_{FM} + 1)f_{max} \qquad (2-117)$$

3) 调频信号的功率分配

对于调频信号来说,已调信号和未调制载波的幅度是相同的,所以已调信号的总功率等于未调制载波的功率,其总功率与调制过程及调频指数无关。当 $\beta_{FM} = 0$,即不调制时,$J_0(0) = 1$,此时载波功率为 $A^2/2$。当 $\beta_{FM} \neq 0$ 时,$J_0(\beta_{FM}) < 1$,载波功率下降,下降的

部分转变为各边频功率,而总功率保持不变,始终为 $A^2/2$。当 β_{FM} 改变时,载波功率与各边频功率的分配关系也发生变化。设 P_c、P_f 和 P_{FM} 分别代表载波功率、各次边频功率总和及调频信号总功率,可写出以下表达式:

$$P_c = \frac{A^2}{2} J_0^2(\beta_{FM}) \tag{2-118}$$

$$P_f = 2 \times \frac{A^2}{2} \sum_{n=1}^{\infty} J_n^2(\beta_{FM}) = A^2 \sum_{n=1}^{\infty} J_n^2(\beta_{FM}) \tag{2-119}$$

$$P_{FM} = P_c + P_f \tag{2-120}$$

当改变 β_{FM} 值时,$J_0(\beta_{FM})$ 和 $J_n(\beta_{FM})$ 将随之改变,这就会引起 P_c 和 P_f 的变化,所以调频信号的功率分布与 β_{FM} 有关。而 β_{FM} 的大小与调制信号的幅度及频率有关,这说明调制信号不提供功率,但它可以控制功率的分布。

例 2-5 当调频指数 $\beta_{FM} = 3$ 时,求各次边频的幅度,并画出频谱图,求出载波分量功率和边频分量功率。设未调载波幅度为 A。

解 由卡森公式可知,取到 4 次边频即可。查贝塞尔函数表可得

$$J_0(3) = -0.26 \quad J_1(3) = 0.34$$
$$J_2(3) = 0.49 \quad J_3(3) = 0.31$$
$$J_4(3) = 0.13 \quad J_5(3) = 0.04$$

画出的频谱图如图 2-35 所示。

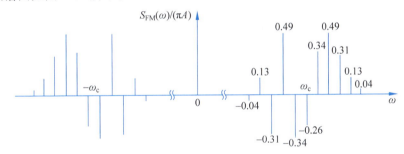

图 2-35 例 2-5 中的调频信号频谱图

载波分量功率为

$$P_c = \frac{A^2}{2} J_0^2(3) = \frac{A^2}{2} \times 0.26^2 = \frac{A^2}{2} \times 0.06$$

4 次边频分量的功率和为

$$P_f = 2 \times \frac{A^2}{2} [0.34^2 + 0.49^2 + 0.31^2 + 0.13^2] \approx \frac{A^2}{2} \times 0.90$$

由以上计算可得该调频信号的总功率为

$$P_{FM} = \frac{A^2}{2} \times 0.96$$

说明它已达到未调载波功率的 96%,被忽略的高次边频分量的功率仅占总功率的 4%。

2.4.3 调频信号的产生与解调

1. 调频信号的产生

产生调频信号通常有两种方法,一种为直接调频法,又称参数变值法;另一种为倍频法。

1) 直接调频法

由电路的知识可知,振荡器的频率由电抗元件的参数决定。如果用调制信号直接改变电抗元件的参数,可以使输出信号的瞬时频率随调制信号呈线性变化。这种产生调频信号的方法为直接调频法,原理图如图 2-36 所示。

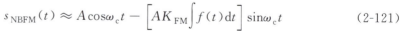

图 2-36 直接调频法原理图

在实际应用中,常采用压控振荡器(VCO)作为产生调频信号的调制器,压控振荡器的输出频率在一定范围内正比于所加的控制电压。根据载波频率不同,压控振荡器使用的电抗元件不同。较低频率时可以采用变容二极管、电抗管或集成电路作压控振荡器。在微波频段可采用反射式速调管作压控振荡器。

直接调频法的优点是容易实现,且可以得到很大的频偏。但这种方法产生的载频会发生漂移,因此还需要附加稳频电路。

2) 倍频法

倍频法是指先产生窄带调频信号,然后用倍频和混频的方法变换为宽带调频信号。

由于产生窄带调频信号比较容易,所以它经常用于间接产生宽带调频信号。窄带调频信号可看成正交分量与同相分量的合成,即

$$s_{\text{NBFM}}(t) \approx A\cos\omega_c t - \left[AK_{\text{FM}} \int f(t)\mathrm{d}t \right] \sin\omega_c t \tag{2-121}$$

由式(2-121)可知,采用图 2-37 所示的方框图可实现窄带调频。

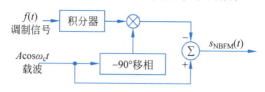

图 2-37 窄带调频调制原理图

窄带调频信号的调频指数一般都很小,为了实现宽带调频,要采用倍频法提高调频指数,如图 2-38 所示。倍频器的作用是使输出信号的频率为输入信号频率的某一给定倍数。倍频器可以用非线性器件实现,然后用带通滤波器滤除不需要的频率分量。以理想平方律器件为例,其输出-输入特性为

$$s_o(t) = a s_i^2(t) \tag{2-122}$$

当输入信号 $s_i(t)$ 为调频信号时,有

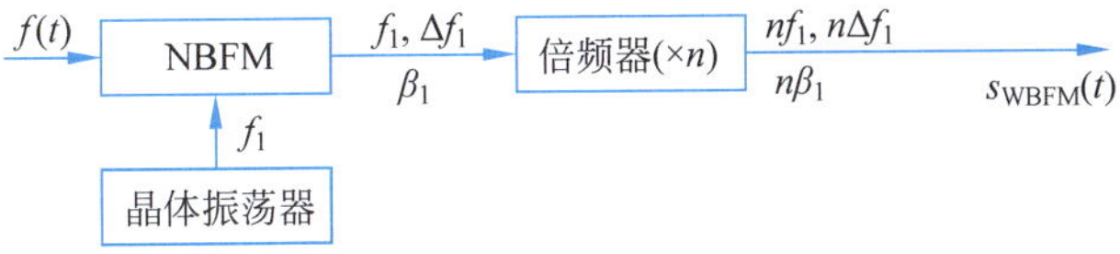

图 2-38 倍频法原理图

$$s_i(t) = A\cos[\omega_c t + \varphi(t)]$$

平方律器件输出为

$$s_o(t) = as_i^2(t) = aA^2\cos^2[\omega_c t + \varphi(t)]$$
$$= \frac{1}{2}aA^2 + \frac{1}{2}aA^2\cos[2\omega_c t + 2\varphi(t)] \tag{2-123}$$

由式(2-123)可知,滤除直流分量后即可得一个新的调频信号,但此时载频和相位偏移均增为 2 倍。以单频调制为例,相位偏移可表示为

$$\varphi(t) = \beta_{FM}\sin\omega_m t$$

相位偏移增为 2 倍后,有

$$2\varphi(t) = 2\beta_{FM}\sin\omega_m t \tag{2-124}$$

对同一调制信号 $A_m\cos\omega_m t$ 而言,由于相位偏移增为 2 倍,所以新调频波的调频指数也必然增为 2 倍,这就意味着频偏也增为 2 倍。同理,用一个 n 次律器件可以使调频信号的载频和调频指数也增为 n 倍。

这时就出现了一个矛盾,即使用倍频法提高了调频指数,但也提高了载波频率,这有可能使载频过高而不符合要求(工程上,载频的使用必须遵守国家或地区相关部门的规定),且频率过高也给电路技术提出了较高要求。为了解决这个矛盾,往往在使用倍频器的同时使用混频器,用以控制载波的频率。混频器的作用与幅度调制器的作用相同,它将输入信号的频谱移动到给定的频率位置上,但不改变其频谱结构。如图 2-39 所示,混频器由相乘器和带通滤波器组成。中心频率为 f_c 的输入信号和频率为 f_r 的参考信号相乘,相乘的结果使输入信号的频谱搬移到中心频率为 $f_c \pm f_r$ 的位置上,$f_c + f_r$ 称为和频,$f_c - f_r$ 称为差频,用带通滤波器可滤出和频信号或差频信号。产生和频信号的混频过程称为上变频,产生差频信号的混频过程称为下变频。显然,通过下变频得到的差频信号,其频率被人

图 2-39 混频器原理图

为降低了,这是解决倍频法提高载波频率这一问题的有效途径。

在工程上产生宽带调频信号的方法是将倍频器和混频器适当配合使用,如图 2-40 所示。该图所对应的宽带调频信号产生方法称为阿姆斯特朗(Armstrong)法。设窄带调频器产生的窄带调频信号的载频为 f_1,最大频偏为 Δf_1,调频指数为 β_1,若要求宽带调频信号的载频为 f_c,最大频偏为 Δf_{FM},调频指数为 β_{FM}。信号经过第一级倍频器之后进入混频器,混频器输出差频信号,之后再进行第二级倍频,由图 2-40 可以列出它们的关系如下:

$$\begin{cases} f_c = n_2(n_1 f_1 - f_r) \\ \Delta f_{FM} = n_1 n_2 \Delta f_1 \\ \beta_{FM} = n_1 n_2 \beta_1 \end{cases} \tag{2-125}$$

由式(2-125)可求出所需参数 n_1、n_2 及 f_r。在工程上，当载频 f_c 是某规定的频率值时，通过选择合适的参考信号频率值 f_r，并合理设计倍频次数，就可以达到实际应用的要求。

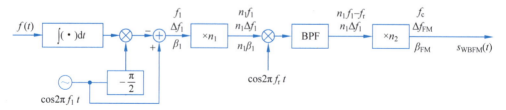

图 2-40 阿姆斯特朗法

例 2-6 用图 2-40 所示框图构成调频发射机。设调制信号是 $f_m = 15\text{kHz}$ 的单频余弦信号，窄带调频信号的载频 $f_1 = 200\text{kHz}$，最大频偏 $\Delta f_1 = 25\text{Hz}$，混频器参考信号频率 $f_r = 10.9\text{MHz}$，倍频次数 $n_1 = 64$，$n_2 = 48$。

(1) 求窄带调频信号的调频指数；
(2) 求调频发射信号的载频、最大频偏、调频指数。

解 (1) 由窄带调频信号的最大频偏 Δf_1 和调制信号频率 f_m 可求出调频指数

$$\beta_1 = \frac{\Delta f_1}{f_m} = \frac{25}{15 \times 10^3} \approx 1.67 \times 10^{-3}$$

(2) 调频发射信号的载频可由 f_1、f_r、n_1、n_2 求出，即

$$f_c = n_2(n_1 f_1 - f_r) = 48 \times (64 \times 200 \times 10^3 - 10.9 \times 10^6) = 91.2(\text{MHz})$$

调频信号的最大频偏

$$\Delta f_{FM} = \Delta f_1 \cdot n_1 n_2 = 25 \times 64 \times 48 = 76.8(\text{kHz})$$

调频指数

$$\beta_{FM} = \frac{\Delta f_{FM}}{f_m} = \frac{76.8 \times 10^3}{15 \times 10^3} = 5.12$$

2. 调频信号的解调

与幅度调制一样，调频信号也有相干解调和非相干解调两种解调方式。相干解调仅适用于窄带调频信号，而非相干解调适用于窄带和宽带调频信号。解调的方法不同，其目的都是要得到一个幅度随输入信号频率成比例变化的输出信号。

1) 非相干解调

调频信号的一般表达式为

$$s_{FM}(t) = A\cos\left[\omega_c t + K_{FM}\int f(t)dt\right] \tag{2-126}$$

解调器的输出应为

$$s_o(t) \propto K_{FM} f(t) \tag{2-127}$$

采用具有线性的频率-电压转换特性的鉴频器,可对调频信号进行直接解调。图 2-41(a)、图 2-41(b)分别给出理想鉴频器特性和鉴频器的组成框图。理想鉴频器可看成微分器与包络检波器的级联。微分器的输出

$$s_d(t) = -A[\omega_c + K_{FM}f(t)]\sin\left[\omega_c t + K_{FM}\int f(t)dt\right] \quad (2\text{-}128)$$

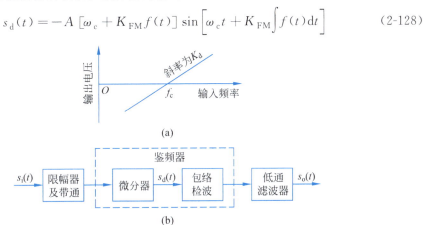

图 2-41 鉴频器特性及组成

式(2-128)表示的是一个调幅调频信号,其幅度为

$$\rho(t) = A[\omega_c + K_{FM}f(t)] \quad (2\text{-}129)$$

载波频率为

$$\omega(t) = \omega_c + K_{FM}f(t) \quad (2\text{-}130)$$

如果 $K_{FM}f(t) \ll \omega_c$,则式(2-128)可近似地看作包络为 $\rho(t)$ 的常规调幅信号,稍有不同的是载波频率有微小的变化。用包络检波器检出其包络,再滤去直流后,得到的输出为

$$s_o(t) = K_d K_{FM} f(t) \quad (2\text{-}131)$$

这里,K_d 称为鉴频器灵敏度。

以上解调过程是先由微分器将调频信号转换为调幅调频信号,再由包络检波器提取其包络,所以上述解调方法又称为包络检测。包络检测的缺点是对调频波的寄生调幅也有反应。理想的调频波是等幅波,但信道中的噪声和其他原因会引起调频波的幅度起伏,这种幅度起伏称为寄生调幅。为此,在微分器之前加一个限幅器和带通滤波器。

2) 相干解调

相干解调适用于线性调制,因此对调频信号仅限于窄带调频的情况。解调器的框图如图 2-42 所示。带通滤波器用来限制信道所引入的噪声,但能使调频信号顺利通过。

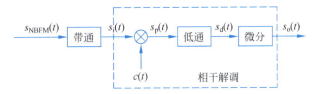

图 2-42 窄带调频信号的相干解调

窄带调频信号可分解成同相分量和正交分量之和,设其表达式为

$$s_{\text{NBFM}}(t) = A\cos\omega_c t - A\left[K_{\text{FM}}\int f(t)\mathrm{d}t\right]\sin\omega_c t \qquad (2\text{-}132)$$

相乘器的相干载波

$$c(t) = -\sin\omega_c t \qquad (2\text{-}133)$$

相乘器的输出为

$$\begin{aligned}s_p(t) &= -\left\{A\cos\omega_c t - A\left[K_{\text{FM}}\int f(t)\mathrm{d}t\right]\sin\omega_c t\right\}\sin\omega_c t \\ &= -\frac{A}{2}\sin2\omega_c t + \left[\frac{AK_{\text{FM}}}{2}\int f(t)\mathrm{d}t\right](1-\cos2\omega_c t)\end{aligned}$$

由低通滤波器取出其低频分量

$$s_d(t) = \frac{AK_{\text{FM}}}{2}\int f(t)\mathrm{d}t$$

再经微分器,得输出信号为

$$s_o(t) = \frac{AK_{\text{FM}}}{2}f(t) \qquad (2\text{-}134)$$

由此可见,相干解调可以恢复原调制信号。这种方法与幅度调制的相干解调一样,需要本地载波与发送载波完全同步,否则将使解调信号失真。

2.5 调频系统的抗噪声性能

调频信号有非相干解调和相干解调两种解调方式,以下分别讨论它们的抗噪声性能。与线性调制系统的分析过程类似,先由解调方法建立分析模型,然后分别计算解调前的输入信噪比和解调后的输出信噪比,最终通过信噪比增益反映系统的抗噪声性能。

2.5.1 非相干解调的抗噪声性能

宽带调制信号采用非相干解调方式,抗噪声性能的分析模型如图 2-43 所示。带通滤波器的作用是抑制信号带宽之外的噪声,信道引入的加性噪声为高斯白噪声,其单边功率谱密度为 n_0。

图 2-43 宽带调频系统抗噪声性能分析模型

解调器输入的调频信号为

$$s_{\text{FM}}(t) = A\cos\left[\omega_c t + K_{\text{FM}}\int f(t)\mathrm{d}t\right]$$

输入信号的平均功率

$$S_i = \frac{A^2}{2} \qquad (2\text{-}135)$$

带通滤波器的带宽与调频信号的带宽 B_{FM} 相同,所以鉴频器输入噪声的平均功率

$$N_i = n_0 B_{FM} \tag{2-136}$$

因此输入信噪比

$$\frac{S_i}{N_i} = \frac{A^2}{2n_0 B_{FM}} \tag{2-137}$$

鉴频器输入端加入的是调频信号与窄带高斯噪声的叠加,即

$$\begin{aligned} s_i(t) + n_i(t) &= s_{FM}(t) + n_i(t) \\ &= A\cos[\omega_c t + \varphi(t)] + V(t)\cos[\omega_c t + \theta(t)] \end{aligned} \tag{2-138}$$

式中,$\varphi(t)$ 为调频信号的瞬时相位偏移;$V(t)$ 为窄带高斯噪声的瞬时幅度;$\theta(t)$ 为窄带高斯噪声的瞬时相位偏移。式(2-138)中两个同频余弦波可以合成为一个余弦波,即

$$s_i(t) + n_i(t) = B(t)\cos[\omega_c t + \psi(t)] \tag{2-139}$$

这里的 $B(t)$ 对解调器输出无影响,鉴频器只对瞬时频率的变化有反应,因此分析的对象只是合成波瞬时相位偏移 $\psi(t)$。

为了表达简单,将调频信号、窄带噪声和合成波表示为

$$\begin{cases} A\cos[\omega_c t + \varphi(t)] = a_1 \cos\varphi_1 \\ V(t)\cos[\omega_c t + \theta(t)] = a_2 \cos\varphi_2 \\ B(t)\cos[\omega_c t + \psi(t)] = a\cos\varphi \end{cases} \tag{2-140}$$

并分别将其称为信号矢量、噪声矢量和合成矢量。利用三角函数的矢量表示法,通过求合成矢量可以确定 $\psi(t)$ 的大小。

如图 2-44 所示,设坐标平面以速度 ω_c 旋转,各矢量将变为 φ_1、φ_2 和 φ 的相对关系。在一个较大的信号矢量上叠加一个较小的噪声矢量,如图 2-44(a)所示;在一个较大的噪声矢量上叠加一个较小的信号矢量,如图 2-44(b)所示。由图 2-44(a)可见,为了求 $\psi(t)$ 可先求 $\varphi - \varphi_1$,利用△OAB 可得

$$\tan(\varphi - \varphi_1) = \frac{AB}{OB} = \frac{a_2 \sin(\varphi_2 - \varphi_1)}{a_1 + a_2 \cos(\varphi_2 - \varphi_1)} \tag{2-141}$$

由此求得

$$\varphi = \varphi_1 + \arctan\frac{a_2 \sin(\varphi_2 - \varphi_1)}{a_1 + a_2 \cos(\varphi_2 - \varphi_1)} \tag{2-142}$$

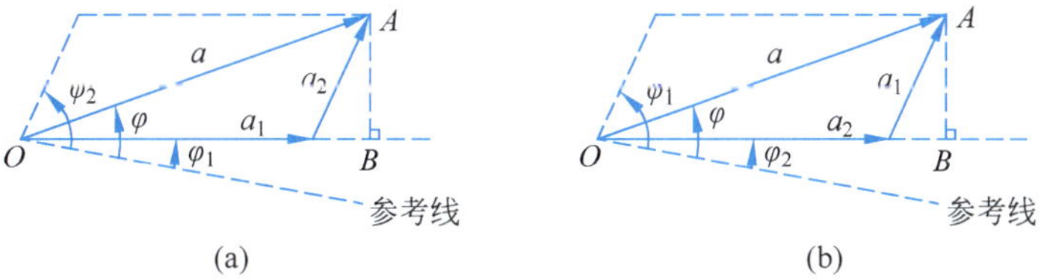

图 2-44 矢量合成图

将原表达式(2-140)代入上式,得

$$\psi(t) = \varphi(t) + \arctan\frac{V(t)\sin[\theta(t) - \varphi(t)]}{A + V(t)\cos[\theta(t) - \varphi(t)]} \tag{2-143}$$

当输入信噪比很高,即 $A \gg V(t)$ 时,可得 $\psi(t)$ 的近似式

$$\psi(t) \approx \varphi(t) + \frac{V(t)}{A} \sin[\theta(t) - \varphi(t)] \tag{2-144}$$

理想鉴频器的输出应与输入信号的瞬时频偏成正比,设比例常数为 1,鉴频器对式(2-144)进行微分,可得到输出为

$$v_o(t) = \frac{1}{2\pi} \frac{d\psi(t)}{dt} = \frac{1}{2\pi} \frac{d\varphi(t)}{dt} + \frac{dn_d(t)}{dt} \frac{1}{2\pi A} \tag{2-145}$$

这里

$$n_d(t) = V(t) \sin[\theta(t) - \varphi(t)] \tag{2-146}$$

式(2-145)中右边的第一项即为有用信号项,第二项为噪声项。按式(2-93)对调频波的定义,相位偏移 $\varphi(t)$ 与调制信号 $f(t)$ 的关系为 $\varphi(t) = K_{FM} \int f(t) dt$,所以解调器的输出信号为

$$s_o(t) = \frac{1}{2\pi} \frac{d\varphi(t)}{dt} = \frac{1}{2\pi} K_{FM} f(t) \tag{2-147}$$

输出信号的平均功率为

$$S_o = \frac{K_{FM}^2}{4\pi^2} \overline{f^2(t)} = \frac{K_{FM}^2}{4\pi^2} E[f^2(t)] \tag{2-148}$$

解调器的输出噪声与 $n_d(t)$ 有关。经分析可知,$n_d(t)$ 是双边带宽为 B_{FM}、双边功率谱密度 $P_d(f) = n_0$ 的低通型噪声。$n_d(t)$ 进入鉴频器后,鉴频器的输出噪声与 $n_d(t)$ 的微分成正比。微分网络的功率传递函数为

$$|H(\omega)|^2 = |j\omega|^2 = (2\pi f)^2 \tag{2-149}$$

因此,解调器输出噪声的功率谱密度在解调信号带宽内应为

$$P_o(f) = |H(\omega)|^2 \frac{n_0}{(2\pi A)^2} = \frac{n_0 f^2}{A^2}, \quad |f| \leq \frac{B_{FM}}{2} \tag{2-150}$$

式(2-150)说明,与鉴频器输入噪声功率谱密度 $P_d(f)$ 的均匀分布不同,鉴频器输出噪声功率谱密度 $P_o(f)$ 为抛物线分布,与输出频率的平方成正比。调频信号解调过程中的噪声功率谱变化如图 2-45 所示。

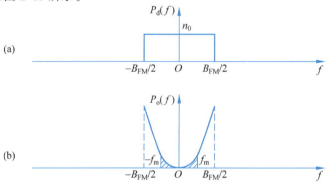

图 2-45 解调过程中噪声功率谱的变化

鉴频器的输出经低通滤波器滤除调制信号频带以外的频率分量。滤波器的截止频率即为调频信号的最高频率 f_m,因此输出噪声功率应为图 2-45(b)中斜线部分所包含的面积,即

$$N_o = \int_{-f_m}^{f_m} \frac{n_0 f^2}{A^2} df = \frac{2n_0 f_m^3}{3A^2} \quad (2\text{-}151)$$

由式(2-148)和式(2-151)可得调频信号鉴频器解调的输出信噪比

$$\frac{S_o}{N_o} = \frac{3A^2 K_{FM}^2 E[f^2(t)]}{8\pi^2 n_0 f_m^3} \quad (2\text{-}152)$$

为了理解上式的物理意义,可对式中的 K_{FM} 进行代换。由于最大频偏 Δf_{max} 可写为

$$\Delta f_{max} = \frac{1}{2\pi} K_{FM} |f(t)|_{max}$$

所以有

$$K_{FM} = \frac{2\pi \Delta f_{max}}{|f(t)|_{max}}$$

代入式(2-152)后,有

$$\frac{S_o}{N_o} = 3\left(\frac{\Delta f_{max}}{f_m}\right)^2 \frac{E[f^2(t)]}{|f(t)|_{max}^2} \frac{A^2/2}{n_0 f_m} \quad (2\text{-}153)$$

由式(2-137)和式(2-153)可求得信噪比增益为

$$G_{FM} = \frac{S_o/N_o}{S_i/N_i} = 3\left(\frac{\Delta f_{max}}{f_m}\right)^2 \frac{E[f^2(t)]}{|f(t)|_{max}^2} \left(\frac{B_{FM}}{f_m}\right) \quad (2\text{-}154)$$

当 $\Delta f_{max} \gg f_m$ 时,$B_{FM} \approx 2\Delta f_{max}$,上式可写为

$$G_{FM} \approx 6\left(\frac{\Delta f_{max}}{f_m}\right)^3 \frac{E[f^2(t)]}{|f(t)|_{max}^2} = 6D_{FM}^3 \frac{E[f^2(t)]}{|f(t)|_{max}^2} \quad (2\text{-}155)$$

这里的 D_{FM} 即为 2.4.2 节定义的频偏比。

在单频调制情况下,频偏比为调频指数,即 $D_{FM} = \beta_{FM}$,并且有以下结论:

$$\frac{E[f^2(t)]}{|f(t)|_{max}^2} = \frac{1}{2}$$

$$B_{FM} = 2(1+\beta_{FM})f_m$$

因此式(2-154)可写为

$$G_{FM} = 3\beta_{FM}^2(1+\beta_{FM}) \quad (2\text{-}156)$$

当 $\beta_{FM} \gg 1$ 时,有近似式

$$G_{FM} \approx 3\beta_{FM}^3 \quad (2\text{-}157)$$

由式(2-155)和式(2-156)可知,在大信噪比时宽带调频的信噪比增益是很高的,它与频偏比(或调频指数)的立方成正比。例如,调频广播中取 $\beta_{FM}=5$,此时信噪比增益

$$G_{FM} = 3 \times 5^2 \times (1+5) = 450$$

例 2-7 设调频与常规调幅信号均为单频调制,调频指数为 β_{FM},调幅指数 $\beta_{AM}=1$,调制信号频率为 f_m。当信道条件相同、接收信号功率相同时比较它们的抗噪声性能。

视频

解 调频波的输出信噪比

$$\frac{S_{oFM}}{N_{oFM}} = G_{FM} \frac{S_{iFM}}{N_{iFM}}$$

常规调幅波的输出信噪比

$$\frac{S_{oAM}}{N_{oAM}} = G_{AM} \frac{S_{iAM}}{N_{iAM}}$$

设两种信号输出信噪比之比为 Γ，即有

$$\Gamma = \frac{\dfrac{S_{oFM}}{N_{oFM}}}{\dfrac{S_{oAM}}{N_{oAM}}} = \frac{G_{FM} S_{iFM} N_{iAM}}{G_{AM} S_{iAM} N_{iFM}}$$

根据题目条件可知

$$S_{iFM} = S_{iAM}$$
$$N_{iAM} = n_0 B_{AM} = 2 n_0 f_m$$
$$N_{iFM} = n_0 B_{FM} = 2 n_0 (1 + \beta_{FM}) f_m$$
$$G_{AM} = \frac{2\beta_{AM}^2}{2 + \beta_{AM}^2} = \frac{2}{3}$$
$$G_{FM} = 3\beta_{FM}^2 (1 + \beta_{FM})$$

将以上结果代入 Γ 的表达式，得

$$\Gamma = \frac{3\beta_{FM}^2 (1 + \beta_{FM}) \times 2 n_0 f_m}{\dfrac{2}{3} \times 2 n_0 (1 + \beta_{FM}) f_m} = \frac{9}{2} \beta_{FM}^2$$

由此例可知，在信道条件相同、接收信号功率相同的条件下，两种信号输出信噪比的比值与 β_{FM}^2 成正比。例如，$\beta_{FM}=5$ 时，调频输出信噪比是 $\beta_{AM}=1$ 的常规调幅的112.5倍。这也可以理解成当两者输出信噪比相等时，调频信号的发射功率可减小到调幅信号的 1/112.5。

对于 $\beta_{FM} \gg 1$ 的宽带调频信号，还可进一步将带宽 B_{FM} 表示为

$$B_{FM} \approx 2\Delta f_{max} = 2 f_m \beta_{FM} = B_{AM} \beta_{FM}$$

代入例 2-7 中 Γ 的表达式，得

$$\Gamma = \frac{9}{2} \beta_{FM}^2 \approx \frac{9}{2} \left(\frac{B_{FM}}{B_{AM}} \right)^2$$

这说明宽带调频信号的抗噪声性能明显优于常规调幅信号，这是以增加传输带宽为代价换来的。对于调频系统，增加带宽可以改善输出信噪比，也就是改善抗噪声性能，即以带宽换取信噪比。而线性调制系统由于带宽固定，无法进行带宽与信噪比的互换。这也正是在抗噪声性能方面调频系统优于线性调制系统的重要原因。

但是，在调频系统中以带宽换取抗噪声性能改善并不是无止境的。随着带宽的增加，输入噪声功率增大，在输入信号功率不变的条件下，输入信噪比会降低，当输入信噪比降到一定程度时会出现门限效应，输出信噪比将急剧恶化。

例 2-8 已知调制信号是 8MHz 的单频余弦信号,若要求输出信噪比为 40dB,试比较调制效率为 1/3 的常规调幅系统和调频指数为 5 的调频系统的带宽和发射功率。设信道噪声的单边功率谱密度为 $n_0 = 5 \times 10^{-15}$ W/Hz,信道损耗 α 为 60dB。

解 调频系统的带宽和信噪比增益分别为

$$B_{FM} = 2(1+\beta_{FM})f_m = 2 \times (1+5) \times 8 \times 10^6 = 96(\text{MHz})$$

$$G_{FM} = 3\beta_{FM}^2(1+\beta_{FM}) = 3 \times 5^2 \times 6 = 450$$

常规调幅系统的带宽和信噪比增益分别为

$$B_{AM} = 2f_m = 2 \times 8 \times 10^6 = 16(\text{MHz})$$

$$G_{AM} = 2\eta_{AM} = 2 \times \frac{1}{3} = \frac{2}{3}$$

系统传输模型如图 2-46 所示。发送信号 S_T 经过信道传输,衰减 α 后作为接收机解调器的输入 S_i,解调器的输出为 S_o。

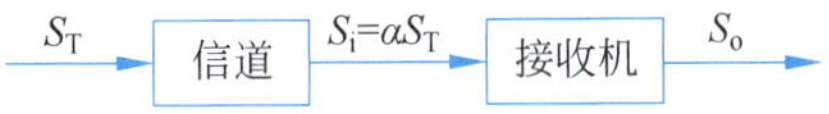

图 2-46 系统传输模型

调频系统的发射功率为

$$S_{FM} = \frac{S_o}{N_o} \frac{1}{G_{FM}} \frac{1}{\alpha} N_i$$

$$= \frac{S_o}{N_o} \frac{1}{G_{FM}} \frac{1}{\alpha} n_0 B_{FM}$$

$$= 10^4 \times \frac{1}{450} \times 10^6 \times 5 \times 10^{-15} \times 96 \times 10^6 \approx 10.67(\text{W})$$

常规调幅系统的发射功率为

$$S_{AM} = \frac{S_o}{N_o} \frac{1}{G_{AM}} \frac{1}{\alpha} N_i$$

$$= \frac{S_o}{N_o} \frac{1}{G_{AM}} \frac{1}{\alpha} n_0 B_{AM}$$

$$= 10^4 \times \frac{3}{2} \times 10^6 \times 5 \times 10^{-15} \times 16 \times 10^6 = 1200(\text{W})$$

2.5.2 调频系统中的门限效应

2.5.1 节讨论的是宽带调频信号在大信噪比时的抗噪声性能。对于小信噪比的情况,可以用图 2-44(b)表示。用同样的方法可求出

$$\varphi = \varphi_2 + \arctan \frac{a_1 \sin(\varphi_1 - \varphi_2)}{a_2 + a_1 \cos(\varphi_1 - \varphi_2)} \tag{2-158}$$

当输入信噪比很低时,$V(t) \gg A$,上式可近似为

$$\psi(t) \approx \theta(t) + \frac{A}{V(t)} \sin[\varphi(t) - \theta(t)] \tag{2-159}$$

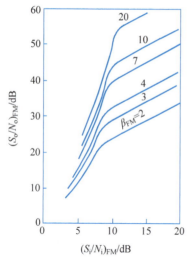

图 2-47 非相干解调的门限效应

式(2-159)说明在解调器的输出中不存在单独的有用信号项,信号被噪声扰乱,因而输出信噪比急剧恶化。这种情况与常规调幅包络检波时相似,也称为门限效应。

出现门限效应时,输出信噪比的计算比较复杂。理论分析和实验验证指出,门限效应的转折点与调频指数有关。图 2-47 表示单频调制时输出和输入信噪比的近似关系。图中各曲线的转折点为门限值。在门限值以上输出信噪比与输入信噪比保持线性关系。在门限值附近曲线弯曲,到门限值以下时输出信噪比急剧下降,说明噪声逐渐成为决定性因素。图中曲线表明,β_{FM} 越高发生门限效应的转折点也越高,即在输入信噪比较大时就产生门限效应,但在转折点以上输出信噪比的改善越明显。对于不同的 β_{FM},门限值在 8~11dB 的范围内变化,一般认为门限值约为 10dB。

采用比鉴频器更复杂的一些解调方法可以改善门限效应,缓和这一矛盾。例如采用环路法解调,即采用锁相环解调器或频率反馈解调器,当调频指数从 2 变化到 10 时,能使门限值下降 6~10dB,相当于接收机的输入信噪比在接近 0dB 时仍能正常工作。这种改善称为门限的扩展。在某些背景噪声比较大,或者发射功率受约束的条件下,如卫星通信或散射通信系统,这种门限值的改善是极为必要的。当然,获得门限扩展的效果是以增加设备的复杂性作为代价的。

2.5.3 相干解调的抗噪声性能

窄带调频信号采用相干解调,抗噪声性能的分析模型如图 2-48 所示。经推导可得到信噪比增益为

$$G_{\text{NBFM}} = 6\left(\frac{\Delta f_{\max}}{f_m}\right)^2 \frac{E[f^2(t)]}{|f(t)|^2_{\max}} \quad (2\text{-}160)$$

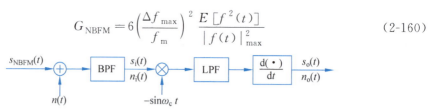

图 2-48 窄带调频系统抗噪声性能分析模型

单频调制时有

$$\frac{E[f^2(t)]}{|f(t)|^2_{\max}} = \frac{1}{2}$$

窄带调频的调频指数 $\beta_{FM} = \Delta f_{\max}/f_m$,典型值通常取 $\beta_{FM} = 1/\sqrt{10}$,这样,由式(2-160)可得

$$G_{\text{NBFM}} \leqslant 0.3 \quad (2\text{-}161)$$

窄带调频相干解调与宽带调频非相干解调相比,其信噪比增益很低,但采用相干解调时不存在门限效应。

2.5.4 调频系统中的加重技术

在调频信号的抗噪声性能分析中已经指出,鉴频器输出噪声功率谱密度为抛物线分布,与输出频率的平方成正比,因此输出噪声中的高频分量功率增大,但是输出信号的功率只与调制信号本身的特性有关。对调频广播中所传送的语音和音乐信号来说,其大部分功率集中在低频端,这样在信号功率谱密度最小的高频端噪声的功率谱却是最大,这对于解调输出信噪比显然是不利的。

视频

如果在接收端解调之后采用一个具有滚降特性的去加重网络,就可以减小输出噪声的功率。考虑到去加重网络也会引起传输信号的频率失真,作为补偿,在发送端调制之前加一个预加重网络来抵消去加重网络所带来的失真。预加重网络的传递函数 $H_p(f)$ 必须是去加重网络传递函数 $H_d(f)$ 的倒数,即

$$H_p(f) = \frac{1}{H_d(f)} \tag{2-162}$$

图 2-49 表示预加重和去加重网络在系统中的位置。设 Γ 为没有去加重网络和有去加重时噪声功率之比,Γ 的表达式为

$$\Gamma = \frac{\int_{-f_m}^{f_m} P_o(f) df}{\int_{-f_m}^{f_m} P_o(f) |H_d(f)|^2 df} \tag{2-163}$$

式中,$P_o(f)$ 为解调器输出噪声功率谱密度,由式(2-150)可知,$P_o(f) = n_0 f^2/A^2$,于是式(2-163)又可写为

$$\Gamma = \frac{2 f_m^3}{3 \int_{-f_m}^{f_m} f^2 |H_d(f)|^2 df} \tag{2-164}$$

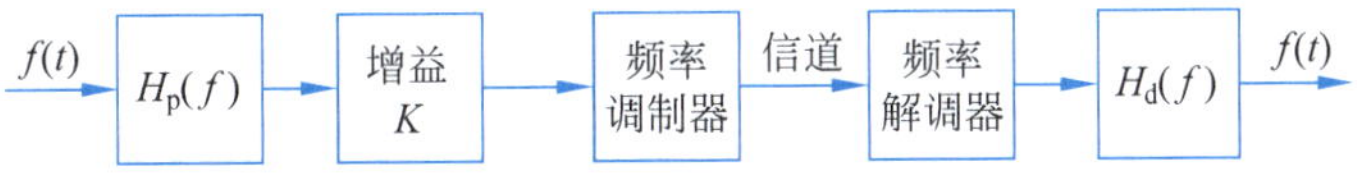

$f(t)$ → $H_p(f)$ → 增益 K → 频率调制器 → 信道 → 频率解调器 → $H_d(f)$ → $f(t)$

图 2-49 具有预加重和去加重网络的系统

式(2-164)也表明信噪比改善的程度,它取决于去加重网络的传递函数 $H_d(f)$。去加重网络最简单的情况是图 2-50(a)所示的 RC 滤波器,设滤波器 3dB 带宽为 $f_1 = 1/RC$,其传递函数和模值平方分别为

$$H_d(f) = \frac{1}{1 + j\left(\dfrac{f}{f_1}\right)} \tag{2-165}$$

$$|H_d(f)|^2 = \frac{1}{1 + \left(\dfrac{f}{f_1}\right)^2} \tag{2-166}$$

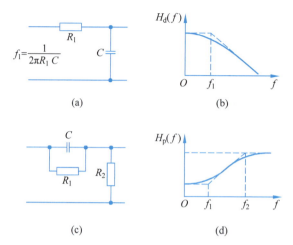

图 2-50 去加重和预加重网络

其幅频特性如图 2-50(b) 所示。相应的预加重网络及幅频特性如图 2-50(c)、(d) 所示。将式 (2-166) 代入式 (2-164) 可得

$$\Gamma = \frac{f_m^3}{3\int_0^{f_m} \frac{f^2}{1+(f/f_1)^2} df} = \frac{(f_m/f_1)^3}{3[(f_m/f_1) - \arctan(f_m/f_1)]} \tag{2-167}$$

Γ 与 (f_m/f_1) 的关系示于图 2-51,如曲线 A 所示。当 $f_m = 15\text{kHz}$、$f_1 = 2.1\text{kHz}$ 时,$f_m/f_1 = 7.14$,由式 (2-167) 求得 $\Gamma = 21.3$,即 13.3dB。

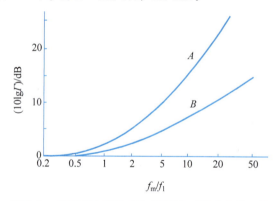

图 2-51 采用预加重和去加重技术对信噪比的改善

由于调频信号的频偏与调制信号成正比,而预加重网络的作用是提升高频分量,因此调频后最大频偏就要增加,可能超出原有信道所容许的频带宽度。为了保持频偏不变,需要在预加重后将信号适当衰减一些,然后再去调制,因此实际的改善效果比图 2-50 中曲线 A 的值要差。在带宽受限的情况下信噪比的改善如曲线 B 所示。例如,在上组数据中信噪比的改善值不是 13dB,而是 6dB。

预加重和去加重技术不但在调频系统中得到了实际应用,而且也应用在其他音频传输系统中,在录音和放音设备中广泛应用的杜比(Dolby)降噪系统就是一个例子。

2.6 各种模拟调制系统的比较

本节将对各种模拟调制系统进行总结和比较,以期对模拟调制系统有一个全面的理解。

1. 各种模拟调制方式总结

设调制信号 $f(t)$ 是频率为 f_m 的正弦信号,接收信号平均功率相等,信道噪声功率谱密度相同。在输入信噪比高于门限的前提下,各种模拟调制方式的已调信号的带宽、信噪比增益、设备复杂程度及主要应用等如表 2-2 所示,其中常规调幅(AM)的调制度设为 100%。

表 2-2 各种模拟调制方式总结

调制方式	带 宽	信噪比增益	设备复杂程度	主 要 应 用
AM	$2f_m$	2/3	最简单	中短波无线电广播
DSB	$2f_m$	2	中等	专用通信,频分多路通信
SSB	f_m	1	最复杂	短波无线电广播,频分多路通信
VSB	略大于 f_m	近似 SSB	中等	商用广播电视
FM	$2(1+\beta_{FM})f_m$	$3\beta_{FM}^2(1+\beta_{FM})$	简单	无线电广播,微波中继

2. 各种模拟调制方式性能比较

从抗噪声性能来说,WBFM 最好,DSB、SSB 和 VSB 次之,AM 最差。图 2-52 画出各种模拟调制系统的性能曲线,图中的圆点表示门限值。门限值以下曲线迅速下降。

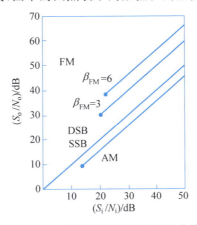

图 2-52 各种模拟调制系统的性能曲线

从频带利用率来说,SSB 最好,VSB 与 SSB 接近,DSB 和 AM 次之,WBFM 最差。

从表 2-2 还可以看出,WBFM 的调频指数越大,抗噪声性能越好,但占据带宽越宽,频带利用率越低。

2.7 频分复用

若干路独立的信号在同一信道中传送称为复用。由于在一个信道传输多路信号而互不干扰,因此可以提高信道的利用率。按复用方式的不同,模拟信号的复用可分为频分复用(FDM)和时分复用(TDM)两类。

频分复用是按频率分割多路信号的方法,即将信道的可用频带分成若干互不交叠的频段,每路信号占据其中的一个频段。在接收端用适当的滤波器将多路信号分开,分别进行解调和终端处理。时分复用是按时间分割多路信号的分法,即将信道的可用时间分成若干顺序排列的时隙,每路信号占据其中的一个时隙。在接收端用时序电路将多路信号分开,分别进行解调和终端处理。

2.7.1 频分复用原理

频分复用系统的原理方框图如图 2-53 所示。图中设有 n 路基带信号,为了限制已调信号的带宽,各路信号首先由低通滤波器进行限带,限带后的信号分别对不同频率的载波进行线性调制,形成频率不同的已调信号。为了避免已调信号的频谱交叠,各路已调信号由带通滤波器进行限带,相加形成频分复用信号后送往信道传输。在接收端首先用带通滤波器将多路信号分开,各路信号由各自的解调器进行解调,再经低通滤波器滤波,恢复为原调制信号。

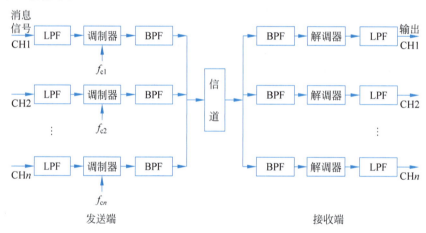

图 2-53 频分多路复用系统

各路载频的间隔除了考虑信号频谱不重叠外,还应考虑到传输过程中邻路信号的相互干扰以及带通滤波器制作的困难程度。因此在选择各路载波信号的频率时,在保证各路信号的带宽以外,还应留有一定的防卫间隔,一般要求相邻载波之间的间隔为

$$\Delta B = B_s + B_g \tag{2-168}$$

式中,B_s 为已调信号带宽;B_g 为防卫间隔。

频分复用的优点是信道的利用率高,允许复用的路数多,分路也很方便。缺点是设备复杂,不仅需要大量的调制器、解调器和带通滤波器,而且还要求接收端提供相干载波。此外,由于在传输过程中的非线性失真,在频分复用中不可避免地会产生路际干扰。若传输的是话音信号,则称这种干扰为串音。这说明频分复用信号的抗干扰性能较差。

为了减少载频的数量和各种部件的类型,并使滤波器的制作比较容易,一般都采用多级调制的方法。随着路数的增加,多级调制的优越性更加明显。在模拟载波通信中一般都采用四级调制,调制方式多为单边带。在不同的通信系统中,多级调制也可以采用频率调制方式。

2.7.2 复合调制

采用两种或两种以上调制方式形成的复用系统称为复合调制系统。在模拟调制中,通常先形成频分复用信号,然后再进行第二种调制。在数字调制中,通常先形成时分复用信号,然后再进行第二种调制。

图 2-54 表示 SSB/FM 复合调制系统。第一级采用频分复用的 SSB 调制,设每路调制信号带宽为 W,则 n 路频分复用信号的带宽为 nW。第二级调制采用调频,其载频为 ω_F。调频信号带宽取决于调频指数。

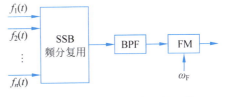

图 2-54　SSB/FM 复合调制系统

2.8　模拟通信系统的应用举例

2.8.1　调幅广播

调幅广播采用的是常规调幅方式,使用的波段分为中波和短波两种。

中波调幅广播的载频为 535～1605kHz。由于中波在自由空间中的传播特点,一般用于地区性广播。短波调幅广播的载频为 3.9～18MHz。短波传播是靠电离层反射而实现的,所以传播距离可达数千千米。在调幅广播中,调制信号的最高频率取到 4.5kHz,电台之间的间隔 $\Delta B \geqslant 9\text{kHz}$。

2.8.2　基于软件无线电的 FM 收音机

1. 背景

随着软件定义无线电(Software Defined Radio,SDR)技术的发展,FM 收音机能够通过软件进行配置和控制,不再局限于传统的硬件电路,使得 FM 收音机更加智能化,适应当今数字化和个性化的需求。

本节介绍利用 SDR 和 MATLAB 平台,通过计算机和相应的 SDR 硬件 RTL(Realtek 公司开发的无线电接收设备)实现 FM 收音机的功能。

2. 基本原理

FM 收音机是一种用于接收调频广播信号的设备。其工作原理涉及频率调制、射频放大、中频放大、解调和音频放大等基本步骤。原理如图 2-55 所示,各部分功能如下。

FM 调制:广播电台将音频信号调制到载波上,即用调制信号改变载波的频率。由式(2-93)可知,FM 已调信号的数学表达式为 $s_{\text{FM}}(t)=A\cos\left[\omega_c t+K_{\text{FM}}\int f(t)\mathrm{d}t\right]$。

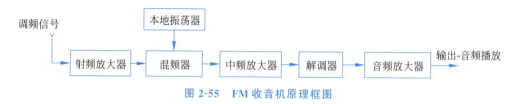

图 2-55 FM 收音机原理框图

射频放大器：调制后的信号输入射频放大器中，信号的幅度得以增强，这样能够实现更远距离地传播。

混频器：混频器的作用与幅度调制器的作用相同，它将输入信号的频谱移动到给定频率位置上，不改变其频谱结构，并产生和频信号和差频信号。在该系统中，射频信号和一个稳定的本地振荡器的信号混合，产生两个频率的和与差。此时的差频信号称为中频（Intermediate Frequency，IF）信号。

中频放大器：中频信号经过混频后，输入中频放大器中，信号的幅度得以增强。

解调器：解调器从中频信号中恢复出原始的音频信号。在 FM 收音机中，解调器通常是一个鉴频器，它检测和提取射频信号中的频率变化，从而还原出音频信号。FM 解调的输出应为 $s_o(t) \propto K_{FM} f(t)$。

音频放大器：解调后的音频信号输入音频放大器中，增强音频信号的幅度，最终通过扬声器播放出来。

输出：放大后的音频信号通过扬声器输出，使用户能够听到广播电台发送的声音。

3. 软件平台实现

SDR 结合 MATLAB 平台可以实现 FM 收音机的功能。SDR 通过软件配置硬件来实现无线通信，而 MATLAB 提供了丰富的信号处理和通信工具箱，使得用户能够方便地设计、模拟和实现各种通信系统，包括 FM 收音机。首先，需要一个兼容 MATLAB 的 SDR 硬件，如 RTL-SDR。连接 SDR 硬件到计算机，安装相关驱动，见图 2-56。

图 2-56 软件无线电接收装置 RTL

然后，在 MATLAB 的 Simulink 下导入相应的模块，如图 2-57 所示，从左到右分别是常量模块、射频放大器模块、RTL-SDR 接收模块、频谱分析模块、FM 解调模块、下采样滤波器模块、声音播放模块等，搭建 FM 收音机软件平台。通过调节不同的频率，解调出空中不同频道的"广播"，实现音频的播放。

具体地，可以将电台频点输出设置为 90 Hz，经过放大器乘以 10^6，再输入 RTL-SDR，

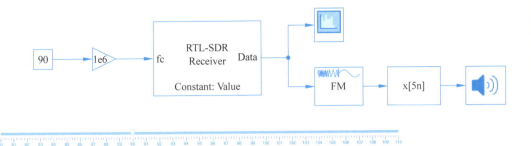

图 2-57 仿真模块搭建

RTL-SDR 接收模块的中心频率 f_c 就对应为 90MHz。RTL-SDR 模块中可以设置采样率为音频采样……kHz。下面标尺为 slider 模块,可以设置参数调节……分析模块,可以观察信号的频谱。经过 FM 解调……播放器的采样频率不匹配,需要进行速率变换。……下采样模块中的 $x[5n]$ 表示对信号进行 5 倍下……低信号的采样率。经过下采样处理后,信号的采……放器便可以播放并收听解调后的音频信号。……频率,收听不同频段的广播;在收听音频信号的……RTL-SDR 接收模块输出信号的某瞬时频谱图,……(RBW)为 234.375Hz,RBW 决定了两个不同……频宽差异。图 2-58 所示信号的中心频点是……带信号,信号功率为 -13dBm。这种信号处理……,通过该过程实现广播信号的有效接收和解调。

习题

2.1 ……100%的单音调幅波通过滤波器后使其上边带幅度降低一半,试求其输出波形的时间表示式。

2.2 已知一个 AM 发射机的负载为 50Ω 电阻,未调制时负载上的平均功率为 100W,当调幅器输入端所加单频正弦测试信号的峰值幅度是 5V 时,在负载上的平均功率增高 50%。试求:

(1) 每个边带的平均输出功率;

(2) 负载上的调幅指数;

(3) 负载上的调幅波形的峰值幅度;

(4) 当调制正弦波的幅度减小到 2V 时,求负载上的平均功率。

2.3 某通信系统发送部分如图题 2-3(a)所示,其中 $f_1(t)$ 及 $f_2(t)$ 是要传送的两个基带调制信号,它们的频谱如图题 2-3(b)所示。

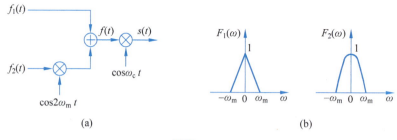

图题 2-3

(1) 写出合成信号 $f(t)$ 的频谱表达式,并画出其频谱图;

(2) 写出已调波 $s(t)$ 的频域表达式,并画出其频谱图。

2.4 设已调波为 $s_{\text{DSB}}(t) = f(t)\cos\omega_0 t$,通过理想传输后,若接收端相干载波相位误差为 $\Delta\theta$,试问若使解调信号是最大值的 90%,允许的 $\Delta\theta$ 是多少?

2.5 试画出三级滤波法产生上边带信号的频谱搬移过程,调制系统如图题 2-5 所示。其中,$f_{01} = 50\text{kHz}$,$f_{02} = 5\text{MHz}$,$f_{03} = 100\text{MHz}$,调制信号为 $300 \sim 3400\text{Hz}$ 的话音信号。

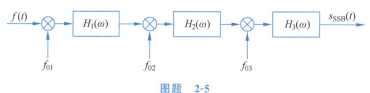

图题 2-5

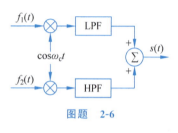

图题 2-6

2.6 模拟保密通信中采用的一种倒频器由第一级乘法器、高通滤波器、第二级乘法器与低通滤波器级联而成,如图题 2-6 所示。第一级与第二级乘法器所使用载波的频率分别为 f_c 与 $f_b + f_c$,且 $f_c > f_b$。话音信号的频率范围为 (f_a, f_b),高通与低通滤波器的截止频率都等于 f_c。

(1) 画出倒频器方框图;

(2) 写出倒频器输出信号表达式,并画出各级的频谱;

(3) 设计一个接收系统,以恢复原始话音信号。

2.7 调制信号频谱如图题 2-7(a)所示,用图题 2-7(b)所示的两次滤波法实现单边带调幅,若第一次取下边带,则第二次取上边带。
(1) 画出已调波频谱;
(2) 若 $H_1(\omega)$ 及 $H_2(\omega)$ 均为理想滤波器,画出它们的幅频特性;
(3) 画出由接收已调信号恢复原信号 $f(t)$ 的方框图。

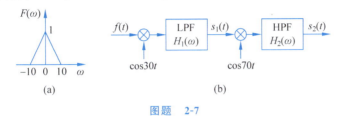

图题 2-7

2.8 将双边带信号通过残留边带滤波器,产生残留边带信号。若此滤波器的传递函数 $H(f)$ 如图题 2-8 所示。若调制信号 $f(t)$ 为下列 3 种情况:
(1) $A\cos(1000\pi t)$;
(2) $A[\cos(1000\pi t)+\cos(6000\pi t)]$;
(3) $A\cos(1000\pi t)\cos(2000\pi t)$。

载频为 10kHz。画出每种情况下所得残留边带信号的频谱,试确定所得 VSB 信号的时域表达式。

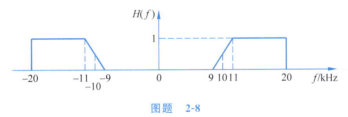

图题 2-8

2.9 证明常规调幅采用相干解调时信噪比增益与式(2-78)相同。

2.10 在双边带抑制载波调制和单边带调制中,消息信号均为 3kHz 限带低频信号,载频为 1MHz,接收信号功率为 1mW,信道噪声双边功率谱密度为 $10^{-3}\mu W/Hz$。接收信号经带通滤波器后,进行相干解调。
(1) 比较解调器输入信噪比;
(2) 比较解调器输出信噪比。

2.11 采用包络检波的常规调幅系统中,若噪声单边功率谱密度为 $5\times 10^{-8} W/Hz$,单频正弦波调制时载波功率为 100mW,边频功率为每边带 10mW,接收机带通滤波器带宽为 8kHz。
(1) 求解调输出信噪比;
(2) 若采用抑制载波双边带系统,其性能优于常规调幅多少分贝?

2.12 当某接收机的输出噪声功率是 10^{-9} W 时,该机的输出信噪比为 20dB。从发射机到接收机所经路径的总损耗是100dB。试求：

(1) 双边带发射机的输出功率；

(2) 单边带发射机的输出功率。

2.13 一个100%单频调制的标准调幅信号和一个单边带信号分别用包络检波器和相干解调器来接收。假定单边带信号的输入功率为1mW，那么在保证获得同样输出信号功率的条件下，标准调幅信号的输入功率应为多大？

2.14 已知角调制信号为 $s(t)=\cos[\omega_c t+100\cos\omega_m t]$。

(1) 如果它是调相信号，并且 $K_{PM}=2$，试求调制信号 $f(t)$；

(2) 如果它是调频信号，并且 $K_{FM}=2$，试求调制信号 $f(t)$；

(3) 求以上两种已调信号的最大频偏。

2.15 已知调频信号

$$s_{FM}(t)=10\cos[10^6\pi t+8\cos(10^3\pi t)]$$

调制器的频偏常数 $K_{FM}=200\text{Hz/V}$，试求：

(1) 载频 f_c；

(2) 调频指数；

(3) 最大频偏；

(4) 调制信号 $f(t)$。

2.16 幅度为3V的1MHz载波受幅度为1V，频率为500Hz的正弦信号调制，最大频偏为1kHz。当调制信号幅度增加为5V且频率增至2kHz时，写出新调频波的表达式。

2.17 设有1GHz的载波，受10kHz正弦信号调频，最大频偏10kHz，试求：

(1) FM信号的近似带宽；

(2) 调制信号幅度加倍时的带宽；

(3) 调制信号频率加倍时的带宽；

(4) 调制信号的幅度和频率都加倍时的带宽；

(5) 若最大频偏减为1kHz，重复(1)、(2)、(3)、(4)。

2.18 设调制信号 $f(t)=\cos 4000\pi t$，对载波 $c(t)=2\cos(2\times 10^6\pi t)$ 分别进行常规调幅和窄带调频，频偏常数 $K_{FM}=300\text{Hz/V}$。

(1) 写出已调信号的时域和频域表示式；

(2) 画出频谱图；

(3) 讨论两种调制方式的主要异同点。

2.19 用正弦信号 $f(t)=10\cos(500\pi t)\text{V}$ 进行调频，调频指数为5，在50Ω上未调载波功率为10W，求：

(1) 频偏常数；

(2) 已调信号的载波功率；

(3) 一次与二次边频分量所占总功率的百分比；

(4) 如输入正弦信号幅度降为5V，带宽有何变化？

2.20 某发射机由放大器、倍频器和混频器组成,如图题 2-20 所示。已知输入的调频信号其载波频率为 2MHz,调制信号频率为 10kHz,最大频偏为 300kHz,试求两个放大器的中心频率和要求的通带宽度各为多少(混频后取和频)。

图题 2-20

2.21 用鉴频器来接收调频信号,调制信号频率为 15kHz,幅度为 1V,最大频偏为 75kHz,信道噪声单边功率谱密度 $n_0 = 10^{-10}$ W/Hz,希望得到 40dB 的输出信噪比,试求调频信号的幅度。

2.22 假定解调器输入端的信号功率比发送端的功率低 100dB,信道噪声单边功率谱密度 $n_0 = 10^{-10}$ W/Hz,调制频率为 10kHz,输出信噪比要求 26dB,试求在下列不同情况下的发送功率:

(1) 10% 和 100% 的标准调幅;

(2) 单边带调幅;

(3) 最大频偏为 25kHz 的调频。

2.23 给定接收机的输出信噪比为 50dB,信道中 $n_0 = 10^{-10}$ W/Hz,单频调制信号频率为 10kHz,试求:

(1) 在 90% 调幅时,需要调幅波的输入信噪比和载波幅度;

(2) 在最大频偏为 75kHz 时,需要调频波的输入信噪比和幅度。

2.24 已知某单频调制的调频波的调频指数为 10,输出信噪比为 50dB,信道噪声双边功率谱密度为 $n_0/2 = 10^{-12}$ W/Hz,如果发送端平均发射功率为 10W,当达到输出信噪比要求时所允许的信道衰减为多少分贝? 设调制信号频率 $f_m = 2$kHz。

2.25 设信道引入的加性白噪声双边功率谱密度为 $n_0/2 = 0.25 \times 10^{-14}$ W/Hz,路径衰耗为 100dB,调制信号为 10kHz 单频正弦。若要求解调输出信噪比为 40dB,求下列情况发送端最小功率:

(1) 常规调幅,包络检波,$\beta_{AM} = 0.707$;

(2) 调频,鉴频器解调,最大频偏 $\Delta f = 10$kHz;

(3) 单边带调幅,相干解调。

2.26 某通信信道分配 100~150kHz 的频率范围用于传输调频波,已知调制信号 $f(t) = A_m \cos(10^4 \pi t)$,信道衰减为 60dB,信道噪声功率谱密度为 $n_0 = 10^{-10}$ W/Hz。

(1) 调频波有效带宽为多少? 载频应是多少?

(2) 求出适当的调频指数 β_{FM} 和最大频偏;

(3) 设接收机门限信噪比为 10dB,如果要求接收机正常解调(输入信噪比应大于门限信噪比),试计算发送端的载波幅度;

(4) 写出发送端已调波表达式。

2.27 发射端已调波为 $s_{FM}(t) = 10\cos[10^7\pi t + 4\cos(2\pi \times 10^3 t)]$,信道噪声功率谱

密度为 $n_0 = 5 \times 10^{-10}$ W/Hz，试求每公里信道衰减量为多大时，接收机在正常工作时最大传输距离是 150km。设接收机门限信噪比为 10dB。

2.28 有 10 路具有 3kHz 最高频率的信号进行多路复用，采用 SSB/FM 复合调制，假定不考虑邻路防护频带，调频指数采用 5，试求第二次调制前后的信号频带宽度各为多少？

2.29 设有一个 13kHz 正弦信号，要在加性白噪声情况下用 FM 传输，假定要求在解调器输出端有 20.33dB（108 倍）的信噪比改善。

(1) 求不采用加重技术时所要求的最大频偏；

(2) 采用加重技术时所要求的最大频偏是增大还是减小？

2.30 设有一个 60 路模拟话音信号的频分复用系统，每路话音信号的频率范围为 0～4kHz。副载波调制用 SSB，主载波调制用 FM。

(1) 求副载波调制后的信号带宽；

(2) 如果最大频偏为 800kHz，试求信道传输带宽。

2.31 根据 FM 信号和 PM 信号的一般表达式，完成题表 2-31。

题表 2-31

	FM	PM
表达式		
瞬时相位		
瞬时相位偏移		
最大相偏		
瞬时频率		
瞬时频率偏移		
最大频偏		

第3章 模拟信号的数字化

3.1 引言

在绪论中已经指出,通信系统分为模拟通信系统和数字通信系统,数字通信系统有着模拟通信系统不可比拟的优点。而有待传输的消息信号,如通信中的电话和图像信号,绝大多数是模拟信号,即在时间上和幅度上均为连续取值的信号。为了利用数字通信系统传输模拟信号,就必须首先对模拟信号进行数字化处理,使之转换为数字信号,这个过程称为模拟信号数字化。

从原理上来讲,模拟信号数字化过程由抽样、量化与编码3个基本环节组成。抽样是把在时间上连续的模拟信号转换成时间上离散的抽样信号,量化是把幅度上连续的抽样信号转换成幅度上离散的量化信号,编码是把时间离散且幅度离散的量化信号用一个二进制码组表示。模拟信号数字化过程的示意图如图3-1所示。

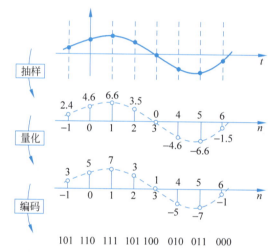

图3-1 模拟信号数字化过程的示意图

电话通信系统主要采用脉冲编码调制(PCM)技术实现话音信号数字化。PCM是一种最重要、最具代表性的数字化方法。采用PCM技术的电话通信系统极大地促进了数字通信的发展,是目前公用电话网体系的支撑。

本章在讨论抽样、量化的基础上着重分析脉冲编码调制(PCM)的原理及性能,简要介绍差分脉冲编码调制(DPCM)和增量调制(ΔM)的原理及性能,简要介绍电话通信系统的时分复用体系。

3.2 模拟信号的抽样

将时间上连续的模拟信号变为时间上离散样值的过程称为抽样。能否由离散样值序列重建原始的模拟信号,是抽样定理要回答的问题。抽样定理是任何模拟信号数字化的理论基础。

3.2.1 理想抽样

1. 低通抽样定理

低通信号抽样定理是：一个频带限制在$(0,f_H)$内的连续信号$x(t)$，如果抽样频率f_s大于或等于$2f_H$，则可以由样值序列$\{x(nT_s)\}$无失真地重建原始信号$x(t)$。

由抽样定理可知，当被抽样信号的最高频率为f_H时，每秒内的抽样点数目将等于或大于$2f_H$个，这就意味着对于信号中的最高频率分量至少在一个周期内要取2个样值。如果这个条件不能满足，则接收时将引起信号的失真。通常将满足抽样定理的最低抽样频率称为奈奎斯特(Nyquist)频率。

设$x(t)$为低通信号，抽样脉冲序列是一个周期性冲激函数$\delta_T(t)$，抽样信号可看成$x(t)$和$\delta_T(t)$相乘的结果，如图 3-2 所示。抽样信号可表示为

$$x_s(t) = x(t)\delta_T(t) \tag{3-1}$$

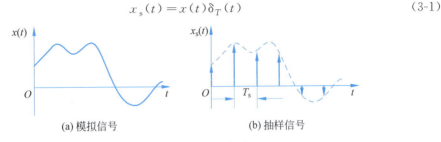

(a) 模拟信号   (b) 抽样信号

图 3-2 抽样信号的形成过程

利用傅里叶变换的基本性质，以时域和频域对照的直观图形，可说明抽样定理，如图 3-3 所示。

$\delta_T(t)$是理想的单位冲激函数序列，其表达式为

$$\delta_T(t) = \sum_{n=-\infty}^{\infty} \delta(t - nT_s)$$

式中，T_s为脉冲周期。信号和冲激序列相乘的结果也是冲激序列，冲激的强度等于$x(t)$在相应时刻的取值，即样值$x(nT_s)$。这样抽样信号$x_s(t)$又可表示为

$$x_s(t) = x(t)\delta_T(t) = x(t)\sum_{n=-\infty}^{\infty} \delta(t - nT_s) = \sum_{n=-\infty}^{\infty} x(nT_s)\delta(t - nT_s) \tag{3-2}$$

$x(t)$的频谱为$X(\omega)$，$X(\omega)$的最高频率为ω_H，如图 3-3(a)所示。$\delta_T(t)$的频谱$\delta_T(\omega)$也是由一系列冲激函数所组成的，即

$$\delta_T(\omega) = \frac{2\pi}{T_s}\sum_{n=-\infty}^{\infty}\delta(\omega - n\omega_s)$$

$\delta_T(t)$和$\delta_T(\omega)$如图 3-3(b)所示。

根据频域卷积定理，式(3-1)所表达的抽样信号$x_s(t)$的频域表达式为

$$X_s(\omega) = \frac{1}{2\pi}[X(\omega) * \delta_T(\omega)]$$

$$= \frac{1}{T_s}\left[X(\omega) * \sum_{n=-\infty}^{\infty}\delta(\omega - n\omega_s)\right]$$

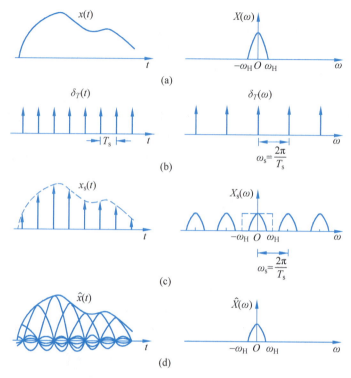

图 3-3 抽样信号的时域和频域对照图

$$= \frac{1}{T_s} \sum_{n=-\infty}^{\infty} X(\omega - n\omega_s) \quad (3\text{-}3)$$

式(3-3)说明抽样信号的频谱除了原信号的频谱 $X(\omega)$ 以外，在 ω_s 的整数倍即 $n=\pm 1$，± 2，…处存在 $X(\omega)$ 的复制频谱。抽样信号 $x_s(t)$ 和抽样信号的频谱 $X_s(\omega)$ 如图 3-3(c) 所示。只要 $\omega_s \geqslant 2\omega_H$，$X(\omega)$ 就周期性地重复，周期性频谱不会混叠。显然，抽样信号 $x_s(t)$ 包含了信号 $x(t)$ 的全部信息。使抽样信号通过一个低通滤波器，只允许低于 ω_H 的频率分量通过，而将更高的频率分量滤除，这样便能从 $X_s(\omega)$ 中无失真地恢复原信号 $X(\omega)$。低通滤波器的特性在图 3-3(c) 上用虚线表示。

如果抽样频率 $\omega_s < 2\omega_H$，即抽样间隔 $T_s > 1/2f_H$，则抽样信号的频谱会发生混叠现象，此时不可能无失真地重建原始信号。

将抽样后的信号 $X_s(\omega)$ 通过截止频率为 ω_H 的低通滤波器，可以恢复出原来被抽样的信号 $X(\omega)$，这种在频域中的运算对应于时域中从 $x_s(t)$ 中恢复出 $x(t)$ 的运算。

设截止频率是 ω_H 的低通滤波器的传递函数为 $H(\omega)$，即

$$H(\omega) = \begin{cases} 1, & |\omega| \leqslant \omega_H \\ 0, & |\omega| > \omega_H \end{cases}$$

当抽样信号 $X_s(\omega)$ 通过该滤波器时，滤波器的作用等效于用一门函数与 $X_s(\omega)$ 相乘，因此滤波器输出为

$$\hat{X}(\omega) = X_s(\omega)H(\omega) = X_s(\omega)\text{rect}\left(\frac{\omega}{2\omega_H}\right) = \frac{1}{T_s}X(\omega) \tag{3-4}$$

根据时域卷积定理,时域中的重建信号是抽样信号 $x_s(t)$ 和滤波器冲激响应 $h(t)$ 的卷积,即

$$\hat{x}(t) = x_s(t) * h(t) = \sum_{n=-\infty}^{\infty} x(nT_s)\delta(t-nT_s) * \frac{1}{T_s}\left(\frac{\sin\omega_H t}{\omega_H t}\right)$$

$$= \frac{1}{T_s}\sum_{n=-\infty}^{\infty} x(nT_s)\frac{\sin\omega_H(t-nT_s)}{\omega_H(t-nT_s)} \tag{3-5}$$

令 $\text{Sa}(x) = \frac{\sin x}{x}$,则由式(3-5)可知,利用 Sa 函数作为内插函数,可以把时间离散的样值序列恢复为时间连续的信号。也就是说,一个时间上的连续信号可以展成 Sa 函数的无穷级数,级数的系数等于抽样值 $x(nT_s)$。从几何意义上来说,以每个抽样值为峰值画一个 Sa 函数的波形,则合成的波形就是 $x(t)$。图 3-3(d)表示重建信号的示意图。由于 Sa 函数和抽样信号的恢复有密切的联系,所以 Sa 函数又称为抽样函数。

2. 带通抽样定理

实际中遇到的许多信号是带通信号,这种信号的带宽 B 远小于其中心频率。若带通信号的上截止频率为 f_H,下截止频率为 f_L,此时并不需要抽样频率高于 2 倍上截止频率。带通抽样定理指出,此时的抽样频率 f_s 应满足

$$f_s = 2B\left(1 + \frac{M}{N}\right) \tag{3-6}$$

式中,$B = f_H - f_L$;$M = f_H/B - N$;N 为不超过 f_H/B 的最大正整数。由于 $0 \le M < 1$,所以带通信号的抽样频率在 $2B \sim 4B$ 变动。由式(3-6)画出的曲线如图 3-4 所示。

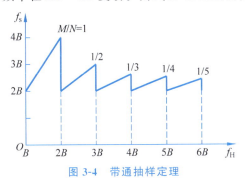

图 3-4 带通抽样定理

将带通抽样信号的频谱画出,可形象地理解带通抽样定理的含义。设带通信号的最高频率 f_H 是带宽 B 的整数倍,即 $f_H = NB$。若抽样频率为 $f_s = 2B$,抽样后的频谱依然没有发生混叠。图 3-5 画出 $N=3$ 的情况。将 $X(f)$ 分别向右和向左移动 f_s,频谱图如图 3-5(b)和图 3-5(c)所示,移动若干次后的频谱恰好在频率轴上排开,如图 3-5(d)所示,这样,采用带通滤波器可无失真地恢复原始信号,但此时的抽样频率远低于低通抽样定理 $f_s = 6B$ 的要求。

设带通信号的最高频率不是带宽的整数倍,即 $f_H = NB + MB$,其中 $0 < M < 1$,这时

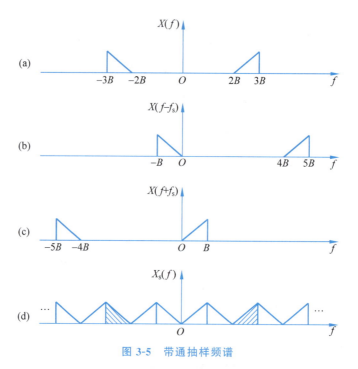

图 3-5 带通抽样频谱

如果仍以 $f_s=2B$ 进行抽样,从频谱图上可以看到有明显的混叠现象。图 3-6 画出 $N=3, M\neq 0$ 的情形,此时若要使频谱无混叠则必须使 $2f_H=3f_s$。推广到一般情况,有

$$Nf_s = 2(NB+MB)$$
$$f_s = 2B\left(1+\frac{M}{N}\right)$$

带通抽样定理在频分多路信号的编码中有很重要的应用,针对典型信号的抽样频率均有相应的建议。

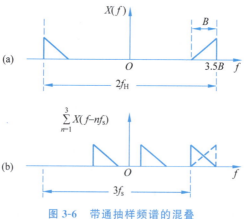

图 3-6 带通抽样频谱的混叠

由以上的讨论可知,低通信号的抽样和恢复比起带通信号来要简单。通常当带通信号的带宽 B 大于信号的最低频率 f_L 时,便将此信号当作低通信号处理。只有在不满足上述条件时才使用带通抽样定理。模拟电话信号经限带后的频率范围是 300～3400 Hz,

所以按低通信号处理,抽样频率理论值至少应为 6800Hz。由于解调时不可能使用理想的低通滤波器,而实际的滤波器均有一定宽度的过渡带,又由于抽样前的限带滤波器也可能对 3400Hz 以上的频率分量做不到完全抑制,所以对话音信号的抽样频率取为 8000Hz。这样,在抽样信号的频谱之间便可形成一定间隔的"防护带"ΔB,既防止了频谱的混叠,又放宽了对低通滤波器的要求,如图 3-7 所示。

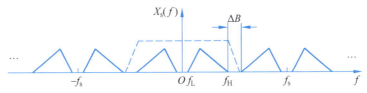

图 3-7 模拟电话抽样信号的频谱

抽样频率越高对防止频谱混叠越有利,但在第 5 章的讨论中会看到抽样频率的提高会使码元速率提高,意味着传输带宽加宽,这是不可取的。通常,抽样频率选择信号最高频率的 2～2.5 倍。几种常用模拟信号的频率范围和抽样频率如表 3-1 所示。

表 3-1 几种常用模拟信号的频率范围和抽样频率

信号类型	电话	电话会议	声音	电视
频率范围	300～3400Hz	50～7000Hz	20～20kHz	0～6MHz
抽样频率	8kHz	16kHz	48kHz	13.5MHz

值得注意的是,抽样定理是信号重建的充分非必要条件。近年来,基于压缩感知的采样方法得到了广泛的重视和应用,这种方法通过开发信号的稀疏特性,在远小于奈奎斯特频率的条件下,利用随机采样获取信号的离散样本,然后通过非线性重建算法恢复原信号,该方法已经用于雷达、医学成像、认知无线电等领域。

3.2.2 实际抽样

前面介绍的抽样使用的抽样脉冲序列是理想的冲激脉冲序列 $\delta_T(t)$,这种抽样称为理想抽样。由于无法得到理想的冲激脉冲序列,所以实际抽样电路中抽样脉冲都具有一定的持续时间。相应地,已抽样信号在脉冲持续时间内其顶部便会有某种形状。

1. 自然抽样

设抽样脉冲序列为

$$c(t) = \sum_{n=-\infty}^{\infty} p(t - nT_s)$$

式中,$p(t)$ 是任意形状的脉冲。抽样过程亦是信号 $x(t)$ 和抽样脉冲序列 $c(t)$ 相乘,即

$$x_s(t) = x(t)c(t) \tag{3-7}$$

若抽样脉冲 $c(t)$ 是周期性矩形脉冲序列,信号 $x(t)$ 与 $c(t)$ 相乘,便得到已抽样信号 $x_s(t)$。抽样的过程及所对应的频谱如图 3-8 所示。由图 3-8(d)可以看出,$x_s(t)$ 在抽样期间的脉冲顶部不是平的,而是随着 $x(t)$ 变化,因而称这种抽样为自然抽样。$c(t)$ 是周期性信号,可以用傅里叶级数展开,得

$$c(t) = \sum_{n=-\infty}^{\infty} C_n e^{jn\omega_s t}$$

式中,C_n 为傅里叶级数的系数,有

$$C_n = \frac{1}{T_s} \int_{-T_s/2}^{T_s/2} p(t) e^{-jn\omega_s t} dt$$

式中,ω_s 为抽样角频率;T_s 为抽样间隔。将 $c(t)$ 表达式代入式(3-7),得

$$x_s(t) = \sum_{n=-\infty}^{\infty} x(t) C_n e^{jn\omega_s t}$$

所以自然抽样后信号的频谱为

$$X_s(\omega) = \sum_{n=-\infty}^{\infty} C_n X(\omega - n\omega_s) \qquad (3\text{-}8)$$

将式(3-8)和式(3-3)作比较可知,与理想抽样信号的频谱相比,自然抽样信号的频谱幅度变化了 $C_n T_s$ 倍。C_n 随 n 的变化而变化,但对确定的 n 来说 C_n 是一个常数。因此 $C_n T_s$ 对信号频谱是一种幅度加权,并不改变频谱的形状,只是随着 n 的不同,频谱的幅度不同。这样,使用相应的低通滤波器,便可从抽样信号中无失真恢复原始信号。

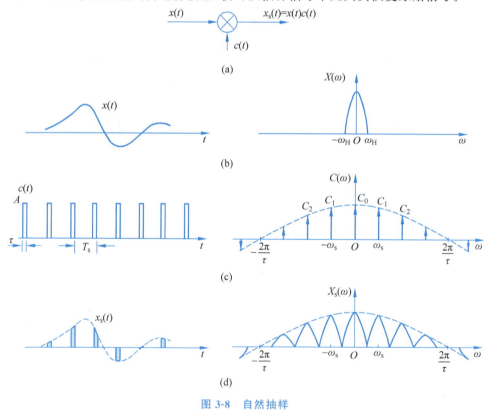

图 3-8 自然抽样

2. 平顶抽样

自然抽样是很容易实现的,但在某些场合不能满足使用的要求。例如,对抽样后的样

值要进行编码,而在编码期间的样值必须是恒定不变的。在抽样脉冲期间幅度不变的抽样称为平顶抽样。在实际电路中,平顶抽样是通过窄脉冲自然抽样和平顶保持电路来实现的。

从理论上来说,平顶抽样可分为两步实现,即先进行理想抽样,然后再用一个冲激响应是矩形的网络对样值进行保持,抽样的过程及频谱如图3-9所示。

网络的冲激响应为矩形脉冲,可表示为

$$h(t) = \begin{cases} A, & |t| \leqslant \tau \\ 0, & 其他 \end{cases}$$

网络的传递函数为 $H(\omega)$,有

$$H(\omega) = A\tau \frac{\sin(\omega\tau/2)}{\omega\tau/2}$$

由形成过程可知,平顶抽样信号的时域表达式是理想抽样信号和网络冲激响应的卷积,即

$$x_{sf}(t) = x_s(t) * h(t)$$

相应的频域表达式为

$$\begin{aligned} X_{sf}(\omega) &= X_s(\omega) H(\omega) \\ &= \frac{1}{T_s} \sum_{n=-\infty}^{\infty} X(\omega - n\omega_s) A\tau \frac{\sin(\omega\tau/2)}{\omega\tau/2} \\ &= \frac{A\tau}{T_s} \sum_{n=-\infty}^{\infty} X(\omega - n\omega_s) \frac{\sin(\omega\tau/2)}{\omega\tau/2} \end{aligned} \tag{3-9}$$

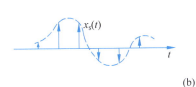

(a)

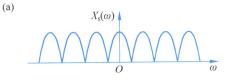

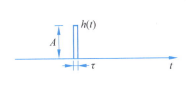

(b)

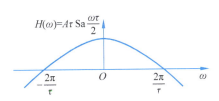

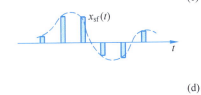

(c)

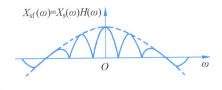

(d)

图 3-9 平顶抽样

与理想抽样信号的频谱相比较,平顶抽样信号的频谱有一加权项 $\frac{\sin(\omega\tau/2)}{\omega\tau/2}$。由于加权项是频率的函数,因而引起了频率失真,使频谱的形状发生了变化。这时,如果简单地使用低通滤波器,将无法实现无失真解调,而平顶抽样带来的频率失真在实际电路中又是不可避免的。在 PCM 解码电路中,对数字编码信号解码后得到量化的样值序列 $\{\hat{x}(nT_s)\}$,由样值序列恢复出的原始信号的幅度与占空比 τ/T_s 成正比。为了尽可能增大输出信号的幅度,可将样值序列展宽成全占空的平顶阶梯波。这样,在解调时除使用低通滤波器外还必须使用传递函数为 $\frac{\omega\tau/2}{\sin(\omega\tau/2)}$ 的网络进行频率补偿,以抵消平顶保持所带来的频率失真。这种频率失真常称为孔径失真。

3. 脉冲调制

第 2 章讨论的模拟调制是以正弦信号作为载波的,可是正弦信号并不是唯一的载波形式。在时间上离散的脉冲串,同样可以作为载波。以时间上离散的脉冲串作为载波,用基带信号 $x(t)$ 去控制脉冲串的某个参量,使其按 $x(t)$ 的规律变化,这样的调制称为脉冲调制。按基带信号改变脉冲参量(幅度、宽度、位置)的不同,脉冲调制分为脉幅调制(PAM)、脉宽调制(PDM)和脉位调制(PPM)。3 种脉冲调制信号的波形示意图如图 3-10 所示。

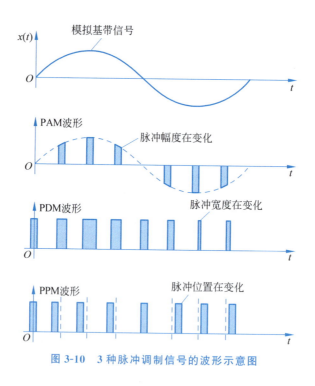

图 3-10　3 种脉冲调制信号的波形示意图

从调制的角度来看,实际抽样信号是用时间连续的基带信号去改变脉冲载波的幅度得到的,所以抽样信号又称 PAM 信号。

3.3 模拟信号的量化

3.3.1 量化的原理

模拟信号 $x(t)$ 经抽样后得到了样值序列 $\{x(nT_s)\}$。样值序列在时间上是离散的，但在幅度上的取值还是连续的，即有无限多种样值。这种样值无法用有限位数字信号来表示，因为有限位数字信号 n 最多能表示 $M=2^n$ 种电平。这样，就必须对样值进一步处理，使它成为在幅度上是有限种取值的离散样值。对幅度进行离散化处理的过程称为量化，实现量化的器件称为量化器。

量化的过程可用图 3-11 所示的方框图表示。输入值 x 是连续取值的模拟量，量化器输出为量化值 y，y 有 L 种取值。y 是对 x 进行量化的结果，这一过程可表示为

$$y = Q(x)$$

当输入信号幅度落在 x_k 和 x_{k+1} 之间时量化器输出为 y_k，y_k 可表示为

$$y_k = Q\{x_k \leqslant x < x_{k+1}\}, \quad k=1,2,\cdots,L \tag{3-10}$$

式中，y_k 称为量化电平或重建电平；x_k 称为分层电平；分层电平之间的间隔 $\Delta_k = x_{k+1} - x_k$ 称为量化间隔，也称为量阶或阶距。量化间隔相等时称均匀量化，不相等时称非均匀量化。

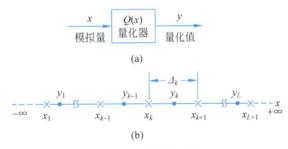

图 3-11 量化的过程

量化器输出和输入之间的关系称为量化特性，采用量化特性曲线可形象地表示出量化特性。一个理想的线性系统，其输出-输入特性为一条直线，而量化器的输出-输入特性是阶梯形曲线。阶梯面之间的距离为阶距。均匀量化器的特性曲线是等阶距的，非均匀量化器的特性曲线是不等阶距的。根据阶梯面的位置特性曲线又分为中升型和中平型。各种特性曲线如图 3-12 所示。

量化器的输入是连续值，输出是量化值，输入和输出之间存在着误差。这种误差是由于量化引起的，所以叫量化误差。定义量化误差 q 为量化器输入与输出之差，即

$$q = x - y = x - Q(x) \tag{3-11}$$

q 的规律由 x 的取值规律决定。对于确定性的输入信号，q 是一个确定性函数。但对于随机信号，q 是一个随机变量。图 3-13 画出对模拟信号 $x(t)$ 进行均匀量化的情况，量化信号 $y(t)$ 是一个阶距为 Δ 的阶梯波，量化误差 $q(t)$ 是模拟信号和量化信号的差别。

量化误差的存在对信号的解调一定会产生影响，这种影响对信号是一种干扰，所以

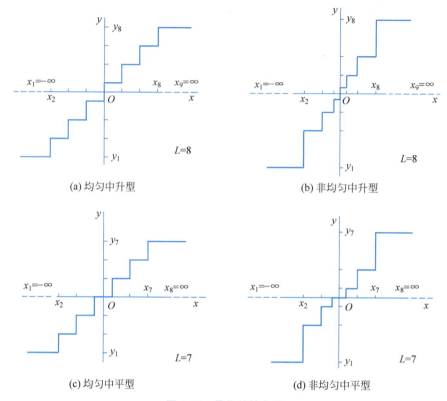

图 3-12 量化特性曲线

通常又把量化误差称为量化噪声。一般来说,量化噪声是正、负交变的随机变量,平均值为零,所以量化噪声的影响要用平均功率来度量。量化噪声的平均功率用均方误差表示。设输入信号 x 的幅度概率密度为 $p_x(x)$,量化噪声的平均功率为

$$\sigma_q^2 = E[x-Q(x)]^2 = \int_{-\infty}^{\infty}[x-Q(x)]^2 p_x(x)\mathrm{d}x \tag{3-12}$$

由于有 L 个量化间隔,因此可以把积分区域分割成 L 个区间,则上式可写成

$$\sigma_q^2 = \sum_{k=1}^{L}\int_{x_k}^{x_{k+1}}(x-y_k)^2 p_x(x)\mathrm{d}x \tag{3-13}$$

式(3-13)是计算量化噪声平均功率的基本公式。在给定消息源的情况下,$p_x(x)$ 是已知的,因此量化噪声的平均功率与量化间隔的分隔有关。如何使量化噪声的平均功率最小或符合一定规律,是量化器的理论所要研究的问题。

当量化间隔数 L 较小时,利用式(3-13)可分段进行计算。当 $L \gg 1$,且量化间隔 Δ_k 很小时,信号幅度落入第 k 层的概率密度函数可用该函数在 x_k 的取值代替,即近似为一个常数,因此有

$$p_x(x) \approx p_x(x_k)$$

在概率密度均匀分布的条件下,最佳量化电平应在分层电平的中点,即

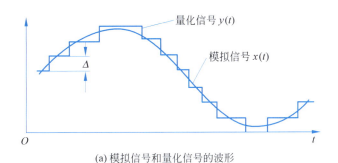

(a) 模拟信号和量化信号的波形

(b) 量化误差的波形

图 3-13 模拟信号的均匀量化

$$y_k = \frac{x_k + x_{k+1}}{2}$$

这样,用式(3-13)计算量化噪声的功率可以得到简化。输入电平落在第 k 层量化间隔内的概率

$$P_k \approx p_x(x_k)\Delta_k \tag{3-14}$$

将式(3-14)代入式(3-13),得

$$\sigma_q^2 = \sum_{k=1}^{L}\int_{x_k}^{x_{k+1}}(x-y_k)^2 p_x(x)\mathrm{d}x \approx \sum_{k=1}^{L}\frac{P_k}{\Delta_k}\int_{x_k}^{x_{k+1}}(x-y_k)^2\mathrm{d}x$$

$$= \sum_{k=1}^{L}\frac{P_k}{\Delta_k}\left[\frac{(x_{k+1}-y_k)^3}{3} - \frac{(x_k-y_k)^3}{3}\right] = \sum_{k=1}^{L}\frac{P_k}{\Delta_k}\frac{\Delta_k^3}{12}$$

$$= \frac{1}{12}\sum_{k=1}^{L}P_k\Delta_k^2 = \frac{1}{12}\sum_{k=1}^{L}p_x(x_k)\Delta_k^3 \tag{3-15}$$

当 Δ_k 很小时,$\Delta_k = \mathrm{d}x$,这样,式(3-15)还可以写成积分形式,即

$$\sigma_q^2 = \frac{1}{12}\int_{-V}^{V}\Delta_k^2(x)p_x(x)\mathrm{d}x \tag{3-16}$$

式中,V 表示量化器的最大输入电平。当 Δ_k 很小时,可用 V 表示最大量化电平。显然,式(3-16)适用于量化器不过载的情况。当输入电平超出量化范围时,量化器处于过载情况,其量化噪声称为过载噪声。过载时量化值保持为常数 V,过载噪声的功率为

$$\sigma_{qo}^2 = \int_{V}^{\infty}(x-V)^2 p_x(x)\mathrm{d}x + \int_{-\infty}^{-V}(x+V)^2 p_x(x)\mathrm{d}x$$

当 $p_x(x)$ 对称分布时,

$$\sigma_{qo}^2 = 2\int_V^\infty (x-V)^2 p_x(x) \mathrm{d}x \tag{3-17}$$

总的量化噪声功率应为不过载噪声和过载噪声功率之和,即

$$N_q = \sigma_q^2 + \sigma_{qo}^2 \tag{3-18}$$

3.3.2 均匀量化和线性 PCM 编码

均匀量化器的量化特性是一条等阶距的阶梯形曲线,如图 3-14(a)、图 3-14(b)所示。图中还有一条过原点的虚线,表示未量化时的关系。

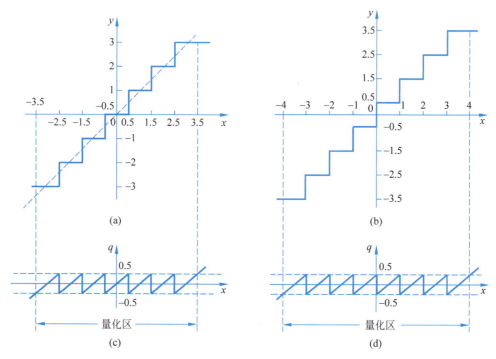

图 3-14 均匀量化特性和量化误差

设量化器的量化范围是 $-V$ 到 V,量化间隔数为 L,则量化间隔 Δ_k 为

$$\Delta_k = \Delta = \frac{2V}{L} \tag{3-19}$$

图 3-14 示出的是 $\Delta=1$ 的均匀量化器的特性曲线。量化误差 q 与信号幅度 x 之间的关系如图 3-14(c)、图 3-14(d)所示。在量化范围内,量化误差的绝对值 $|q| \leqslant 0.5\Delta$。当信号幅度超出量化范围后,量化值 y 保持不变,$|q| > 0.5\Delta$,此时称为过载。在设计量化器时,应考虑输入信号的幅度范围,使信号幅度不进入过载区,或者只能以极小的概率进入过载区。

在均匀量化的条件下,不过载噪声的功率

$$\sigma_q^2 = \frac{1}{12}\sum_{k=1}^L P_k \Delta^2 = \frac{\Delta^2}{12}\sum_{k=1}^L P_k \tag{3-20}$$

由于信号不过载,信号幅度落入量化范围内的总概率为 1,即

$$\sum_{k=1}^{L} P_k = 1$$

因此

$$\sigma_q^2 = \frac{\Delta^2}{12} = \frac{V^2}{3L^2} \tag{3-21}$$

由式(3-21)可知,均匀量化器不过载量化噪声功率与信号的统计特性无关,而只与量化间隔有关。量化间隔数和量化电平数均用 L 表示。

对均匀量化的量化间隔或量化电平用 n 位码表示,就得到了数字编码信号,通常称为线性 PCM 编码信号。

为了衡量量化器的质量,定义信号的平均功率 S 与量化噪声平均功率 N_q 之比 S/N_q 为量化信噪比(简称信噪比)。信噪比可表示为符号形式 SNR 和比值形式 S/N,在定义式中多采用 SNR,在计算式中多采用 S/N。在信号和量化特性已知的条件下,就可具体计算量化信噪比。下面分别以正弦信号和实际话音信号为例分析信噪比的特性。

1. 正弦信号

设输入信号为正弦波,且信号不过载。当正弦波的幅度为 A_m 时,正弦波的功率 $S = A_m^2/2$,则

$$\text{SNR} = \frac{S}{N_q} = \frac{A_m^2/2}{V^2/(3L^2)} = \frac{3A_m^2 L^2}{2V^2} = \frac{3}{2}\left(\frac{A_m}{V}\right)^2 L^2 \tag{3-22}$$

用 n 位二进制码表示 L 个量化电平时,$L = 2^n$。令归一化有效值 $D = A_m/(\sqrt{2}V)$,则式(3-22)可化成

$$\text{SNR} = 3D^2 L^2 \tag{3-23}$$

式(3-23)通常用 dB 值来表示,这时有

$$[\text{SNR}]_{\text{dB}} = 10\lg 3 + 20\lg D + 20\lg 2^n \approx 4.77 + 20\lg D + 6.02n \tag{3-24}$$

式中,D 的物理意义是信号有效值与量化器最大量化电平之比。当 $A_m = V$ 时,$D = 1/\sqrt{2}$,则满载正弦波的 SNR 为正弦波所能得到的最大信噪比,这时有

$$[\text{SNR}]_{\text{max dB}} \approx 1.76 + 6.02n \tag{3-25}$$

这样,对正弦信号进行线性 PCM 编码的 $[\text{SNR}]_{\text{dB}}$ 值可由式(3-24)和式(3-25)求出。SNR 的 dB 值随信号功率的 dB 值的变化而变化;每增加一位编码,$[\text{SNR}]_{\text{dB}}$ 提高 6dB。由式(3-24)画得的 $[\text{SNR}]_{\text{dB}}$ 曲线如图 3-15 所示。以 $20\lg D$ 为横坐标,以 n 为参变量,可画出若干条信噪比特性曲线。当 $20\lg D$ 取 -3dB 时,对应于信号的过载点。曲线之间的距离为 6dB。

2. 话音信号

话音信号幅度的概率密度可近似地用拉普拉斯分布来表示,即

$$p_x(x) = \frac{1}{\sqrt{2}\sigma_x} e^{-\sqrt{2}|x|/\sigma_x} \tag{3-26}$$

式中,σ_x 是信号 x 的均方根值。如图 3-16 所示,无论量化器的量化范围怎样确定,总有

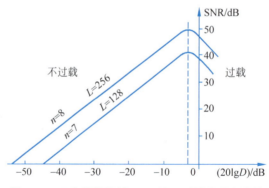

图 3-15　正弦信号线性 PCM 编码时的信噪比特性

极小一部分信号幅度超出量化范围而造成过载。

与对正弦信号的分析相类似,当输入为话音信号时,信噪比特性曲线如图 3-17 所示。

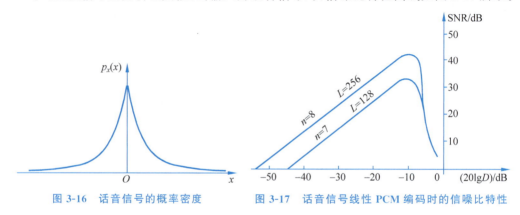

图 3-16　话音信号的概率密度　　　　图 3-17　话音信号线性 PCM 编码时的信噪比特性

由图 3-15 与图 3-17 可见,对于正弦信号和话音信号来说,$[SNR]_{dB}$ 曲线的形状大致相同。在不过载范围内,$[SNR]_{dB}$ 曲线与信号功率是线性关系,而在过载区域,曲线明显下降。

均匀量化器广泛用于线性 A/D 变换接口,例如在计算机的 A/D 变换中,n 为 A/D 变换器的位数,常用的有 8 位、12 位、16 位等不同精度。另外,在遥控遥测系统、仪表、图像信号的数字化接口等设备中,也都使用均匀量化器。

在均匀量化中,无论信号大小如何,量化噪声的平均功率都不变。因此当信号较小时,量化信噪比也就很小,难以达到给定的要求。而小信号时的低信噪比一定会影响用户对动态范围的要求。动态范围是指满足一定信噪比要求的信号取值范围,通常用 dB 值表达,其表达式为

$$R_{dB} = 20\lg \frac{\sigma_{max}}{\sigma_{min}} \tag{3-27}$$

式中,σ 是指信号有效值。由以上分析可知,在数字电话通信中,均匀量化有明显的不足,这是由电话信号的特点决定的。第一,电话信号的动态范围很大,一般在 40~50dB。第二,人们对电话信号要求的信噪比值应大于 25dB。如果对电话信号采用均匀量化,为了

满足在 40～50dB 的动态范围内 $[SNR]_{dB}$ 均大于 25dB,经过计算可知,必须采用 $n=12$ 位的均匀量化器。编码位数多就意味着编码后信息速率高,传输带宽宽。第三,话音信号取小信号的概率大,而在均匀量化时小信号的信噪比明显低于大信号。在保证电话通信质量的前提下,为了减少编码位数和提高小信号的信噪比,必须采用有效的办法。

例 3-1 正弦信号 $x(t)=3.25\sin(1600\pi t)$,抽样频率 $f_s=8\text{kHz}$,限定抽样时刻通过正弦波的零点。

(1) 列出在正弦信号一个周期内样值序列 $x(n)$ 的取值,画出样值序列的时间波形图;

(2) 样值序列输入如图 3-14(b)所示的量化器,列出量化后的样值序列 $x_q(n)$,画出量化后的样值序列的时间波形图。

解 (1) 正弦信号的频率 $f=1600\pi/2\pi=800\text{Hz}$,抽样频率 $f_s=8\text{kHz}$,在正弦信号的一个周期内抽样次数为 m,即

$$m=\frac{f_s}{f}=\frac{8\times 10^3}{8\times 10^2}=10$$

抽样的时间间隔为 T_c,即

$$T_c=\frac{1}{f_s}=\frac{1}{8\times 10^3}=125(\mu s)$$

相邻样值之间的相位间隔为 $\Delta\varphi$,即

$$\Delta\varphi=2\pi f\cdot T_c=1600\pi\times 125\times 10^{-6}=0.2\pi$$

限定抽样时刻通过正弦波的零点,10 个点均分在一个周期中,所以在正弦信号一个周期内的样值序列 $x(n)$ 可表示为

$$x(0)=x(5)=3.25\sin 0=0(\text{V})$$
$$x(1)=x(4)=3.25\sin(0.2\pi)\approx 1.88(\text{V})$$
$$x(2)=x(3)=3.25\sin(0.4\pi)\approx 3.08(\text{V})$$
$$x(6)=x(9)=3.25\sin(1.2\pi)\approx -1.88(\text{V})$$
$$x(7)=x(8)=3.25\sin(1.4\pi)\approx -3.08(\text{V})$$

样值序列 $x(n)$ 的时间波形图如图 3-18(a)所示。

(2) 量化器对样值序列 $x(n)$ 进行量化,量化后的样值序列 $x_q(n)$ 为

$$x_q(0)=x_q(5)=0.5(\text{V})$$
$$x_q(1)=x_q(4)=1.5(\text{V})$$
$$x_q(2)=x_q(3)=3.5(\text{V})$$
$$x_q(7)=x_q(8)=-3.5(\text{V})$$
$$x_q(6)=x_q(9)=-1.5(\text{V})$$

量化后的样值序列的时间波形图如图 3-18(b)所示。

考虑到编码的规则,在抽样值的计算中均不进行四舍五入的近似处理,直接将尾数舍去。

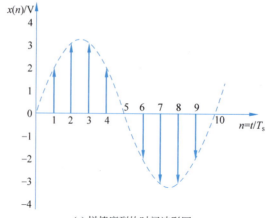

(a) 样值序列的时间波形图

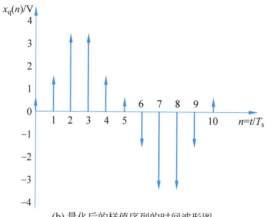

(b) 量化后的样值序列的时间波形图

图 3-18　例 3-1 中的时间波形图

例 3-2　对频率范围为 30～300 Hz 的模拟信号进行线性 PCM 编码。

(1) 求最低抽样频率 f_s；

(2) 若量化电平数 $L=64$，求 PCM 信号的信息速率 R_b。

解　(1) 由模拟信号的频率范围可知，该信号应作为低通信号处理。最低抽样频率为

$$f_s = 2f_H = 2 \times 300 = 600 (\text{Hz})$$

(2) 由量化电平 L 可求出编码位数 n，即

$$n = \log_2 L = \log_2 64 = 6$$

PCM 信号的信息速率为

$$R_b = f_s n = 600 \times 6 = 3600 (\text{bit/s})$$

例 3-3　设正弦信号动态范围为 40～50 dB，最低信噪比不低于 26 dB，求线性 PCM 编码的位数。

解　当最低信噪比为 26 dB 时，由动态范围 R_{dB} 可知，正弦信号的最大信噪比为

$$[\text{SNR}]_{\text{max dB}} = [\text{SNR}]_{\text{min dB}} + R_{dB}$$

$$= 26 + (40 \sim 50) = 66 \sim 76 \text{(dB)}$$

式(3-25)给出正弦信号最大信噪比与编码位数的关系,即

$$[\text{SNR}]_{\text{max dB}} \approx 1.76 + 6.02n$$

由此得

$$n \approx \frac{(66 \sim 76) - 1.76}{6.02} = 11 \sim 13$$

由式(3-21)可知,量化噪声平均功率与阶距 Δ 的平方成正比。如果能找到一种量化特性,对小信号用小阶距量化,减小噪声功率提高信噪比,而大信号时用大阶距量化,噪声功率虽然有所增大,但由于信号功率大,仍然能保持信噪比在额定值以上。这样,就能在较宽的信号动态范围内均满足对信噪比的要求。

3.3.3 非均匀量化

1. 非均匀量化原理

量化间隔不相等的量化称为非均匀量化。从理论分析的角度,非均匀量化可认为是对信号非线性变换后再进行均匀量化的结果。这一过程如图 3-19 所示。对输入信号先进行一次非线性变换 $z = f(x)$,然后对 z 进行均匀量化及编码。对接收端解码后得到的量化电平要进行一次反变换 $f^{-1}(x)$,才能恢复原始信号。

图 3-19 非均匀量化原理

由于 $f(x)$ 和 $f^{-1}(x)$ 分别具有把信号幅度范围压缩与扩张的作用,所以 $f(x)$ 称为压缩特性,$f^{-1}(x)$ 称为扩张特性。图 3-20 为非线性压缩特性的示意图。压缩特性是一条曲线,当 z 信号有均匀量化间隔 Δ 时,由于对应于输入信号有非均匀量化间隔 $\Delta_k(x)$,这就等效于对输入信号进行了非均匀量化。

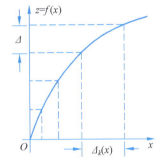

图 3-20 非均匀压缩特性示意图

2. 对数量化及其折线近似

基于对话音信号的大量统计和研究,国际电话电报咨询委员会(CCITT)建议采用两种压缩特性,它们都是具有对数特性且通过原点呈中心对称的曲线。为了简化图形,通常只画出第一象限的图形。

1) A 律对数压缩特性

令量化器的满载电压为归一化值 ± 1,相当于将输入信号 x_i 对量化器最大量化电平 V 进行归一化处理,即信号的归一化值为

$$x = \frac{x_i}{V}$$

A 律对数压缩特性定义为

$$f(x) = \begin{cases} \dfrac{Ax}{1+\ln A}, & 0 \leqslant x \leqslant \dfrac{1}{A} \\ \dfrac{1+\ln Ax}{1+\ln A}, & \dfrac{1}{A} \leqslant x \leqslant 1 \end{cases} \qquad (3\text{-}28)$$

式中，A 为压缩系数。$A=1$ 时无压缩，A 越大压缩效果越明显。由式(3-28)可知：在 $0 \leqslant x \leqslant 1/A$ 时，$f(x)$ 是线性函数，对应一段直线，也就是相当于均匀量化特性；在 $1/A \leqslant x \leqslant 1$ 时，$f(x)$ 是对数函数，对应一段对数曲线。特性曲线如图 3-21(a)所示，在国际标准中取 $A=87.6$。

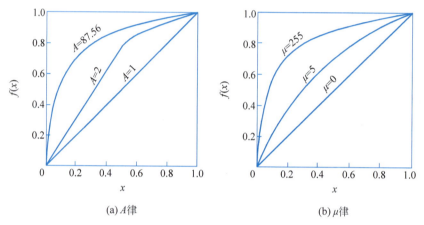

图 3-21 对数压缩特性

由式(3-28)和式(3-16)可以计算出量化噪声功率 σ_q^2。使用 $A=87.6$ 的压缩特性，当输入信号为正弦信号时，信噪比曲线如图 3-22 所示，图中的虚线为均匀量化时的信噪比特性。经计算可知，当量化电平数 $L=256$，即编码位数 $n=8$ 时，与均匀量化相比，信噪比大于 25dB 的动态范围从 25dB 扩展到 52dB，对小信号的信噪比改善值为 24dB。

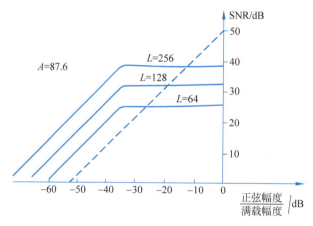

图 3-22 正弦信号 A 律压缩时的信噪比特性

2) μ 律对数压缩特性

μ 律对数压缩特性定义为

$$f(x) = \frac{\ln(1+\mu x)}{\ln(1+\mu)} \tag{3-29}$$

式中,μ 为压缩系数。$\mu=0$ 时无压缩,μ 越大压缩效果越明显,如图 3-21(b)所示。在国际标准中取 $\mu=255$。当量化电平数 $L=256$ 时,对小信号的信噪比改善值为 33.5dB。从整体上来看,μ 律与 A 律性能基本接近。μ 律最早由美国提出,A 律后来由欧洲提出,我国使用 A 律。

3) 对数压缩特性的折线近似

早期的 A 律和 μ 律压缩特性是用非线性模拟电路完成的,精度和稳定性都受到限制。随着数字电路技术的发展,使用数字电路很容易用折线近似实现匀滑曲线,电路的大规模集成进一步保证了质量和可靠性。

采用折线法逼近 A 律和 μ 律已形成国际标准。A 律压缩特性采用 13 折线近似,如图 3-23 所示,图中只画出了输入信号为正时的情形。输入信号幅度的归一化范围为 $(0,1)$,将其不均匀地划分为 8 个区间,每个区间长度以 1/2 倍递减。其划分方法是:取 1 的 1/2 为 1/2,取 1/2 的 1/2 为 1/4,以此类推,直到取 1/64 的 1/2 得到 1/128。输出信号幅度的归一化范围 $(0,1)$ 则均匀地分成 8 个区间,每个区间的长度为 1/8。输入信号和输出信号按照同一顺序的 8 个区间对应有 8 段线段。正负方向各有 8 段,共有 16 段线段。将此 16 段线段相连便得到一条折线。正负方向的第 1 段和第 2 段因斜率相同而合成一段线段,因此 16 段线段从形状上变成 13 段折线,这条折线被称为 A 律 13 折线。但在定量计算时,仍以 16 段为准。

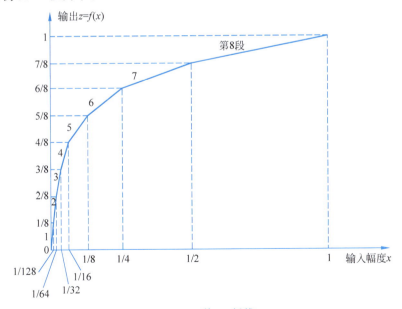

图 3-23 A 律 13 折线

除第 1 段和第 2 段以外,组成折线的各线段斜率逐段递减 1/2,相应的信噪比改善值逐段下降 6dB,各线段斜率和信噪比改善值如表 3-2 所示。

表 3-2 折线线段斜率

折线段	1	2	3	4	5	6	7	8
斜率 $f'(x)$	16	16	8	4	2	1	1/2	1/4
信噪比改善 Q/dB	24	24	18	12	6	0	−6	−12

A 律 13 折线起始段的斜率为 16,由式(3-28)可知,$A=87.6$ 的对数压缩特性起始段的斜率也为 16,这就是说,13 折线逼近的是 $A=87.6$ 的对数压缩特性。

μ 律压缩特性用 15 折线来近似,如图 3-24 所示。折线近似时,在正方向和负方向各有 8 段线段,正方向和负方向的第 1 段因斜率相同而合成一段线段,所以 16 段线段从形状上变为 15 段折线,这条折线被称为 μ 律 15 折线。

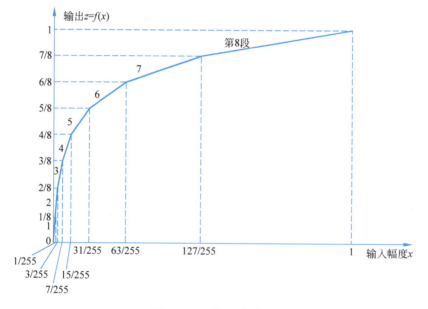

图 3-24 μ 律 15 折线

3.4 A 律 PCM 编码

把量化后的信号电平值转换成二进制码组的过程称为编码,其逆过程称为解码。

3.4.1 常用的二进制码组

常用的二进制码组有自然二进制码组(NBC)、折叠二进制码组(FBC)和格雷二进制码组(RBC)。表 3-3 列出了用 4 位码表示 16 个量化级时 3 种码组的编码规律。

表 3-3 3 种码组

极性	电平序号	自然码 NBC				折叠码 FBC				格雷码 RBC			
		b_1	b_2	b_3	b_4	b_1	b_2	b_3	b_4	b_1	b_2	b_3	b_4
正极性	15	1	1	1	1	1	1	1	1	1	0	0	0
	14	1	1	1	0	1	1	1	0	1	0	0	1
	13	1	1	0	1	1	1	0	1	1	0	1	1
	12	1	1	0	0	1	1	0	0	1	0	1	0
	11	1	0	1	1	1	0	1	1	1	1	1	0
	10	1	0	1	0	1	0	1	0	1	1	1	1
	9	1	0	0	1	1	0	0	1	1	1	0	1
	8	1	0	0	0	1	0	0	0	1	1	0	0
负极性	7	0	1	1	1	0	0	0	0	0	1	0	0
	6	0	1	1	0	0	0	0	1	0	1	0	1
	5	0	1	0	1	0	0	1	0	0	1	1	1
	4	0	1	0	0	0	0	1	1	0	1	1	0
	3	0	0	1	1	0	1	0	0	0	0	1	0
	2	0	0	1	0	0	1	0	1	0	0	1	1
	1	0	0	0	1	0	1	1	0	0	0	0	1
	0	0	0	0	0	0	1	1	1	0	0	0	0

自然二进制码就是一般的十进制正整数的二进制表示。折叠码左边第一位表示正负号,第二位至最后一位表示幅度绝对值。第一位用 1 来表示正,用 0 表示负。由于绝对值相同的折叠码,其码组除第一位外都相同,形成对相对零电平(第 7 电平和第 8 电平之间)的对称折叠,所以形象地称为折叠码。格雷码的特点是任何相邻电平的码组,只有一位码发生变化。

当信道传输中有误码时,各种码组在解码时产生的后果是不同的。如果第一位码 b_1 发生误码,自然码解码后,幅度误差为信号最大幅度的 1/2,这样会使恢复出的模拟电话信号出现明显的误码噪声,在小信号时,这种噪声尤为突出。而对折叠码来说,在小信号时,解码后产生的误差要小得多。因为话音信号中小信号出现的概率大,所以从统计的观点看,折叠码因误码产生的误差功率最小。另外,折叠码的极性码可由极性判决电路决定。这样,在编码位数相同时,折叠码等效于少编一位码,使编码电路大为简化。由于以上这些原因,PCM 编码采用折叠码。

3.4.2 A 律 PCM 编码规则

A 律 PCM 编码习惯上又称 A 律 13 折线编码。在 A 律 13 折线编码中,正负方向共有 16 个段落,在每一段落内有 16 个均匀分布的量化电平,因此总的量化电平数 $L=256$,编码位数 $n=8$。8 位码的排列如下:

$$\underbrace{M_1}_{\text{极性码}} \quad \underbrace{M_2 \ M_3 \ M_4}_{\text{段落码}} \quad \underbrace{M_5 \ M_6 \ M_7 \ M_8}_{\text{段内码}}$$

极性码 M_1 表示样值的极性,规定正极性为"1",负极性为"0"。

段落码 $M_2 M_3 M_4$ 表示样值的幅度所处的段落。量化的±8段,需由3位码元表示,即000,001,…,111 表示量化值处于8段中的哪一段。若样值≥本段的起始电平,且小于下一段的起始电平,就可认为样值处于本段落。

段内码 $M_5 M_6 M_7 M_8$ 表示对应各段内的16个量化级。±8段中每段均有16个不同电平,由0000,0001,…,1111 表示量化值在某段中的第几个电平。

编码时首先将样值进行归一化处理,输入样值 x_i 对量化最大电平 V 的归一化值为 $x = x_i/V$。如表3-4所示,归一化值1被分成4096份,每份对应的电平称为归一化电平,用 Δ 标记。将根据样值的幅度所在的段落和量化级,编出相应的幅度码。

表 3-4　A 律正输入值编码表

段落号	段落码			段落码对应的起始电平	段内电平码对应的电平				段内量化间隔
	M_2	M_3	M_4		M_5	M_6	M_7	M_8	
1	0	0	0	0	16	8	4	2	2
2	0	0	1	32	16	8	4	2	2
3	0	1	0	64	32	16	8	4	4
4	0	1	1	128	64	32	16	8	8
5	1	0	0	256	128	64	32	16	16
6	1	0	1	512	256	128	64	32	32
7	1	1	0	1024	512	256	128	64	64
8	1	1	1	2048	1024	512	256	128	128

由编码表可知,编码实际上是对输入信号所对应的分层电平 x_k 进行编码,对于处在同一层的信号电平值 $x_k \leqslant x < x_{k+1}$,编码的结果是唯一的。由编码码组直接解出的信号电平都是 $\hat{x}_k$。为了使编码造成的量化误差小于量化间隔 Δ_k 的一半,在解码时要加上该层量化间隔的一半,即解码输出 $\hat{x}$ 为

$$\hat{x} = \hat{x}_k + \Delta_k/2 \tag{3-30}$$

这种方式的解码,等效于对量化电平 y_k 的编码。由以上过程可知,非线性压缩、均匀量化和编码实际上是通过非线性编码一次实现的。

由编码规则可知,对分层电平 x_k 的计算不进行四舍五入的近似处理,用归一化电平表示时取到整数位即可。

例 3-4　输入信号归一化抽样值 $x = 1260_\Delta$,按照 A 律 13 折线编码,求编码码组 M,解码输出 $\hat{x}$ 和量化误差 q。

解　此题分3步求解。

(1) 编码过程及码组 M。

因输入信号样值为正,故极性码 $M_1 = 1$。将 x 与段落码的起始电平相比较, $1024_\Delta < x < 2048_\Delta$,说明样值落入第7段,故段落码

$$M_2 M_3 M_4 = 110$$

进一步确定样值在第 7 段内的哪个量化级。将样值减去第 7 段起始电平,得 $1260_\Delta - 1024_\Delta = 236_\Delta$。再将剩余电平与段内电平码对应电平从左到右逐位比较,若大于该电平,该 bit 记为 1,将电平码减去该 bit 代表的电平值,再与下一个 bit 的电平值进行比较,以此类推;若小于该电平,则该 bit 记为 0,电平码值不变,再与下一个 bit 的电平值进行比较。

$$236_\Delta < 512_\Delta, \quad M_5 = 0$$
$$236_\Delta < 256_\Delta, \quad M_6 = 0$$
$$236_\Delta > 128_\Delta, \quad M_7 = 1$$
$$236_\Delta - 128_\Delta = 108_\Delta > 64_\Delta, \quad M_8 = 1$$

所以编码码组

$$M = 11100011$$

(2) 解码输出

$$\hat{x} = 1024_\Delta + 128_\Delta + 64_\Delta + 64_\Delta / 2 = 1248_\Delta$$

(3) 量化误差

$$q = 1260_\Delta - 1248_\Delta = 12_\Delta$$

$12_\Delta < 64_\Delta / 2$,即量化误差小于第 7 段量化间隔的一半。

实现 PCM 编码的具体方式和电路很多,A 律 13 折线目前常采用逐次比较型编码器。除第 1 位极性码外,其他 7 位幅度码是通过逐次比较来确定的。每次比较得出 1 位码,共需要对样值进行 7 次比较。

段落码的确定以段落为单位逐次对分,从高位到低位逐位编出。段内码以段内的量化级为单位逐次比较,也是从高位到低位逐次编出。

在实际的编码器中,还要将编码结果进行偶次比特倒置。例如,"0_Δ"附近的电平编码结果为 10000000 或 00000000,偶次比特倒置后为 11010101 或 01010101。这样的处理方法是为了防止 0 电平信号及小信号的编码中连 0 码过多,有利于接收端位定时信号的提取。

3.5 脉冲编码调制系统

3.5.1 脉冲编码调制系统原理

脉冲编码调制过程的原理图如图 3-25 所示。原始话音信号 $x(t)$ 的频带为 $40 \sim 10000\,\text{Hz}$,按标准电话信号的规定,在抽样前通过预滤波将话音信号的频带限制在 $300 \sim 3400\,\text{Hz}$。编码后的 PCM 信号经数字信道传输,传输方式可以是直接的基带传输,也可以是对微波、光波等载波调制后的调制传输。在接收端,二进制码组经解码后形成重建的量化信号,然后经低通滤波器滤除高频分量及进行必要的频率失真补偿,便可得到重建信号 。

电话信号的 PCM 码组是由 8 位码组成的,一个码组表示一个量化后的样值。从调制的观点来看,以模拟信号为调制信号,以二进制脉冲序列为载波,通过调制改变脉冲序

图 3-25　PCM 过程的原理图

列中码元的取值,这一调制过程对应于 PCM 的编码过程,所以 PCM 称为脉冲编码调制,简称脉码调制。

3.5.2　PCM 系统的抗噪声性能分析

影响 PCM 系统性能的噪声有两种,即传输中引入的信道噪声和量化中引入的量化噪声。信道噪声和量化噪声产生的机理不同,可以认为它们是统计独立的。为分析方便,可先讨论它们单独存在时系统的性能,然后再分析它们共同存在时系统的性能。

设信道噪声的平均功率为 N_e,量化噪声的平均功率为 N_q。当信号的平均功率为 S 时,PCM 系统的总信噪比定义为

$$\frac{S}{N} = \frac{S}{N_e + N_q} \tag{3-31}$$

首先考虑信道噪声的影响。在传输过程中,信道噪声总是或大或小地存在,对 PCM 信号产生干扰。当噪声足够大时,就会引起解码器错误判决,将二进制的 1 码误判为 0 码,0 码误判为 1 码。PCM 信号的每一码字(即码组)代表一个量化值,误码使解码后的样值产生误差,这样在恢复的话音信号中就会出现误码噪声。在信道噪声为高斯噪声的情况下,可以认为码字中码元出现误码是随机的、彼此独立的。PCM 信号的码字由 n 位码构成,当码元的误码率为 P_e,且 $P_e \ll 1$ 时,在 n 位码中有 i 位差错的概率为

$$P_i(n) = C_n^i P_e^i (1-P_e)^{n-i} \approx C_n^i P_e^i$$

当 $i=1$ 时,有

$$P_1(n) \approx C_n^1 P_e = nP_e$$

当 $i=2$ 时,有

$$P_2(n) \approx C_n^2 P_e^2 = n(n-1)P_e^2/2$$

以此类推。由于 $P_e \ll 1$,发生多于 1 位差错的概率确实远小于发生 1 位差错的概率,所以可以认为码字的差错率近似等于 nP_e。

码字中各位码的权重不重,差错的影响不同。为简化分析,设码字为自然二进制码,码组的构成如图 3-26 所示。自然二进制码按 2 的幂次加权,由最低位到最高位的加权数为 $2^0, 2^1, 2^2, \cdots, 2^{i-1}, \cdots, 2^{n-1}$。量化级之间的间隔为 Δ,则第 i 位码元对应的量化值为 $2^{i-1}\Delta$,如果第 i 位码元发生了误码,其误差即为 $\pm(2^{i-1}\Delta)$。前面已经假定每一码元出现错误的可能性都相同,且码元数 n 与量化电平 L 的关系为 $2^n = L$,在一个码字中如有一个码元发生错误,则码元所造成的均方误差为

$$\sigma_e^2 = \frac{1}{n}\sum_{i=1}^{n}(2^{i-1}\Delta)^2 = \frac{\Delta^2}{n}\sum_{i=1}^{n}(2^{i-1})^2 = \frac{4^n-1}{3n}\Delta^2 = \frac{L^2-1}{3n}\Delta^2 \approx \frac{L^2}{3n}\Delta^2 \tag{3-32}$$

由于码字差错率为 nP_e,所以平均误码噪声功率 N_e 为

图 3-26 码组的构成

$$N_e = \sigma_e^2 n P_e = L^2 \Delta^2 P_e / 3 \tag{3-33}$$

至于单独考虑量化噪声的影响,式(3-21)已经给出均匀量化器不过载时量化噪声功率为

$$N_q = \frac{\Delta^2}{12} \tag{3-34}$$

这样,在接收端引起的噪声总功率 N 是二者平均功率之和,即

$$N = N_q + N_e = \frac{\Delta^2}{12} + \frac{L^2}{3} P_e \Delta^2 \tag{3-35}$$

假设输入信号为均匀分布,则满载时输入信号功率

$$S = \int_{-V}^{V} x^2 p(x) dx = \int_{-V}^{V} x^2 \left(\frac{1}{2V}\right) dx = \frac{V^2}{3} \tag{3-36}$$

由式(3-19)可知量化间隔 $\Delta = 2V/L$,代入式(3-36)可得

$$S = \frac{L^2 \Delta^2}{12} \tag{3-37}$$

由此可得总信噪比 SNR 为

$$\mathrm{SNR} = \frac{S}{N} = \frac{L^2 \Delta^2 / 12}{\Delta^2/12 + L^2 P_e \Delta^2/3} = \frac{L^2}{1 + 4 L^2 P_e} \tag{3-38}$$

式中,$L = 2^n$。

在小信噪比条件下,即当 $4L^2 P_e \gg 1$ 时,信道噪声起主要作用,量化噪声可忽略不计,式(3-38)可表示为

$$\frac{S}{N} \approx \frac{S}{N_e} \approx \frac{1}{4P_e} \tag{3-39}$$

总信噪比与误码率 P_e 成反比。

在大信噪比条件下,即 $4L^2 P_e \ll 1$ 时,量化噪声起主要作用,信道噪声可忽略不计,式(3-38)可表示为

$$\frac{S}{N} \approx \frac{S}{N_q} = L^2 = 2^{2n} \tag{3-40}$$

总信噪比仅与编码位数 n 有关,且随着 n 按指数规律变化。

当 $4L^2 P_e = 1$ 时,信道噪声使总信噪比下降 3dB。对于 $L = 256$ 的 8 位线性 PCM 来说,所对应的 $P_e \approx 3.8 \times 10^{-6}$。在 PCM 信号的传输中,误码率低于 10^{-6} 并不困难,这时可基本不考虑信道带来的影响,只考虑量化噪声的影响就可以了。

在 PCM 系统抗噪声性能的分析过程中,信号和噪声均使用了 PCM 系统接收端的输入信号和输入噪声。在经过接收端低通滤波器的处理后,接收端的输出信号和输出噪声的关系和输入端相同,所以式(3-38)所表达的既是输入端的信噪比,也是输出端的信噪比。

需要指出的是,对于一个频带限制在 f_H 的低通信号,按照抽样定理的要求,抽样频率不低于 $2f_H$。当编码位数为 n 时,相当于要求 PCM 系统的码元传输速率至少为 $2nf_H$,这就意味着系统传输带宽 B 至少为 nf_H(见 4.4.2 节),即

$$B = nf_H \tag{3-41}$$

$$n = \frac{B}{f_H} \tag{3-42}$$

将式(3-42)代入式(3-40),得

$$\frac{S}{N_q} = 2^{2(B/f_H)} \tag{3-43}$$

式(3-43)表明,PCM 系统的量化信噪比随系统的带宽 B 按指数规律增长,而在宽带调频中输出信噪比随带宽按线性规律增长,这是 PCM 系统的一个显著优点。

还要指出的是,式(3-38)是在自然码、均匀量化以及输入信号为均匀分布的前提下得到的。在折叠码、非均匀量化以及输入信号为非均匀分布的情况下,所得到的结论比式(3-38)还要小一些。

3.5.3 PCM 信号的码元速率和带宽

视频

在 A 律 13 折线编码中规定编码位数 $n=8$。在一般的 PCM 编码中,编码位数 n 则要根据量化电平数 L 确定,即满足 $n = \log_2 L$ 的关系。当确定抽样频率 f_s 后,抽样周期即抽样间隔为

$$T_c = \frac{1}{f_s} \tag{3-44}$$

在一个抽样周期 T_c 内要编 n 位码,每个二进制码元的宽度(即码元周期)为

$$T_s = \frac{T_c}{n} \tag{3-45}$$

用二进制码表示的 PCM 编码信号的码元速率为

$$R_s = \frac{1}{T_s} = \frac{n}{T_c} = f_s n = f_s \log_2 L \text{ (bit/s)} \tag{3-46}$$

PCM 信号可以直接进行基带传输,也可以经过调制以后进行频带传输,所需要的带宽与传输方式有关,计算方法将在第 4 章和第 5 章经讨论后得出。这里先引用一个具体结论,如果 PCM 信号采用矩形脉冲传输,脉冲宽度为 τ,则 PCM 信号的第一零点带宽为

$$B = \frac{1}{\tau} \tag{3-47}$$

第一零点带宽又称谱零点带宽,指功率谱的第一个过零点之内的主瓣宽度,可以作为信号的近似带宽。

二进制码元的占空比 D 为脉冲宽度 τ 与码元宽度 T_s 的比值,即

$$D = \frac{\tau}{T_s} \tag{3-48}$$

已知码元周期 T_s 和占空比 D 即可计算 PCM 信号的第一零点带宽。编码码组中的位数 n 越多,码元宽度 T_s 就越小,占用的带宽 B 就越大。传输 PCM 信号所需要的带宽要比模拟基带信号的带宽大得多。

例 3-5 单路模拟信号的最高频率为 4000Hz,以奈奎斯特频率抽样并进行 PCM 编码。编码信号的波形为矩形,占空比为 1。

(1) 按 A 律 13 折线编码,计算 PCM 信号的码元速率和第一零点带宽;

(2) 设量化电平数 $L=128$,计算 PCM 信号的码元速率和第一零点带宽。

解 (1) 因为以奈奎斯特频率抽样,所以抽样频率为

$$f_s = 2f_H = 2 \times 4 \times 10^3 = 8 \times 10^3 (\text{Hz})$$

A 律 13 折线编码的位数 $n=8$,所以 PCM 信号的码元速率为

$$R_s = f_s n = 8 \times 10^3 \times 8 = 64(\text{kbaud})$$

当矩形波的占空比为 1 时,脉冲宽度为

$$\tau = T_s = \frac{1}{R_s}$$

PCM 信号的第一个零点带宽为

$$B = \frac{1}{\tau} = R_s = 64(\text{kHz})$$

(2) 量化电平数 $L=128$,编码位数为

$$n = \log_2 L = \log_2 128 = 7$$

PCM 信号的码元速率为

$$R_s = f_s n = 8 \times 10^3 \times 7 = 56(\text{kbaud})$$

PCM 信号的第一个零点带宽为

$$B = \frac{1}{\tau} = R_s = 56(\text{kHz})$$

3.6 差分脉码调制

3.6.1 压缩编码简介

64kbit/s 的 A 律或 律的对数压扩 PCM 编码已经在大容量的光纤通信系统和数字微波系统中得到了广泛的应用。但 PCM 信号占用频带要比模拟通信系统中的一个标准话路带宽(4kHz)宽很多倍,这样,对于大容量的长途传输系统和带宽有限的系统,采用 PCM 方式的经济性能很难与模拟通信相比。多年来,人们一直在研究压缩数字化语音占用频带的工作,即研究如何在可接受的质量指标的条件下降低数字化语音的数码率,以提高数字通信系统的频带利用率。

通常把 64kbit/s 的 PCM 作为标准的语音数字化技术,而把数码率低于 64kbit/s 的语音编码方法称为语音压缩编码技术。几十年来,人们成功地提出了许多方案。

如果从原理上对语音编码进行分类,可以粗略地分为波形编码、参量编码和混合编码三类。

波形编码是直接对信号波形的抽样值或抽样值的差值进行编码,要求接收端解码后尽量恢复原始信号的波形,并以波形的保真度即语音自然度为主要度量指标。波形编码的数码率较高,其速率通常为32～64kbit/s,故可以获得高质量的音频和高保真度的语音和音乐信号。波形编码采用的算法有 PCM、DPCM、ADPCM、DM、ADM 等。一般来说,采用波形编码的系统,压缩率较低,但是其质量几乎与压缩前没有大的变化,它可用于公用通信网。

参量编码是一种分析/合成编码方法。这种方法不是跟踪话音信号的波形,而是先通过分析,提取表征声音信号特征的参数(如声源、声道的参数),再对特征参数进行编码。接收端根据声音信号产生过程的机理,将解码后的参数进行合成,重构声音信号。参量编码的典型算法是线性预测编码(LPC),它通过对发音机理的研究,找出话音生成模型。一旦模型和参数正确确定,便能合成原来的声音。

由于声音信号特征参数的数量远小于原始声音信号的样点数据,所以这种编码方法的数码率可达到 8kbit/s 以下。参量编码的压缩率较高而通信质量较差,一般不能用于公用网。目前参量编码在移动通信、多媒体通信和 IP 网络电话应用中起到了重要的作用。参量编码的极低数码率使之成为当前话音通信的主流技术,有替代 PCM 编码的趋势。

参量编码的方法由于计算量大,自然度差,一般只适合于话音信号的编码。近年来在 LPC 的基础上提出了不少改进的方案,重点在改进激励源上。

混合编码介于波形编码和参量编码之间,即在参量编码的基础上引入了一些波形编码的特征,以达到改善自然度的目的。混合编码将波形编码的高保真度与参量编码的低数码率的优点结合起来,在 16kbit/s 以下的中速率编码和 4.8kbit/s 以下的低速率编码中得到广泛应用。

ITU-T 和一些机构陆续制订了一系列有关语音压缩编码的标准。当前比较成功的混合编码方法有短延时码激励线性预测编码(LD-CELP)、长时预测规则脉冲激励编码(RPE-LTP)、矢量和激励线性预测编码(VSELP)、基于线性预测编码(LPC)的 2.4kbit/s 编码标准和基于码激励线性预测编码(CELPC)的 4.8kbit/s 编码标准等。更低数码率(如 2.4kbit/s)的压缩编码已逐步开始了研究型应用。表 3-5 给出了几种典型的语音压缩编码技术名称与特点。

表 3-5 几种典型的语音压缩编码技术

年 份	编码方法	典型数码率/(kbit·s^{-1})	语音质量	典型应用
1972	PCM	64	优良	公用网电话通信
1976	DM	32	中等	卫星通信、军事通信
1984	ADPCM	32	良好	公用网电话通信
1992	LD-CELP	16	良好	电话通信
1988	RPE-LTP	13	中等	移动通信
1989	VSELP	8	中等	移动通信
1982	LPC	2.4	较差	保密通信
1989	CELPC	4.8	较差	保密通信

在以上的语音压缩编码方法中,差分脉码调制(DPCM)和增量调制(ΔM 或 DM)是

复杂度较低的两种编码方法,下面介绍它们的基本概念。

3.6.2 差分脉码调制原理

自适应差分脉码调制(ADPCM)是语音压缩编码中复杂度较低的一种方法,它可在 32kbit/s 数码率上达到 64kbit/s 的 PCM 数字电话语音质量。近年来,ADPCM 已作为长途传输中一种新型的国际通用的语音编码方法。当前,在物联网近距离低功耗的通信模式中,ADPCM 也得到了广泛的应用。

ADPCM 是在差分脉码调制(DPCM)的基础上发展起来的。根据前面的知识,为了压缩数字化语音信号所占用的频带宽度,就需要在相同质量指标的条件下,降低数字化语音的码元速率。那么,码元速率又与什么因素有关呢?可以根据图 3-27 进行分析。

图 3-27 DPCM 带宽压缩原理分析

显然,从图 3-27 中可知,如果能够降低量化对象的幅度值,就能达到压缩带宽的目的。由此可引出 DPCM 的原理是基于模拟信号的相关性。

话音信号和图像信号经抽样后得到了样值序列,经分析可知,当前时刻的样值与前面相邻的若干时刻的样值之间有明显的关联。这样,可以根据前些时刻的样值来预测当前时刻的样值。预测值和实际值之差为差值。大量统计的结果是,在大多数时间内,信号本身的功率比差值的功率要大得多,如果只传送这些差值来代替信号,那么码组所需的位数就可以显著减少。差分脉码调制就是利用样值之间的关联进行高效率波形编码的一种典型方法。

图 3-28 给出了 DPCM 系统原理框图。图中输入抽样信号为 $x(n)$,接收端重建信号为 $\hat{x}(n)$,$d(n)$ 是输入信号与预测信号 $\tilde{x}(n)$ 的差值,$d_q(n)$ 为量化后的差值,$c(n)$ 是 $d_q(n)$ 经编码后输出的数字编码信号。

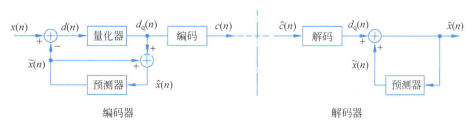

图 3-28 DPCM 系统原理图

编码器中的预测器与解码器中的预测器完全相同。因此,在无传输误码的条件下,解码器输出的重建信号 $\hat{x}(n)$ 与编码器中的 $\hat{x}(n)$ 完全相同。对照图 3-28 可写出差值 $d(n)$ 和重建信号 $\hat{x}(n)$ 的表达式分别为

$$d(n) = x(n) - \tilde{x}(n) \tag{3-49}$$

$$\hat{x}(n) = \tilde{x}(n) + d_q(n) \tag{3-50}$$

DPCM 的总量化误差 $e(n)$ 定义为输入信号 $x(n)$ 与解码器输出的重建信号 $\hat{x}(n)$ 之差,即

$$\begin{aligned}e(n) &= x(n) - \hat{x}(n) \\ &= [\tilde{x}(n) + d(n)] - [\tilde{x}(n) + d_q(n)] \\ &= d(n) - d_q(n)\end{aligned} \tag{3-51}$$

由式(3-51)可知,在这种 DPCM 系统中,总量化误差只与差值信号的量化误差有关。系统总的量化信噪比 SNR 定义为

$$\text{SNR} = \frac{E[x^2(n)]}{E[e^2(n)]} = \frac{E[x^2(n)]}{E[d^2(n)]} \cdot \frac{E[d^2(n)]}{E[e^2(n)]} = G_p \cdot \text{SNR}_q \tag{3-52}$$

式中,G_p 和 SNR_q 分别定义为

$$G_p = \frac{E[x^2(n)]}{E[d^2(n)]} \tag{3-53}$$

$$\text{SNR}_q = \frac{E[d^2(n)]}{E[e^2(n)]} \tag{3-54}$$

由表达式可知,SNR_q 是把差值序列作为信号时的量化信噪比,与 PCM 系统考虑量化误差时所计算的信噪比相当。G_p 可理解为 DPCM 系统相对于 PCM 系统而言的信噪比增益,称为预测增益。如果能够选择合理的预测规律,差值功率 $E[d^2(n)]$ 就能甚小于样值功率 $E[x^2(n)]$,G_p 就会大于 1,该系统就会获得增益。对 DPCM 系统的研究就是围绕着如何使 G_p 和 SNR_q 这两个参数取最大值逐步完善起来的。

3.6.3 自适应差分脉码调制

由式(3-52)可知,减小 $E[d^2(n)]$ 或 $E[e^2(n)]$ 都可使 SNR 提高。为了减小 $E[d^2(n)]$ 就必须使差值 $d(n)$ 减小,即要得到最佳的预测;为了减小 $E[e^2(n)]$,则必须使量化误差 $e(n)$ 减小,即要达到最佳的量化。对话音信号进行预测和量化是复杂的技术问题,这是因为话音信号在较大的动态范围内变化,所以只有采用自适应系统,才能得到最佳的性能。有自适应系统的 DPCM 称为自适应差分脉码调制,记作 ADPCM。自适应可包括自适应预测或自适应量化,也可以两者均包括。

图 3-28 中的预测器用线性预测的方法产生预测信号 $\tilde{x}(n)$。N 阶预测器的输出 $\tilde{x}(n)$ 是前 N 个重建信号 $\hat{x}(n-i)$ 的线性组合,即

$$\tilde{x}(n) = \sum_{i=1}^{N} a_i \hat{x}(n-i) \tag{3-55}$$

式中,a_i 为预测系数;N 为预测阶数。当量化误差比较小时,重建信号近似为抽样信号,此时可将式(3-55)表示为

$$\tilde{x}(n) = \sum_{i=1}^{N} a_i x(n-i) \tag{3-56}$$

式(3-56)表明,第 n 个抽样信号的预测值取决于 N 个预测系数 a_i 及前 N 个抽样信号 $x(n-i)$。如果预测系统能随着信号的统计特性进行自适应调整,使预测误差始终保持最小,就可以使预测增益 G_p 最大,实现自适应的最佳预测。

图 3-28 中的量化器对差值信号 $d(n)$ 进行量化。量化噪声的平均功率与输入差值信号的平均功率有关。使量化器的动态范围、分层电平和量化电平随差值信号 $d(n)$ 的变化而自适应调整,就能使量化器始终处于最佳状态,产生的量化噪声功率最小。这样就能得到最佳的自适应量化。

如果 DPCM 的预测增益为 6~11dB,自适应预测器可使信噪比改善 4dB,自适应量化使信噪比改善 4~7dB,则 ADPCM 比 PCM 可改善 16~21dB,相当于编码位数可以减少 3~4 位。实际使用的 ADPCM 系统为 32kbit/s,与 64kbit/s 的 PCM 系统相比,在质量不变的条件下提高了信道的利用率。

从本节内容可以看出,从 PCM 到 DPCM 再到 ADPCM,是根据应用需求不断进行技术改进的结果。围绕带宽的压缩,寻找解决方法,这其中需要深入理解相关原理知识,进行综合分析。温故知新,学以致用,才能推动技术的不断进步。

ADPCM 是在 PCM 之后发展起来的编码技术,国际电信联盟(ITU)建议 PCM 数字电话用于公用网内的市话传输,而 ADPCM 则用于公用网中的长话传输。PCM 和 ADPCM 之间的转换如图 3-29 所示。两个 2048kbit/s 的 30 路 PCM 基群信号 A 和 B,用数字信号处理及复接技术,合成一个 2048kbit/s 的 60 路 ADPCM 信号 C。或者一个 60 路的 ADPCM 信号 C 反变换成两个 30 路的 PCM 基群信号 A 和 B。ADPCM 信号中每个话路的比特率为 32kbit/s,对于数字电话相当于对每个抽样值进行 4bit 编码,因此与 PCM 数字电话相比,在使用同样速率的情况下,传送电话路数增加一倍,降低了每话路的线路投资费用。有关 30 路 PCM 基群信号的内容见 3.8 节。

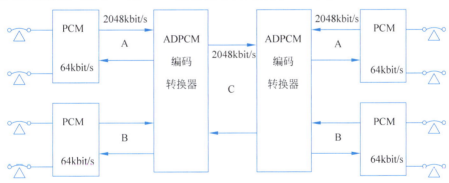

图 3-29 60 路 ADPCM 编码转换器

3.7 增量调制

增量调制简称 ΔM,它是继 PCM 后出现的又一种话音信号的编码方法。与 PCM 相比,ΔM 的编解码器简单,抗误码性能好,在比特率较低时有较高的信噪比。增量调制在军事和工业部门的专用通信网和卫星通信中都得到广泛应用。

3.7.1 简单增量调制

当取样频率远大于奈奎斯特频率时,样值之间的关联程度增强,这样就可以进一步简化 DPCM 系统,仅使用一位编码表示抽样时刻波形的变化趋向。这种编码方法称为增量调制。

简单增量调制的功能方框图如图 3-30 所示,图 3-30(a)为编码器,图 3-30(b)为解码器。图 3-30(a)中输入信号是模拟信号 $x(t)$,它的第 n 时刻样值为 $x(n)$,$\tilde{x}(n)$ 表示第 n 时刻的预测值,根据预测规则,有

$$\tilde{x}(n) = \hat{x}_1(n-1) \tag{3-57}$$

$\hat{x}_1(n)$ 是 $x(n)$ 在第 n 时刻的重建样值。为了与接收端的重建信号相区别,$\hat{x}_1(n)$ 称为本地重建信号。设输入样值与预测值之差为差值信号 $e(n)$,则有

$$e(n) = x(n) - \tilde{x}(n) = x(n) - \hat{x}_1(n-1) \tag{3-58}$$

量化器对差值信号 $e(n)$ 进行量化,量化器输出 $d(n)$ 只有两个电平:$+\Delta$ 或 $-\Delta$。编码器将 $+\Delta$ 编为 1 码,将 $-\Delta$ 编为 0 码。Δ 称为 ΔM 的量化间隔。

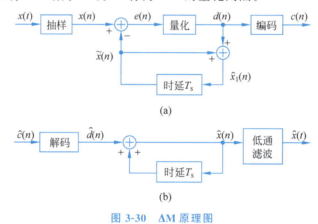

图 3-30 ΔM 原理图

在接收端,如图 3-30(b)所示,由接收到的信码解出差值信号量化值 $\hat{d}(n)$,经延迟和相加电路后,输出重建信号

$$\hat{x}(n) = \hat{d}(n) + \hat{x}(n-1) \tag{3-59}$$

若传输信道无误码,则接收端重建信号 $\hat{x}(n)$ 应与发送端本地重建信号 $\hat{x}_1(n)$ 相同,即 $\hat{x}(n) = \hat{x}_1(n)$,发送端本地重建信号 $\hat{x}_1(n)$ 和预测信号 $\tilde{x}(n)$ 只有一个时延差,即 $\tilde{x}(n) = \hat{x}_1(n-1)$。输出重建样值 $\hat{x}(n)$ 还要通过低通滤波器,才能恢复出原来的信号,同时叠加了由于量化引入的量化噪声。

对于一个给定的模拟信号 $x(t)$,在确定取样间隔和阶距 Δ 后,参照式(3-57)和式(3-58),可大致画出 $x(t)$ 和 $\tilde{x}(n)$ 的波形,如图 3-31 所示。由波形图可知,从数学意义上来说,增量调制系统实质上是用一个阶梯波 $\hat{x}_1(n)$ 最佳逼近连续波 $x(t)$。从物理意义上来说,该系统实质上是一个时间离散的负反馈跟踪系统,每隔 T_s 间隔调整一次,使预测信号 $\tilde{x}(n)$ 的上升或下降始终跟踪输入信号 $x(t)$ 的斜率,使差值信号 $e(t)$ 的方差最

小。然后用 $e(t)$ 在 $t = nT_s$ 时刻的极性编成数字信号,用于传送 $x(t)$ 的斜率信息。在实际电路中,预测信号是上升或下降的斜变波形,如图中虚线所示。但不论是哪种波形,在相邻抽样时刻,其波形幅度变化都只增加或减少一个固定的量化间隔 Δ,因此它们没有本质的区别。

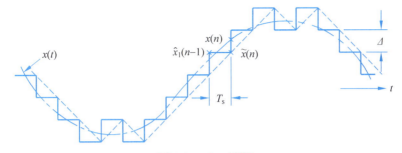

图 3-31 ΔM 过程

当 $x(t)$ 变化的斜率太大时,预测信号 $\tilde{x}(t)$ 将跟踪不上信号的变化,使差值信号 $e(t)$ 明显增大,这种现象称为斜率过载现象,如图 3-32 所示。为避免过载,应满足条件

$$\left| \frac{\mathrm{d}x(t)}{\mathrm{d}t} \right| \leqslant \frac{\Delta}{T_s} \quad (3\text{-}60)$$

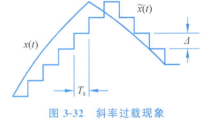

图 3-32 斜率过载现象

如果输入信号为正弦信号,即

$$x(t) = A \sin \omega t$$

正弦信号的斜率为

$$\frac{\mathrm{d}x(t)}{\mathrm{d}t} = A\omega \cos \omega t$$

根据式(3-60),可得

$$A_{\max} \omega \leqslant \frac{\Delta}{T_s} = \Delta f_s \quad (3\text{-}61)$$

或写成

$$A_{\max} \leqslant \frac{\Delta}{\omega T_s} = \frac{\Delta f_s}{\omega} \quad (3\text{-}62)$$

式中,$A_{\max}$ 是正弦信号不产生过载时的临界振幅。

在不过载情况下,差值信号 $|e(t)| \leqslant \Delta$,假定 $e(t)$ 值在 $(-\Delta, +\Delta)$ 均匀分布,则 ΔM 的量化噪声平均功率为

$$N_q = \int_{-\Delta}^{\Delta} e^2 p(e) \mathrm{d}e = \frac{1}{2\Delta} \int_{-\Delta}^{\Delta} e^2 \mathrm{d}e = \frac{\Delta^2}{3} \quad (3\text{-}63)$$

考虑到 $e(n)$ 序列的最小间隔为 T_s,可近似认为上式的量化噪声功率谱在 $(0, f_s)$ 频带内均匀分布,即功率谱密度近似表示为

$$P(f) \approx \frac{N_q}{f_s} = \frac{\Delta^2}{3 f_s} \quad (3\text{-}64)$$

若接收端低通滤波器的带宽为 f_B,则经低通滤波器后输出的量化噪声功率为

$$N_q \approx \frac{\Delta^2 f_B}{3 f_s} \quad (3\text{-}65)$$

在临界过载时,正弦信号的功率可表示为

$$S_{\max} = \frac{A_{\max}^2}{2} = \frac{\Delta^2 f_s^2}{8\pi^2 f^2} \quad (3\text{-}66)$$

这里,信号频率 $f = \omega/2\pi$。由式(3-65)及式(3-66)可知,最大量化信噪比为

$$\text{SNR}_{\max} = \frac{S_{\max}}{N_q} \approx \frac{3}{8\pi^2} \frac{f_s^3}{f^2 f_B} \approx 0.038 \frac{f_s^3}{f^2 f_B} \quad (3\text{-}67)$$

式(3-67)若用 dB 表示,则可写成

$$[\text{SNR}]_{\max \text{ dB}} \approx 30 \lg f_s - 20 \lg f - 10 \lg f_B - 14 \quad (3\text{-}68)$$

式(3-67)和式(3-68)是 ΔM 中最重要的关系式。由此关系式可知,在简单 ΔM 系统中,量化信噪比与 f_s 的 3 次方成正比,即抽样频率每提高一倍,量化信噪比提高 9dB,通常记作 9dB/倍频程。同时,量化信噪比与信号频率的平方成反比,即信号频率每提高一倍,量化信噪比下降 6dB,记作 -6dB/倍频程。由于以上两个原因,ΔM 的抽样频率在 32kHz 时,量化信噪比约为 26dB,只能满足一般通信质量的要求,而且在话音信号高频段量化信噪比明显下降。

3.7.2 自适应增量调制

在简单 ΔM 中,量阶 Δ 是固定不变的,所以量化噪声的平均功率是不变的。量化信噪比可以表示为

$$\text{SNR} = \frac{S}{N_q} = \frac{S}{S_{\max}} \frac{S_{\max}}{N_q} \quad (3\text{-}69)$$

当信号功率 S 下降时,量化信噪比也随之下降。例如,当抽样频率为 32kHz 时,设信噪比最低限度为 15dB,信号的动态范围只有 11dB 左右,远不能满足通信系统对动态范围(40~50dB)的要求。

为了改进简单 ΔM 的动态范围,类似于 PCM 系统中采用的压扩方法,要采用自适应增量调制的方案,其基本原理是采用自适应方法使量阶 Δ 的大小跟踪输入信号的统计特性而变化。如果量阶能随信号瞬时压扩,则称为瞬时压扩 ΔM,记作 ADM。如果量阶 Δ 随音节时间间隔(5~20ms)中信号平均斜率变化,则称为连续可变斜率增量调制,记作 CVSD。

目前已批量生产的增量调制终端机中,通常采用数字检测音节压扩自适应增量调制方式,简称数字压扩增量调制,其功能方框图如图 3-33 所示。与图 3-30 所示的简单增量调制系统对比,主要差别在虚线方框内的预测器构成上。图 3-33 中数字检测电路检测输出码流中连 1 码和连 0 码的数目,该数目反映了输入话音信号连续上升或连续下降的趋势,与输入话音信号的强弱相对应。检测电路根据连码的数目输出宽度变化的脉冲,平滑电路按音节周期(5~20ms)的时间常数把脉冲平滑为慢变化的控制电压,这样得到的控制电压与话音信号在音节内的平均斜率成正比。控制电压加到脉幅调制电路的控制

端,通过改变调制电路的增益以改变输出脉冲的幅度,使脉冲幅度随信号的平均斜率变化,这样便得到了随信号斜率自动改变的量阶。

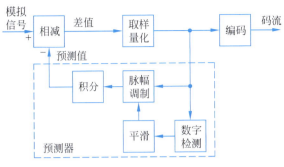

图 3-33　数字压扩增量调制

数字压扩 ΔM 与简单 ΔM 相比,编码器能正常工作的动态范围有很大的改进。假定脉冲调幅器的输出和平滑直流电压呈线性关系,可得到如图 3-34 所示的信噪比随输入信号幅度变化的曲线。由图可见,数字压扩 ΔM 的信噪比明显优于简单 ΔM。图中,m 为数字检测连码的数目。

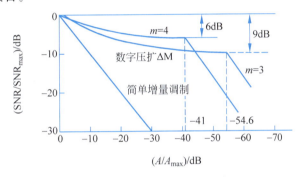

图 3-34　数字压扩 ΔM 信噪比

3.8　时分复用

3.8.1　时分复用原理

为了提高信道利用率,数字信号在传输过程中一般都采用时分复用(TDM)方式。时分复用是将传输时间划分为若干互不重叠的时隙,互相独立的多路信号顺序地占用各自的时隙,合路成为一个复用信号,在同一信道中传输。在接收端按同样规律把它们分开。形成 TDM 信号所需的时序电路和复用电路如图 3-35(a)和图 3-35(b)所示。设每路信号占用的时间为 T_c,n 路信号对时间 T_s 进行时隙分配,如图 3-35(c)所示。在时间 T_s 内,各路信号顺序出现一次,这样形成的时分复用信号称为帧,一帧的时间长度 T_s 称为帧周期。在 PCM 的时分复用信号中,对每一路信号的抽样频率必须满足抽样定理的要求,所以帧周期 T_s 就是抽样的时间间隔。每路信号占用的时间 T_c 越少,在一帧内能传输的路数越多。

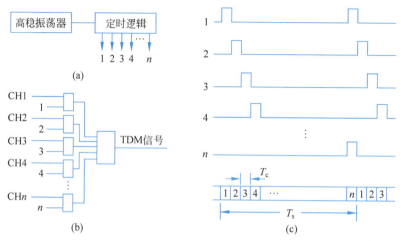

图 3-35 时分复用基本原理

时分复用 TDM 与频分复用 FDM 在原理上的差别是明显的。TDM 在时域上各路信号是分割开的,但在频域上各路信号是混叠在一起的。FDM 在频域上各路信号是分割开的,但在时域上各路信号是混叠在一起的。TDM 信号的形成和分离都可通过数字电路实现,比 FDM 信号使用调制器和滤波器要简单。

对于 m 路时分复用的 PCM 信号,码元速率为

$$R_s = mnf_s \text{(baud)}$$

式中,m 表示复用路数;$n = \log_2 L$,表示对每个抽样值进行二进制编码的位数;f_s 表示一路信号的抽样频率。

二进制码元速率 R_s 和信息速率 R_b 相等,即

$$R_b = mnf_s \text{(bit/s)}$$

在确定码元速率 R_s 后,按照 3.5.3 节介绍的带宽计算方法可求出时分复用 PCM 信号的带宽。

例 3-6 对 10 路最高频率为 3400Hz 的模拟信号进行时分复用传输。抽样频率 $f_s = 8000$Hz,采用量化电平 $L = 256$ 的二进制编码,码元波形是宽度为 τ 的矩形脉冲,占空比为 0.5。计算 PCM 编码信号的第一零点带宽。

解 10 路 PCM 信号的码元速率为

$$R_s = mnf_s = m\log_2 L \cdot f_s = 10 \times 8 \times 8 \times 10^3 = 6.4 \times 10^5 \text{(baud)}$$

码元宽度 T_s 与二进制码元速率 R_s 为倒数关系,即

$$T_s = \frac{1}{R_s}$$

当占空比为 0.5 时,$\tau = 0.5T_s$,PCM 信号的第一零点带宽为

$$B = \frac{1}{\tau} = \frac{2}{T_s} = 2R_s = 1.28 \times 10^6 \text{(Hz)}$$

3.8.2 数字复接系列

视频

采用 TDM 制的 PCM 数字电话系统,在国际上已逐步建立起标准,称为数字复接系

列(digital hierarchy,DH)。数字复接系列的等级如表 3-6 所示。系列形成的原则是先把一定路数的数字电话信号复合成一个标准的数据流,该数据流称为基群。然后再用数字复接技术将基群复合成更高速的数据信号。在数字复接系列中,按传输速率不同,将数据流称为基群(一次群)、二次群、三次群和四次群等。每种群路通常是传送数字电话,也可以用来传送其他相同速率的数字信号,如电视信号、数据信号或频分复用信号的群路编码信号。

表 3-6 数字复接系列

群路等级	制 式			
	北美、日本		欧洲、中国	
	信息速率/(kbit·s^{-1})	路数	信息速率/(kbit·s^{-1})	路数
基群	1544	24	2048	30
二次群	6312	96	8448	120
三次群	32 064 或 44 736	480 或 672	34 368	480
四次群			139 264	1920
STM-1			155 520	
STM-4			622 080	
STM-16			2 488 320	
STM-64			9 953 280	
STM-256			39 813 120	

现有的四次群以下数字复接系列称为准同步数字系列(plesiochronous digital hierarchy,PDH),其原因是采用了准同步复接技术。准同步复接的含义是同一群次的各设备的时钟信号标称频率相同,但由于来自不同的时钟源,所以实际值有一定的偏差,复用时需将信息速率调整到一个较高的速率后再进行同步复接。PDH 有 A 律和 μ 律两套标准。A 律是以 2.048Mbit/s 为基群的数字序列,μ 律是以 1.544Mbit/s 为基群的数字序列。A 律系列和 μ 律系列又分别称 E 体系和 T 体系。基群、二次群、三次群、四次群在 E 体系中称为 E-1、E-2、E-3、E-4 等层次,在 T 体系中称为 T-1、T-2、T-3、T-4 等层次。

我国采用 A 律系列。从技术上来说,A 律系列体制上比较单一和完善,复接性能较好。而且 CCITT 还规定,当两种系列互联时,由 μ 律系列的设备负责转换。

A 律系列以 64kbit/s 的 PCM 信号为基础,A 律基群是构成 A 律序列的最低层次。通过 A 律 PCM 基群可了解 PDH 序列的组成规律。在 A 律编码中,由于抽样频率 $f_s=8000$Hz,故每帧的时间长度 $T_s=125\mu s$。一帧周期内的时隙安排称为帧结构。在 A 律 PCM 基群中,一帧共有 32 个时隙。如图 3-36 所示,各个时隙从 0 到 31 顺序编号,分别记作 TS0,TS1,…,TS31。其中 TS1~TS15 用来传送第 1~15 路电话信号的编码码组,TS17~TS31 用来传送第 16~30 路电话信号的编码码组,TS0 分配给帧同步,TS16 专用于传送话路信令。每个时隙包含 8 位码,一帧共含 256 个码元。

帧同步码组为×0011011,它是偶数帧插入 TS0 的固定码组,接收端识别出帧同步码组后,即可建立正确的路序。其中第一位码"×"保留作国际电话间通信用,目前暂定为"1"。奇数帧 TS0 的第 2 位固定为 1,以便接收端区别是偶数帧还是奇数帧,避免接收端错误识别为帧同步码组。奇数帧 TS0 的第 3 位 A_1 是帧失步对告码,本地帧同步时 $A_1=0$,失步时 $A_1=1$,通告对方终端机。奇数帧 TS0 的第 4~8 位为国内通信用,目前暂定为"1"。

TS16 传送话路信令。话路信令是为电话交换需要编成的特定码组,用于传送占用、摘挂机、交换机故障等信息。由于话路信令是慢变化的信号,可以用较低速率的码组表示。将 16 帧组成一个复帧,复帧的重复频率为 500Hz,周期为 2ms。复帧中各帧顺序编号为 F0,F1,…,F15。F0 的 TS16 前 4 位码用来传送复帧同步的码组 0000,后 4 位中的 A_2 码为复帧失步对告码。F1~F15 的 TS16 用来传送各话路的信令。TS16 的 8 位码分为前 4 位和后 4 位,分别传送两个话路的信令。

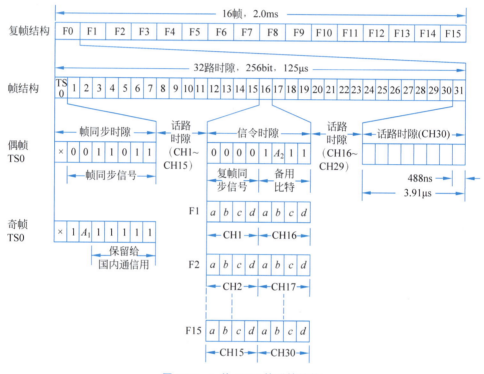

图 3-36 A 律 PCM 基群帧结构

这种帧结构中每帧共有 32 个时隙,但只有 30 个时隙用于传送 30 路电话信号,因此 A 律 PCM 基群也称为 30/32 路系统。

在 A 律 PCM 基群中,帧周期为 $125\mu s$,共有 $32\times 8=256$ 个码元,所以基群的信息速率

$$R_b = \frac{32\times 8}{125\times 10^{-6}} = 2048 \text{(kbit/s)}$$

平均每路的信息速率为 64kbit/s。

A 律系列的复接等级如图 3-37 所示。A 律基群是 30 路 PCM 数字电话信号的复用设备。每路 PCM 信号的比特率为 64kbit/s,由于需要加入群同步和信令码元等额外开销,所以实际占用 32 路 PCM 信号的比特率,故基群的比特率为 2.048Mbit/s。4 个基群

信号进行二次复用,得到二次群信号,比特率为 8.448Mbit/s。以此类推,分别得到比特率为 34.368Mbit/s 的三次群信号和比特率为 139.264Mbit/s 的四次群信号。由此可见,相邻等级之间的路数成 4 倍关系,但是比特率之间不是严格的 4 倍关系。与基群需要额外开销一样,高次群也需要额外开销。当比特率很高时,这种额外开销的绝对值相当可观。当比特率更高时,要采用同步数字序列。

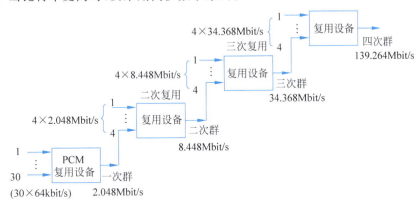

图 3-37　A 律系列的复接等级

习题

3.1　已知信号组成为 $f(t)=\cos\omega_1 t+\cos 2\omega_1 t$,用理想低通滤波器来接收抽样后的信号。

(1) 试画出该信号的频谱图;

(2) 试确定最小抽样频率;

(3) 画出理想抽样后的信号频谱图。

3.2　设以每秒 75 次的速度对以下两个信号抽样:

$$g_1(t)=10\cos(100\pi t)$$
$$g_2(t)=10\cos(50\pi t)$$

用抽样信号的时域表达式证明所得两个信号的抽样序列是相同的。

3.3　已知信号 $x(t)=10\cos(20\pi t)\cos(200\pi t)$,抽样频率 $f_s=250\text{Hz}$。

(1) 求抽样信号 $x_s(t)$ 的频谱;

(2) 要求无失真恢复 $x(t)$,试求出对 $x_s(t)$ 采用的低通滤波器的截止频率;

(3) 试求无失真恢复 $x(t)$ 情况下的最低抽样频率 f_s。

3.4　低通信号 $x(t)$ 的频谱 $X(f)$ 为

$$X(f)=\begin{cases}1-\dfrac{|f|}{200},&|f|\leqslant 200\\0,&\text{其他}\end{cases}$$

(1) 假定 $x(t)$ 是以 $f_s=300\text{Hz}$ 进行理想抽样,画出抽样后的频谱 $X_s(f)$;

(2) 当 $f_s=400\text{Hz}$ 时重复(1)的内容。

3.5 设有信号 $x(t)=2\cos(400\pi t)+6\cos(640\pi t)$，以 $f_s=500\text{Hz}$ 进行理想抽样，已抽样信号通过一截止频率为 400Hz 的低通滤波器，求该滤波器的输出端有哪些频率成分？

3.6 12路载波电话信号占有频率范围为 60～108kHz，求出其最低抽样频率 f_s，并画出理想抽样后的信号频谱。

3.7 信号 $x(t)$ 的最高频率为 f_H，由矩形脉冲进行平顶抽样，矩形脉冲宽度为 τ，幅度为 A。若抽样频率 $f_s=2.5 f_H$，求已抽样信号的时间表示式和频谱表示式。

3.8 如图题 3-8 所示，信号频谱为理想矩形，信号通过 $H_1(\omega)$ 网络后再理想抽样。
(1) 试求抽样角频率；
(2) 试求抽样后的频谱组成；
(3) 试分析接收网络 $H_2(\omega)$ 应如何设计才没有信号失真。

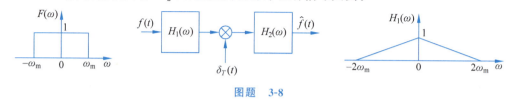

图题 3-8

3.9 若 $f(t)$ 是带限在 f_m 的连续信号，$f_s(t)$ 是抽样信号（以 $\dfrac{1}{2f_m}$ 间隔均匀抽样），让 $f_s(t)$ 通过低通滤波器可以从 $f_s(t)$ 中恢复 $f(t)$。在实际中常采用如图题 3-9 所示的一阶保持电路，该电路的输出和 $f(t)$ 相似。

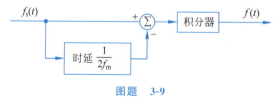

图题 3-9

(1) 对于典型抽样信号 $f_s(t)$，画出输入输出波形；
(2) 图中所示系统的传递函数是什么？
(3) 画出此系统的频率响应，并将它与理想低通滤波器特性比较。

3.10 一个中升型 $L=8$ 电平的均匀量化器，其量化特性如图题 3-10 所示。设正弦信号幅度为 3.35V，频率 $f=800\text{Hz}$。
(1) 画出输入为正弦波时量化器的输出波形；
(2) 对正弦波先以 $f_s=8\text{kHz}$ 的频率进行抽样，抽样点通过正弦波的零点，画出输入为抽样信号时量化器的输出波形。

3.11 已知模拟信号抽样值的概率密度 $p(x)$ 如图题 3-11 所示。
(1) 如果采用 $L=4$ 电平的均匀量化器，画出量化特性曲线，求量化信噪比 SNR；
(2) 如果采用 $L=8$ 电平的均匀量化器，试确定量化间隔 Δ 及量化电平；

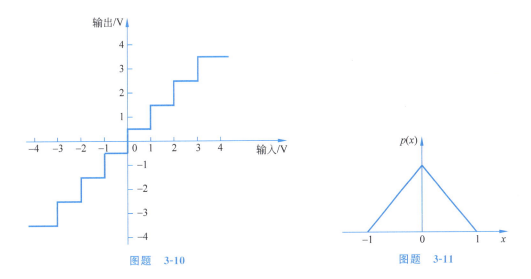

图题 3-10　　　　　　　　　　图题 3-11

（3）若采用 $L=8$ 电平的非均匀量化器，试确定能使量化信号电平等概的非均匀量化区间，并画出量化特性曲线。

3.12　正弦信号线性编码时，如果信号动态范围为 40dB，要求在整个动态范围内信噪比不低于 30dB，最少需要几位编码？

3.13　如果传送信号 $A\sin\omega t$，$A\leqslant 10\mathrm{V}$。按线性 PCM 编码，分成 64 个量化级。

（1）需要用多少位编码？

（2）最大量化信噪比是多少？

3.14　设信号 $m(t)=10+10\cos\omega t$ 被均匀量化为 41 个电平。

（1）量化间隔是多少？

（2）若采用二进制编码，编码位数是多少？

3.15　信号幅度在 $\pm 5\mathrm{V}$ 之间变化，幅度概率密度分布是

$$p(x)=\begin{cases}\dfrac{1}{5}(1-|x|/5),&|x|<5\\0,&\text{其他}\end{cases}$$

若采用 PCM 编码，编码位数为 2 位，且落在每个量化区间内样值的概率相等，求各量化区间的范围。

3.16　设信号 $f(t)=2\sin\omega t$ 被数字化后的最大量化信噪比为 30dB，均匀量化时所需的最小量化间隔是多少？每个样值所需的编码位数是多少？

3.17　若 A 律 13 折线编码器的满载电平 $V_{\max}=5\mathrm{V}$，输入抽样脉冲幅度为 $-0.9375\mathrm{V}$。设最小量化间隔为 2 个单位，归一化值 1 分为 4096 个单位。求编码器的输出码组，并计算量化误差。

3.18　采用 A 律 13 折线编解码电路，设接收到的码组为"01010001"，最小量化间隔为 2 个单位，并已知码组为折叠二进制码，求此时解码器输出为多少单位。

3.19　若输入 A 律 PCM 编码器的正弦信号为 $x(t)=3\sin(1600\pi t)$，编码器的满载

电平为 3V,抽样序列为 $x(n)=3\sin(0.2\pi n), n=0,1,\cdots,10$。

(1) 画出抽样序列 $x(n)$ 的时间波形图;

(2) 将抽样序列 $x(n)$、PCM 编码器的输出码组序列 $y(n)$、解码器输出 $\hat{x}(n)$ 和量化误差 $q(n)$ 列成表格。

3.20 设 $L=32$ 电平的线性 PCM 系统在信道误比特率 $P_b=10^{-2}$、10^{-3}、10^{-4}、10^{-6} 的情况下传输,计算该系统的信噪比 SNR。

3.21 设模拟信号 $f(t)$ 的频带限制于 5kHz,幅度范围为 $-2\sim 2$V。现以 10kHz 的频率对 $f(t)$ 进行抽样,抽样后进行二进制编码,若量化电平间隔为 1/32V,求编码后信息速率和最小传输带宽(提示:计算带宽时引用式(4-23))。

3.22 已知输入话音信号中含最高音频分量 $f_H=3.4$kHz,幅度为 1V。若抽样频率 $f_s=32$kHz,求增量调制量化器的量阶 Δ。

3.23 已知 ΔM 调制系统中低通滤波器的频率范围是 $300\sim 3400$Hz,求在不过载条件下,该 ΔM 系统输出的最大信噪比 SNR。假定抽样频率 f_s 为 10kHz、16kHz、32kHz、48kHz、64kHz。

3.24 已知正弦信号的频率 $f_m=4$kHz,试分别设计一个 PCM 系统和一个 ΔM 系统,使两个系统的输出信噪比都满足 30dB 的要求,比较两个系统的信息速率。

3.25 有 3 路信号进行时分复用,这 3 路信号的最高频率分别是 2kHz、2kHz 和 4kHz,信号的量化级都是 256。在满足抽样定理所规定的抽样频率下,试求码元传输速率是多少?

3.26 6 路独立信源的频带分别为 W、W、$2W$、$2W$、$3W$、$3W$。若采用时分复用制进行传输,每路信源均采用 8 位对数 PCM 编码。

(1) 包括同步时隙和时令时隙,设计该系统的帧结构和总时隙数,求每个时隙占有时隙宽度以及每一位码的宽度;

(2) 采用占空比为 1 的矩形脉冲传输时,求第一零点带宽。

3.27 已知 5 路时分复用模拟信号 $m_1(t),m_2(t),\cdots,m_5(t)$ 的最高频率分别为 5kHz、5kHz、4kHz、7kHz、6kHz,采用 A 律 13 折线编码,求输出信号的信息速率。

3.28 对 30 路最高频率分量为 5kHz 的模拟信号进行时分复用传输,抽样后量化级数为 512,采用二进制编码,若误比特率为 10^{-4},求传输 10s 后的误比特数。

3.29 对 10 路最高频率分量为 3.4kHz 的模拟信号进行 PCM 时分复用传输,抽样频率为 8kHz,抽样后进行 8 级量化,并编为二进制码,码元波形是宽度为 τ 的矩形脉冲,且占空比为 1,求传输此时分复用 PCM 信号所需的带宽。

第4章 数字信号的基带传输

4.1 引言

数字通信系统的任务是传输数字信息,数字信息可能来自数据终端设备的原始数据信号,也可能来自模拟信号经数字化处理后的脉冲编码信号。

由于数字信息只有有限个可能取值,所以通常用幅度为有限个离散取值的脉冲表示。例如,用幅度为 A 的矩形脉冲表示 1,用幅度为 $-A$ 的矩形脉冲表示 0。这种脉冲信号称为数字基带信号,这是因为它们所占据的频带通常从直流和低频开始。在某些有线信道中,特别是在传输距离不太远的情况下,数字基带信号可以直接传输,这种传输方式称为数字信号的基带传输。例如,在本地局域网内利用双绞线进行计算机数据通信,或者利用中继方式在长距离上直接传输 PCM 信号等。但大多数实际信道都是带通型的,所以必须先用数字基带信号对载波进行调制,形成数字调制信号后再进行传输,这种传输方式称为数字信号的调制传输或载波传输。

虽然在多数情况下必须使用数字调制传输系统,但是对数字基带传输系统的研究仍是十分必要的。因为基带传输本身是一种重要的传输方式,而且随着数字通信技术的发展,基带传输方式也有迅速发展的趋势。目前,它不仅用于低速数据传输,还逐步用于高速数据传输。另外,调制传输与基带传输有着紧密的联系。如果把调制和解调过程看作广义信道的一部分,则任何数字传输均可等效为基带传输系统,因此掌握数字信号的基带传输原理是十分重要的。

4.2 数字基带信号的码型

4.2.1 数字基带信号的码型设计原则

数字基带信号是数字信息的电脉冲表示,电脉冲的形式称为码型。通常把数字信息的电脉冲表示过程称为码型编码或码型变换,在有线信道中传输的数字基带信号又称为线路传输码型。由码型还原为数字信息称为码型译码。

不同的码型具有不同的频域特性,合理地设计码型使之适合于给定信道的传输特性,是基带传输首先要考虑的问题。对于码型的选择,通常要考虑以下的因素。

(1) 对于传输频带低端受限的信道,线路传输码型的频谱中应不含有直流分量。

(2) 信号的抗噪声能力强。产生误码时,在译码中产生的误码扩散或误码增值越小越好。

(3) 便于从信号中提取位定时信息。

(4) 尽量减少基带信号频谱中的高频分量,以节省传输频带并减少串扰。

(5) 编译码的设备应尽量简单。

数字基带信号的码型种类很多,并不是所有的码型都能满足上述要求,往往是根据实际需要进行选择。本节将介绍一些目前应用广泛的重要码型。

4.2.2 二元码

最简单的二元码基带信号的波形为矩形波,幅度取值只有两种电平,分别对应于二进制码 1 和 0。常用的几种二元码的波形如图 4-1 所示。

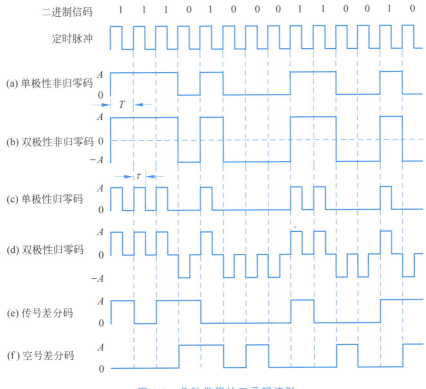

图 4-1 几种常用的二元码波形

1. 单极性非归零码(见图 4-1(a))

用高电平和低电平(常为零电平)两种取值分别表示二进制码 1 和 0，在整个码元期间电平保持不变，此种码通常记作 NRZ 码。这是一种最简单、最常用的码型。很多终端设备输出的都是这种码，因为一般终端设备都有一端是固定的 0 电位，因此输出单极性码最为方便。

2. 双极性非归零码(见图 4-1(b))

用正电平和负电平分别表示 1 和 0，在整个码元期间电平保持不变。双极性码无直流成分，可以在电缆等无接地的传输线上传输，因此得到了较多的应用。

3. 单极性归零码(见图 4-1(c))

此码常记作 RZ 码。与单极性非归零码不同，RZ 码发送 1 时高电平在整个码元期间 T 内只持续一段时间 τ，在其余时间则返回到零电平，发送 0 时用零电平表示。τ/T 称为占空比，通常使用半占空码。单极性归零码可以直接提取位定时信号，是其他码型提取位定时信号时需要采用的一种过渡码型。

4. 双极性归零码(见图 4-1(d))

用正极性的归零码和负极性的归零码分别表示 1 和 0。这种码兼有双极性和归零的特点。虽然它的幅度取值存在 3 种电平，但是它用脉冲的正负极性表示两种信息，因此通常仍归入二元码。

以上 4 种码型是最简单的二元码,它们的功率谱中有丰富的低频乃至直流分量,因此它们不能适应有交流耦合的传输信道。另外,当信息中出现长 1 串或长 0 串时,非归零码呈现连续的固定电平,无电平跃变,也就没有定时信息。单极性归零码在出现连续 0 时也存在同样的问题。这些码型还存在的另一个问题是,信息 1 与 0 分别独立地对应于某个传输电平,相邻信号之间取值独立,不存在任何制约,因此基带信号不具有检测错误的能力。由于以上这些原因,这些码型通常只用于机内和近距离的传输。

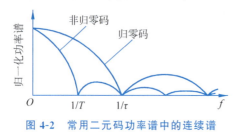

图 4-2 常用二元码功率谱中的连续谱

矩形波的功率谱由连续谱和离散谱组成,归一化的连续谱如图 4-2 所示,其分布似花瓣状,在功率谱的第一个过零点之内的花瓣最大,称为主瓣,其余的称为旁瓣。主瓣内集中了信号的绝大部分功率,所以主瓣的宽度可以作为信号的近似带宽,通常称为谱零点带宽。

5. 差分码(见图 4-1(e)和图 4-1(f))

在差分码中,1 和 0 分别用电平的跳变或不变来表示。在电报通信中,常把 1 称为传号,把 0 称为空号。若用电平跳变表示 1,称为传号差分码。若用电平跳变表示 0,则称为空号差分码。传号差分码和空号差分码分别记作 NRZ(M)和 NRZ(S)。

差分码并未解决简单二元码所存在的问题,但是这种码型与信息 1 和 0 之间不是绝对的对应关系,而只具有相对的关系,因此它可以用来解决相移键控信号解调时的相位模糊的问题(见 5.1.4 节)。由于差分码中电平只具有相对意义,所以又称为相对码。

6. 数字双相码(见图 4-3(a))

数字双相码又称分相码或曼彻斯特(Manchester)码。它用一个周期的方波表示 1,用它的反相波形表示 0,并且都是双极性非归零脉冲。这样,就等效于用 2 位码表示信息中的 1 位码。一种规定是用 10 表示 0,用 01 表示 1。

因为双相码在每个码元间隔的中心都存在电平跳变,所以有丰富的位定时信息,而且不受信源统计特性的影响。在这种码中正、负电平各占一半,因而不存在直流分量。另外,00 和 11 是禁用码组,这样就不会出现 3 个或更多的连码,利用这个特性可用来宏观检错。以上这些优点是用频带加倍来换取的。双相码适用于数据终端设备在短距离上的传输,在本地数据网中采用该码型作为传输码型,最高信息速率可达 10Mbit/s。

7. 密勒码(见图 4-3(b))

密勒码又称延迟调制,它是数字双相码的一种变形。在这种码中,1 用码元间隔中心出现跃变表示,即用 10 或 01 表示。0 有两种情况:单 0 时在码元间隔内不出现电平跃变,而且在与相邻码元的边界处也无跃变;出现连 0 时,在两个 0 的边界处出现电平跃变,即 00 与 11 交替。这样,当两个 1 之间有一个 0 时,则在第一个 1 的码元中心与第二个 1 的码元中心之间无电平跳变,此时密勒码中出现最大宽度 $2T$,即两个码元周期。换言之,该码不会出现多于 4 个连码的情况,这个性质可用于宏观检错。

比较图 4-3(a)和图 4-3(b)可知,数字双相码的上升沿正好对应于密勒码的跃变沿,因此,用数字双相码去触发双稳电路,即可输出密勒码。密勒码实际上是双相码的差分形式。密勒码最初用于气象卫星和磁记录,现也用于其他场合。

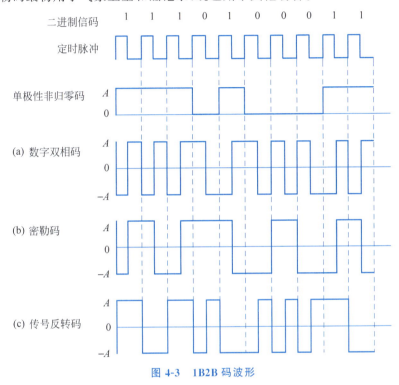

图 4-3　1B2B 码波形

8. 传号反转码(见图 4-3(c))

传号反转码记作 CMI 码,与数字双相码类似,也是一种双极性二电平非归零码。在 CMI 码中,1 交替地用 00 和 11 两位码表示,而 0 则固定地用 01 表示。

CMI 码没有直流分量,但有频繁出现的波形跳变,便于恢复定时信号。又由于 10 为禁用码组,不会出现 3 个以上的连码,这个规律可用来作宏观检测。

由于 CMI 码易于实现,且具有上述特点,因此在高次群脉冲编码终端设备中广泛用作接口码型,在光纤传输系统中也有时用作线路传输码型。

在数字双相码、密勒码和 CMI 码中,原始的二元码在编码后都用一组 2 位的二元码来表示,因此这类码又称为 1B2B 码型。

4.2.3　三元码

三元码是指用信号幅度的 3 种取值表示二进制码,3 种幅度的取值为 $+A,0,-A$,或记作 $+1,0,-1$。这种表示方法通常不是由二进制到三进制的转换,而是某种特定取代关系,所以三元码又称为准三元码或伪三元码。三元码种类很多,被广泛地用作脉冲编码调制的线路传输码型。

1. 传号交替反转码(图 4-4(a))

传号交替反转码常记作 AMI 码。在 AMI 码中,二进制码 0 用 0 电平表示,二进制码 1 交替地用 +1 和 -1 的半占空归零码表示,如图 4-4(a)所示。

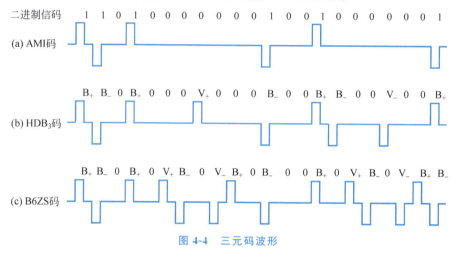

图 4-4　三元码波形

AMI 码的功率谱中无直流分量,低频分量较小,能量集中在频率为 1/2 码速处,如图 4-5 所示。位定时频率分量虽然为 0,但只要将基带信号经全波整流变为单极性归零码,便可提取位定时信号。利用传号交替反转规则,在接收端如果发现有破坏该规则的脉冲时,说明传输中出现错误,因此编码规则可用作宏观监视之用。AMI 码是目前最常用的传输码型之一。

当信息中出现连 0 码时,由于 AMI 码中长时间不出现电平跳变,因而定时提取遇到困难。在实际使用 AMI 码时,工程上还有相关的规定,以弥补 AMI 码在定时提取方面的不足。

2. n 阶高密度双极性码

n 阶高密度双极性码记作 HDB_n 码,可看作 AMI 码的一种改进型。使用这种码型的目的是解决原信码中出现连 0 串时所带来的问题。HDB_n 码中应用最广泛的是 HDB_3 码。在 HDB_3 码中,每当出现 4 个连 0 码时用取代节 B00V 或 000V 代替,其中 B 表示符合极性交替规律的传号,V 表示破坏极性交替规律的传号,也称为破坏点。当两个相邻 V 脉冲之间的传号数为奇数时,采用 000V 取代节;若为偶数时采用 B00V 取代节。这种选取原则能确保任意两个相邻 V 脉冲间的 B 脉冲数目为奇数,从而使相邻 V 脉冲的极性也满足交替规律。原信码中的传号都用 B 脉冲表示。由 HDB_3 码类推,HDB_n 码的连 0 数被限制为小于或等于 n。

HDB_3 的编码流程可表示为以下 3 个步骤。

第一步,找到使用取代节的位置,即出现 4 个连 0 码的地方。

第二步,确定使用哪种类型的取代节,选择的原则是保证相邻 V 脉冲之间的 B 脉冲个数为奇数。

视频

第三步,确定取代节当中 B 脉冲和 V 脉冲的极性,注意 B 脉冲的极性要保持交替反转,而 V 脉冲的极性是破坏极性交替反转规律的。

对于一串给定的码元序列,按照 HDB_3 码的编码原则画出的波形可以有不同的形式。第一位码的极性可正可负,即可随意选择。第一个取代节可用 000V 也可用 B00V,取决于对第一位码元之前的码元的判断。如果认为第一个 4 连 0 之前的取代节为 $000V_+$(或 $B00V_+$),且该取代节与第一个 4 连 0 之间的传号为奇数(或偶数),则第一个取代节取 $000V_-$(或 $B00V_-$)。如果认为第一个 4 连 0 之前的取代节为 $000V_-$(或 $B00V_-$),且该取代节与第一个 4 连 0 之间的传号为奇数(或偶数),则第一个取代节取 $000V_+$(或 $B00V_+$)。图 4-4(b)画出的 HDB_3 码波形只是各种情况中的一种。

从 HDB_n 码的规则可知,相邻的 B 脉冲和相邻的 V 脉冲都符合极性交替的规则,因此这种码型无直流分量。利用 V 脉冲的特点,可用作线路差错的宏观检测。最重要的是,HDB_n 码解决了 AMI 码遇连 0 串不能提取定时信号的问题。AMI 码和 HDB_3 码的功率谱如图 4-5 所示,图中还有用虚线画的二元双极性非归零码的功率谱,以示比较。

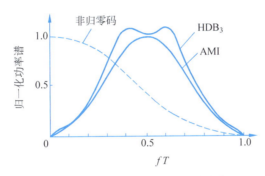

图 4-5 AMI 码和 HDB_3 码的功率谱

HDB_3 码是应用最广泛的码型,四次群以下的 A 律 PCM 终端设备的接口码型均为 HDB_3 码。

3. BNZS 码

BNZS 码是 N 连 0 取代双极性码的缩写。与 HDB_n 码相类似,该码可看作 AMI 码的另一种改进型。当连 0 数小于 N 时,遵从传号极性交替规律,但当连 0 数为 N 或超过 N 时,则用带有破坏点的取代节来替代。常用的是 B6ZS 码,它的取代节为 0VB0VB,该码也有与 HDB_3 码相似的特点。B6ZS 码的波形如图 4-4(c)所示。

4.2.4 多元码

当数字信息有 M 种符号时,称为 M 元码,相应地要用 M 种电平表示它们。因为 $M>2$,所以 M 元码也称多元码。在多元码中,每个符号可以用来表示一个二进制码组。也就是说,对于 n 位二进制码组来说,可以用 $M=2^n$ 元码来传输。与二元码传输相比,在码元速率相同的情况下,它们的传输带宽是相同的,但是多元码的信息传输速率提高到 $\log_2 M$ 倍。

多元码在频带受限的高速数字传输系统中得到了广泛的应用。例如,在综合业务数字网中,数字用户环的基本传输速率为 144kbit/s,若以电话线为传输媒介,所使用的线路码型为四元码 2B1Q。在 2B1Q 中,2 个二进制码元用 1 个四元码表示,如图 4-6 所示。

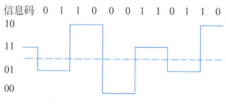

图 4-6　2B1Q 码的波形

多元码通常采用格雷码表示,相邻幅度电平所对应的码组之间只相差 1bit,这样就可以减小在接收时因错误判定电平而引起的误比特率。

多元码不仅用于基带传输,而且更广泛地用于多进制数字调制的传输中,以提高频带利用率。

4.3　数字基带信号的功率谱

视频

4.2 节介绍了典型的数字基带信号的时域波形。从信号传输的角度来看,还需要进一步了解数字基带信号的频域特性,以便在信道中有效地传输。

在实际通信中,被传送的信息是收信者事先未知的,因此数字基带信号是随机的脉冲序列。由于随机信号不能用确定的时间函数表示,也就没有确定的频谱函数,所以只能用功率谱来描述它的频域特性。对于随机脉冲序列,从理论上来说,要先求出随机序列的自相关函数,然后再求出功率谱公式,但计算过程比较复杂。一种比较简单的方法是从随机过程功率谱的原始定义出发,求出简单码型的功率谱公式。

为了不失一般性,设二进制随机序列 1 码的基本波形为 $g_1(t)$,0 码的基本波形为 $g_2(t)$,如图 4-7(a)所示,图中 T_s 为码元宽度。设二进制随机脉冲序列的一个样本如图 4-7(b)所示。在前后码元统计独立的条件下,设 $g_1(t)$ 出现的概率为 P,则 $g_2(t)$ 出现的概率为 $1-P$,该随机过程可以表示为

$$g(t) = \sum_{n=-\infty}^{\infty} g_n(t) \tag{4-1}$$

式中

$$g_n(t) = \begin{cases} g_1(t-nT_s), & \text{以概率 } P \text{ 出现} \\ g_2(t-nT_s), & \text{以概率 } 1-P \text{ 出现} \end{cases} \tag{4-2}$$

对于任意的随机信号 $g(t)$,都可以将其分解为两部分,一部分为稳态分量 $c(t)$,另一部分为随机变化的分量 $u(t)$,即

$$g(t) = c(t) + u(t) \tag{4-3}$$

先分别求出这两个分量的功率谱,然后求出 $g(t)$ 的功率谱。

$c(t)$ 是周期性分量,是 $g(t)$ 的数学期望或统计平均分量。$c(t)$ 的波形如图 4-7(c)所

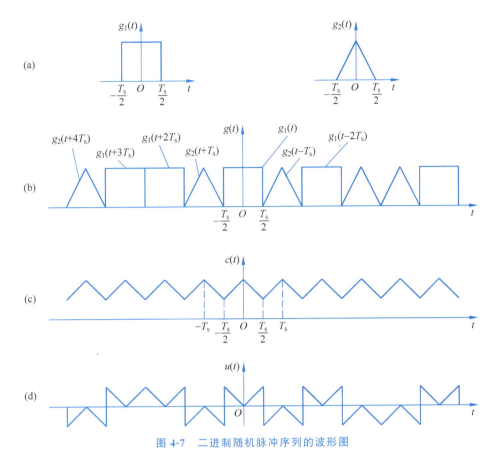

图 4-7 二进制随机脉冲序列的波形图

示,其表达式为

$$c(t) = \sum_{n=-\infty}^{\infty} [Pg_1(t-nT_s) + (1-P)g_2(t-nT_s)]$$

周期性信号可以用傅里叶级数展开,即有

$$c(t) = \sum_{n=-\infty}^{\infty} C_n e^{jn\omega_s t}$$

式中,$\omega_s = 2\pi/T_s$;C_n 是指数形式傅里叶级数的系数。设二进制码元位定时频率为 f_s,则 $f_s = R_s = 1/T_s$。利用 $g_1(t)$ 和 $g_2(t)$ 的傅里叶变换 $G_1(f)$ 和 $G_2(f)$,可将 C_n 表示为

$$C_n = \frac{1}{T_s}[PG_1(nf_s) + (1-P)G_2(nf_s)]$$

由周期性信号的功率谱公式可求得 $c(t)$ 的功率谱

$$P_c(f) = \sum_{n=-\infty}^{\infty} |C_n|^2 \delta(f-nf_s)$$

$$= \frac{1}{T_s^2} \sum_{n=-\infty}^{\infty} |PG_1(nf_s) + (1-P)G_2(nf_s)|^2 \delta(f-nf_s) \quad (4-4)$$

交变分量 $u(t)$ 是 $g(t)$ 与 $c(t)$ 之差,如图 4-7(d)所示。$g(t)$ 是功率信号,按照从局部

到整体的思路,首先将它截短,其长度为 $T=(2N+1)T_s$,其中 N 为一个足够大的整数。截短波形 $g_T(t)$ 可以表示为

$$g_T(t) = \sum_{n=-N}^{N} g_n(t) \tag{4-5}$$

在 $g_T(t)$ 中扣除稳态分量 $c_T(t)$,剩余的交变分量为

$$u_T(t) = g_T(t) - c_T(t)$$

或

$$u_T(t) = \sum_{n=-N}^{N} u_n(t) \tag{4-6}$$

其中

$$u_n(t) = \begin{cases} g_1(t-nT_s) - Pg_1(t-nT_s) - (1-P)g_2(t-nT_s) \\ = (1-P)[g_1(t-nT_s) - g_2(t-nT_s)], & \text{以概率 } P \text{ 出现} \\ g_2(t-nT_s) - Pg_1(t-nT_s) - (1-P)g_2(t-nT_s) \\ = -P[g_1(t-nT_s) - g_2(t-nT_s)], & \text{以概率 } 1-P \text{ 出现} \end{cases}$$

或者写作

$$u_n(t) = a_n[g_1(t-nT_s) - g_2(t-nT_s)] \tag{4-7}$$

其中

$$a_n = \begin{cases} 1-P, & \text{以概率 } P \text{ 出现} \\ -P, & \text{以概率 } 1-P \text{ 出现} \end{cases}$$

通过分析和计算,先求出 $u_T(t)$ 的能量谱的统计平均值,再取极限扩展到整体,可计算出交变分量 $u(t)$ 的功率谱为

$$P_u(f) = \frac{1}{T_s} P(1-P) |G_1(f) - G_2(f)|^2 \tag{4-8}$$

$g(t)$ 的功率谱应为 $P_c(f)$ 和 $P_u(f)$ 两者之和,由式(4-4)和式(4-8)可以得到

$$P(f) = \frac{1}{T_s} P(1-P) |G_1(f) - G_2(f)|^2 +$$

$$\frac{1}{T_s^2} \sum_{n=-\infty}^{\infty} |PG_1(nf_s) + (1-P)G_2(nf_s)|^2 \delta(f-nf_s) \tag{4-9}$$

由式(4-9)可知,二进制随机脉冲序列的功率谱可能包含连续谱 $P_u(f)$ 和离散谱 $P_c(f)$ 两部分。其中,连续谱是由于 $g_1(t)$ 和 $g_2(t)$ 不完全相同,使得 $G_1(f) \neq G_2(f)$ 而形成的,所以它总是存在的;但离散谱却不一定存在,它与 $g_1(t)$ 和 $g_2(t)$ 的波形及出现的概率均有关系。离散谱是否存在又是至关重要的,因为它关系着能否从脉冲序列中直接提取位定时信号。如果做不到这一点,则要设法变换基带信号的波形,以利于位定时信号的提取。

通常,二进制信息 1 和 0 是等概的,即 $P=1/2$,这时式(4-9)可简化为

$$P(f) = \frac{1}{4T_s} |G_1(f) - G_2(f)|^2 +$$

$$\frac{1}{4T_s^2}\sum_{n=-\infty}^{\infty}|G_1(nf_s)+G_2(nf_s)|^2\delta(f-nf_s) \tag{4-10}$$

按照上面的分析,要求解简单二元码的功率谱,首先需要根据单个 0 码和 1 码所对应的基本波形来确定其频谱函数 $G_1(f)$ 和 $G_2(f)$,然后代入简单二元码功率谱公式(4-10),得到相应的功率谱函数,再根据该结果的具体形式分析功率谱特性,得到位定时分量或者谱零点带宽等参数。下面通过几道例题进行讨论。

例 4-1 求 0,1 等概的单极性非归零码的功率谱。已知单个 1 码的波形是幅度为 A,周期为 T_s 的矩形脉冲,时域波形如图 4-8(a)所示。

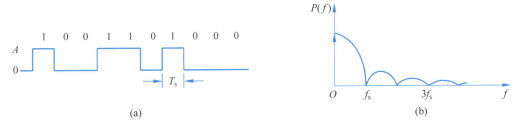

图 4-8 例 4-1 中的单极性非归零码的波形图和功率谱

视频

解 二元码的表达式为

$$g_n(t)=\begin{cases}g_1(t-nT_s), & a_n=1\\ g_2(t-nT_s), & a_n=0\end{cases}$$

设单个 1 码的波形为 $g_1(t)$,单个 0 码的波形为 $g_2(t)$。由本例条件可知,$g_2(t)=0$,所以 $G_2(f)=0$,而 $g_1(t)$ 为矩形脉冲。设 $g(t)$ 为幅度为 1 的矩形脉冲,则

$$g_1(t)=Ag(t)$$
$$G_1(f)=AG(f)$$

代入式(4-10),可得功率谱表达式

$$P(f)=\frac{1}{4T_s}|AG(f)|^2+\frac{1}{4T_s^2}\sum_{n=-\infty}^{\infty}|AG(nf_s)|^2\delta(f-nf_s)$$

离散谱是否存在,取决于频谱函数 $G(f)$ 在 $f=nf_s$ 的取值。$G(f)$ 的表达式为

$$G(f)=T_s\mathrm{Sa}\left(\frac{\pi f}{f_s}\right)$$

当 $f=nf_s$ 时,$G(nf_s)$ 有以下几种取值情况。

(1) $n=0$ 时,$G(nf_s)=T_s\mathrm{Sa}(0)\neq 0$,因此离散谱中有直流分量。

(2) n 是不为零的整数时,$G(nf_s)=T_s\mathrm{Sa}(n\pi)=0$,离散谱均为 0。其中,$n=1$ 时,$G(nf_s)=T_s\mathrm{Sa}(\pi)=0$,位定时分量为 0。

综合以上分析,功率谱可表示为

$$P(f)=\frac{A^2T_s}{4}\mathrm{Sa}^2\left(\frac{\pi f}{f_s}\right)+\frac{A^2}{4}\sum_{n=-\infty}^{\infty}\mathrm{Sa}^2(n\pi)\delta(f-nf_s)$$

$$=\frac{A^2T_s}{4}\mathrm{Sa}^2\left(\frac{\pi f}{f_s}\right)+\frac{A^2}{4}\delta(f)$$

进一步分析功率谱表达式,可知功率谱的第一个过零点在 $f=f_s$ 处,因此,单极性非归零码的谱零点带宽为

$$B_s = f_s$$

单极性非归零码的功率谱如图 4-8(b)所示,连续谱和离散谱均用归一化值表示。

例 4-2 计算 0,1 等概的单极性归零码的功率谱。已知单个 1 码的波形是幅度为 A 的半占空矩形脉冲,时域波形如图 4-9(a)所示。

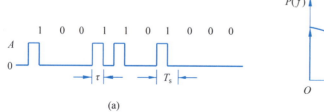
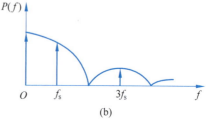

图 4-9 例 4-2 中的单极性归零码的波形图和功率谱

解 二元码的表达式为

$$g_n(t) = \begin{cases} g_1(t-nT_s), & a_n=1 \\ g_2(t-nT_s), & a_n=0 \end{cases}$$

设单个 1 码的波形为 $g_1(t)$,单个 0 码的波形为 $g_2(t)$。由本例条件可知,$g_2(t)=0$,所以 $G_2(f)=0$,而 $g_1(t)$ 为矩形脉冲。设 $g(t)$ 是幅度为 1 的半占空矩形脉冲,则

$$g_1(t) = Ag(t)$$
$$G_1(f) = AG(f)$$

代入式(4-10),可得功率谱表达式为

$$P(f) = \frac{1}{4T_s}|AG(f)|^2 + \frac{1}{4T_s^2}\sum_{n=-\infty}^{\infty}|AG(nf_s)|^2\delta(f-nf_s)$$

$G(f)$ 的表达式为

$$G(f) = \frac{T_s}{2}\text{Sa}\left(\frac{\pi f}{2f_s}\right)$$

离散谱是否存在,取决于频谱函数 $G(f)$ 在 $f=nf_s$ 的取值。当 $f=nf_s$ 时,$G(nf_s)$ 有以下几种取值情况。

(1) 当 $n=0$ 时,$G(nf_s) = \frac{T_s}{2}\text{Sa}(0) \neq 0$,因此离散谱中有直流分量。

(2) 当 n 为奇数时,$G(nf_s) = \frac{T_s}{2}\text{Sa}\left(\frac{n\pi}{2}\right) \neq 0$,此时有离散谱。其中 $n=1$ 时,$G(nf_s) = \frac{T_s}{2}\text{Sa}\left(\frac{\pi}{2}\right) \neq 0$,离散谱中有位定时分量。

(3) 当 n 为偶数时,$G(nf_s) = \frac{T_s}{2}\text{Sa}\left(\frac{n\pi}{2}\right) = 0$,此时无离散谱。

综合以上分析,功率谱可表示为

$$P(f) = \frac{A^2 T_s}{16} \text{Sa}^2\left(\frac{\pi f}{2f_s}\right) + \frac{A^2}{16} \sum_{n=-\infty}^{\infty} \text{Sa}^2\left(\frac{n\pi}{2}\right) \delta(f - nf_s)$$

功率谱的第一个过零点在 $f = 2f_s$ 处,所以单极性归零码的谱零点带宽为

$$B_s = 2f_s$$

单极性归零码的功率谱如图 4-9(b)所示。

例 4-3 求 0,1 等概的双极性非归零码的功率谱。已知单个 0 码和单个 1 码的波形分别是幅度为 $-A$ 和 A 的矩形脉冲,时域波形如图 4-10(a)所示。

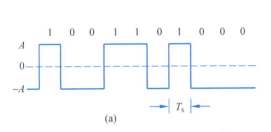
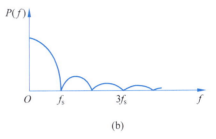

图 4-10 例 4-3 中的双极性非归零码的波形图和功率谱

解 二元码的表达式为

$$g_n(t) = \begin{cases} g_1(t - nT_s), & a_n = 1 \\ g_2(t - nT_s), & a_n = 0 \end{cases}$$

设单个 1 码的波形为 $g_1(t)$,单个 0 码的波形为 $g_2(t)$,还设 $g(t)$ 为幅度为 1 的矩形脉冲。由本例条件可知,$g_1(t) = Ag(t)$,$G_1(f) = AG(f)$;$g_2(t) = -Ag(t)$,$G_2(f) = -AG(f)$。由于 $G_1(f) = -G_2(f)$,$G_1(nf_s) = -G_2(nf_s)$,所以功率谱中无离散谱,只有连续谱。将以上关系式代入式(4-10),可得功率谱表达式为

$$P(f) = \frac{1}{4T_s} |2AG(f)|^2$$

$G(f)$ 的表达式为

$$G(f) = T_s \text{Sa}\left(\frac{\pi f}{f_s}\right)$$

所以

$$P(f) = A^2 T_s \text{Sa}^2\left(\frac{\pi f}{f_s}\right)$$

进一步分析功率谱表达式,可知功率谱的第一个过零点在 $f = f_s$ 处,因此,双极性非归零码的谱零点带宽为

$$B_s = f_s$$

双极性非归零码的功率谱如图 4-10(b)所示。

通过例题的计算可知,功率谱计算公式(4-9)只适用于基带信号有一种波形或者两种相反的波形且前后波形相互独立的情形,因此公式的适用范围是有限的。尽管如此,其计算结果所具有的意义是普遍的。归纳以上讨论内容,可得到以下几点结论。

(1) 功率谱的形状取决于单个波形的频谱函数。例如,矩形波的频谱函数为 $Sa(x)$,功率谱形状为 $Sa^2(x)$,而码型规则仅起到加权作用,使功率谱形状有所变化。

(2) 时域波形的占空比越小,频带越宽。通常用谱零点带宽 B_s 作为矩形信号的近似带宽。由图 4-2 画出的功率谱图形可知,非归零码的 $B_s=f_s$,而半占空归零码的 $B_s=2f_s$。这里 $f_s=1/T_s$,是位定时信号的频率,在数量上与码元速率 R_s 相同。

(3) 凡是 0,1 等概的双极性码均无离散谱。这就意味着这种码型无直流分量和位定时分量。

(4) 单极性归零码的离散谱中有位定时分量,因此可直接提取。对于那些不含有位定时分量的码型,设法将其变换成单极性归零码,便可获取位定时分量。具体方法见第 8 章。

从以上分析可知,非归零码的跳变沿中含有位定时的信息。CMI 码和数字双相码由于有频繁的跳变沿而含有丰富的位定时信息。AMI 码和 HDB_3 码的单个波形均为归零脉冲,经简单的变换后即可提取位定时分量。

有了以上这些结论,对其他码型的功率谱可以进行定性分析。当然,具体的功率谱表达式必须经过定量的计算。

4.4 无码间串扰的传输

4.2 节和 4.3 节讨论的数字基带信号都是矩形波形,这样的信号在频域内是无穷延伸的,而实际信道的条件是频带受限,并且还有噪声。基带信号通过这样的信道传输,不可避免地要受到影响。

由频谱分析的基本原理可知,任何信号的频域受限和时域受限不可能同时成立。信道的带宽受限意味着经传输后的信号的带宽受限,导致前后码元的波形产生畸变和展宽。这样,前面码元的波形会出现很长的拖尾,蔓延到当前码元的抽样时刻,对当前码元的判决造成干扰。这种码元之间的相互干扰称为码间串扰或符号间串扰 ISI。码间串扰的示意图如图 4-11 所示。码间串扰严重时,会造成错误判决。另外,信号在传输的过程中要叠加信道噪声,当噪声幅度过大时,将会引起接收端的判断错误。

图 4-11 码间串扰的示意图

码间串扰和信道噪声是影响基带信号进行可靠传输的主要因素,而它们都与基带传输系统的传输特性有密切的关系。使基带系统的总传输特性能够把码间串扰和噪声的影响减到足够小的程度,是基带传输系统的设计目标。由于码间串扰和信道噪声产生的机理不同,为了分析问题的方便,可分别进行讨论。本节首先讨论在没有噪声的条件下码间串扰与基带传输特性的关系,4.6 节再讨论无码间串扰条件下信道噪声的影响。

为了讨论基带信号的无串扰传输,首先建立基带信号传输系统的典型模型。如图 4-12 所示,数字基带信号的产生过程可分成码型编码和波形成形两步。码型编码的输出信号为脉冲序列,波形成形网络的作用是将每个脉冲转换为所需形状的接收波形 $s(t)$。成形网络由发送滤波器、信道和接收滤波器组成。由于成形网络的冲激响应正好

与 $s(t)$ 成正比，所以接收波形 $s(t)$ 的频谱函数 $S(\omega)$ 即为成形网络的传递函数。由图 4-12 可知，$S(\omega)$ 可表示为

$$S(\omega) = T(\omega)C(\omega)R(\omega) \tag{4-11}$$

$S(\omega)$ 可视为基带传输系统的总传输特性。在后面的讨论中，将更多地使用传递函数和冲激响应来描述无串扰信号的频域和时域特性。

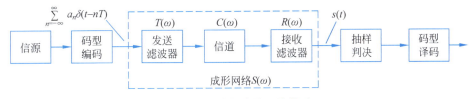

图 4-12 基带传输系统模型

由式(4-9)功率谱计算公式可知，基带信号在频域内的延伸范围主要取决于单个脉冲波形的频谱函数 $G(f)$，不同编码规则的基带码型只起到加权函数的作用。因此，只要讨论单个脉冲波形传输的情况就可了解基带信号传输的过程。

4.4.1 无码间串扰的传输条件

在数字信号的传输中，码元波形是按一定间隔发送的，其信息携带在幅度上。接收端经抽样判决如能准确地恢复出幅度信息，原始信码就能无误地得到传送。为此，只需要研究特定时刻的样值无串扰，而波形是否在时间上延伸是无关紧要的。也就是说，即便信号经传输后整个波形发生了变化，但只要特定点的抽样值能反映其所携带的幅度信息，那么用再次抽样的方法仍然可以准确无误地恢复原始信码。基于这个原因，抽样判决又称再生判决。

接收波形满足抽样值无串扰的充要条件是仅在本码元的抽样时刻上有最大值，而对其他码元的抽样时刻信号值无影响，即在抽样点上不存在码间串扰。一种典型波形如图 4-13 所示，接收波形 $s(t)$ 除了在 $t=0$ 时抽样值为 S_0 外，在 $t=kT(k \neq 0)$ 的其他抽样时刻皆为 0，因而不会影响其他抽样值。接收波形在数学上应满足以下关系：

$$s(kT) = S_0 \delta(t) \tag{4-12}$$

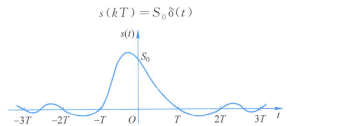

图 4-13 抽样点上不存在码间串扰的波形

其中

$$\delta(t) = \begin{cases} 0, & t \neq 0 \\ 1, & t = 0 \end{cases} \tag{4-13}$$

当 $s(kT)$ 满足以上关系时，抽样值是无码间串扰的。式(4-12)称为无码间串扰的时域条

件。由此条件出发,可进一步推导出相应的频域条件。

$s(kT)$ 是 $s(t)$ 的特定值,而 $s(t)$ 是由基带系统形成的传输波形。显然,基带系统的传递函数必须满足一定的条件,才能形成抽样值无串扰的波形。由于 $s(t)$ 是 $S(\omega)$ 的傅里叶反变换,因而有

$$s(t)=\frac{1}{2\pi}\int_{-\infty}^{\infty}S(\omega)\mathrm{e}^{\mathrm{j}\omega t}\mathrm{d}\omega \tag{4-14}$$

如果把积分区间分成若干小段,每段区间长度为 $2\pi/T$,并且只考虑 $t=kT$ 时的 $s(t)$ 值,则式(4-14)可表示为

$$s(kT)=\frac{1}{2\pi}\sum_{n=-\infty}^{\infty}\int_{(2n-1)\pi/T}^{(2n+1)\pi/T}S(\omega)\mathrm{e}^{\mathrm{j}\omega kT}\mathrm{d}\omega \tag{4-15}$$

令 $\tau=\omega-2n\pi/T$,变量代换后又用 ω 代替 τ,则有

$$s(kT)=\frac{1}{2\pi}\sum_{n=-\infty}^{\infty}\int_{-\pi/T}^{\pi/T}S\left(\omega+\frac{2n\pi}{T}\right)\mathrm{e}^{\mathrm{j}\omega kT}\mathrm{d}\omega \tag{4-16}$$

当式(4-16)右边一致收敛时,求和与积分次序可以互换,于是有

$$s(kT)=\frac{1}{2\pi}\int_{-\pi/T}^{\pi/T}\sum_{n=-\infty}^{\infty}S\left(\omega+\frac{2n\pi}{T}\right)\mathrm{e}^{\mathrm{j}\omega kT}\mathrm{d}\omega \tag{4-17}$$

将式(4-12)代入式(4-17),有

$$S_0\delta(t)=\frac{1}{2\pi}\int_{-\pi/T}^{\pi/T}\sum_{n=-\infty}^{\infty}S\left(\omega+\frac{2n\pi}{T}\right)\mathrm{e}^{\mathrm{j}\omega kT}\mathrm{d}\omega \tag{4-18}$$

时域中的冲激函数对应于频域中的门函数,由此得到满足抽样值无失真的充要条件为

$$\sum_{n=-\infty}^{\infty}S\left(\omega+\frac{2n\pi}{T}\right)=S_0 T,\quad -\frac{\pi}{T}\leqslant\omega\leqslant\frac{\pi}{T} \tag{4-19}$$

该条件是由奈奎斯特提出的,故称为奈奎斯特第一准则。对于一个给定的传输系统,该准则提供了检验其是否产生码间串扰的一种方法,该准则又称为满足无码间串扰的频域条件。

式(4-19)的物理意义是:把传递函数在 ω 轴上以 $2\pi/T$ 为间隔切开,然后分段沿 ω 轴平移到 $\left(-\frac{\pi}{T},\frac{\pi}{T}\right)$ 区间内,将它们叠加起来,其结果应为一常数,如图4-14所示。这种特性称为等效理想低通特性。

满足等效理想低通特性的传递函数有无数多种。经计算可知,只要传递函数在 $\pm\pi/T$ 处满足奇对称的要求,那么不管 $S(\omega)$ 的形式如何,都可以消除码间串扰。例如,图4-14中的 $S(\omega)$ 是对 $\omega=\pm\pi/T$ 呈奇对称的低通滤波器的特性。经过切割、平移、叠加后可得到

$$\sum_{n=-\infty}^{\infty}S\left(\omega+\frac{2n\pi}{T}\right)=S\left(\omega-\frac{2\pi}{T}\right)+S(\omega)+S\left(\omega+\frac{2\pi}{T}\right)=S_0 T,\quad -\frac{\pi}{T}\leqslant\omega\leqslant\frac{\pi}{T}$$

$S(\omega)$ 满足式(4-19)的条件,具有等效理想低通特性,是可实现无码间串扰的传输特性。

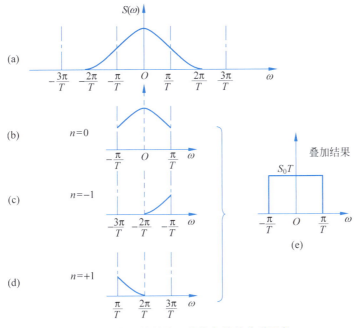

图 4-14 满足抽样值无串扰条件的传递函数

4.4.2 无码间串扰的传输波形

1. 理想低通信号

如果系统的传递函数 $S(\omega)$ 不用分割后再叠加成为常数,其本身就是理想低通滤波器的传递函数,即

$$S(\omega) = \begin{cases} 0, & |\omega| > \dfrac{\pi}{T} \\ S_0 T, & |\omega| \leqslant \dfrac{\pi}{T} \end{cases} \quad (4\text{-}20)$$

相应地,理想低通滤波器的冲激响应为

$$s(t) = S_0 \mathrm{Sa}\left(\dfrac{\pi t}{T}\right) \quad (4\text{-}21)$$

根据式(4-20)和式(4-21)可画出理想低通系统的传递函数和冲激响应曲线如图 4-15 所示。由理想低通系统产生的信号称为理想低通信号。由图 4-15(b)可知,理想低通信号在 $t = \pm nT (n \neq 0)$ 时有周期性零点。如果发送码元波形的时间间隔为 T,接收端在 $t = nT$ 时抽样,就能达到无码间串扰。图 4-16 画出了这种情况下双极性码元波形无码间串扰的示意图。

由以上分析可知,如果基带传输系统的总传输特性为理想低通特性,则基带信号的传输不存在码间串扰。但是这种传输条件实际上不可能达到,因为理想低通的传输特性意味着有无限陡峭的过渡带,这在工程上是无法实现的。即使获得了这种传输特性,其冲激响应波形的尾部衰减特性很差,仅按 $1/t$ 的速度衰减,且接收波形在再生判决中还要

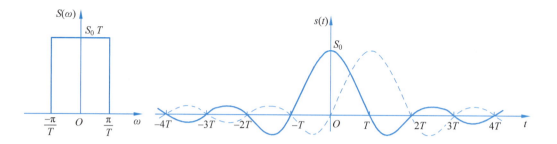

图 4-15 理想低通系统

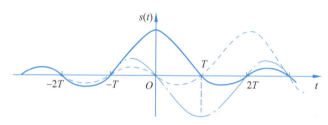

图 4-16 无码间串扰示意图

再抽样一次,这样就要求接收端的抽样定时脉冲必须准确无误,若稍有偏差,就会引入码间串扰。所以式(4-20)表达的无串扰传递条件只有理论上的意义,但它给出了基带传输系统传输能力的极限值。

由图 4-15 和式(4-20)可知,无串扰传输码元周期为 T 的序列时,所需的最小传输带宽为 $1/2T$。换言之,如果理想低通的带宽为 $1/2T$,则最高码元传输速率为 $1/T$。若以高于 $1/T$ 的速率传送,将存在码间串扰。这时,基带传输系统所能提供的最高码元频带利用率为

$$\eta_s = \frac{R_s}{B} = \frac{1/T}{1/2T} = 2 (\text{baud/Hz}) \tag{4-22}$$

这是在抽样值无串扰条件下,基带传输系统所能达到的极限情况。也就是说,基带系统所能提供的最高码元频带利用率是单位频带内每秒传 2 个码元,而不管这个码元是二元码还是多元码。通常把 $1/2T$ 称为奈奎斯特带宽,把 T 称为奈奎斯特间隔。

二进制时码元速率 R_s 与信息速率 R_b 在数量上相等,二进制码的信息频带利用率 η_b 的最大值为

$$\eta_b = \frac{R_b}{B} = \frac{R_s}{B} = 2 (\text{bit/(s·Hz)}) \tag{4-23}$$

若码元序列为 M 元码,则频带利用率为 $2\log_2 M$ bit/(s·Hz),这是基带系统传输 M 元码所能达到的最高频带利用率。理想低通信号又称为具有最窄频带的无串扰波形。

今后如不特别说明,频带利用率的计算均指单位频带内每秒最多可传输的比特数。

2. 升余弦滚降信号

在实际中得到广泛应用的无串扰波形,其频域过渡特性以 π/T 为中心,具有奇对称升余弦形状,通常称为升余弦滚降信号,简称升余弦信号。这里的"滚降"是指信号的频

域过渡特性或频域衰减特性。能形成升余弦信号的基带系统的传递函数为

$$S(\omega) = \begin{cases} \dfrac{S_0 T}{2} \left\{ 1 - \sin\left[\dfrac{T}{2\alpha}\left(\omega - \dfrac{\pi}{T}\right)\right] \right\}, & \dfrac{\pi(1-\alpha)}{T} \leqslant |\omega| \leqslant \dfrac{\pi(1+\alpha)}{T} \\ S_0 T, & 0 \leqslant |\omega| < \dfrac{\pi(1-\alpha)}{T} \\ 0, & |\omega| > \dfrac{\pi(1+\alpha)}{T} \end{cases} \quad (4-24)$$

这里,α 称为滚降系数,$0 \leqslant \alpha \leqslant 1$。

系统的传递函数 $S(\omega)$ 就是接收波形的频谱函数。由式(4-24)可求出系统的冲激响应,即接收波形为

$$s(t) = S_0 \dfrac{\sin\dfrac{\pi t}{T}}{\dfrac{\pi t}{T}} \dfrac{\cos\dfrac{\alpha \pi t}{T}}{1 - \left(\dfrac{4\alpha^2 t^2}{T^2}\right)} \quad (4-25)$$

图 4-17 分别给出滚降系数 $\alpha=0, \alpha=0.5, \alpha=1$ 时传递函数和冲激响应的归一化图形。由图可知,升余弦滚降信号在前后抽样值处的串扰始终为 0,因而满足抽样值无串扰的传输条件。随着滚降系数 α 的增加,两个零点之间的波形振荡起伏变小,其波形的衰减与 $1/t^3$ 成正比。但随着 α 的增大,所占频带增加。

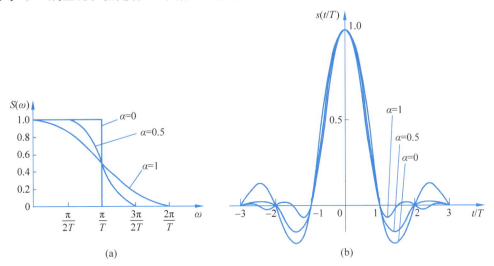

图 4-17 升余弦滚降系统

由式(4-24)可知,升余弦滚降信号的带宽为

$$B = \dfrac{1}{2\pi} \cdot \dfrac{\pi(1+\alpha)}{T} = \dfrac{1+\alpha}{2T} \quad (4-26)$$

二进制时信息频带利用率为

$$\eta_b = \dfrac{R_b}{B} = \dfrac{1/T}{(1+\alpha)/2T} = \dfrac{2}{1+\alpha} (\text{bit}/(\text{s} \cdot \text{Hz})) \quad (4-27)$$

当 α=0 时,即为前面所述的理想低通基带系统。当 α=1 时,所占频带的带宽最宽,是理想系统带宽的 2 倍,因而频带利用率为 1bit/(s·Hz)。由于抽样的时刻不可能完全没有时间上的误差,为了减小抽样定时脉冲误差所带来的影响,滚降系数 α 不能太小,通常选择 α≥0.2。α=1 的升余弦信号称为全升余弦信号。

例 4-4 某数字基带传输系统的传输特性 $H(f)$ 如图 4-18(a)所示。其中 α 为某个常数,$0 \leqslant \alpha \leqslant 1$。

(1) 检验该系统能否实现无码间串扰的传输;
(2) 求该系统的最高码元传输速率 R_s 和码元频带利用率 η_s;
(3) 传输二进制码元时,求该系统的信息频带利用率 η_b。

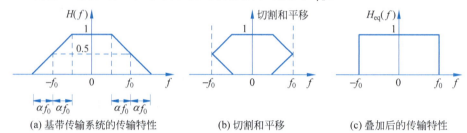

(a) 基带传输系统的传输特性　　(b) 切割和平移　　(c) 叠加后的传输特性

图 4-18　例 4-4 中的传输特性

解 (1) 将该系统的传输函数 $H(f)$ 以 $2f_0$ 为间隔切割,然后分段沿 f 轴平移到 $[-f_0, f_0]$ 区间内进行叠加,如图 4-18(b)和图 4-18(c)所示,叠加后的传输特性为

$$H_{eq}(f) = \begin{cases} 1, & |f| \leqslant f_0 \\ 0, & \text{其他} \end{cases}$$

由于叠加后的传输特性符合等效理想低通特性,所以该系统能够实现无码间串扰的传输。

(2) 该系统的最高码元传输速率为 R_s,在数值上是等效理想低通带宽 f_0 的 2 倍,即

$$R_s = 2f_0 (\text{baud})$$

所以该系统的码元频带利用率为

$$\eta_s = \frac{R_s}{B} = \frac{2f_0}{(1+\alpha)f_0} = \frac{2}{1+\alpha} (\text{baud/Hz})$$

(3) 传输二进制码元时的信息频带利用率 η_b 为

$$\eta_b = \frac{R_b}{B} = \frac{R_s}{B} = \frac{2}{1+\alpha} (\text{bit/(s·Hz)})$$

例 4-5 已知某信道的截止频率为 10MHz,信道中传输 8 电平数字基带信号。如果信道的传输特性为 α=0.5 的升余弦滚降特性,求该信道的最高信息传输速率 R_b。

解 该信道的码元频带利用率

$$\eta_s = \frac{R_s}{B} = \frac{2}{1+\alpha} = \frac{2}{1+0.5} = \frac{4}{3} (\text{baud/Hz})$$

最高码元传输速率为

视频

$$R_s = \eta_s B = \frac{4}{3} \times 10 \times 10^6 = \frac{4}{3} \times 10^7 \text{(baud)}$$

8 电平数字基带信号的最高信息传输速率 R_b 为

$$R_b = R_s \log_2 M = R_s \log_2 8 = \frac{4}{3} \times 10^7 \times 3 = 4 \times 10^7 \text{(bit/s)}$$

例 4-6 理想低通型信道的截止频率为 3000 Hz，当传输以下二进制信号时求信号的频带利用率和最高信息速率。

（1）理想低通信号；
（2）$\alpha = 0.4$ 的升余弦滚降信号；
（3）NRZ 码；
（4）RZ 码。

解 先做简要分析，这里出现了 4 种信号，第一问和第二问可以利用本节已有的结论来求解频带利用率，由于带宽已知，从而得到信息速率。第三问和第四问，涉及之前学习的简单二元码，需要分析具体码型的功率谱特性，确定谱零点带宽，再得出频带利用率和信息速率。

（1）理想低通信号的频带利用率为

$$\eta_b = 2 (\text{bit/(s·Hz)})$$

取信号的带宽为信道的带宽，由 η_b 的定义式

$$\eta_b = \frac{R_b}{B}$$

可求出最高信息传输速率为

$$R_b = \eta_b B = 2 \times 3000 = 6000 (\text{bit/s})$$

（2）升余弦滚降信号的频带利用率为

$$\eta_b = \frac{2}{1+\alpha} = \frac{2}{1+0.4} \approx 1.43 (\text{bit/(s·Hz)})$$

取信号的带宽为信道的带宽，可求出最高信息传输速率为

$$R_b = \eta_b B = 1.43 \times 3000 = 4290 (\text{bit/s})$$

（3）二进制 NRZ 码的信息传输速率 R_b 与码元速率 R_s 相同，取 NRZ 码的谱零点带宽为信道带宽，即

$$B = R_s$$

所以频带利用率为

$$\eta_b = \frac{R_b}{B} = \frac{R_s}{B} = 1 (\text{bit/(s·Hz)})$$

可求出最高信息速率为

$$R_b = \eta_b B = 1 \times 3000 = 3000 (\text{bit/s})$$

（4）二进制 RZ 码的信息速率与码元速率 R_s 相同，取 RZ 码的谱零点带宽为信道带宽，即

$$B = 2R_s$$

所以频带利用率为

$$\eta_b = \frac{R_b}{B} = \frac{R_s}{B} = 0.5 (\text{bit}/(\text{s} \cdot \text{Hz}))$$

可求出最高信息速率为

$$R_b = 0.5 \times 3000 = 1500 (\text{bit/s})$$

例 4-7 对模拟信号 $m(t)$ 进行线性 PCM 编码,量化电平数 $L=16$。PCM 信号先通过 $\alpha=0.5$、截止频率为 5kHz 的升余弦滚降滤波器,然后再进行传输。求:

(1) 二进制基带信号无串扰传输时的最高信息速率;

(2) 可允许模拟信号 $m(t)$ 的最高频率分量 f_H。

解 这道题目涉及模拟信号的数字化和数字信号的基带传输,根据题目条件,可以求出数字信号的传输速率,由此再推出模拟信号的最高频率,这是解题的关键。那么数字信号的速率与模拟信号的频率之间是什么关系?这就要理解模拟信号数字化的过程,模拟信号经过抽样、量化、编码,得到数字信号,其信息速率的形成是由抽样速率和编码位数决定的,也就是每秒抽样了 f_s 次,每次的样值形成 n 位的编码,即 $R_b = nf_s$。再由抽样定理就可以得到模拟信号的最高频率了。

(1) PCM 编码信号经升余弦滤波器后形成升余弦滚降信号,由 α 可列出二进制信号的频带利用率为

$$\eta_b = \frac{2}{1+\alpha}$$

η_b 的定义式为

$$\eta_b = \frac{R_b}{B}$$

所以二进制基带信号无串扰传输的最高信息速率为

$$R_b = \eta_b B = \frac{2B}{1+\alpha} = \frac{2 \times 5 \times 10^3}{1+0.5} \approx 6.67 (\text{kbit/s})$$

(2) 对最高频率为 f_H 的模拟信号 $m(t)$ 以频率 f_s 进行抽样,当量化电平数 $L=16$ 时,编码位数 $n = \log_2 L = 4$。PCM 编码信号的信息速率可表示为

$$R_b = nf_s$$

抽样频率 $f_s \geq 2f_H$,取等号时信息速率为

$$R_b = 2f_H n$$

因此可允许模拟信号的最高频率为

$$f_H = \frac{R_b}{2n} = \frac{6.67 \times 10^3}{2 \times 4} \approx 834 (\text{Hz})$$

4.5 部分响应基带传输系统

与理想低通信号相比较,升余弦信号除了可实现以外,还具有其他的优点,如拖尾的振荡幅度减小,对定时误差的要求放宽等,因此得到了广泛的应用。但是这种波形的传

输带宽增加,也就是频带利用率降低,因此不能适应高速传输的发展。奈奎斯特第二准则指出,利用人为的、有规律的串扰可达到压缩传输频带的目的。这种系统通常称为部分响应基带传输系统。近年来在高速、大容量的传输系统中,部分响应基带传输系统得到了推广与应用,它与频移键控或相移键控相结合,可以获得性能良好的调制。

4.5.1 第Ⅰ类部分响应波形

部分响应波形是具有持续 1bit 以上,且有一定长度码间串扰的波形。以一种最简单的部分响应波形为例,可以说明其中的道理。

对相邻码元的取样时刻产生同极性串扰的波形,称为第Ⅰ类部分响应波形。为了推导时域表达式的方便,令相邻码元取样时刻在 $t=\pm T/2$ 处,其余码元的取样时刻在 $\pm 3T/2, \pm 5T/2, \cdots$。用两个相隔一位码元间隔 T 的 $\sin x/x$ 的合成波形来代替 $\sin x/x$ 波形,如图 4-19(a)所示。

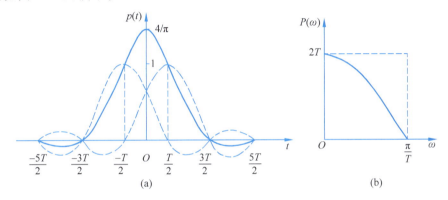

图 4-19 第Ⅰ类部分响应信号的波形和频谱

合成波的数学表达式为

$$p(t)=\frac{\sin\frac{\pi}{T}\left(t+\frac{T}{2}\right)}{\frac{\pi}{T}\left(t+\frac{T}{2}\right)}+\frac{\sin\frac{\pi}{T}\left(t-\frac{T}{2}\right)}{\frac{\pi}{T}\left(t-\frac{T}{2}\right)} \tag{4-28}$$

经化简得

$$p(t)=\frac{4}{\pi}\left[\frac{\cos(\pi t/T)}{1-(4t^2/T^2)}\right] \tag{4-29}$$

由式(4-29)可知,$p(t)$ 的幅度约与 t^2 成反比,而 $\sin x/x$ 波形幅度则与 t 成反比,因此波形拖尾的衰减速度加快。从图 4-19(a)也可看到,相距一个码元间隔 $\sin x/x$ 波形的拖尾正负相反而相互抵消,使得合成波形拖尾迅速衰减。

对式(4-28)进行傅里叶变换,可以求出 $p(t)$ 的频谱函数为

$$P(\omega)=\begin{cases} T(\mathrm{e}^{-\mathrm{j}\omega T/2}+\mathrm{e}^{\mathrm{j}\omega T/2}), & |\omega|\leqslant\frac{\pi}{T} \\ 0, & |\omega|>\frac{\pi}{T} \end{cases}$$

$$= \begin{cases} 2T\cos(\omega T/2), & |\omega| \leqslant \dfrac{\pi}{T} \\ 0, & |\omega| > \dfrac{\pi}{T} \end{cases} \quad (4\text{-}30)$$

由式(4-30)画出的频谱函数如图 4-19(b)所示。由图可见，$p(t)$ 的频谱限制在 $\pm\pi/T$ 之内，而且呈余弦型。这种缓变的滚降过渡特性与陡峭衰减的理想低通特性有明显的不同。这时的传输带宽为

$$B = \frac{1}{2\pi}\frac{\pi}{T} = \frac{1}{2T}$$

频带的利用率为

$$\eta_b = \frac{R_b}{B} = \frac{1/T}{1/2T} = 2(\text{bit}/(\text{s}\cdot\text{Hz}))$$

达到基带传输系统在传输二元码时的理论最大值。

如果用 $p(t)$ 作为传输信号的波形，在抽样时刻上，发送码元的样值将受到前一个发送码元的串扰，而对其他码元不会产生串扰。如图 4-20 所示，a_1 仅受到 a_0 的串扰，但是 a_1 并未受到其他码元的串扰。由于所发生的串扰是确定且可控的，在接收端可以消除掉，所以此系统可按 $1/T$ 的速率传送码元，从最终的传输效果来说不存在码间串扰。

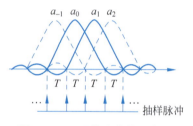

图 4-20　码元发生串扰示意图

$p(t)$ 的形成过程可分为两步，首先形成相邻码元的串扰，然后再经过相应的网络形成所需的波形。通过有控制地引入串扰，使原先互相独立的码元变成了相关码元，这种串扰所对应的运算称为相关编码。将二进制信码用双极性二元码 a_n 表示，相关编码的规则为

$$c_n = a_n + a_{n-1} \quad (4\text{-}31)$$

a_n 的可能取值为 $+1$ 或 -1。据式(4-31)得到的 c_n 的可能取值为 $+2, 0, -2$ 三种电平，成了一种伪三元码，这是为取得所需要的传输性能而付出的代价。由 $\{a_n\}$ 到 $\{c_n\}$ 的形成过程如下：

二进制信码	1	0	1	1	0	0	0	1	0	1	1
a_n	+1	−1	+1	+1	−1	−1	−1	+1	−1	+1	+1
a_{n-1}		+1	−1	+1	+1	−1	−1	−1	+1	−1	+1
$c_n = a_n + a_{n-1}$		0	0	+2	0	−2	−2	0	0	0	+2

上述过程的波形示意图如图 4-21 所示，为简单起见，图中忽略了波形中的振荡部分。

在接收端，经再生判决得到 $\hat{c}_n$，再用反变换得到 a_n 的估计值 $\hat{a}_n$，即 $\hat{a}_n = \hat{c}_n - \hat{a}_{n-1}$，其中 $\hat{a}_{n-1}$ 是前一码元的估计值，然后不断递推运算下去。值得注意的是，递推运算会带来严重的差错扩散问题。如果在传输过程中，$\{c_n\}$ 序列中某个抽样值因干扰而发生差错，则不但会造成当前恢复的 $\hat{a}_n$ 值错误，而且会影响到以后所有的 $\hat{a}_{n+1}, \hat{a}_{n+2}, \cdots$。

仍以前面的信号为例，差错传播的过程如下：

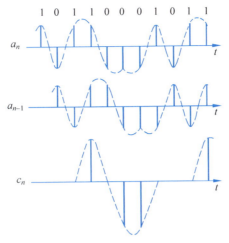

图 4-21 第 Ⅰ 类部分响应信号波形示意图

	1	0	1	1	0	0	0	1	0	1	1
发送端$\{a_n\}$	+1	-1	+1	+1	-1	-1	-1	+1	-1	+1	+1
发送端$\{c_n\}$		0	0	+2	0	-2	-2	0	0	0	+2
							↓				
接收端$\{\hat{c}_n\}$		0	0	+2	0	-2	0	0	0	0	+2
接收端$\{\hat{a}_n\}$	±1	-1	+1	+1	-1	-1	+1	-1	+1	-1	+3

由上述过程可知,自$\{\hat{c}_n\}$出现错误之后,接收端恢复出来的$\{\hat{a}_n\}$全部是错误的。此外,在接收端恢复$\{\hat{a}_n\}$时还必须有正确的起始值+1,否则也不可能得到正确的$\{\hat{a}_n\}$序列。

为了解决差错扩散问题,要在发送端相关编码之前进行预编码。设单极性二元码用a_n表示,预编码的规则为

$$a_n = b_n \oplus b_{n-1}$$

即

$$b_n = a_n \oplus b_{n-1} \tag{4-32}$$

式中,$\oplus$表示按模 2 相加,简称模 2 加。将b_n用双极性二元码表示,然后再按以下规则进行相关编码:

$$c_n = b_n + b_{n-1}$$

再次引用前面的例子,由输入a_n到接收端恢复$\hat{a}_n$的过程如下:

a_n	1	0	1	1	0	0	0	1	0	1	1
b_{n-1}	0	1	1	0	1	1	1	1	0	0	1
b_n	1	1	0	1	1	1	1	0	0	1	0
c_n		0	+2	0	0	+2	+2	+2	0	-2	0	0
									↓		
$\hat{c}_n$		0	+2	0	0	+2	+2	+2	0	0	0	0
$\hat{a}_n$	1	0	1	1	0	0	0	1	1	1	1

判决的原则是

$$\hat{c}_n = \begin{cases} \pm 2, & \text{判 0} \\ 0, & \text{判 1} \end{cases}$$

此例说明,$\hat{c}_n$ 产生错误只影响本时刻的 $\hat{a}_n$ 值,差错不会向后蔓延,这是因为预编码已解除了码间的相关性。第 Ⅰ 类部分响应系统的组成框图如图 4-22 所示,图 4-22(a)是原理框图,图 4-22(b)是实际系统的组成框图。

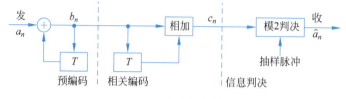

(a) 原理框图

(b) 实际系统的组成框图

图 4-22　第 Ⅰ 类部分响应系统的组成框图

4.5.2　部分响应系统的一般形式

部分响应波形的一般形式可以是 N 个 $\sin x/x$ 波形之和,其表达式为

$$p(t) = r_1 \frac{\sin\frac{\pi}{T}t}{\frac{\pi}{T}t} + r_2 \frac{\sin\frac{\pi}{T}(t-T)}{\frac{\pi}{T}(t-T)} + r_3 \frac{\sin\frac{\pi}{T}(t-2T)}{\frac{\pi}{T}(t-2T)} + \cdots + r_N \frac{\sin\frac{\pi}{T}[t-(N-1)T]}{\frac{\pi}{T}[t-(N-1)T]} \tag{4-33}$$

式中,加权系数 $r_1, r_2, r_3, \cdots, r_N$ 为整数。式(4-33)所示部分响应波形的频谱函数为

$$P(\omega) = \begin{cases} T\sum_{k=1}^{N} r_k e^{-j\omega T(k-1)}, & |\omega| \leqslant \frac{\pi}{T} \\ 0, & |\omega| > \frac{\pi}{T} \end{cases} \tag{4-34}$$

按串扰的规则,部分响应信号共分为 5 类,分别命名为第 Ⅰ、Ⅱ、Ⅲ、Ⅳ、Ⅴ 类部分响应信号,表 4-1 中给出 5 类部分响应信号的波形、频谱特性及加权系数 r_k。为便于比较,将 $\text{Sa}(x)$ 的理想抽样函数也列入表中,称其为 0 类。各类部分响应信号的频谱在 π/T 处均为 0,有的在 $\omega=0$ 处也出现零点,其带宽都不超过理想低通信号的带宽,但是它们的频谱结构以及对相邻码元抽样时刻的串扰情况不同。目前应用最广泛的是第 Ⅰ 类和第 Ⅳ 类部分响应信号。第 Ⅰ 类部分响应信号的频谱能量主要集中在低频段,适用于传输系统

中信道频带高端受限的情况,这种信号又称为双二进制编码信号。第Ⅳ类部分响应信号无直流分量,而且低频分量也少,便于通过载波电路,实现单边带和残留边带调制。以上两类部分响应信号的抽样值电平数比其他类别的少,这也是它们得到广泛应用的原因之一。当输入为 M 进制信号时,经部分响应系统得到的第Ⅰ类和第Ⅳ类部分响应信号的电平数为 $2M-1$。

表 4-1 部分响应信号

类别	r_1	r_2	r_3	r_4	r_5	$p(t)$	$\|P(\omega)\|$	二进制输入时抽样值电平数
0	1						T, π/T	2
Ⅰ	1	1					$2T\cos\dfrac{\omega T}{2}$	3
Ⅱ	1	2	1				$4T\cos^2\dfrac{\omega T}{2}$	5
Ⅲ	2	1	−1				$2T\cos\dfrac{\omega T}{2}\sqrt{5-4\cos\omega T}$	5
Ⅳ	1	0	−1				$2T\sin\omega T$	3
Ⅴ	−1	0	2	0	−1		$4T\sin\omega T$	5

对于一般形式的部分响应信号来说,如果输入的数字序列为 $\{a_n\}$,当抽样时刻 $t=T$ 时,对应的部分响应信号的样值为 c_n,它与其他码元的干扰有关,可以表示为

$$c_n = r_1 a_n + r_2 a_{n-1} + r_3 a_{n-2} + \cdots + r_N a_{n-(N-1)} \tag{4-35}$$

其中加权系数 r_k 如表 4-1 所示。式(4-35)称为部分响应信号的相关编码,对于不同类别的部分响应信号有不同的相关编码形式,即 r_k 的取值不同。相关编码是为了得到预期的部分响应信号频谱。

为了避免因相关编码而引起的差错蔓延,应在相关编码之前先进行预编码。设预编码的序列为 $\{b_n\}$,当 $\{a_n\}$ 是 M 进制时,预编码为

$$a_n = r_1 b_n + r_2 b_{n-1} + \cdots + r_N b_{n-(N-1)} (\bmod M) \tag{4-36}$$

式(4-36)是按模 M 相加。如果 $M=2$，则按模 2 相加。按此关系得到新的编码序列 $\{b_n\}$，然后对 $\{b_n\}$ 再进行相关编码，由式(4-35)可知

$$c_n = r_1 b_n + r_2 b_{n-1} + \cdots + r_N b_{n-(N-1)} \quad (4\text{-}37)$$

将式(4-36)和式(4-37)进行比较可得

$$a_n = c_n (\text{mod } M) \quad (4\text{-}38)$$

式(4-38)说明，经过预编码后的部分响应信号各抽样值之间已解除了相关性，由当前 c_n 值可直接得到当前的 a_n 值。

部分响应信号带来的好处是减小串扰和提高了频带利用率，其代价是要求发送信号功率增加。如果原来信号的脉冲幅度为 $\pm A$，而现在为 $\pm 2A$ 和 0 三种幅度。对于 M 进制信号来说，部分响应信号波形的相关编码电平也要超过 M 种。这样，当输入信噪比相同时，部分响应系统的抗噪声性能要差一些。

例 4-8　设输入信号 a_n 是四进制序列，即 $M=4$，a_n 的取值为 $0,1,2,3$ 共 4 种。当采用第Ⅳ类部分响应信号时，列表说明全过程。

解　第Ⅳ类部分响应信号的预编码规则为

$$b_n = a_n + b_{n-2} (\text{mod } 4)$$

相关编码的规则为

$$c_n = b_n - b_{n-2}$$

由 a_n 到 $\hat{a}_n$ 的全过程如下：

a_n	0	0	0	1	3	2	1	0	3	2	3
b_{n-2}			0	0	0	1	3	3	4	3	3
b_n	0	0	0	1	3	3	4	3	7	5	6
$b_n(\text{mod } 4)$	0	0	0	1	3	3	0	3	3	1	2
c_n			0	1	3	2	-3	0	-1	-2	-1
$\hat{a}_n(\text{mod } 4)$			0	1	3	2	1	0	3	2	3

判决原则为

$$a_n = \begin{cases} 0, & c_n = 0 \\ 1, & c_n = 1, -3 \\ 2, & c_n = 2, -2 \\ 3, & c_n = 3, -1 \end{cases}$$

4.6　数字信号基带传输的差错率

4.4 节讨论了在不考虑信道噪声的情况下基带传输系统的无码间串扰的传输条件，下面讨论在无码间串扰的情况下信道噪声对基带系统性能的影响。假设信道噪声是均值为 0 的加性高斯白噪声。

4.6.1　二元码的误比特率

如果只考虑噪声的影响，基带信号的传输模型如图 4-23 所示。基带传输系统由发送

视频

滤波器、信道和接收滤波器组成。数字信息 a_n 经发送滤波器后得到基带信号 $g(t)$，经传输后得到的接收波形为 $s(t)$。信号在传输的过程中叠加了信道噪声 $n(t)$，$n(t)$ 为高斯白噪声，经过接收滤波器后，输出带限高斯白噪声 $n_R(t)$。接收滤波器输出的是信号叠加噪声后的混合波形，即

$$r(t) = s(t) + n_R(t) \tag{4-39}$$

再生判决器将对 $r(t)$ 进行抽样判决。

图 4-23 基带信号的传输模型

设发送信号为单极性 NRZ 二元码，其幅度为 0 或 A，分别对应于信码 0 或 1。还假设信号在传输中没有衰耗。这样，$s(t)$ 在抽样时刻 $t=kT$ 时的幅度值为 0 或 A，因此混合波形的抽样值为

$$r(kT) = A + n_R(kT) \tag{4-40}$$

或

$$r(kT) = n_R(kT) \tag{4-41}$$

如何对抽样值进行判决得到数字信号？方法是在接收端设定一判决门限 V_d，判决规则为：如果 $r(kT) > V_d$，判定信号幅度为 A；如果 $r(kT) < V_d$，判定信号幅度为 0。判决过程的典型波形如图 4-24 所示，只要噪声的幅度不导致判决的错误，那么经判决后可去掉噪声的影响，得到正确无误的数字信号。因为经过抽样判决可以恢复原数字信号，所以抽样判决又称再生判决。判决时使用的抽样脉冲为接收端提取的位定时信号。每传

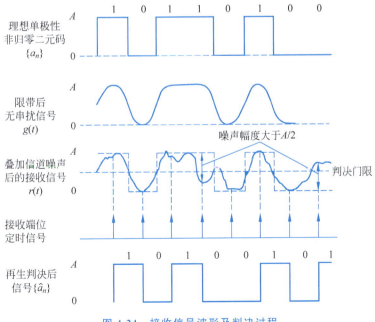

图 4-24 接收信号波形及判决过程

输一段距离就再生判决一次,在没有误码的情况下,可以说数字信号的传输与距离无关,这与模拟信号的传输有着本质的不同。当然,实际的传输必须考虑噪声幅度过大时引起错误判决的情况,为此要了解噪声的幅度分布有什么规律。

下面研究高斯白噪声对系统误码性能的影响。均值为 0 的高斯噪声的幅度概率密度函数为

$$p(n) = \frac{1}{\sqrt{2\pi}\sigma} e^{-n^2/(2\sigma^2)} \tag{4-42}$$

式中,σ^2 为噪声的均方值,即噪声的平均功率。因此,当发送信号幅度为 0 时,接收滤波器输出的混合波形的幅度概率密度函数为

$$p_0(r) = \frac{1}{\sqrt{2\pi}\sigma} e^{-r^2/(2\sigma^2)} \tag{4-43}$$

当发送信号幅度为 A 时,混合波形的幅度概率密度函数为

$$p_1(r) = \frac{1}{\sqrt{2\pi}\sigma} e^{-(r-A)^2/(2\sigma^2)} \tag{4-44}$$

式(4-43)和式(4-44)所示的概率密度函数曲线如图 4-25 所示。

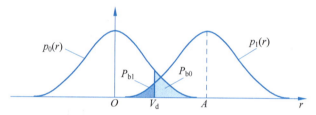

图 4-25　叠加噪声后二元码幅度的概率密度函数曲线

首先分析,在数字基带传输过程中,峰-峰值为 A 的单极性 NRZ 二元码,由噪声干扰引起的两种误码形式。如果发送信号的幅度为 0,在抽样时刻噪声幅度超过判决门限,使抽样值 $r(kT) > V_d$,则判决的结果认为发送信号幅度为 A,这样就将 0 码错判为 1 码。如果发送信号的幅度为 A,在抽样时刻幅度为负值的噪声与信号幅度相抵消,使抽样值 $r(kT) < V_d$,则判决的结果认为发送信号幅度为 0,因此将 1 码错判为 0 码。

设 0 码错判为 1 码的概率为 P_{b0},可表示为

$$P_{b0} = \int_{V_d}^{\infty} p_0(r)\mathrm{d}r = \int_{V_d}^{\infty} \frac{1}{\sqrt{2\pi}\sigma} e^{-r^2/2\sigma^2}\mathrm{d}r \tag{4-45}$$

它对应于图 4-25 中 V_d 右边阴影的面积。

设 1 码错判为 0 码的概率为 P_{b1},可表示为

$$P_{b1} = \int_{-\infty}^{V_d} p_1(r)\mathrm{d}r = \int_{-\infty}^{V_d} \frac{1}{\sqrt{2\pi}\sigma} e^{-(r-A)^2/2\sigma^2}\mathrm{d}r \tag{4-46}$$

它对应于图 4-25 中 V_d 左边阴影的面积。

假设信源发 0 码和 1 码的概率分别为 P_0 和 P_1,则基带传输系统的总误比特率为

$$P_b = P_0 P_{b0} + P_1 P_{b1} = P_0 \int_{V_d}^{\infty} p_0(r)\mathrm{d}r + P_1 \int_{-\infty}^{V_d} p_1(r)\mathrm{d}r \tag{4-47}$$

可见,误比特率与判决门限值 V_d 有关。能使误比特率最小的判决门限值称为最佳判决门限。为求出最佳判决门限,令

$$\frac{\partial P_b}{\partial V_d}=0 \tag{4-48}$$

将式(4-47)左右两边对 V_d 求偏导,并根据式(4-48),得

$$P_1 p_1(V_d) - P_0 p_0(V_d) = 0$$

$$\frac{p_1(V_d)}{p_0(V_d)} = \frac{P_0}{P_1} \tag{4-49}$$

将式(4-43)和式(4-44)代入式(4-49),得最佳门限值为

$$V_d = \frac{A}{2} + \frac{\sigma^2}{A}\ln\frac{P_0}{P_1} \tag{4-50}$$

通常 $P_0 = P_1 = 1/2$,于是有

$$V_d = \frac{A}{2} \tag{4-51}$$

这时的误比特率为

$$P_b = \frac{1}{2}(P_{b0} + P_{b1}) \tag{4-52}$$

由图 4-25 可知,当 $V_d = A/2$ 时图中两块阴影的面积相等,这时它们的总面积($P_{b0} + P_{b1}$)最小,该面积的一半即为总误比特率。由于两个阴影部分的面积对称相等,因此总误比特率为

$$P_b = P_{b0} = \int_{V_d}^{\infty} \frac{1}{\sqrt{2\pi}\sigma} e^{-r^2/(2\sigma^2)} dr \tag{4-53}$$

对此式进行变量置换。设

$$x = \frac{r}{\sigma}$$

则

$$dx = \frac{1}{\sigma} dr$$

因此有

$$P_b = \int_{\frac{V_d}{\sigma}}^{\infty} \frac{1}{\sqrt{2\pi}} e^{-x^2/2} dx \tag{4-54}$$

上述积分称为 Q 函数(见附录 C),即

$$P_b = Q\left(\frac{V_d}{\sigma}\right) \tag{4-55}$$

由于 $V_d = A/2$,因此

$$P_b = Q\left(\frac{A}{2\sigma}\right) \tag{4-56}$$

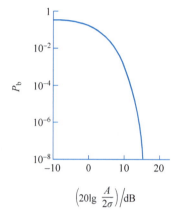

图 4-26 NRZ 二元码的误比特率曲线

由式(4-56)画得的误比特率曲线示于图 4-26 中,可见,随着自变量的增大,Q 函数值在减小。

同理,对于峰-峰值为 A 的双极性 NRZ 码来说,可推导出最佳门限值为

$$V_d = \frac{\sigma^2}{A} \ln \frac{P_0}{P_1} \tag{4-57}$$

当 $P_0 = P_1 = 1/2$ 时,最佳门限值为

$$V_d = 0 \tag{4-58}$$

这时,误比特率的表达式与式(4-56)相同。

下面对单极性和双极性 NRZ 二元码的误比特率进行比较。误比特率与信噪比的关系可通过具体计算得到。若二元码基带信号波形为矩形,$P_0 = P_1 = 1/2$,波形的峰-峰值为 A,单极性 NRZ 码与双极性 NRZ 码的波形分别如图 4-27(a)和图 4-27(b)所示。单极性 NRZ 码的信号平均功率为 S,$S = A^2/2$,噪声平均功率 $N = \sigma^2$,所以信噪比为

$$\frac{S}{N} = \frac{A^2}{2\sigma^2}$$

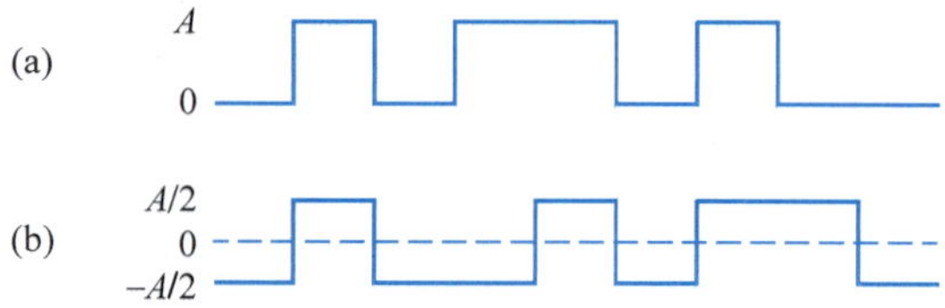

图 4-27 单极性和双极性 NRZ 码波形图

这时的误比特率为

$$P_b = Q\left(\frac{A}{2\sigma}\right) = Q\left(\sqrt{\frac{S}{2N}}\right) \tag{4-59}$$

而双极性 NRZ 码的信号平均功率 $S = A^2/4$,信噪比为

$$\frac{S}{N} = \frac{A^2}{4\sigma^2}$$

相应的误比特率为

$$P_b = Q\left(\frac{A}{2\sigma}\right) = Q\left(\sqrt{\frac{S}{N}}\right) \tag{4-60}$$

对式(4-59)和式(4-60)进行比较可知,在相同误比特率条件下,单极性二元码所要求的信号平均功率比双极性二元码高一倍。或者说在相同信噪比情况下,双极性二元码的误比特率低于单极性二元码。另外,双极性二元码的判决门限为 0 电平,该电平极易获得而且稳定。这些原因使得双极性二元码比单极性二元码的应用更加广泛。

在 Q 函数表中,所列出的 x 值有 0.05 的步长,使用时查找最靠近的 x 值。为了确保误比特率的指标,所对应的信噪比值应偏大。由 x 值确定误比特率时,所选定的 x 值

应偏小；由误比特率确定信噪比值时，所选定的误比特率值应偏小。

例 4-9 有 0,1 等概的单极性 NRZ 码，已知信噪比为 36，求误比特率 P_b。

解 根据式(4-59)，误比特率为
$$P_b = Q(\sqrt{S/2N}) = Q(\sqrt{18})$$

解题思路：

已知信噪比求误比特率，一般有 3 种方法。

(1) 查 Q 函数表(查找最靠近且小于题目条件给出的 x 值)；
$$P_b = Q(\sqrt{18}) = Q(4.24) \approx Q(4.20) = 1.33 \times 10^{-5}$$

(2) 查误差函数表 $\mathrm{erf}(x)$，$Q(\sqrt{2}x) = \frac{1}{2}[1-\mathrm{erf}(x)]$(见附录表 A-5)；
$$P_b = Q(\sqrt{18}) = Q(\sqrt{2} \times 3)$$
$$= \frac{1}{2}[1-\mathrm{erf}(3)] \approx \frac{1}{2} \times 2.20 \times 10^{-5} \approx 1.10 \times 10^{-5}$$

(3) 利用近似计算法：$Q(\sqrt{2}x) = \frac{1}{2}\mathrm{erfc}(x) \approx \frac{1}{2x\sqrt{\pi}} e^{-x^2}$，$x \gg 1$(见附录表 A-5)；
$$P_b = Q(\sqrt{18}) = Q(\sqrt{2} \times \sqrt{9})$$
$$\approx \frac{e^{-9}}{2 \times \sqrt{\pi} \times \sqrt{9}} \approx 1.16 \times 10^{-5}$$

3 种方法得到的结果近似相等。

例 4-10 基带信号是峰-峰值为 4V 的 NRZ 码，噪声功率为 0.25W，求单极性和双极性码的误比特率。

解 单极性 NRZ 码的信噪比为
$$\frac{S}{N} = \frac{A^2}{2\sigma^2} = \frac{4^2}{2 \times 0.25} = 32$$

误比特率为
$$P_b = Q\left(\sqrt{\frac{S}{2N}}\right) = Q(\sqrt{16}) = Q(\sqrt{2} \times \sqrt{8})$$
$$= \frac{1}{2}[1-\mathrm{erf}(\sqrt{8})] \approx 3.75 \times 10^{-5}$$

双极性 NRZ 码的信噪比为
$$\frac{S}{N} = \frac{A^2}{4\sigma^2} = \frac{4^2}{4 \times 0.25} = 16$$

误比特率为
$$P_b = Q\left(\sqrt{\frac{S}{N}}\right) = Q(\sqrt{16}) = Q(\sqrt{2} \times \sqrt{8})$$
$$= \frac{1}{2}[1-\mathrm{erf}(\sqrt{8})] \approx 3.75 \times 10^{-5}$$

由上述计算可知,当峰-峰值相同时,单极性 NRZ 码的信噪比是双极性 NRZ 码的 2 倍,这时它们的误比特率相同。

例 4-11 要求基带传输系统的误比特率为 2×10^{-5},求采用下列基带信号时所需要的信噪比。

(1) 单极性 NRZ 码;

(2) 双极性 NRZ 码。

解 (1) 单极性 NRZ 码的误比特率 P_b 与信噪比的关系式为

$$P_b = Q\left(\sqrt{\frac{S}{2N}}\right) = Q\left(\sqrt{2} \times \sqrt{\frac{S}{4N}}\right)$$

$$= \frac{1}{2}\left[1 - \text{erf}\left(\sqrt{\frac{S}{4N}}\right)\right]$$

当 P_b 为 2×10^{-5} 时,由误差函数表(附录表 C-3)可查出

$$\sqrt{\frac{S}{4N}} = 2.95$$

由此得

$$\frac{S}{N} = 2.95^2 \times 4 \approx 34.8$$

(2) 双极性 NRZ 码的误比特率 P_b 与信噪比的关系式为

$$P_b = Q\left(\sqrt{\frac{S}{N}}\right) = Q\left(\sqrt{2} \times \sqrt{\frac{S}{2N}}\right)$$

$$= \frac{1}{2}\left[1 - \text{erf}\left(\sqrt{\frac{S}{2N}}\right)\right]$$

当 P_b 为 2×10^{-5} 时,由误差函数表可查出

$$\sqrt{\frac{S}{2N}} = 2.95$$

由此得

$$\frac{S}{N} = 2.95^2 \times 2 \approx 17.4$$

由上述计算可知,当误比特率相同时,单极性 NRZ 码的信噪比是双极性 NRZ 码的 2 倍,即单极性 NRZ 码的信噪比要比双极性 NRZ 码大 3dB。

4.6.2 多元码的差错率

本节所指的多元码是多电平码。多元码基带信号的幅度有多种选择,M 元码的一个码元(即一个符号)可以有 M 种幅度。通常,M 种幅度等间隔选取,M 种幅度电平的均值为 0。在传输的过程中,如果电平发生错误,那么它所对应的码元就发生错误,所以电平的错误概率就是码元的错误概率,即误码率。

在 M 元码的一般情况下,设每种幅度出现的概率相同,即每种幅度出现的概率为

$1/M$,而且出现在不同时间的幅度是相互独立的。当有 M 个幅度时,除了最高幅度和最低幅度以外,每一幅度可能错判到上下两个方向的幅度上。这样,可推导出 M 元码误码率的一般表达式为

$$P_s = \frac{2(M-1)}{M} Q\left(\frac{A}{2\sigma}\right) \tag{4-61}$$

误码率随着 M 增大而缓慢增加,即抗噪声性能下降。

由信号平均功率 S 的表示式求出 A,再由噪声平均功率 $N=\sigma^2$ 求出 σ,将 A 和 σ 的表示式代入式(4-61),可得 M 元码的误码率为

$$P_s = \frac{2(M-1)}{M} Q\left[\sqrt{\frac{3}{M^2-1}\left(\frac{S}{N}\right)}\right] \tag{4-62}$$

多元码与二元码有着密切的关系。多元码的每个码元可以表示一个二进制码组,一个 n 位的二进制码组可以用 $M=2^n$ 元码来传输。由式(4-61)和式(4-62)得到的是 M 元码的误码率,而不是二进制码的误比特率。

M 元码的二进制表示有各种形式,因此必须结合具体形式才能找出 M 元码误码率与二元码误比特率之间的联系。常用的二进制码有普通二进制码和格雷码。通过计算可知,普通二进制码的误比特率 P_b 与 M 元码的误码率 P_s 之间的关系为

$$\frac{1}{2} < \frac{P_b}{P_s} \leqslant \frac{2}{3}$$

也就是说,误比特率略小于误码率。采用格雷码时,P_b 与 P_s 之间的关系为

$$P_b \approx \frac{1}{n} P_s$$

与普通二进制码相比,M 元码的 P_b 进一步下降,因此格雷码在多元码传输中得到广泛应用。

4.7 扰码和解扰

在设计数字通信系统时,通常假设信源序列是随机序列,而实际信源发出的序列不一定满足这个条件,特别是出现长 0 串时,给接收端提取定时信号带来一定困难。解决这个问题的办法,除了采用 4.2 节的码型编码方法以外,也常用 m 序列对信源序列进行加乱处理,有时也称为扰码,以使信源序列随机化。在接收端再把加乱了的序列用同样的 m 序列解乱,即进行解扰,恢复原有的信源序列。

从更广泛的意义上来说,扰码能使数字传输系统对各种数字信息具有透明性。这不但因为扰码能改善位定时恢复的质量,而且它还能使信号频谱分布均匀且保持稳恒,能改善有关子系统的性能。

扰码的原理基于 m 序列的伪随机性。为此,首先要了解 m 序列的产生和性质。

4.7.1 m 序列的产生和性质

m 序列是最常用的一种伪随机序列,它是最长线性反馈移位寄存器序列的简称。m

序列是由带线性反馈的移位寄存器产生的序列,并且具有最长的周期。

由 n 级串接的移位寄存器和反馈逻辑线路可组成动态移位寄存器。如果反馈逻辑线路只用模 2 和构成,则称为线性反馈移位寄存器;如果反馈线路中包含与、或等运算,则称为非线性反馈移位寄存器。

带线性反馈逻辑的移位寄存器设定初始状态后,在时钟触发下,每次移位后各级寄存器状态会发生变化。其中任何一级寄存器的输出,随着时钟节拍的推移都会产生一个序列,该序列称为移位寄存器序列。

以图 4-28 所示的 4 级移位寄存器为例,图中线性反馈逻辑服从以下递归关系式:

$$a_n = a_{n-3} \oplus a_{n-4} \tag{4-63}$$

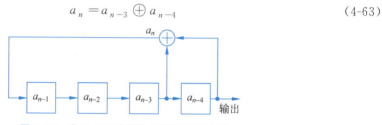

图 4-28　式(4-63)对应的 4 级移位寄存器

即第 3 级与第 4 级输出的模 2 和运算结果反馈到第 1 级去。假设这 4 级移位寄存器的初始状态为 0001,即第 4 级为 1 状态,其余 3 级均为 0 状态。随着移位时钟节拍,各级移位寄存器的状态转移流程图如表 4-2 所示。在第 15 节拍时,移位寄存器的状态与第 0 节拍的状态(即初始状态)相同,因而从第 16 节拍开始必定重复第 1~15 节拍的过程。这说明该移位寄存器的状态具有周期性,其周期长度为 15。如果从末级输出,选择 3 个 0 为起点,便可得到如下序列:

$$a_{n-4} = 000100110101111$$

表 4-2　m 序列发生器状态转移流程图

移位时钟节拍	第 1 级 a_{n-1}	第 2 级 a_{n-2}	第 3 级 a_{n-3}	第 4 级 a_{n-4}	反馈值 $a_n = a_{n-3} \oplus a_{n-4}$
0	0	0	0	1	1
1	1	0	0	0	0
2	0	1	0	0	0
3	0	0	1	0	1
4	1	0	0	1	1
5	1	1	0	0	0
6	0	1	1	0	1
7	1	0	1	1	0
8	0	1	0	1	1
9	1	0	1	0	1
10	1	1	0	1	1
11	1	1	1	0	1
12	1	1	1	1	0

续表

移位时钟节拍	第 1 级 a_{n-1}	第 2 级 a_{n-2}	第 3 级 a_{n-3}	第 4 级 a_{n-4}	反馈值 $a_n = a_{n-3} \oplus a_{n-4}$
13	0	1	1	1	0
14	0	0	1	1	0
15	0	0	0	1	1
16	1	0	0	0	0

由上例可以看出,对于 $n=4$ 的移位寄存器共有 $2^4=16$ 种不同的状态。上述序列中出现了除全 0 以外的所有状态,因此是可能得到的最长周期的序列。只要移位寄存器的初始状态不是全 0,就能得到周期长度为 15 的序列。其实,从任何一级寄存器所得到的序列都是周期为 15 的序列,只不过节拍不同而已,这些序列都是最长线性反馈移位寄存器序列。

将图 4-28 中的线性反馈逻辑改为

$$a_n = a_{n-2} \oplus a_{n-4} \tag{4-64}$$

如图 4-29 所示。如果 4 级移位寄存器的初始状态仍为 0001,可得末级输出序列为

$$a_{n-4} = 000101$$

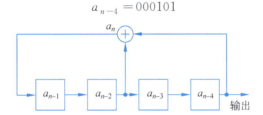

图 4-29　式(4-64)对应的 4 级移位寄存器

其周期为 6。如果将初始状态改为 1011,输出序列是周期为 3 的循环序列,即

$$a_{n-4} = 011$$

当初始状态为 1111 时,输出序列是周期为 6 的循环序列,其中一个周期为

$$a_{n-4} = 111100$$

以上 4 种不同的输出序列说明,n 级线性反馈移位寄存器的输出序列是一个周期序列,其周期长短由移位寄存器的级数、线性反馈逻辑和初始状态决定。但在产生最长线性反馈移位寄存器序列时,只要初始状态非全 0 即可,关键要有合适的线性反馈逻辑。

n 级线性反馈移位寄存器如图 4-30 所示。图中,C_i 表示反馈线的两种可能连接状态,$C_i=1$ 表示连接线通,第 $n-i$ 级输出加入反馈中; $C_i=0$ 表示连接线断开,第 $n-i$ 级输出未参加反馈。因此,一般形式的线性反馈逻辑表达式为

$$a_n = C_1 a_{n-1} \oplus C_2 a_{n-2} \oplus \cdots \oplus C_n a_0 = \sum_{i=1}^{n} C_i a_{n-i} \pmod{2} \tag{4-65}$$

将等式左边的 a_n 移至右边,并将 $a_n = C_0 a_n (C_0 = 1)$ 代入式(4-65),则式(4-65)可改写为

$$0 = \sum_{i=0}^{n} C_i a_{n-i} \tag{4-66}$$

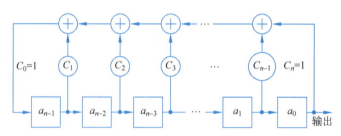

图 4-30 n 级线性反馈移位寄存器

定义一个与式(4-66)相对应的多项式

$$F(x) = \sum_{i=0}^{n} C_i x^i \qquad (4\text{-}67)$$

式中,x 的幂次表示元素相应位置。式(4-67)称为线性反馈移位寄存器的特征多项式。特征多项式与输出序列的周期有密切关系。可以证明,当 $F(x)$ 满足下列 3 个条件时,就一定能产生 m 序列。

(1) $F(x)$ 是不可约的,即不能再分解因式;

(2) $F(x)$ 可整除 x^p+1,这里 $p=2^n-1$;

(3) $F(x)$ 不能整除 x^q+1,这里 $q<p$。

满足上述条件的多项式称为本原多项式。这样,产生 m 序列的充要条件就变成如何寻找本原多项式。以前面提到的 4 级移位寄存器为例,4 级移位寄存器所能产生的 m 序列,其周期为 $p=2^4-1=15$,其特征多项式 $F(x)$ 应能整除 $x^{15}+1$。将 $x^{15}+1$ 进行因式分解,有

$$x^{15}+1 = (x^4+x+1)(x^4+x^3+1)(x^4+x^3+x^2+x+1)(x^2+x+1)(x+1)$$

以上共得到 5 个不可约因式,其中有 3 个 4 阶多项式,而 $x^4+x^3+x^2+x+1$ 可整除 x^5+1,即

$$x^5+1 = (x^4+x^3+x^2+x+1)(x+1)$$

故不是本原多项式。其余两个是本原多项式,而且是互逆多项式,只要找到其中的一个,就可写出另一个。例如,$F_1(x)=x^4+x^3+1$ 就是图 4-28 对应的特征多项式,另一个是 $F_2(x)=x^4+x+1$。

寻求本原多项式是一件复杂的工作,计算得到的结果已列成表。表 4-3 给出其中部分结果,每个 n 只给出一个本原多项式。为了使 m 序列发生器尽量简单,常用的是只有 3 项的本原多项式,此时发生器只需要一个模 2 加加法器。但对于某些 n 值,不存在 3 项的本原多项式。表中列出的本原多项式都是项数最少的,为简便起见,用八进制数字记载本原多项式的系数。由系数写出本原多项式非常方便。例如 $n=4$ 时,本原多项式系数的八进制表示为 23,将 23 写成二进制码 010 与 011,从左向右第 1 个 1 对应于 C_0,按系数可写出 $F_1(x)$;从右向左的第 1 个 1 对应于 C_0,按系数可写出 $F_2(x)$,其过程如下:

```
         2           3
 0   1   0   0   1   1
 C₀  C₁  C₂  C₃  C₄     F₁(x) = x⁴ + x³ + 1
 C₄  C₃  C₂  C₁  C₀     F₂(x) = x⁴ + x + 1
```

$F_1(x)$ 和 $F_2(x)$ 为互逆多项式。

表 4-3 本原多项式系数表

n	本原多项式系数的八进制表示	代 数 式
2	7	x^2+x+1
3	13	x^3+x+1
4	23	x^4+x+1
5	45	x^5+x^2+1
6	103	x^6+x+1
7	211	x^7+x^3+1
8	435	$x^8+x^4+x^3+x^2+1$
9	1021	x^9+x^4+1
10	2011	$x^{10}+x^3+1$
11	4005	$x^{11}+x^2+1$
12	10123	$x^{12}+x^6+x^4+x+1$
13	20033	$x^{13}+x^4+x^3+x+1$
14	42103	$x^{14}+x^{10}+x^6+x+1$
15	100003	$x^{15}+x+1$
16	210013	$x^{16}+x^{12}+x^3+x+1$
17	400011	$x^{17}+x^3+1$
18	1000201	$x^{18}+x^7+1$
19	2000047	$x^{19}+x^5+x^2+x+1$
20	4000011	$x^{20}+x^3+1$

m 序列有如下性质。

(1) 由 n 级移位寄存器产生的 m 序列,其周期为 2^n-1。

(2) 除全 0 状态外,n 级移位寄存器可能出现的各种不同状态都在 m 序列的一个周期内出现,而且只出现一次。因此,m 序列中 1 和 0 的出现概率大致相同,1 码只比 0 码多 1 个。

(3) 在一个序列中连续出现的相同码称为一个游程,连码的个数称为游程的长度。m 序列中共有 2^{n-1} 个游程,其中长度为 1 的游程占 1/2,长度为 2 的游程占 1/4,长度为 3 的游程占 1/8,以此类推,长度为 k 的游程占 2^{-k}。其中最长的游程是 n 个连 1 码,次长的游程是 $n-1$ 个连 0 码。

(4) m 序列的自相关函数只有两种取值。周期为 p 的 m 序列的自相关函数定义为

$$R(j)=\frac{A-D}{A+D}=\frac{A-D}{p} \qquad (4-68)$$

式中,A、D 分别是 m 序列与其 j 次移位的序列在一个周期中对应元素相同和不相同的数目。可以证明,一个周期为 p 的 m 序列与其任意次移位后的序列模 2 相加,其结果仍是周期为 p 的 m 序列,只是原序列某次移位后的序列。所以,对应元素相同和不相同的数目就是移位相加后 m 序列中 0,1 的数目。由于一个周期中 0 比 1 的个数少 1,因此 j 为非零整数时 $A-D=-1$,j 为零时 $A-D=p$,这样可得到

$$R(j) = \begin{cases} 1, & j = 0 \\ \dfrac{-1}{p}, & j = \pm 1, \pm 2, \cdots, \pm(p-1) \end{cases} \quad (4\text{-}69)$$

m 序列的自相关函数在 j 为整数的离散点上只有两种取值,所以它是一种双值自相关序列。$R(j)$ 是周期长度与 m 序列周期 p 相同的周期性函数。将自相关函数的离散值用虚线连接起来,便得到图 4-31 所示的图形。

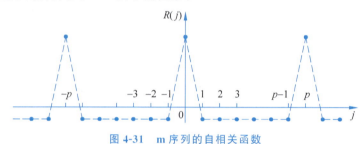

图 4-31 m 序列的自相关函数

由以上特性可知,m 序列是一个周期性确定序列,又具有类似于随机二元序列的特性,故常把 m 序列称为伪随机序列或伪噪声序列,记作 PN 序列。由于 m 序列有很强的规律性及伪随机性,因此得到了广泛的应用。

4.7.2 扰码和解扰原理

扰码原理是以线性反馈移位寄存器理论作为基础的。以 5 级线性反馈移位寄存器为例,在反馈逻辑输出与第一级寄存器输入之间引入一个模 2 和相加电路,以输入序列作为模 2 和的另一个输入端,即可得到图 4-32(a)所示的扰码器电路,相应的解扰电路如图 4-32(b)所示。

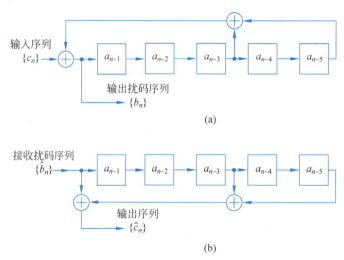

图 4-32 5 级移位寄存器构成的扰码器和解扰器

若输入序列 $\{c_n\}$ 是信源序列,扰码电路输出序列为 $\{b_n\}$,b_n 可表示为

$$b_n = c_n \oplus a_{n-3} \oplus a_{n-5} \quad (4\text{-}70)$$

经过信道传输,接收序列为$\{\hat{b}_n\}$,解扰电路输出序列为$\{\hat{c}_n\}$,$\hat{c}_n$可表示为

$$\hat{c}_n = \hat{b}_n \oplus a_{n-3} \oplus a_{n-5} \tag{4-71}$$

当传输无差错时,有$b_n = \hat{b}_n$,由式(4-70)和式(4-71)可得

$$\hat{c}_n = c_n$$

上式说明,扰码和解扰是互逆运算。

以图 4-32 构成的扰码器为例,假设移位寄存器的初始状态除$a_{n-5}=1$外其余均为 0,设输入序列c_n是周期为 6 的序列 000111000111…,则各反馈抽头处a_{n-3},a_{n-5}及输出序列b_n如下所示:

```
c_n     0 0 0 1 1 1 0 0 0 1 1 1 0 0 0 1 1 1…
a_{n-3} 0 0 0 1 0 0 1 0 0 1 0 0 0 0 0 1 1 0 1…
a_{n-5} 1 0 0 0 0 1 0 0 1 0 0 1 0 0 0 1 …
b_n     1 0 0 0 1 0 0 1 0 0 0 1 1 0 1 0 0 1…
```

可以证明,b_n是周期为 186 的序列,这里只列出开头的一段。由此例可知,输入周期性序列经扰码器后变为周期较长的伪随机序列。如果输入序列中有连 1 或连 0 串时,输出序列也会呈现出伪随机性。如果输入序列为全 0,只要移位寄存器初始状态不为全 0,扰码器就是一个线性反馈移位寄存器序列发生器,当有合适的反馈逻辑时就可以得到 m 序列伪随机码。

由于扰码器能使包括连 0(或连 1)在内的任何输入序列变为伪随机码,所以在基带传输系统中作为码型变换使用时,能限制连 0 码的个数。

采用扰码方法的主要缺点是对系统的误码性能有影响。在传输扰码序列过程中产生的单个误码会在接收端解扰器的输出端产生多个误码,这是因为解扰时会导致误码的增值。误码增值是由反馈逻辑引入的,反馈项数越多,差错扩散越多。

4.7.3 m 序列在误码测试中的应用

m 序列是周期的伪随机序列。在调试数字设备时,m 序列可作为数字信号源使用。如果 m 序列经过发送设备、信道和接收设备后仍为原序列,则说明传输是无误的;如果有错误,则需要进行统计。在接收设备的末端,由同步信号控制,产生一个与发送端相同的本地 m 序列。将本地 m 序列与接收端解调出的 m 序列逐位进行模 2 加运算,一旦有错,就会出现 1 码,用计数器计数,便可统计错误码元的个数及比率。

发送端 m 序列发生器及接收端的统计部分组成的成套设备被称为误码测试仪,其工作原理如图 4-33 所示。

图 4-33 误码测试仪原理方框图

CCITT 建议用于数据传输设备误码测量的 m 序列周期是 $2^9-1=511$,其特征多项式建议采用 x^9+x^5+1;还有建议用于数字传输系统测量的 m 序列周期是 $2^{15}-1=32\,767$,其特征多项式建议采用 $x^{15}+x^{14}+1$。

4.8 眼图

在实际工程中,由于部件调试不理想或信道特性发生变化,都可能使系统的性能变坏。除了用专用精密仪器进行定量的测量以外,在调试和维护工作中,技术人员还希望用简单的方法和通用仪器也能宏观监测系统的性能,其中一个有效的实验方法是观察接收信号的眼图。

将待测的基带信号加到示波器的输入端,同时把位定时信号作为扫描同步信号。这样,示波器对基带信号的扫描周期严格与码元周期同步,各码元的波形就会重叠起来。对于二进制数字信号,这个图形与人眼相像,所以称为眼图。观察图 4-34 可以了解双极性二元码的眼图形成情况。图 4-34(a)为没有失真的波形,示波器将此波形每隔 T_s 秒重复扫描一次,利用示波器的余晖效应,扫描所得的波形重叠在一起,结果形成图 4-34(b)所示的"开启"的眼图。图 4-34(c)是有失真的基带信号的波形,重叠后的波形会聚变差,张开程度变小,如图 4-34(d)所示。基带波形的失真通常是由噪声和码间串扰造成的,所以眼图的形状能定性地反映系统的性能。

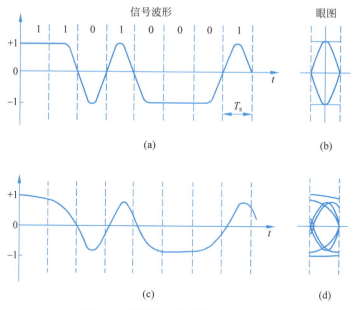

图 4-34 双极性二元码的波形及眼图

为了解释眼图与系统性能之间的关系,可把眼图抽象为一个模型,如图 4-35 所示。由眼图可以获得的信息是:①眼图张开部分的宽度决定了接收波形可以不受串扰影响的时间间隔。②眼图斜边的斜率反映出系统对定时误差的灵敏度,斜边越陡,对定时误差越灵敏,对定时稳定度要求越高。③在抽样时刻,上下两个阴影区的高度称为信号失真量,它是噪声和码间串扰叠加的结果,所以眼图的张开宽度决定了系统的噪声容限。最佳取样时刻应选在眼图张开最大的时刻,此时的信噪比最大。

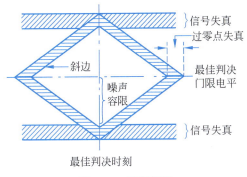

图 4-35 眼图模型

当码间串扰十分严重时,"眼睛"会完全闭合起来,系统不可能无误工作,因此就必须对码间串扰进行校正。这就是 4.9 节所要讨论的内容。

4.9 均衡

4.4 节讨论了减小码间串扰的方法,但是实际的信道特性不可能完全知道,而且也不是恒定不变的。此外,也不可能设计出理想的基带传输系统。这样,在实际的系统中总是存在不同程度的码间串扰。为此,往往在系统中加入可调滤波器,一般称为均衡器,用于校正这些失真。

均衡分为频域均衡与时域均衡。频域均衡是使整个系统总的传输特性满足无失真的传输条件,往往用来校正幅频特性和相频特性。时域均衡是直接从时间响应考虑,使包括均衡器在内的整个系统的冲激响应满足无码间串扰的条件。随着数字信号处理技术和超大规模集成电路的发展,时域均衡已成为高速数据传输中所使用的主要方法。

4.9.1 时域均衡原理

由于缺少信道的统计特性,因此设计最佳的有限滤波器很难进行,一般是利用某种形式的可调网络来实现。最有用的可变网络形式是横向滤波器。

当发送端发送单个脉冲时,由于系统传输特性不理想,接收端接收的信号波形会出现拖尾,在其他抽样时刻上的样值将不为 0,即在 $nT_s(n \neq 0)$ 时刻会对其他码元进行串扰,如图 4-36(a)中的实线所示。均衡的目的是要在其他抽样点上形成与拖尾相反的波形,如图 4-36(a)中的虚线所示。均衡后得到图 4-36(b)所示的波形,这样就不会形成码间串扰。

假设在未加入横向滤波器之前的基带传输系统如图 4-23 所示,且已知该系统的总传输特性不满足无码间串扰的条件。为此,在接收滤波器之后插入一个横向滤波器。如图 4-37 所示,横向滤波器由带抽头的延迟线、加权系数为 C_n 的相乘器和相加器组成,每

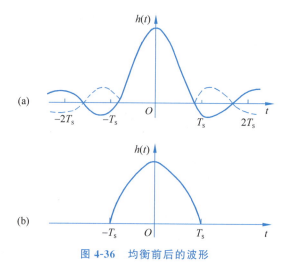

图 4-36 均衡前后的波形

节延迟时间为码元周期 T_s，共有 $2N$ 个延迟单元，$2N+1$ 个抽头。每个抽头的加权系数分别为 $C_{-N}, C_{-N+1}, \cdots, C_{-1}, C_0, C_1, \cdots, C_{N-1}, C_N$，它们都是可调的。

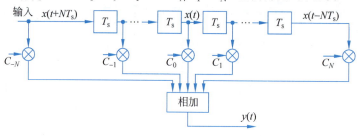

图 4-37 横向滤波器

当输入为单位冲激信号时，设均衡中心抽头处的响应波形为 $x(t)$，由图 4-36 可知，均衡器的输出为

$$y(t) = \sum_{n=-N}^{N} C_n x(t - nT_s) \tag{4-72}$$

在抽样时刻 $t = kT_s$ 时，

$$y(kT_s) = \sum_{n=-N}^{N} C_n x[(k-n)T_s] \tag{4-73}$$

简写为

$$y_k = \sum_{n=-N}^{N} C_n x_{k-n} \tag{4-74}$$

式(4-74)表明，均衡器输出波形在第 k 个抽样时刻得到的样值 y_k 将由 $2N+1$ 个值来确定，其中各值是 $x(t)$ 经过延迟后与相应的加权系数相乘的结果。对于有码间串扰的输入波形 $x(t)$，可以用选择适当的加权系数的方法，使输出 $y(t)$ 在一定程度上减小码间串扰。设滤波器输出的波形如图 4-38 所示，除了 y_0 以外，其余 y_k 值均属于波形失真引起的码间串扰。为了反映这些失真的大小，通常用峰值失真或均方失真作为度量标准。

峰值失真 D 定义为

$$D = \frac{1}{y_0} \sum_{\substack{k=-\infty \\ k \neq 0}}^{\infty} |y_k| \quad (4\text{-}75)$$

式中,除 $k=0$ 以外的各样值绝对值之和反映了码间串扰的最大值,y_0 是有用信号的样值,所以峰值失真就是峰值码间串扰与有用信号样值之比,其比值越小越好。

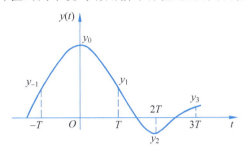

图 4-38 有失真的冲激响应波形

同样,也可将未均衡前的输入峰值失真 D_0 表示为

$$D_0 = \frac{1}{x_0} \sum_{\substack{k=-\infty \\ k \neq 0}}^{\infty} |X_k|$$

均方失真定义为

$$e^2 = \frac{1}{y_0^2} \sum_{\substack{k=-\infty \\ k \neq 0}}^{\infty} y_k^2 \quad (4\text{-}76)$$

其物理意义与峰值失真类似。

根据式(4-75)和式(4-76)均可设计加权系数使失真最小,这两种设计准则分别称为最小峰值失真准则和最小均方失真准则。

由最小峰值失真准则可知,峰值失真 D 是抽头系数 C 的函数。理论分析指出,当起始失真 $D_0 \leqslant 1$ 时,调整 $2N$ 个抽头系数 C_N,使 $2N$ 个抽头的样值 $y_k = 0$,这样能得到最小失真 D。这时,$y(t)$ 的 $2N+1$ 个样值满足下式要求:

$$y_k = \begin{cases} 1, & k=0 \\ 0, & k=\pm 1, \pm 2, \cdots, \pm N \end{cases} \quad (4\text{-}77)$$

从这个结论出发,利用式(4-74)和式(4-77)可列出 $2N+1$ 个联立方程,可解出 $2N+1$ 个抽头系数。将联立方程组用矩阵形式表示为

$$\begin{bmatrix} x_0 & x_{-1} & \cdots & x_{-2N} \\ x_1 & x_0 & \cdots & x_{-2N+1} \\ \vdots & \vdots & \ddots & \vdots \\ x_N & x_{N-1} & \cdots & x_{-N} \\ \vdots & \vdots & \ddots & \vdots \\ x_{2N-1} & x_{2N-2} & \cdots & x_{-1} \\ x_{2N} & x_{2N-1} & \cdots & x_0 \end{bmatrix} \begin{bmatrix} C_{-N} \\ C_{-N+1} \\ \vdots \\ C_0 \\ \vdots \\ C_{N-1} \\ C_N \end{bmatrix} = \begin{bmatrix} 0 \\ \vdots \\ 0 \\ 1 \\ 0 \\ \vdots \\ 0 \end{bmatrix} \quad (4\text{-}78)$$

如果 $x_{-2N},\cdots,x_0,\cdots,x_{2N}$ 已知,则求解式(4-78)线性方程组可以得到 $C_{-N},\cdots,C_0,\cdots,C_N$ 等 $2N+1$ 个抽头系数值。使 y_k 在 $k=0$ 的两边各有 N 个零值的调整称为迫零调整,按这种方法设计的均衡器称为迫零均衡器,此时 D 取最小值,调整达到了最佳效果。

例 4-12 已知输入信号的样值序列为 $x_{-2}=0, x_{-1}=0.2, x_0=1, x_1=-0.3, x_2=0.1$。试设计 3 抽头的迫零均衡器。求 3 个抽头的系数,并计算均衡前后的峰值失真。

解 因为 $2N+1=3$,根据式(4-78),列出矩阵方程为

$$\begin{bmatrix} x_0 & x_{-1} & x_{-2} \\ x_1 & x_0 & x_{-1} \\ x_2 & x_1 & x_0 \end{bmatrix} \begin{bmatrix} C_{-1} \\ C_0 \\ C_1 \end{bmatrix} = \begin{bmatrix} 0 \\ 1 \\ 0 \end{bmatrix}$$

将样值代入上式,得

$$\begin{bmatrix} 1 & 0.2 & 0 \\ -0.3 & 1 & 0.2 \\ 0.1 & -0.3 & 1 \end{bmatrix} \begin{bmatrix} C_{-1} \\ C_0 \\ C_1 \end{bmatrix} = \begin{bmatrix} 0 \\ 1 \\ 0 \end{bmatrix}$$

由矩阵方程可列出方程组

$$\begin{cases} C_{-1} + 0.2 C_0 = 0 \\ -0.3 C_{-1} + C_0 + 0.2 C_1 = 1 \\ 0.1 C_{-1} - 0.3 C_0 + C_1 = 0 \end{cases}$$

解联立方程可得

$$C_{-1} = -0.1779, \quad C_0 = 0.8897, \quad C_1 = 0.2847$$

再利用式(4-74)计算均衡器的输出响应,有

$$y_{-3}=0, \quad y_{-2}=-0.0356, \quad y_{-1}=0, \quad y_0=1,$$
$$y_1=0, \quad y_2=0.0153, \quad y_3=0.0285, \quad y_4=0$$

输入峰值失真 D_0 为

$$D_0 = 0.6$$

输出峰值失真为

$$D = 0.0794$$

均衡后使峰值失真减小 7.5 倍。

均衡前 $x(t)$ 的波形和均衡后 $y(t)$ 的波形分别如图 4-39(a)、图 4-39(b)所示。由图 4-39 可以看出,在峰值两侧可以得到所期望的零点,但远离峰值上的一些抽样点上仍会有码间串扰。这是因为仅有 3 个抽头,只能保证样值两侧各一个零点。一般来说抽头有限时,总不能完全消除码间串扰,但当抽头数较多时可以将串扰减小到相当小的程度。

联系到 4.8 节所讨论的眼图,由于时域均衡减小了码间串扰,所以采用均衡一定可以提高眼图的质量,使眼图的张开宽度变大,眼图更加清晰。

4.9.2 均衡器构成

均衡器由横向滤波器组成。为了在数据传输期间利用数据信号本身对均衡的误差

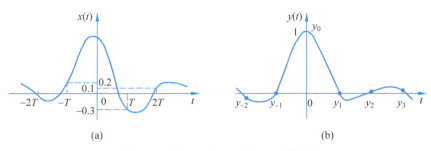

图 4-39 例 4-12 中 $x(t)$ 和 $y(t)$ 的波形

自动调整抽头系数,必须采用自适应均衡器。

按最小峰值准则和最小均方误差准则均可设计出自适应均衡器。图 4-40 给出一个 3 抽头最小均方误差算法的自适应均衡器原理框图。

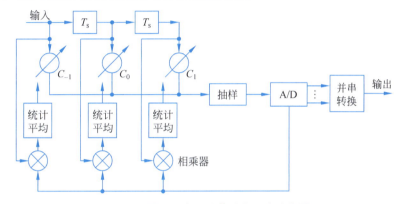

图 4-40 最小均方误差算法自适应均衡器

自适应均衡是一门复杂的专门技术,进一步的讨论可参阅有关文献。

习题

4.1 已知二元信息序列为 01001100000100111,画出它所对应的双极性非归零码、传号差分码、CMI 码、数字双相码的波形。

4.2 已知二元信息序列为 10011000001100000101,画出它所对应的单极性归零码、AMI 码和 HDB_3 码的波形。

4.3 有 4 个连 1 与 4 个连 0 交替出现的序列,画出用单极性非归零码、AMI 码、HDB_3 码表示时的波形图。

4.4 在与传输特性阻抗相匹配的 75Ω 终端负载上对非归零码进行测量。信息速率 R_b=100kbit/s,1 码的电平值为 100mV,0 码的电平值为 -100mV,且出现 1 和 0 的概率相等。

(1)计算信号的功率谱;

(2)若阻抗和信号电平均不改变,信息速率增加到 10Mbit/s,信号功率谱将如何变化?

4.5 理想低通信道的截止频率为 8kHz。

(1) 若发送信号采用 2 电平基带信号，求无码间干扰的最高信息传输速率；

(2) 若发送信号采用 16 电平基带信号，求无码间干扰的最高信息传输速率。

4.6 斜切滤波器的频谱特性如图题 4-6 所示，若输入为速率等于 $2f_s$ 的冲激脉冲序列，试验证传输特性可否保证输出波形无码间串扰。

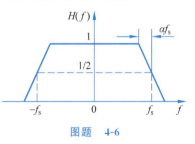

图题 4-6

4.7 设基带系统的发送滤波器、信道及接收滤波器组成的总特性为 $H(\omega)$，若要求以 $2/T_s$ baud 的速率进行数据传输，试检验图题 4-7 所示各种 $H(\omega)$ 能否满足抽样点上无码间串扰的条件？

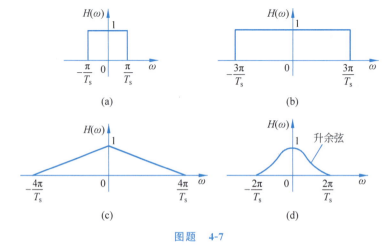

图题 4-7

4.8 已知信息速率为 64kbit/s，采用 $\alpha=0.4$ 的升余弦滚降频谱信号。

(1) 求它的时域表达式；

(2) 画出它的频谱图；

(3) 求传输带宽；

(4) 求频带利用率。

4.9 若二元码的数据信息速率为 64kbit/s，按照以下几种滚降系数设计升余弦滤波器，并求相应的信道带宽和频带利用率。

(1) $\alpha=0.25$；

(2) $\alpha=0.3$；

(3) $\alpha=0.5$；

(4) $\alpha=1$。

4.10 设二进制基带系统的传输特性为

$$H(\omega)=\begin{cases}\tau_0(1+\cos\omega\tau_0), & |\omega|\leqslant\pi/\tau_0\\ 0, & 其他\end{cases}$$

试确定系统最高的传输速率 R_b 及相应的码元间隔 T_s。

4.11 图题 4-11 为用一数字电路方法产生具有升余弦频谱特性的成形滤波器的原理电路。图中的运算放大器作相加器用。使 $R_1=2R$ 以保证相加器的输出中对 a、b、c 点 3 个分量的加权值分别为 $\frac{1}{2}$、1、$\frac{1}{2}$。试证明该电路的传递函数 $|H(f)|$ 为

$$|H(f)|=\begin{cases} 1+\cos\dfrac{\pi f}{2f_s}, & 0\leqslant f\leqslant 2f_s \\ 0, & f>2f_s \end{cases}$$

并画出滤波器的频谱特性曲线。

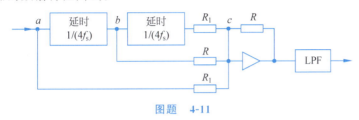

图题 4-11

4.12 试求用两个相隔一位码元间隔的 $\dfrac{\sin x}{x}$ 波形的合成波来代替传输系统冲激响应为 $\dfrac{\sin x}{x}$ 波形的频谱,并说明其传递函数的特点。

4.13 设一个部分响应系统采用的相关编码表示式为

$$y_k=x_k-2x_{k-2}+x_{k-4}$$

画出该系统的框图,并求出系统的单位冲激响应和频率特性。

4.14 数字基带信号在传输过程中受到均值为 0,平均功率为 σ^2 的加性高斯白噪声的干扰。若信号采用单极性非归零码,且出现"1"的概率为 3/5,出现"0"的概率为 2/5,试推导出最佳判决门限值 V_d 和平均误比特率公式。

4.15 双极性 NRZ 码在抽样时刻的电平取值为 $+A$ 或 $-A$,分别对应于 1 码和 0 码。信源发送 1 码和 0 码的概率分别为 P_1 和 P_0,判决器输入端的噪声功率为 σ^2。

(1) 证明最佳判决电平 $V_d=\dfrac{\sigma^2}{2A}\ln\dfrac{P_0}{P_1}$;

(2) 求 $P_0=P_1=1/2$ 时的最佳判决电平;

(3) 当 $P_0>P_1$ 时 V_d 的值应如何变化?

(4) 当 $P_0<P_1$ 时 V_d 的值应如何变化?

4.16 设有一个 PCM 传输系统,其误码率不大于 10^{-6},试求在接收双极性码信号和单极性码信号时的最低信噪比。

4.17 一计算机产生速率 $R_b=2400\text{bit/s}$ 的单极性非归零码,在单边功率谱密度 $n_0=4\times10^{-20}\text{W/Hz}$ 的噪声信道中传输。

(1) 当误比特每 1s 不大于 1bit 时,求信号的功率;

(2) 当接收端的信噪比为 30 时,求误比特率。

4.18 若要求基带传输系统的误比特率分别为 10^{-6} 和 10^{-7},求采用下列基带信号

时所需要的信噪比。

(1) 单极性 NRZ 码；

(2) 双极性 NRZ 码。

4.19 有一个 3 抽头时域均衡器如图题 4-19 所示，各抽头增益分别为 $-1/3,1,-1/4$。若输入信号 $x(t)$ 的抽样值为 $x_{-2}=1/8,x_{-1}=1/3,x_0=1,x_{+1}=1/4,x_{+2}=1/16$，求均衡器输入及输出波形的峰值畸变。

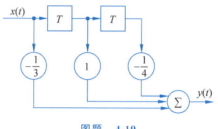

图题 4-19

4.20 设有 3 个抽头的迫零均衡器，输入信号 $x(t)$ 在各抽样点的值依次为 $x_{-2}=0.1$，$x_{-1}=0.2,x_0=1,x_{+1}=-0.3,x_{+2}=0.1$。对于 $k>2$ 的 $x_k=0$，求 3 个抽头的最佳增益值。

4.21 已知某线性反馈移位寄存器的特征多项式系数的八进制表示为 107，移位寄存器的起始状态为全 1。

(1) 求末级输出序列；

(2) 输出序列是否为 m 序列？为什么？

4.22 已知移位寄存器的特征多项式系数为 51，若移位寄存器起始状态为 10 000，

(1) 求末级输出序列；

(2) 验证输出序列是否符合 m 序列的性质。

4.23 试设计一个长为 31 的 m 序列，画出逻辑反馈图，写出此序列一个周期内的所有游程。

4.24 设计一个由 5 级移位寄存器组成的扰码和解扰系统。

(1) 画出扰码器和解扰器方框图；

(2) 若输入为全 1 码，试写出扰码器前 35 拍的输出序列。

第 5 章 数字信号的调制传输

数字基带信号的功率谱从零频开始而且集中在低频段,因此只适合在低通型信道中传输。但常见的实际信道是带通型的,如各频段的无线信道、限定频率范围的同轴电缆等。为了使数字信息在带通信道中传输,必须用数字基带信号对载波进行调制,使基带信号的功率谱搬移到较高的载波频率上。这种调制称为数字调制,相应的传输方式称为数字信号的调制传输。

与模拟调制相似,数字调制所用的载波一般也是连续的正(余)弦信号,但调制信号则为数字基带信号。由于数字信息是离散的,所以调制后的载波参量只具有几个有限数值。数字调制的过程就像用数字信息去控制开关一样,从几个具有不同参量的独立振荡源中选择参量,所以把数字调制称为键控。与模拟调制中的幅度调制、频率调制和相位调制相对应,数字调制的3种基本方式为幅度键控(ASK)、频移键控(FSK)和相移键控(PSK)。

5.1 二进制数字调制

数字调制最简单的情况是二进制调制,即调制信号是二进制数字信号。在二进制数字调制中,载波的幅度、频率或相位只有两种变化状态。

5.1.1 二进制幅度键控

在幅度键控中载波幅度随着调制信号而变化,也就是载波的幅度随着数字信号 1 和 0 在两个电平之间转换。二进制幅度键控(2ASK)中最简单的形式称为通-断键控(OOK),即载波在数字信号 1 或 0 的控制下通或断。OOK 信号的时域表达式为

$$s_{OOK}(t) = a_n A \cos \omega_c t \tag{5-1}$$

式中,A 为载波幅度;ω_c 为载波频率;a_n 是第 n 个码元的电平值,可表示为

$$a_n = \begin{cases} 1, & \text{出现概率为 } P \\ 0, & \text{出现概率为 } 1-P \end{cases} \tag{5-2}$$

OOK 信号的典型波形如图 5-1 所示。

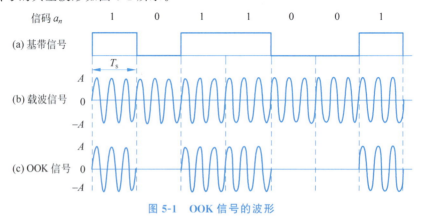

图 5-1 OOK 信号的波形

一般情况下,调制信号是具有一定波形形状的二进制脉冲序列,可表示为

$$B(t) = \sum_n a_n g(t - nT_s) \tag{5-3}$$

式中,T_s 为调制信号间隔;$g(t)$ 为单个脉冲信号的时间波形;a_n 为式(5-2)表示的单极性数字。二进制幅度键控信号的一般时域表达式为

$$s_{2\text{ASK}}(t) = \left[\sum_n a_n g(t - nT_s)\right] \cos\omega_c t \tag{5-4}$$

可见,2ASK 信号可以表示为单极性脉冲序列与正弦型载波相乘。式(5-4)为双边带调幅信号的时域表达式,它说明 2ASK 信号是双边带调幅信号。

若二进制序列的功率谱密度为 $P_B(\omega)$,2ASK 信号的功率谱密度为 $P_{2\text{ASK}}(\omega)$,则有

$$P_{2\text{ASK}}(\omega) = \frac{1}{4}\left[P_B(\omega + \omega_c) + P_B(\omega - \omega_c)\right] \tag{5-5}$$

式中,$P_B(\omega)$ 可由 4.3 节所述的方法求得。

由式(5-5)可知,幅度键控信号的功率谱是基带信号功率谱的线性搬移,其功率谱宽度是二进制基带信号的两倍。图 5-2 给出 OOK 信号的功率谱示意图,由于基带信号是矩形波,所以从理论上来说这种信号的频带宽度为无穷大。以载波 ω_c 为中心频率,在功率谱密度的第一对过零点之间集中了信号的主要功率,因此通常取第一对过零点的带宽作为传输带宽,称之为谱零点带宽。由图 5-2(b)可知,OOK 信号的谱零点带宽 $B_s = 2f_s$,f_s 为基带信号的谱零点带宽,在数量上与基带信号的码元速率 R_s 相同。这说明 OOK 信号的传输带宽是码元速率的 2 倍。

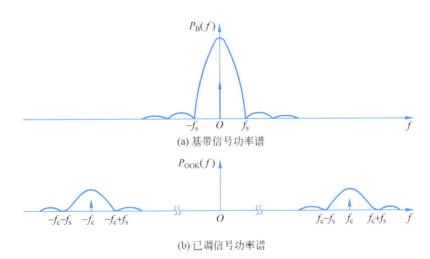

(a) 基带信号功率谱

(b) 已调信号功率谱

图 5-2 OOK 信号的功率谱

为了限制频带,可以采用限带信号作为基带信号。图 5-3 给出基带信号为升余弦滚降信号时 2ASK 信号的功率谱密度示意图。

二进制幅度键控的调制器可以用一个相乘器来实现,如图 5-4 所示。对于 OOK 信号来说,相乘器可用一个开关电路来代替。

与模拟常规调幅(AM)信号的解调一样,2ASK 信号也有包络检波和相干解调两

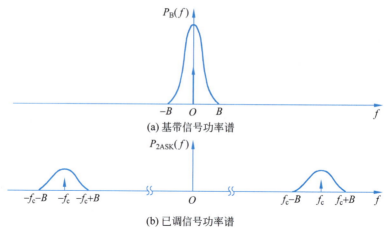

(a) 基带信号功率谱

(b) 已调信号功率谱

图 5-3　升余弦滚降基带信号的 2ASK 信号功率谱

图 5-4　2ASK 调制器

种方式。包络检波的原理框图和解调过程中的波形图如图 5-5 所示。相干解调的原理框图和解调过程中的波形图如图 5-6 所示。由于被传输的是数字信号 1 和 0，因此在每个码元间隔内，对低通滤波器的输出还要经抽样判决电路作出一次判决，其作用是

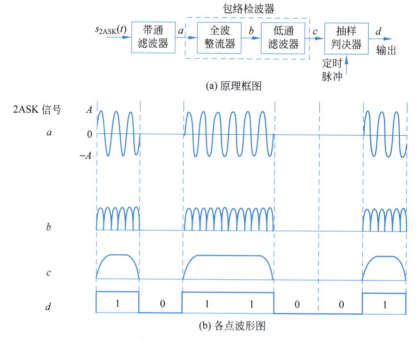

(a) 原理框图

(b) 各点波形图

图 5-5　2ASK 信号的包络检波

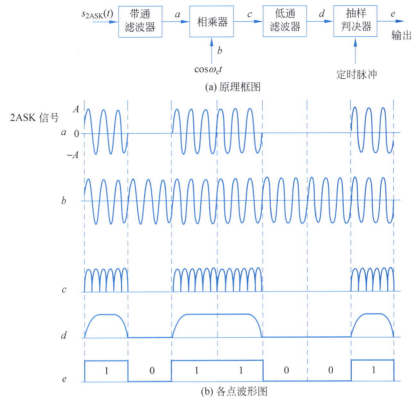

图 5-6 2ASK 信号的相干解调

对恢复出的基带信号进行整形,提高输出信号的质量。相干解调需要在接收端产生一个本地的相干载波,由于设备复杂所以在 ASK 系统中很少使用。

2ASK 信号早期用于无线电报,由于抗噪声性能差现在已较少使用,但 2ASK 信号是其他数字调制的基础。

5.1.2 二进制频移键控

频移键控是利用载波的频率变化来传递数字信息。在二进制情况下,1 对应于载波频率 f_1,0 对应于载波频率 f_2。二进制频移键控(2FSK)如同两个不同频率交替发送的 ASK 信号,因此已调信号的时域表达式为

$$s_{2FSK}(t) = \left[\sum_n a_n g(t-nT_s)\right]\cos\omega_1 t + \left[\sum_n \bar{a}_n g(t-nT_s)\right]\cos\omega_2 t \quad (5-6)$$

这里,$\omega_1 = 2\pi f_1$,$\omega_2 = 2\pi f_2$,$\bar{a}_n$ 是 a_n 的反码,a_n 和 $\bar{a}_n$ 的取值可表示为

$$a_n = \begin{cases} 0, & \text{概率为 } P \\ 1, & \text{概率为 } 1-P \end{cases} \qquad \bar{a}_n = \begin{cases} 1, & \text{概率为 } P \\ 0, & \text{概率为 } 1-P \end{cases} \quad (5-7)$$

在最简单也是最常用的情况下,$g(t)$ 为单个矩形脉冲。2FSK 信号的波形如图 5-7(b)所示,该波形可分解为图 5-7(c)和图 5-7(d)所示的波形。

二进制频移键控信号可以看成两个不同载频的 2ASK 信号之和,2FSK 信号还可以

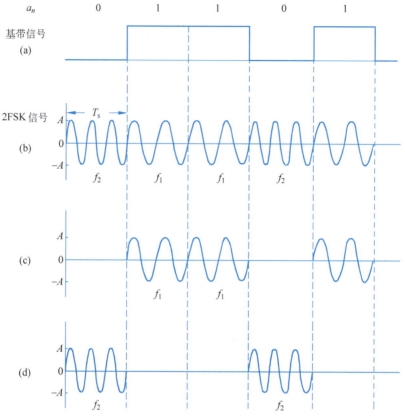

图 5-7 2FSK 信号的波形及分解

表示为

$$s_{2FSK}(t)=\begin{cases}s_1(t)=A\cos 2\pi f_1 t\\ s_2(t)=A\cos 2\pi f_2 t\end{cases} \quad (5\text{-}8)$$

设两个载频的中心频率为 f_c,频差为 Δf,即

$$f_c=(f_1+f_2)/2 \quad (5\text{-}9)$$

$$\Delta f=f_2-f_1 \quad (5\text{-}10)$$

定义调制指数(或频移指数) h 为

$$h=\frac{f_2-f_1}{R_s}=\frac{\Delta f}{R_s} \quad (5\text{-}11)$$

式中,R_s 是数字基带信号的速率。图 5-8 给出了 $h=0.5,h=0.7,h=1.5$ 时 2FSK 信号的功率谱示意图。功率谱以 f_c 为中心对称分布。在 Δf 较小时功率谱为单峰。随着 Δf 的增大,f_1 和 f_2 之间的距离增大,功率谱出现了双峰,这时的频带宽度可近似表示为

$$B_{2FSK}\approx 2B_B+|f_2-f_1| \quad (5\text{-}12)$$

式中,B_B 为基带信号的带宽。

在 FSK 信号中,当载波频率发生变化时,载波的相位一般来说是不连续的,这种信

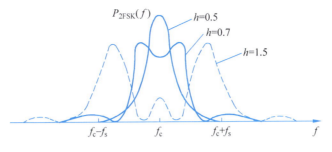

图 5-8　2FSK 信号的功率谱

号称为相位不连续的 FSK 信号。相位不连续的 FSK 信号通常用频率选择法产生,方框图如图 5-9 所示,两个独立的振荡器作为两个频率的载波发生器,它们受控于输入的二进制信号。二进制信号通过两个门电路,控制其中一个载波信号通过。

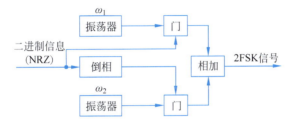

图 5-9　2FSK 信号调制器

2FSK 信号的解调也有非相干和相干两种。FSK 信号可以看作用两个频率源交替传输得到的,所以 FSK 接收机由两个并联的 ASK 接收机组成。图 5-10 示出非相干 FSK 和相干 FSK 接收机方框图,其原理和 ASK 信号的解调相同。

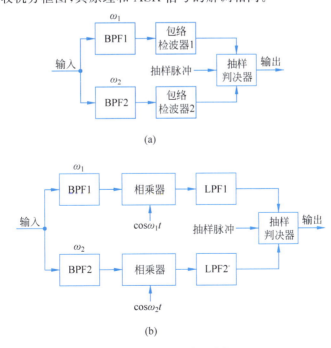

图 5-10　2FSK 接收机方框图

2FSK 信号还有其他的解调方法,其中过零检测法是一种常用而简便的解调方法。2FSK 信号的过零点数随不同载频而异,因而检测出过零点数就可以得到载频的差异,进一步得到调制信号的信息。过零检测法的原理框图及各点波形如图 5-11 所示。FSK 信号经限幅、微分、整流后形成与频率变化相对应的脉冲序列,由此再形成相同宽度的矩形波。此矩形波的低频分量与数字信号相对应,由低通滤波器滤出低频分量,然后经抽样判决,即可得到原始的数字调制信号。

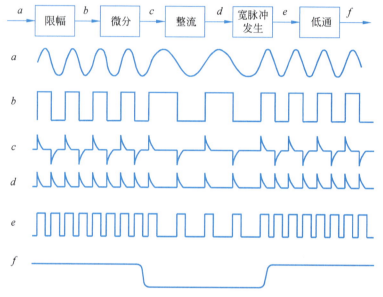

图 5-11 2FSK 信号的过零检测法

2FSK 广泛用于数据率低于 1200bit/s 的数据通信。这种信号的非相干解调方式不必利用信号的相位信息,因此特别适用于衰落信道/随参信道的场合。

5.1.3 二进制相移键控

二进制相移键控(2PSK)是用二进制数字信号控制载波的两个相位,这两个相位通常相隔 π(rad),例如用相位 0 和 π 分别表示 1 和 0,所以这种调制又称为二相相移键控(BPSK)。二进制相移键控信号的时域表达式为

$$s_{2PSK}(t) = \left[\sum_n a_n g(t-nT_s)\right]\cos\omega_c t \qquad (5\text{-}13)$$

这里,a_n 的取值为双极性数字,即

$$a_n = \begin{cases} 1, & \text{概率为 } P \\ -1, & \text{概率为 } 1-P \end{cases} \qquad (5\text{-}14)$$

如果 $g(t)$ 是幅度为 1 宽度为 T_s 的矩形脉冲,则 2PSK 信号可表示为

$$s_{2PSK}(t) = \pm\cos\omega_c t \qquad (5\text{-}15)$$

当数字信号的传输速率 $R_s=1/T_s$ 与载波频率间有整数倍关系时,2PSK 信号的典型波形如图 5-12 所示。

将式(5-13)与式(5-4)比较可见,它们的表达式在形式上是相同的,其区别在于,

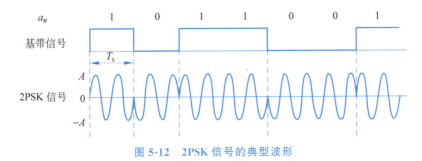

图 5-12　2PSK 信号的典型波形

2PSK 信号是双极性脉冲序列的双边带调制，而 2ASK 信号是单极性脉冲序列的双边带调制。由于双极性脉冲序列没有直流分量，所以 2PSK 信号是抑制载波的双边带调制。这样，2PSK 信号的功率谱与 2ASK 信号的功率谱相同，只是少了一个离散的载波分量。

2PSK 调制器可以采用相乘器，也可以采用相位选择器，如图 5-13 所示。

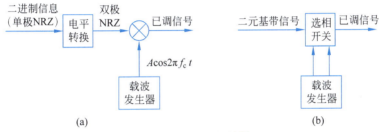

图 5-13　2PSK 调制器

由于 PSK 信号的功率谱中无载波分量，所以必须采用相干解调的方式。在相干解调中，如何得到同频同相的本地载波是个关键问题。只有对 PSK 信号进行非线性变换，才能产生载波分量。常用的载波恢复电路有两种，一种是图 5-14(a)所示的平方环电路，另一种是图 5-14(b)所示的科斯塔斯(Costas)环电路。

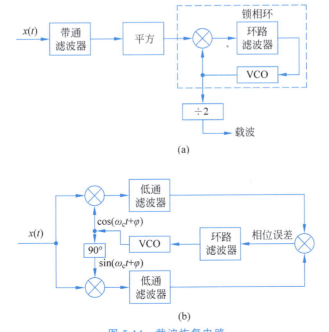

图 5-14　载波恢复电路

在以上两种锁相环中,设压控振荡器 VCO 输出载波与调制载波之间的相位差为 $\Delta\varphi$。经分析可知,在 $\Delta\varphi = n\pi$(n 为任意整数)时 VCO 都处于稳定状态。这就是说,经 VCO 恢复出来的本地载波与所需要的相干载波可能同相,也可能反相。这种相位关系的不确定性称为 $0, \pi$ 相位模糊度。用锁相环从抑制载波的 PSK 信号中恢复载波,这是不可避免的共同问题。

2PSK 信号相干解调的原理框图和解调过程中的波形图如图 5-15 所示。

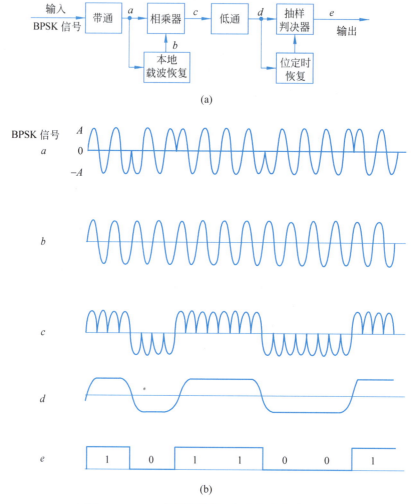

图 5-15 2PSK 相干解调原理框图及各点波形图

2PSK 信号的调制和解调过程可列表如下:

信号 a_n	1	0	1	1	0	1	0	0	1	1	1
码元相位 φ	0	π	0	0	π	0	π	π	0	0	0
本地载波相位 φ_1	0	0	0	0	0	0	0	0	0	0	0
本地载波相位 φ_2	π	π	π	π	π	π	π	π	π	π	π

$[\varphi \cdot \varphi_1]$ 极性	+	−	+	+	−	+	−	−	+	+	+
$[\varphi \cdot \varphi_2]$ 极性	−	+	−	−	+	−	+	+	−	−	−
$\hat{a}_{n1}$	1	0	1	1	0	1	0	0	1	1	1
$\hat{a}_{n2}$	0	1	0	0	1	0	1	1	0	0	0

其中,码元相位表示码元所对应的 PSK 信号的相位,$[\varphi \cdot \varphi_1]$ 和 $[\varphi \cdot \varphi_2]$ 表示相位为 φ 的 PSK 信号分别与相位为 φ_1 和 φ_2 的本地载波相乘。可见,本地载波相位的不确定性造成了解调后的数字信号可能极性完全相反,形成 1 和 0 的倒置。这对于数字信号的传输来说当然是不能允许的。

为了克服相位模糊度对相干解调的影响,通常要采用差分相移键控的方法。

5.1.4 二进制差分相移键控

5.1.3 节讨论的 2PSK 信号中,相位变化是以未调载波的相位作为参考基准的。由于它是利用载波相位的绝对数值传送数字信息,因而又称为绝对调相。而利用载波相位的相对数值传送信息,也就是利用前后码元之间载波相位的变化来表示数字基带信号的方法,称为相对调相。

相对调相信号的产生过程是,首先对数字基带信号进行差分编码,即由绝对码变为相对码(差分码),然后进行绝对调相。基于这种形成过程,二相相对调相信号称为二进制差分相移键控(2DPSK)信号。2DPSK 调制原理框图及波形如图 5-16 所示。

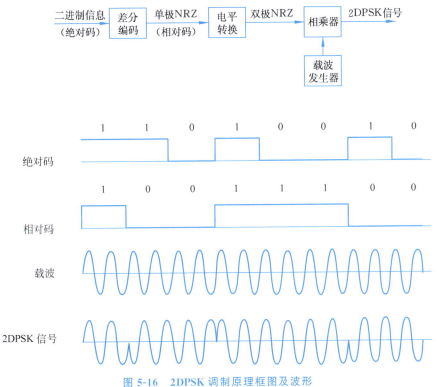

图 5-16 2DPSK 调制原理框图及波形

差分码编码规则有两种,即传号差分码或空号差分码。传号差分码的编码规则为

$$b_n = a_n \oplus b_{n-1} \tag{5-16}$$

式中,$\oplus$ 为模 2 加运算;b_{n-1} 为 b_n 的前一个码元,最初的 b_{n-1} 可任意设定。由已调信号的波形可知,在使用传号差分码的条件下,载波相位遇 1 变而遇 0 不变,DPSK 信号的相位并不直接代表基带信号,前后码元的相对相位才决定数字信息。

DPSK 信号也需要进行相干解调,当恢复的本地载波受相位模糊度的影响,解调得到的相对码 $\hat{b}_n$ 也可能是 1 和 0 倒置的,但由相对码恢复为绝对码时,要进行以下规则的差分译码:

$$\hat{a}_n = \hat{b}_n \oplus \hat{b}_{n-1} \tag{5-17}$$

$\hat{b}_{n-1}$ 是 $\hat{b}_n$ 的前一个码元,这样得到的绝对码不会发生任何倒置的现象。DPSK 信号的相干解调之所以能克服载波相位模糊的问题,就是因为数字信息是用载波相位的相对变化来表示的。2DPSK 的相干解调原理框图和各点波形如图 5-17 所示。

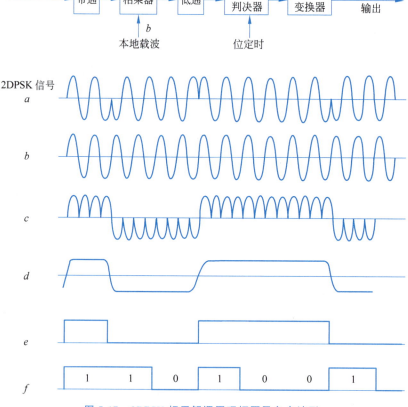

图 5-17 2DPSK 相干解调原理框图及各点波形

2DPSK 信号的调制和解调过程列表如下:

绝对码 a_n		1	0	1	1	0	1	0	0	1	1	1
差分码 b_n	1*	0	0	1	0	0	1	1	1	0	1	0
码元相位 φ	0	π	π	0	π	π	0	0	0	π	0	π
载波相位 φ_1	0	0	0	0	0	0	0	0	0	0	0	0
载波相位 φ_2	π	π	π	π	π	π	π	π	π	π	π	π
$[\varphi \cdot \varphi_1]$ 极性		+	−	−	+	−	−	+	+	+	−	+	−
$[\varphi \cdot \varphi_2]$ 极性		−	+	+	−	+	+	−	−	−	+	−	+
$\hat{b}_{n1}$		1	0	0	1	0	0	1	1	1	0	1	0
$\hat{b}_{n2}$		0	1	1	0	1	1	0	0	0	1	0	1
$\hat{a}_n$		1	0	1	1	0	1	0	0	1	1	1

2DPSK 信号的另一种解调方法是差分相干解调，其原理框图和各点波形图如图 5-18 所示。用这种方法解调时不需要恢复本地载波，只需由收到的信号单独完成。将 DPSK 信号延时一个码元间隔 T_s，然后与 DPSK 信号本身相乘。相乘器起相位比较的作用，相乘结果经低通滤波后再抽样判决，即可恢复出原始数字信息。差分相干解调又称延迟解调，只有 DPSK 信号才能采用这种方法解调。

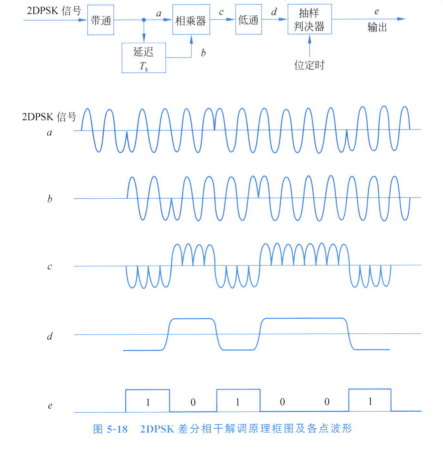

图 5-18　2DPSK 差分相干解调原理框图及各点波形

2DPSK 信号的调制和延迟解调过程同样可列表如下：

绝对码 a_n		1	0	1	1	0	1	0	0	1	1	1
差分码 b_n	0^*	1	1	0	1	1	0	0	0	1	0	1
码元相位 φ	π	0	0	π	0	0	π	π	π	0	π	0
延迟码元相位 φ_D		π	0	0	π	0	0	π	π	π	0	π
$[\varphi \cdot \varphi_D]$ 极性		−	+	−	−	+	−	+	+	−	−	−
绝对码 $\hat{a}_n$		1	0	1	1	0	1	0	0	1	1	1

差分相干解调不需要相干载波，而且在其他方面的性能也优于采用相干解调的绝对调相，但在抗噪声能力方面略有损失。

5.2 二进制数字调制的抗噪声性能

数字通信系统的抗噪声性能用误比特率衡量，抽样判决的原则可以与相干解调系统不同。与分析数字基带系统的抗噪声性能一样，分析数字调制系统的抗噪声性能，即求在信道噪声干扰下系统的误比特率。

5.2.1 2ASK 的抗噪声性能

1. 相干 2ASK 的误比特率

2ASK 信号的相干解调如图 5-6 所示，抗噪声性能的分析模型如图 5-19 所示。为了求出相干接收时的误比特率，需要分别求出解调器输出的信号和噪声。

图 5-19　2ASK 相干解调抗噪声性能分析模型

为讨论方便，将 2ASK 信号表示为

$$s_{2ASK}(t) = \begin{cases} A\cos\omega_c t, & a_n = 1 \\ 0, & a_n = 0 \end{cases} \tag{5-18}$$

为简明起见，设信道传输没有损耗，在接收端收到的信号仍如式(5-18)所表示。

信道的高斯白噪声经带通滤波器后形成窄带高斯噪声，其表达式为

$$n_i(t) = n_I(t)\cos\omega_c t - n_Q(t)\sin\omega_c t$$

带通滤波器的输出是 2ASK 信号和窄带高斯噪声的叠加。当发送信号不为 0 时，带通滤波器的输出为

$$\begin{aligned} x(t) &= A\cos\omega_c t + n_i(t) \\ &= [A + n_I(t)]\cos\omega_c t - n_Q(t)\sin\omega_c t \end{aligned} \tag{5-19}$$

$x(t)$ 和相干载波相乘,然后由低通滤波器滤除高频分量。解调器输出为

$$y(t) = A + n_1(t) \tag{5-20}$$

因为不影响问题的讨论,为书写方便,式(5-20)中未计入系数 1/2。由于 $n_1(t)$ 也是均值为 0 的窄带高斯噪声,其均方值即噪声功率为 $\overline{n_1^2(t)} = \sigma^2$,所以 $y(t)$ 是一个均值为 A 的高斯随机过程,其一维概率密度函数为

$$p_1(y) = \frac{1}{\sqrt{2\pi}\sigma} e^{-\frac{(y-A)^2}{2\sigma^2}} \tag{5-21}$$

当发送信号为 0 时,解调器的输出只有噪声 $n_1(t)$,$y(t)$ 的概率密度函数为

$$p_0(y) = \frac{1}{\sqrt{2\pi}\sigma} e^{-\frac{y^2}{2\sigma^2}} \tag{5-22}$$

式(5-21)和式(5-22)所表示的概率密度曲线如图 5-20 所示,V_T 为判决门限值。

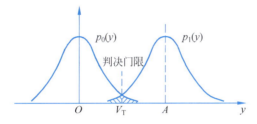

图 5-20 概率密度曲线

由于噪声影响,发送端发送 1 信号,而接收端错判为 0 信号,或发送端发送 0 信号而接收端错判为 1 信号,这两种情况都会造成接收端发生误码。当两种发送信号等概时,平均误比特率为

$$P_b = \frac{1}{2}\int_{V_T}^{\infty} p_0(y)\,\mathrm{d}y + \frac{1}{2}\int_{-\infty}^{V_T} p_1(y)\,\mathrm{d}y \tag{5-23}$$

最佳判决门限应选在两条曲线的交点,这时有

$$V_T = A/2 \tag{5-24}$$

将式(5-21)、式(5-22)代入式(5-23)可计算 P_b 值。由图 5-20 可以看出,P_b 就是图中阴影面积总和的一半,由于两块面积相等,P_b 等于其中任意一块面积,因此有

$$P_b = \int_{V_T}^{\infty} \frac{1}{\sqrt{2\pi}\sigma} e^{-\frac{y^2}{2\sigma^2}}\,\mathrm{d}y \tag{5-25}$$

对式(5-25)进行变量置换,引入新变量 z,即

$$z = \frac{y}{\sigma}, \quad \mathrm{d}z = \frac{\mathrm{d}y}{\sigma}$$

将新变量 z 和式(5-24)代入式(5-25),得

$$P_b = \int_{\frac{A}{2\sigma}}^{\infty} \frac{1}{\sqrt{2\pi}} e^{-\frac{z^2}{2}}\,\mathrm{d}z = Q\left(\frac{A}{2\sigma}\right) \tag{5-26}$$

载波不为 0 时的 ASK 信号称为峰值信号,解调器输入的峰值信噪比为

$$r = \frac{A^2}{2\sigma^2}$$

于是相干 ASK 的误比特率又可写为

$$P_b = Q\left(\sqrt{\frac{r}{2}}\right) \tag{5-27}$$

r 简称为接收信噪比。

2. 非相干 2ASK 的误比特率

参照图 5-19,用一个包络检波器代替相干接收机中的相干解调器,就构成了 2ASK 非相干解调抗噪声性能的分析模型,如图 5-21 所示。求非相干 2ASK 系统的误比特率比相干系统要复杂得多,因为要先求出包络检波器输入端的包络概率密度函数。

图 5-21 2ASK 非相干解调抗噪声性能分析模型

白色高斯噪声经带通滤波器后变为窄带高斯噪声。窄带高斯噪声经包络检波非线性处理后,其抽样值已不是高斯分布。当发送信号不为 0 时,包络检波器的输入为余弦信号和窄带高斯噪声的叠加,即

$$x(t) = A\cos\omega_c t + n_I(t)\cos\omega_c t - n_Q(t)\sin\omega_c t$$
$$= R\cos[\omega_c t + \varphi(t)]$$

包络 R 的概率密度函数呈莱斯分布,有

$$p_1(R) = \frac{R}{\sigma^2}\exp\left[\frac{-(R^2+A^2)}{2\sigma^2}\right]J_0\left(\frac{AR}{\sigma^2}\right), \quad R \geqslant 0 \tag{5-28}$$

式中,A 为信号幅度;σ^2 为噪声功率;$J_0(\cdot)$ 为第一类零阶修正贝塞尔函数。

当发送信号为 0,即 $A = 0$ 时,输入端只有噪声存在,这时 $J_0(0) = 1$,包络 R 的概率密度函数呈瑞利分布,有

$$p_0(R) = \frac{R}{\sigma^2}\exp\left(-\frac{R^2}{2\sigma^2}\right), \quad R \geqslant 0 \tag{5-29}$$

$p_1(R)$ 和 $p_0(R)$ 随 R 变化的曲线如图 5-22 所示,V_T 为判决门限值。

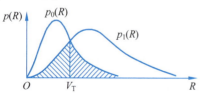

图 5-22 包络值的概率密度曲线

当两种发送信号等概时,平均误比特率为

$$P_b = \frac{1}{2}\int_{V_T}^{\infty} p_0(R)dR + \frac{1}{2}\int_0^{V_T} p_1(R)dR \tag{5-30}$$

最佳判决电平 V_T 应是两条概率密度函数曲线的交点,因此有

$$p_1(V_T) = p_0(V_T) \tag{5-31}$$

将式(5-28)和式(5-29)代入上式对 V_T 求解。直接求解是困难的,一个较好的近似解为

$$V_T \approx \frac{A}{2}\left(1 + \frac{8\sigma^2}{A^2}\right)^{1/2} \tag{5-32}$$

当信噪比很高时,$V_T \approx A/2$,而且具有近似关系

$$J_0(R) \approx \frac{e^R}{\sqrt{2\pi R}}, \quad R \gg 1 \tag{5-33}$$

考虑到以上近似式,并将式(5-28)和式(5-29)代入式(5-30),可得

$$P_b \approx \frac{1}{2}\exp\left(-\frac{A^2}{8\sigma^2}\right) + \frac{1}{2}Q\left(\frac{A}{2\sigma}\right) \tag{5-34}$$

在信噪比很高的条件下,上式可进一步近似为

$$P_b \approx \frac{1}{2}e^{-r/4} \tag{5-35}$$

式中,$r = \dfrac{A^2}{2\sigma^2}$,是接收信噪比。此时错误主要发生在发送信号为 0 时。

式(5-35)说明,对于非相干 2ASK 系统,在大信噪比及最佳判决门限下,误比特率随信噪比的增大而近似地按指数规律下降。

5.2.2 2FSK 的抗噪声性能

1. 相干 2FSK 的误比特率

2FSK 信号相干解调的方框图如图 5-10(b)所示,抗噪声性能的分析模型如图 5-23 所示。相干 2FSK 抗噪声性能的分析方法和相干 2ASK 很相似,而且得到的结论也相似。将 2FSK 信号表示为

$$s_{2FSK}(t) = \begin{cases} A\cos\omega_1 t, & a_n = 1 \\ A\cos\omega_2 t, & a_n = 0 \end{cases} \tag{5-36}$$

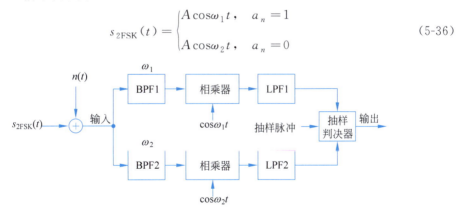

图 5-23 2FSK 相干解调抗噪声性能分析模型

当发送数字信号为 1,即 2FSK 信号的载波频率为 ω_1 时,信号能通过上支路的带通滤波器 BPF1,BPF1 的输出是信号和窄带噪声的叠加,即

$$x_1(t) = A\cos\omega_1 t + n_{i1}(t)$$

$$= A\cos\omega_1 t + n_{I1}(t)\cos\omega_1 t - n_{Q1}(t)\sin\omega_1 t$$

低通滤波器 LPF1 的输出为

$$y_1(t) = A + n_{I1}(t)$$

式中未计入系数 1/2。$y_1(t)$ 的概率密度函数为

$$p(y_1) = \frac{1}{\sqrt{2\pi}\sigma}\exp\left[-\frac{(y_1-A)^2}{2\sigma^2}\right]$$

与此同时,信号 $A\cos\omega_1 t$ 不能通过下支路中的带通滤波器 BPF2,于是 BPF2 的输出就是窄带高斯噪声,即

$$x_2(t) = n_{i2}(t) = n_{I2}(t)\cos\omega_2 t - n_{Q2}(t)\sin\omega_2 t$$

低通滤波器 LPF2 的输出为

$$y_2(t) = n_{I2}(t)$$

式中也未计入系数 1/2。$y_2(t)$ 的概率密度函数为

$$p(y_2) = \frac{1}{\sqrt{2\pi}}\exp\left(-\frac{y_2^2}{2\sigma^2}\right)$$

设 $y_1(t)$ 和 $y_2(t)$ 的差为 $y(t)$,可得

$$y(t) = y_1(t) - y_2(t) = A + n_{I1}(t) - n_{I2}(t)$$

如果这个电压比零小,则判决器将产生一个错误。这样,一个错误的概率就是 $y(t)<0$ 的概率。为叙述方便,定义一个新变量 v,令

$$v = A + n_{I1} - n_{I2} \tag{5-37}$$

由于 n_{I1} 和 n_{I2} 都是均值为 0,方差为 σ^2 的高斯噪声,所以 v 是均值为 A,方差为 $\sigma_v^2 = 2\sigma^2$ 的高斯随机变量。v 的概率密度函数可写成

$$p_1(v) = \frac{1}{\sqrt{2\pi(2\sigma^2)}}\exp\left[-\frac{(v-A)^2}{2(2\sigma^2)}\right] \tag{5-38}$$

同理,当发送数字信号为 0,即 2FSK 信号的载波频率为 ω_2 时,也可得到类似的结果。这时的 $y(t)$ 为

$$y(t) = n_{I1}(t) - A - n_{I2}(t)$$

这种情况下可得到 v 的概率密度函数为

$$p_0(v) = \frac{1}{\sqrt{2\pi(2\sigma^2)}}\exp\left[-\frac{(v+A)^2}{2(2\sigma^2)}\right] \tag{5-39}$$

根据前面分析 2ASK 信号的相同道理,这里最佳判决门限为 0。这时可得 2FSK 的误比特率为

$$P_b = \frac{1}{2}\int_{-\infty}^{0}p_1(v)\mathrm{d}v + \frac{1}{2}\int_{0}^{\infty}p_0(v)\mathrm{d}v \tag{5-40}$$

由于 ω_1 和 ω_2 相隔不远,它们的传输条件及接收条件类似,可认为两种情况下信号的错误概率相同,因此有

$$P_b = \int_{0}^{\infty}\frac{1}{\sqrt{2\pi(2\sigma^2)}}\exp\left[-\frac{(v+A)^2}{2(2\sigma^2)}\right]\mathrm{d}v \tag{5-41}$$

引入新变量 $z = \dfrac{v+A}{\sqrt{2\sigma^2}}$,代入式(5-41),得

$$P_b = \int_{\frac{A}{\sqrt{2\sigma^2}}}^{\infty} \frac{1}{\sqrt{2\pi}} \exp\left(-\frac{z^2}{2}\right) dz = Q\left(\frac{A}{\sqrt{2\sigma^2}}\right) = Q\left(\sqrt{\frac{A^2}{2\sigma^2}}\right)$$
$$= Q(\sqrt{r}) \tag{5-42}$$

式中,$r = \dfrac{A^2/2}{\sigma^2}$,为接收信噪比,指的是图 5-23 中支路带通滤波器输出端的信噪比,也称解调器输入端的信噪比。将式(5-42)和式(5-27)相比可知,在相同的误比特率 P_b 时,相干接收 2FSK 系统所要求的信噪比要比相干接收 2ASK 系统的峰值信噪比低 3dB。

2. 非相干 2FSK 的误比特率

用包络检波器代替图 5-23(b)中的相干解调器,就得到 2FSK 非相干解调的抗噪声性能分析模型,如图 5-24 所示。

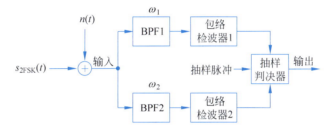

图 5-24　2FSK 非相干解调抗噪声性能分析模型

参照 2ASK 非相干解调的分析方法,在传号及空号情况下,需要求出上、下两个支路中包络检波器输入端的概率密度函数。当收到频率为 ω_1 的信号时,在 BPF1 的输出端是信号和窄带高斯噪声的叠加。包络检波器 1 输入端的包络概率密度函数为莱斯分布,由式(5-28),有

$$p(R_1) = \frac{R_1}{\sigma^2} \exp\left(-\frac{R_1^2 + A^2}{2\sigma^2}\right) J_0\left(\frac{AR_1}{\sigma^2}\right), \quad R_1 \geqslant 0 \tag{5-43}$$

由于这个频率的信号不能通过 BPF2,因此在下支路只有噪声存在。包络检波器 2 输入端的包络概率密度函数为瑞利分布,由式(5-29),有

$$p(R_2) = \frac{R_2}{\sigma^2} \exp\left(-\frac{R_2^2}{2\sigma^2}\right), \quad R_2 \geqslant 0 \tag{5-44}$$

收到传号信号时,只有当 $R_1 > R_2$ 时才会有正确的判决,只要 $R_1 < R_2$ 就会产生错误。在发送信号 1 和 0 等概率的条件下,由于传输条件和接收条件类似,可以认为在收传号时误判为空号的概率与收空号时误判为传号的概率相同。这样,非相干解调的 FSK 的误比特率为

$$P_b = P(R_2 > R_1) = \int_0^\infty p_1(R_1) \left[\int_{R_2=R_1}^\infty p(R_2) dR_2\right] dR_1 \tag{5-45}$$

将式(5-43)和式(5-44)代入上式,得

$$P_0 = \int_0^\infty \frac{R_1}{\sigma^2} \exp\left(-\frac{R_1^2 + A^2}{2\sigma^2}\right) J_0\left(\frac{AR_1}{\sigma^2}\right) \exp\left[-\frac{R_1^2}{2\sigma^2}\right] dR_1 \tag{5-46}$$

令 $x = R_1 \sqrt{\dfrac{2}{\sigma^2}}$，式(5-46)可写为

$$P_b = \frac{1}{2} \exp\left(-\frac{A^2}{4\sigma^2}\right) \int_0^\infty x J_0\left(x \sqrt{\frac{A^2}{2\sigma^2}}\right) \exp\left\{-\frac{1}{2}\left[x^2 + \left(\sqrt{\frac{A^2}{2\sigma^2}}\right)^2\right]\right\} dx \tag{5-47}$$

引入以下一个结论：

$$\int_0^\infty x J_0(ax) \exp\left[-(x^2 + a^2)/2\right] dx = 1$$

并设 $a = \sqrt{\dfrac{A^2}{2\sigma^2}}$，因此式(5-47)可写成

$$P_b = \frac{1}{2} \exp\left(-\frac{A^2}{4\sigma^2}\right) = \frac{1}{2} \exp\left(-\frac{r}{2}\right) \tag{5-48}$$

式中，$r = \dfrac{A^2}{2\sigma^2}$，为接收信噪比。

5.2.3　2PSK 和 2DPSK 的抗噪声性能

2PSK 信号是抑制载波的信号，对 2PSK 信号必须进行相干解调。2PSK 相干解调的抗噪性能分析模型框图如图 5-25 所示。

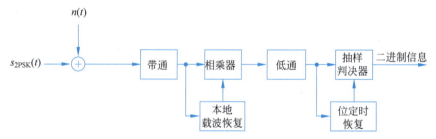

图 5-25　2PSK 相干解调抗噪声性能分析模型框图

将 2PSK 信号表示为

$$s_{2PSK}(t) = \begin{cases} A\cos\omega_c t, & a_n = 1 \\ -A\cos\omega_c t, & a_n = 0 \end{cases} \tag{5-49}$$

与分析 2ASK 信号相类似，当收到传号信号 $A\cos\omega_c t$ 时，低通滤波器的输出为

$$y(t) = A + n_I(t)$$

式中，y 为均值为 A，方差为 σ^2 的高斯分布，其概率密度函数为

$$p_1(y) = \frac{1}{\sqrt{2\pi}\sigma} \exp\left[-\frac{(y-A)^2}{2\sigma^2}\right] \tag{5-50}$$

当收到空号信号 $-A\cos\omega_c t$ 时，低通滤波器的输出为

$$y(t) = -A + n_1(t)$$

y 是均值为 $-A$，方差为 σ^2 的高斯分布，其概率密度函数为

$$p_0(y) = \frac{1}{\sqrt{2\pi}\,\sigma} \exp\left[-\frac{(y+A)^2}{2\sigma^2}\right] \tag{5-51}$$

仍然假设发送两种信号的概率相同，且它们的传输条件相同，这样两种信号的错误概率相同，因此 PSK 信号的误比特率为

$$P_b = \frac{1}{2}\int_{-\infty}^{0} p_1(y)\mathrm{d}y + \frac{1}{2}\int_{0}^{\infty} p_0(y)\mathrm{d}y = \int_{0}^{\infty} p_0(y)\mathrm{d}y \tag{5-52}$$

与式(5-26)的分析方法相同，得

$$P_b = \int_{\frac{A}{\sigma}}^{\infty} \frac{1}{\sqrt{2\pi}} \exp\left(-\frac{z^2}{2}\right)\mathrm{d}z = Q\left(\frac{A}{\sigma}\right) = Q\left(\sqrt{\frac{A^2}{\sigma^2}}\right)$$

$$= Q(\sqrt{2r}) \tag{5-53}$$

式中，$r = \dfrac{A^2}{2\sigma^2}$，为接收信噪比。

2DPSK 系统的误比特率分析比较复杂，感兴趣的读者可阅读有关文献，这里只给出结果如下：

$$P_b = \frac{1}{2}e^{-r} \tag{5-54}$$

式中，$r = \dfrac{A^2}{2\sigma^2}$，为接收信噪比。

5.2.4 二进制数字调制系统的性能比较

综合以上分析的结果，可以列出表 5-1。表中 $r = \dfrac{A^2}{2\sigma^2}$，为接收峰值信噪比，近似带宽指基带信号采用 NRZ 码，已调信号取谱零点带宽，f_s 为基带信号的谱零点带宽，在数量上等于数字信号的速率 R_s。

表 5-1　二进制数字调制系统的性能比较

方式	误比特率	近似带宽
相干 ASK	$Q(\sqrt{r/2})$	$2f_s$
非相干 ASK	$\frac{1}{2}e^{-r/4}$	
相干 FSK	$Q(\sqrt{r})$	$2f_s + |f_2 - f_1|$
非相干 FSK	$\frac{1}{2}e^{-r/2}$	
相干 PSK	$Q(\sqrt{2r})$	$2f_s$
延迟 DPSK	$\frac{1}{2}e^{-r}$	

由表 5-1 可以看出,就同一类型键控系统的抗干扰能力而言,相干方式略优于非相干方式,它们的差别近似是 $Q(\sqrt{x})$ 和 $\frac{1}{2}\mathrm{e}^{-x/2}$ 的关系。但相干方式需要在接收端恢复本地载波,相干接收机的设备比较复杂,通常在高质量的数字通信系统中才采用。不同类型的键控方式相比较,在相同误比特率的条件下,在峰值信噪比的要求方面 2PSK 比 2FSK 小 3dB,2FSK 比 2ASK 小 3dB,所以相干 2PSK 的抗噪声性能最好。

在码元速率 $R_s = 1/T_s$ 相同的情况下,2PSK、2DPSK 和 2ASK 占据的频带比 2FSK 窄,也就是频带利用率高于 2FSK。

总的来看,2ASK 系统的结构最简单,但抗噪声性能也最差。2FSK 系统的频带利用率和抗噪声性能都不及 2PSK,但非相干 2FSK 的设备简单。因此,得到广泛应用的数字调制方式是 2PSK、2DPSK 和非相干的 2FSK。相干 2PSK、非相干 2DPSK 主要用于高速数据传输,非相干 2FSK 则用于中、低速数据传输。

例 5-1 对于 2ASK 信号分别进行非相干接收和相干接收。数字信号的码元速率 $R_s = 4.8 \times 10^6 \mathrm{baud}$,接收端输入信号的幅度 $A = 1 \mathrm{mV}$,信道噪声的单边功率谱密度 $n_0 = 2 \times 10^{-15} \mathrm{W/Hz}$。求:

(1) 非相干接收时的误比特率;

(2) 相干接收时的误比特率。

视频

解 (1) 由码元速率可求出接收端带通滤波器的近似带宽为

$$B \approx 2R_s = 9.6 \times 10^6 (\mathrm{Hz})$$

因此可得带通滤波器输出噪声的平均功率为

$$\sigma^2 = n_0 B = 1.92 \times 10^{-8} (\mathrm{W})$$

解调器输入峰值信噪比为

$$r = \frac{A^2}{2\sigma^2} = \frac{(1 \times 10^{-3})^2}{2 \times 1.92 \times 10^{-8}} \approx 26.04$$

由式(5-35)可得非相干接收时的误比特率为

$$p_b \approx \frac{1}{2}\mathrm{e}^{-r/4} \approx \frac{1}{2}\mathrm{e}^{-6.5} \approx 7.5 \times 10^{-4}$$

(2) 同理,由式(5-27)可得相干接收时的误比特率为

$$P_b = Q(\sqrt{r/2}) = Q(\sqrt{26.04/2}) = Q(3.60) \approx 1.6 \times 10^{-4}$$

例 5-2 已知 2FSK 信号的两个频率 $f_1 = 2025 \mathrm{Hz}$,$f_2 = 2225 \mathrm{Hz}$,码元速率 $R_s = 300 \mathrm{baud}$,信道有效带宽为 $3000 \mathrm{Hz}$,信道输出端的信噪比为 6dB。求:

(1) 2FSK 信号传输带宽;

(2) 非相干接收时的误比特率;

(3) 相干接收时的误比特率。

解题思路:

利用表 5-1 中的公式就可以计算结果,关键在于如何得到峰值信噪比 r,题目中没有提供计算 $r = A^2/2\sigma^2$ 的相关数据,需要依靠已知条件:码元速率、信道有效带宽和信道

输出端的信噪比进行分析。需要注意的是,信号的功率是不变的,但噪声的功率会随着信道带宽的变化而变化。

解 (1) 根据式(5-12),2FSK 信号的带宽为
$$B_{2FSK} \approx 2R_s + |f_2 - f_1| = 2 \times 300 + (2225 - 2025) = 600 + 200 = 800(\text{Hz})$$

(2) 参照图 5-24,2FSK 非相干接收采用两路 2ASK 包络检波实现,当码元速率为 300baud 时,接收机中带通滤波器 BPF1 和 BPF2 的带宽近似为
$$B_F \approx 2R_s = 600(\text{Hz})$$

由本题条件可知,信道带宽为 3000Hz,即信道带宽是支路中带通滤波器带宽的 5 倍,所以带通滤波器输出信噪比是信道输出信噪比的 5 倍。当信道输出信噪比为 6dB 时,带通滤波器输出信噪比为
$$r = 5 \times 10^{0.6} \approx 5 \times 4 = 20$$

根据式(5-48),可得非相干接收时的误比特率为
$$P_b \approx \frac{1}{2} e^{-r/2} \approx \frac{1}{2} e^{-10} \approx 2.27 \times 10^{-5}$$

(3) 同理,由式(5-42),可得相干接收时的误比特率为
$$P_b \approx Q(\sqrt{r}) = Q(\sqrt{20}) = Q(4.47) \approx 3.93 \times 10^{-6}$$

例 5-3 在 OOK 系统中,发送端发送的信号幅度 $A_T = 5\text{V}$,接收端带通滤波器输出噪声功率 $\sigma^2 = 3 \times 10^{-12} \text{W}$。如果要求系统的误比特率 $P_b = 1 \times 10^{-4}$,求:

(1) 相干接收时允许信道的衰减量;
(2) 非相干接收时允许信道的衰减量。

解 (1) 相干接收时接收信噪比 r 与误比特率 P_b 的关系为
$$P_b = Q\left(\sqrt{\frac{r}{2}}\right)$$

由 $P_b = 1 \times 10^{-4}$ 可求出接收信噪比 r 为
$$r = 28.12$$

设接收信号的幅度为 A_R,A_R 与 r 的关系为
$$r = \frac{A_R^2}{2\sigma^2}$$

由此可求出
$$A_R = \sqrt{r \cdot 2\sigma^2} = \sqrt{28.12 \times 2 \times 3 \times 10^{-12}} \approx 1.29 \times 10^{-5} (\text{V})$$

设信道的衰减量为 $\alpha(\text{dB})$,有
$$\alpha = 20\lg \frac{A_T}{A_R} = 20\lg \frac{5}{1.29 \times 10^{-5}} \approx 111.8(\text{dB})$$

(2) 非相干接收时接收信噪比 r 与误比特率 P_b 的关系为
$$P_b = \frac{1}{2} e^{-\frac{r}{4}}$$

当 $P_b = 1 \times 10^{-4}$ 时可求出接收信噪比 r 为

$$r = \frac{A_R^2}{2\sigma^2} = -4\ln(2P_b) \approx 34.04$$

接收信号的幅度 A_R 为

$$A_R = \sqrt{r \cdot 2\sigma^2} = \sqrt{34.04 \times 2 \times 3 \times 10^{-12}} \approx 1.43 \times 10^{-5} (\text{V})$$

设信道的衰减量为 $\alpha(\text{dB})$，有

$$\alpha = 20\lg\frac{A_T}{A_R} = 20\lg\frac{5}{1.43 \times 10^{-5}} \approx 110.8(\text{dB})$$

视频

5.3 数字信号的最佳接收

对于二进制数字信号，根据它们的时域表达式及波形可以直接得到相应的解调方法。在加性高斯白噪声的干扰下，这些解调方法是否为最佳的是需要讨论的问题。

数字传输系统的传输对象通常是二进制信息。由于信道特性不理想及信道噪声的存在，一个通信系统的质量优劣在很大程度上取决于接收系统的性能。分析数字信号的接收过程可知，在接收端需要对解调的信号进行波形检测和在背景噪声下进行抽样判决。误码是错误的抽样判决产生的，同样的接收波形，判决条件不一样，有可能得到不同的判决结果。因此，最有利于作出正确判决的接收一定是最佳的接收。把接收问题作为研究对象，研究从噪声中如何最好地提取有用信号，且在某个准则下构成最佳接收机，使接收性能达到最佳，这就是最佳接收理论。数字通信中最常用的最佳准则有最大输出信噪比准则、最小均方误差准则、最小错误概率准则和最大后验概率准则。对应不同的准则可能会出现不同的最佳接收机，在有些条件下，不同的准则有可能是等效的。在最佳接收机的设计中，按照最大输出信噪比准则设计的是使用匹配滤波器的最佳接收机，而按照最小均方误差准则设计的则是相关接收机。

5.3.1 使用匹配滤波器的最佳接收机

从最佳接收的意义上来说，一个数字通信系统的接收设备可以视为一个判决装置，该装置由一个线性滤波器和一个判决电路构成，如图 5-26 所示。线性滤波器对接收信号进行相应的处理，输出某个物理量提供给判决电路，以便判决电路对接收信号中所包含的发送信息作出尽可能正确的判决，或者说作出错误尽可能小的判决。为了达到这样的目的，线性滤波器应当对接收信号进行什么样的处理呢？

假设有这样一种滤波器，当不为零的信号通过时，滤波器的输出能在某瞬间形成信号的峰值，而同时噪声受到抑制，也就是能在某瞬间得到最大的峰值信号功率与平均噪声功率之比，这就是最大输出信噪比准则的含义。在相应的时刻去判决这种滤波器的输出，一定能得到最小的差错率。

如图 5-27 所示，设滤波器的传输函数为 $H(f)$，冲激响应为 $h(t)$。滤波器输入为发送信号与噪声的叠加，即

图 5-26 简化的接收设备 　　　图 5-27 匹配滤波器

$$x(t) = s(t) + n(t) \tag{5-55}$$

式中,$s(t)$ 为信号,它的频谱函数为 $S(f)$。$n(t)$ 为白色高斯噪声,其双边功率谱密度为 $n_0/2$。滤波器的输出为

$$y(t) = [s(t) + n(t)] * h(t) \tag{5-56}$$

其中,信号部分为

$$y_s(t) = s(t) * h(t) = \int_{-\infty}^{\infty} S(f) H(f) e^{j2\pi ft} df \tag{5-57}$$

滤波器输出噪声的平均功率为

$$N_o = \int_{-\infty}^{\infty} \frac{n_0}{2} |H(f)|^2 df = \frac{n_0}{2} \int_{-\infty}^{\infty} |H(f)|^2 df \tag{5-58}$$

设 $t = t_m$ 是输出信号为最大值的时刻,则 t_m 时刻的输出信噪比为

$$\text{SNR} = \frac{\left|\int_{-\infty}^{\infty} S(f) H(f) e^{j2\pi f t_m} df\right|^2}{\frac{n_0}{2} \int_{-\infty}^{\infty} |H(f)|^2 df} \tag{5-59}$$

能使 SNR 达到最大值的 $H(f)$ 正是所要求的滤波器传递函数。为求出式(5-59)的最大值,需要使用施瓦兹不等式求解。由施瓦兹不等式可知,如果 $A(f)$ 和 $B(f)$ 为实变量 f 的复函数,则存在

$$\left|\int_{-\infty}^{\infty} A(f) B(f) df\right|^2 \leqslant \int_{-\infty}^{\infty} |A(f)|^2 df \int_{-\infty}^{\infty} |B(f)|^2 df \tag{5-60}$$

只有当 $A(f)$ 和 $B^*(f)$ 成正比,即

$$A(f) = k B^*(f), \quad k \text{ 为任意常数}$$

时,式(5-60)才取等号。令

$$A(f) = H(f)$$
$$B(f) = S(f) e^{j2\pi f t_m}$$

将式(5-60)代入式(5-59),可得

$$\text{SNR} \leqslant \frac{\int_{-\infty}^{\infty} |H(f)|^2 df \int_{-\infty}^{\infty} |S(f)|^2 df}{\frac{n_0}{2} \int_{-\infty}^{\infty} |H(f)|^2 df}$$

$$= \frac{2}{n_0} \int_{-\infty}^{\infty} |S(f)|^2 df \tag{5-61}$$

当上式取等号时,必须满足

$$H(f) = K S^*(f) e^{-j2\pi f t_m} \tag{5-62}$$

式中，$K=2k/n_0$。由于 k 为任意常数，指数因子只表示延时，因此输出信噪比最大的滤波器的传递函数必须与信号频谱的复共轭成正比，称这种滤波器为匹配滤波器。采用匹配滤波器接收信号的方法称为匹配滤波接收法。

对式(5-62)进行傅里叶反变换，可得匹配滤波器的冲激响应 $h(t)$ 为

$$h(t) = \int_{-\infty}^{\infty} KS^*(f) e^{-j2\pi f t_m} e^{j2\pi f t} df$$
$$= \int_{-\infty}^{\infty} KS^*(f) e^{-j2\pi f(t_m - t)} df$$

当输入信号 $s(t)$ 为实信号时，有 $S^*(f) = S(-f)$，因此

$$h(t) = \int_{-\infty}^{\infty} KS(-f) e^{-j2\pi f(t_m - t)} df = Ks(t_m - t) \qquad (5-63)$$

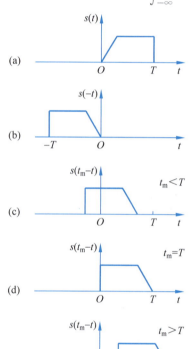

图 5-28 匹配滤波器的冲激响应

由式(5-63)可知，匹配滤波器的冲激响应是输入信号 $s(t)$ 对纵轴的镜像 $s(-t)$ 在时间上延迟了 t_m。图 5-28(a) 和图 5-28(b) 分别为 $s(t)$ 和它的镜像 $s(-t)$，图 5-28(c)、图 5-28(d)、图 5-28(e) 是 t_m 为不同值时匹配滤波器的冲激响应。

作为接收机的匹配滤波器应该是物理可实现的，其冲激响应必须符合因果关系，在输入冲激脉冲加入前不应该有冲激响应出现，即冲激响应必须满足的条件是

$$h(t) = 0, \quad t < 0 \qquad (5-64)$$

即满足条件

$$s(t_m - t) = 0, \quad t < 0 \qquad (5-65)$$

或满足条件

$$s(t) = 0, \quad t > t_m \qquad (5-66)$$

式(5-66)的条件说明，接收滤波器的输入信号 $s(t)$ 在 t_m 时刻之后必须消失。这就是说，如果输入信号在 t_m 瞬间消失，则只有当 $t_m \geq T$ 时滤波器才是物理可实现的，如图 5-28(d) 和图 5-28(e) 所示。由于 t_m 实际上就是抽样判决的瞬间，为了能及时作出判决，所以通常取 $t_m = T$。以后提到匹配滤波器时如不特别说明，指的就是 $t_m = T$ 的情况。这样，式(5-63)又可写为

$$h(t) = Ks(T - t) \qquad (5-67)$$

匹配滤波器的输出信号为

$$y_s(t) = s(t) * h(t) = \int_{-\infty}^{\infty} s(t-\tau) h(\tau) d\tau$$
$$= K \int_{-\infty}^{\infty} s(t-\tau) s(T-\tau) d\tau$$

令 $u = t - \tau$，则上式可写为

$$y_s(t) = K\int_{-\infty}^{\infty} s(u)s(t-T+u)\mathrm{d}u = KR(t-T) \tag{5-68}$$

这里，$R(t)$ 为 $s(t)$ 的自相关函数。由此可见，匹配滤波器的输出信号与输入信号的自相关函数成正比。

当 $t=T$ 时，有

$$y_s(T) = KR(0) = KE_s \tag{5-69}$$

这说明匹配滤波器的输出信号的最大值和输入信号 $s(t)$ 的波形无关，而仅与其能量有关。

匹配滤波器的输出信号也可以从频域角度求解。将式(5-62)代入式(5-57)，可得

$$\begin{aligned}y_s(T) &= K\int_{-\infty}^{\infty} S^*(f)\mathrm{e}^{-\mathrm{j}2\pi fT} S(f)\mathrm{e}^{\mathrm{j}2\pi fT}\mathrm{d}f\\ &= K\int_{-\infty}^{\infty} |S(f)|^2\mathrm{d}f = KE_s \end{aligned} \tag{5-70}$$

由帕塞瓦尔定理可知，输入信号 $s(t)$ 的能量 E_s 为

$$E_s = \int_{-\infty}^{\infty} s^2(t)\mathrm{d}t = \int_{-\infty}^{\infty} |S(f)|^2\mathrm{d}f \tag{5-71}$$

所以式(5-70)与式(5-69)的结论是一致的。将式(5-71)代入式(5-61)，可得匹配滤波器的最大输出信噪比为

$$\mathrm{SNR} = \frac{2}{n_0}\int_{-\infty}^{\infty} |S(f)|^2 \mathrm{d}f = \frac{2E_s}{n_0} \tag{5-72}$$

式(5-72)表明，匹配滤波器在 $t=T$ 瞬间的输出信噪比与输入信号 $s(t)$ 的能量 E_s 成正比，与输入噪声的功率谱密度 n_0 成反比。

例 5-4 已知输入信号是单位幅度的矩形脉冲，如图 5-29(a)所示。

(1) 求相应的匹配滤波器的单位冲激响应和传递函数；

(2) 求匹配滤波器的输出。

解 (1) 由图 5-29(a)可见，输入信号 $s(t)$ 可表示为

$$s(t) = \begin{cases} 1, & 0 \leqslant t \leqslant T \\ 0, & \text{其他} \end{cases}$$

利用图解法，取 $s(t)$ 对纵轴的镜像，然后在时间轴上延迟 T，可得匹配滤波器的冲激响应也是一个矩形脉冲，如图 5-29(b)所示，即

$$h(t) = s(T-t) = s(t)$$

取 $h(t)$ 的傅里叶变换，可得匹配滤波器的传递函数为

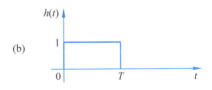

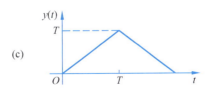

图 5-29 例 5-4 匹配滤波器的冲激响应和输出波形

$$H(\omega) = \int_{-\infty}^{\infty} h(t) e^{-j\omega t} dt$$

$$= \int_0^T e^{-j\omega t} dt = \frac{1}{j\omega}(1 - e^{-j\omega T})$$

（2）匹配滤波器的输出为 $y(t)$，有

$$y(t) = s(t) * h(t) = \int_{-\infty}^{\infty} s(t-\tau) h(\tau) d\tau$$

根据 $s(t)$ 与 $h(t)$ 的卷积图形，不难得到在两个时间区间的 $y(t)$ 值为

$$y(t) = \begin{cases} t, & 0 \leqslant t \leqslant T \\ 2T - t, & T \leqslant t \leqslant 2T \end{cases}$$

输出波形示于图 5-29(c)中，在 $t = T$ 时输出波形达到最大值，即

$$y_{\max}(t) = T$$

最大输出信噪比为

$$\text{SNR} = \frac{2E_s}{n_0} = \frac{2T}{n_0}$$

由匹配滤波器的传递函数 $H(\omega)$ 可画出匹配滤波器的结构，如图 5-30 所示。图中的理想积分器可用具有反馈的运算放大器来近似。可见，在白噪声条件下接收脉冲信号的匹配滤波器是可以近似实现的。

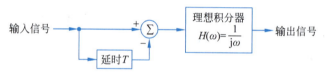

图 5-30　匹配滤波器的一种结构

例 5-5　图 5-31(a)为一矩形波调制信号，试求接收该信号的匹配滤波器的冲激响应及输出波形。

解　矩形波调制信号可表示为

$$s(t) = \begin{cases} \cos\omega_c t, & 0 \leqslant t \leqslant T \\ 0, & \text{其他} \end{cases}$$

匹配滤波器的冲激响应为

$$h(t) = Ks(T-t) = \begin{cases} K\cos\omega_c(T-t), & 0 \leqslant t \leqslant T \\ 0, & \text{其他} \end{cases}$$

为计算方便，假设 $\omega_c T = 2n\pi$（n 为整数），即 $T = nT_c$，$T_c = 1/f_c$，这时可得

$$h(t) = K\cos\omega_c t, \quad 0 \leqslant t \leqslant T$$

设 $K = 1$，即冲激响应与接收信号的波形相同，如图 5-31(b)所示。

输出波形 $y(t)$ 的表达式为

$$y(t) = \int_{-\infty}^{\infty} s(\tau) h(t-\tau) d\tau$$

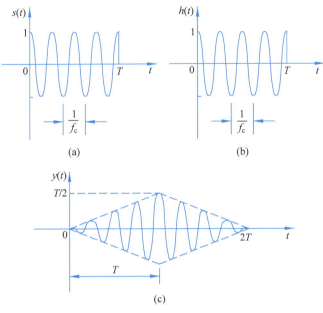

图 5-31 例 5-5 匹配滤波器的冲激响应和输出波形

根据 $s(t)$ 和 $h(t)$ 的卷积图形，不难得到两个时间区间的 $y(t)$ 值如下：

在 $0 \leqslant t \leqslant T$ 区间，有

$$y(t) = \int_0^t \cos\omega_c\tau \cos\omega_c(t-\tau)\mathrm{d}\tau = \frac{t}{2}\cos\omega_c t + \frac{1}{2\omega_c}\sin\omega_c t$$

在 $T \leqslant t \leqslant 2T$ 区间，有

$$y(t) = \int_{t-T}^T \cos\omega_c\tau \cos\omega_c(t-\tau)\mathrm{d}\tau = \frac{2T-t}{2}\cos\omega_c t - \frac{1}{2\omega_c}\sin\omega_c t$$

当 $\omega_c \gg 1$ 时，$y(t)$ 可近似为

$$y(t) \approx \begin{cases} (t/2)\cos\omega_c t, & 0 \leqslant t \leqslant T \\ [(2T-t)/2]\cos\omega_c t, & T \leqslant t \leqslant 2T \\ 0, & \text{其他} \end{cases}$$

输出波形示于图 5-31(c)中，在 $t = T$ 时输出波形达到最大值

$$y_{\max}(t) = T/2$$

最大输出信噪比为

$$\mathrm{SNR} = \frac{2E_s}{n_0} = \frac{T}{n_0}$$

对于二进制信号，使用匹配滤波器构成的接收电路方框图如图 5-32 所示。图 5-32 中有两个匹配滤波器，分别和两种信号 $s_1(t)$ 和 $s_2(t)$ 相匹配。在抽样时刻对两个匹配滤波器的输出抽样，比较判决器对两个样值进行比较判决。哪个匹配滤波器输出的抽样值更大，输出的结果就判为相应的输入信号。

用硬件电路可以实现或近似实现匹配滤波器。近年来，随着软件无线电技术的发展，

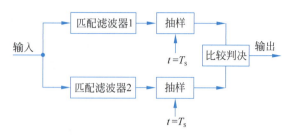

图 5-32 匹配滤波器方框图

匹配滤波器趋向于用软件技术实现,并在脉冲压缩雷达系统的接收机中得到广泛应用。

由式(5-72)可知,匹配滤波器输出的最大信噪比只取决于信号能量 E_s 与噪声功率谱密度 n_0 之比,而与输入信号的波形无关。这就是说,匹配滤波器的输入既可以是数字基带信号,也可以是数字调制信号。因此,本节的分析同样适用于数字基带信号的最佳接收。例 5-4 中给出的是数字基带信号的例子,例 5-5 中给出的是数字调制信号的例子。另外,匹配滤波器对数字调制信号的处理与普通接收机对数字调制信号的解调是完全不同的过程,这也是最佳接收和普通接收的区别。

5.3.2 相关接收机

一个时间有限的信号,在频域上是无限延伸的,显然在无限宽的频谱上实现精确匹配几乎是不可能的,只能达到近似匹配。由匹配滤波器可推导出另一种形式的最佳接收机,能较好地解决实现上的困难。

式(5-67)给出匹配滤波器的冲激响应为

$$h(t) = Ks(T-t)$$

式中,$s(t)$ 为与此匹配滤波器相匹配的输入信号;K 为常数,一般不影响 $h(t)$ 的特性,通常令 $K=1$;T 为出现最大信噪比的时刻。

匹配滤波器输入端的波形为信号与噪声的叠加,即

$$x(t) = s(t) + n(t)$$

这里设输入信号 $s(t)$ 限定在 $(0,T)$ 内,在此区间之外为 0。还考虑到匹配滤波器的物理可实现性,即

$$h(t) = 0, \quad t < 0$$

这样,匹配滤波器的输出可表示为

$$y(t) = x(t) * h(t) = \int_{-\infty}^{\infty} x(\tau) h(t-\tau) d\tau = \int_{t-T}^{t} x(\tau) s(T-t+\tau) d\tau$$

在抽样时刻 T,匹配滤波器的输出为

$$y(T) = \int_0^T x(\tau) s(\tau) d\tau \tag{5-73}$$

两个函数相乘后再积分的运算称为相关运算,所以式(5-73)表示的是相关运算。将匹配滤波器的输入 $x(t)$ 和 $s(t)$ 作相关运算,而 $s(t)$ 是与匹配滤波器相匹配的信号。

在最佳接收的判决中,如果将接收信号点与两个可能发送信号进行比较,与谁比较相似就判定谁为发送信号,这就是最大似然比原则。在具体计算时可以用最小均方误差

准则来表示，如式(5-74)所示，比较接收信号 $x(t)$ 与发送信号 $s_1(t)$ 和 $s_2(t)$ 的均方误差，与谁的均方误差值较小，就判定谁为发送信号。

$$\int_{-\infty}^{\infty}[x(t)-s_2(t)]^2\mathrm{d}t \underset{\text{判为}s_2(t)}{\overset{\text{判为}s_1(t)}{\lessgtr}} \int_{-\infty}^{\infty}[x(t)-s_1(t)]^2\mathrm{d}t \tag{5-74}$$

化简后可得

$$2\int_{-\infty}^{\infty}x(t)s_2(t)\mathrm{d}t - E_2 \underset{\text{判为}s_2(t)}{\overset{\text{判为}s_1(t)}{\lessgtr}} 2\int_{-\infty}^{\infty}x(t)s_1(t)\mathrm{d}t - E_1 \tag{5-75}$$

式中，E_1 和 E_2 分别是两个发送信号的能量，当发送信号为二进制双极性信号时，$E_1 = E_2$，上述结果可进一步简化为

$$\int_{-\infty}^{\infty}x(t)s_2(t)\mathrm{d}t \underset{\text{判为}s_2(t)}{\overset{\text{判为}s_1(t)}{\lessgtr}} \int_{-\infty}^{\infty}x(t)s_1(t)\mathrm{d}t \tag{5-76}$$

显然式(5-76)与式(5-73)一样都是相关运算，所以用上述的相关运算代替图 5-27 中的匹配滤波器可得到另一种接收机的方案，如图 5-33 所示。这种接收方案因进行相关运算而称为相关接收法，所构成的接收机称为相关器或相关接收机。

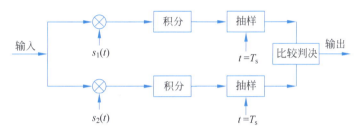

图 5-33　相关接收机

相关接收机和匹配滤波器接收机是完全等效的。

相关接收机与 5.2 节所述的相干解调方案是相似的，所以相关接收又称相干最佳接收。另外，工程上有时也称相干解调为最佳接收，其实它们是有区别的。

5.3.3　使用匹配滤波器的最佳接收性能

图 5-34 所示的接收机由匹配滤波器、抽样器和判决再生器组成。接收波形 $x(t)$ 经滤波器后为 $y(t)$，对 $y(t)$ 在每比特间隔的末尾抽样，其抽样值 $y(kT)$ 与判决器中预置的门限电平 V_T 相比较。设发送信号有 $s_1(t)$ 和 $s_2(t)$ 两种形式。当 $y(kT) > V_T$ 时判为 $s_2(t)$，当 $y(kT) < V_T$ 时判为 $s_1(t)$。为简单起见，考虑抽样时刻为 T。

图 5-34　接收机结构

假设滤波器的输入为

$$x(t) = s_i(t) + n(t)$$

式中，$s_i(t)$ 为发送信号，对应于 $s_1(t)$ 和 $s_2(t)$。滤波器的输出为

$$y(t) = x(t) * h(t)$$

$$= \int_0^\infty h(\tau)x(t-\tau)\mathrm{d}\tau$$

$$= \int_0^\infty h(\tau)s_i(t-\tau)\mathrm{d}\tau + \int_0^\infty h(\tau)n(t-\tau)\mathrm{d}\tau \tag{5-77}$$

在 $t=T$ 时刻,对 $y(t)$ 的抽样值为

$$y(T) = \int_0^T h(\tau)s_i(T-\tau)\mathrm{d}\tau + \int_0^T h(\tau)n(T-\tau)\mathrm{d}\tau \tag{5-78}$$

式中,第一项积分是一个常数,第二项积分表示窄带高斯随机噪声,因此第一项积分为 $y(t)$ 的均值。假设收到 $s_1(t)$ 时 $y(t)$ 的均值为 m_1,收到 $s_2(t)$ 时 $y(t)$ 的均值为 m_2,则有

$$m_1 = \int_0^T h(\tau)s_1(T-\tau)\mathrm{d}\tau \tag{5-79}$$

$$m_2 = \int_0^T h(\tau)s_2(T-\tau)\mathrm{d}\tau \tag{5-80}$$

无论收到 $s_1(t)$ 还是 $s_2(t)$,$y(t)$ 的方差即滤波器输出的噪声功率都是相同的,可表示为

$$\sigma_y^2 = \int_{-\infty}^\infty \frac{n_0}{2}|H(f)|^2\mathrm{d}f \tag{5-81}$$

这样,在发送信号为 $s_1(t)$ 和 $s_2(t)$ 时,$y(t)$ 的概率密度函数分别为

$$\begin{cases} f_{s1}(y) = \dfrac{1}{\sqrt{2\pi}\sigma_y}\exp\left\{-\dfrac{[y(T)-m_1]^2}{2\sigma_y^2}\right\} \\ f_{s2}(y) = \dfrac{1}{\sqrt{2\pi}\sigma_y}\exp\left\{-\dfrac{[y(T)-m_2]^2}{2\sigma_y^2}\right\} \end{cases} \tag{5-82}$$

设 $m_2 > m_1$,概率密度曲线如图 5-35 所示。由于两条曲线是对称的,因此最佳判决门限值为

$$V_T = \frac{m_1+m_2}{2} \tag{5-83}$$

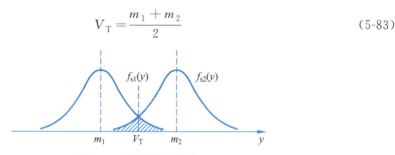

图 5-35 概率密度曲线

当收到 $s_2(t)$[或 $s_1(t)$]时,由于噪声影响样值 $y(T)$ 不能超过(或低于)门限值,则发生判决错误。设发送 $s_1(t)$ 和 $s_2(t)$ 的概率相同,即 $P_{s1}=P_{s2}=1/2$。将 $s_1(t)$ 错判为 $s_2(t)$ 的概率为 $P_{b,s1}$,将 $s_2(t)$ 错判为 $s_1(t)$ 的概率为 $P_{b,s2}$。总误比特率可表示为

$$P_b = P_{s1}P_{b,s1} + P_{s2}P_{b,s2} = \frac{1}{2}\int_{V_T}^\infty f_{s1}(y)\mathrm{d}y + \frac{1}{2}\int_{-\infty}^{V_T} f_{s2}(y)\mathrm{d}y$$

由于两条曲线下的阴影面积相等,因此有

$$P_b = \int_{V_T}^{\infty} f_{s1}(y) dy = \int_{-\infty}^{V_T} f_{s2}(y) dy \tag{5-84}$$

将式(5-82)代入式(5-84)，并利用 Q 函数的性质

$$Q(\alpha) = \int_{\alpha}^{\infty} \frac{1}{\sqrt{2\pi}} e^{-z^2/2} dz$$

$$Q(-\alpha) = 1 - Q(\alpha), \quad \alpha > 0$$

可得 P_b 的表达式为

$$P_b = Q\left[\frac{\frac{m_1+m_2}{2} - m_1}{\sigma_y}\right] = 1 - Q\left[\frac{\frac{m_1+m_2}{2} - m_2}{\sigma_y}\right]$$

$$= Q\left[\frac{|m_2 - m_1|}{2\sigma_y}\right] = Q[d] \tag{5-85}$$

式中，d 称为归一化距离，其表达式为

$$d = \frac{|m_2 - m_1|}{2\sigma_y} \tag{5-86}$$

d 的取值可决定误比特率的大小，d 越大则错误率越低。d 的最大值对应 P_b 的最小值，为了求出 d 的最大值，可首先求出 d^2 的最大值。

式(5-81)表示的噪声平均功率又可写为

$$\sigma_y^2 = \frac{n_0}{2}\int_{-\infty}^{\infty}|H(f)|^2 df = \frac{n_0}{2}\int_{-\infty}^{\infty} h^2(t) dt = \frac{n_0}{2}\int_{0}^{\infty} h^2(t) dt \tag{5-87}$$

由上式及式(5-86)、式(5-79)及式(5-80)可得

$$d^2 = \frac{\left|\int_0^T h(\tau)[s_2(T-\tau) - s_1(T-\tau)] d\tau\right|^2}{2n_0 \int_0^{\infty} h^2(t) dt} \tag{5-88}$$

对于给定的 $s_1(t)$ 和 $s_2(t)$，要求出能使 d^2 最大的 $h(t)$。使用施瓦兹不等式(5-60)，可以求出 $h(t)$ 的表达式为

$$h(t) = s_2(T-t) - s_1(T-t), \quad 0 \leqslant t \leqslant T \tag{5-89}$$

这时可使 d^2 达到最大值，即

$$d_{\max}^2 = \frac{\int_0^T [s_2(T-t) - s_1(T-t)]^2 dt}{2n_0} \tag{5-90}$$

将式(5-90)分子展开：

$$\int_0^T [s_2(T-t) - s_1(T-t)]^2 dt$$

$$= \int_0^T [s_2^2(T-t) - 2s_1(T-t)s_2(T-t) + s_1^2(T-t)] dt$$

$$= E_{s2} + E_{s1} - 2\rho\sqrt{E_{s1}E_{s2}} \tag{5-91}$$

式中

$$E_{s1} = \int_0^T s_1^2(T-t)dt = \int_0^T s_1^2(t)dt$$

$$E_{s2} = \int_0^T s_2^2(T-t)dt = \int_0^T s_2^2(t)dt$$

$$\rho = \frac{\int_0^T s_2(t)s_1(t)dt}{\sqrt{E_{s1}E_{s2}}} \tag{5-92}$$

E_{s1}、E_{s2} 分别为 $s_1(t)$ 和 $s_2(t)$ 在一个码元内的能量；ρ 为相关系数，取值范围为$(-1,1)$，取值大小由 $s_1(t)$ 和 $s_2(t)$ 的相似程度决定。由式(5-85)可得二进制调制的最小误比特率公式为

$$P_b = Q\left\{\left[\frac{E_{s1}+E_{s2}-2\rho\sqrt{E_{s1}E_{s2}}}{2n_0}\right]^{\frac{1}{2}}\right\} \tag{5-93}$$

如果两种信号有相同的能量，即 $E_{s1} = E_{s2} = E_b$，则式(5-93)可简化为

$$P_b = Q\left[\sqrt{\frac{E_b}{n_0}(1-\rho)}\right] \tag{5-94}$$

式中，E_b/n_0 是输入信号每比特的能量与输入噪声单边功率谱密度之比。由式(5-94)可以看出，当 E_b/n_0 一定时，误比特率仅由波形的相关系数 ρ 决定。ρ 值越大，P_b 值就越大。式(5-92)说明，ρ 的取值 $|\rho| \leq 1$。对于几种给定的信号，写出时域表达式，便可通过具体计算得到相应的 ρ 值和 P_b 的表达式，计算过程如下。

1. 2ASK 信号

2ASK 信号可表示为

$$\begin{cases} s_1(t) = 0 \\ s_2(t) = A\cos\omega_c t \end{cases} \tag{5-95}$$

因此有

$$\begin{cases} E_{s1} = 0 \\ E_{s2} = A^2T/2 \end{cases} \tag{5-96}$$

在载波不为零的码元内信号的能量称为峰值能量 E_s。2ASK 信号的峰值能量 $E_s = E_{s2}$。两种信号平均在一个码元内的能量称为平均能量，为了和式(5-94)相联系，这里也记作 E_b，即 2ASK 信号的平均能量为

$$E_b = \frac{1}{2}(E_{s1}+E_{s2}) = \frac{A^2T}{4} \tag{5-97}$$

因此可将载波幅度 A 表示为

$$A = 2\sqrt{\frac{E_b}{T}} \tag{5-98}$$

由式(5-93)可得

$$P_{b,2ASK} = Q\left(\sqrt{\frac{E_b}{n_0}}\right) \tag{5-99}$$

也可写为

$$P_{b,2ASK} = Q\left(\sqrt{\frac{E_s}{2n_0}}\right) \tag{5-100}$$

2. 2PSK 信号

为便于和 2ASK 信号比较，将 2PSK 信号的幅度取为 $\sqrt{\frac{2E_b}{T}}$，这样，2PSK 信号与 2ASK 信号在一个码元周期内的平均能量相同。2PSK 信号的表达式为

$$\begin{cases} s_1(t) = -\sqrt{\dfrac{2E_b}{T}}\cos\omega_c t, & 0 \leqslant t \leqslant T \\ s_2(t) = \sqrt{\dfrac{2E_b}{T}}\cos\omega_c t, & 0 \leqslant t \leqslant T \end{cases} \tag{5-101}$$

由表达式(5-101)可知，信号波形的相关系数 $\rho = -1$，信号的峰值能量 E_s 和平均能量 E_b 相等。代入式(5-94)，可得

$$P_{b,2PSK} = Q(\sqrt{2E_b/n_0}) \tag{5-102}$$

3. 2FSK 信号

2FSK 信号的表达式为

$$\begin{cases} s_1(t) = \sqrt{\dfrac{2E_b}{T}}\cos\omega_1 t, & 0 \leqslant t \leqslant T \\ s_2(t) = \sqrt{\dfrac{2E_b}{T}}\cos\omega_2 t, & 0 \leqslant t \leqslant T \end{cases} \tag{5-103}$$

由表达式可知，信号波形的相关系数为

$$\begin{aligned}\rho &= \frac{1}{E_b}\int_0^T \frac{2E_b}{T}\cos\omega_2 t \cos\omega_1 t \, dt \\ &= \frac{1}{T}\int_0^T [\cos(\omega_2+\omega_1)t + \cos(\omega_2-\omega_1)t]dt \end{aligned} \tag{5-104}$$

通常 $\omega_2 + \omega_1 \gg 2\pi/T$，则上述积分中第 1 项可近似为 0，因此有

$$\rho \approx \frac{\sin(\omega_2-\omega_1)t}{(\omega_2-\omega_1)T}\bigg|_0^T = \frac{\sin(\omega_2-\omega_1)T}{(\omega_2-\omega_1)T} \tag{5-105}$$

相关系数 ρ 与 $(\omega_2-\omega_1)T$ 的关系曲线如图 5-36 所示。ρ 的值不能达到 -1，其最小值发生在

$$(\omega_2-\omega_1)T \approx 1.43\pi \tag{5-106}$$

即

$$f_2 - f_1 \approx 0.7/T \tag{5-107}$$

此时有 $\rho = -0.22$。

当 $(\omega_2-\omega_1)T = n\pi$ 时，$\rho = 0$，$s_1(t)$ 与 $s_2(t)$ 相互正交，这时有

$$f_2 - f_1 = n/2T \tag{5-108}$$

对于 $\rho = 0$ 的 2FSK 信号，由式(5-94)可得

$$P_{b,2FSK} = Q\left(\sqrt{\frac{E_b}{n_0}}\right) \qquad (5\text{-}109)$$

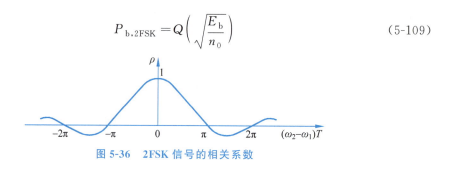

图 5-36　2FSK 信号的相关系数

5.3.4　最佳非相干接收

在前面的讨论中,都是假设输入信号的相位是已知的,但实际上在很多情况下接收信号的载波相位是未知的。由于发射和接收设备的不稳定性或信号传播路径的不确定性,致使输入信号在某种程度上总是不确定的。在这种情况下就不能使用匹配滤波器或相关器接收,即不能使用相干解调而只能使用非相干解调。

由图 5-37 可以看出,当输入信号相位 θ 不同时,在抽样时刻匹配滤波器输出的抽样值是不确定的。当 $\theta=0$ 且在 $t=T$ 时刻抽样,则抽样值为正的最大值;当 $\theta=-\pi/2$ 仍在 $t=T$ 时刻抽样,则抽样值为 0。如果在匹配滤波器和抽样器之间插入一个包络检波器,便可消除相位变化带来的影响。对于 ASK 和 FSK 常常使用非相干的包络检波器,因为电路比较简单。

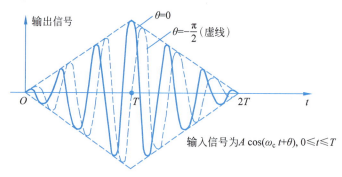

图 5-37　匹配滤波器的输出波形

图 5-38 是一个使用包络检波器的最佳非相干 2FSK 接收系统的方框图。可以证明,最佳非相干 FSK 误比特率

$$P_{b,NCFSK} = \frac{1}{2}\exp\left(-\frac{E_b}{2n_0}\right) \qquad (5\text{-}110)$$

式中,E_b 是时间 T 内接收信号的能量。

由于一个典型的 2FSK 接收机可看作两个 2ASK 接收机的并联,因此最佳非相干 ASK 接收机只取 FSK 接收机中的一个支路即可。

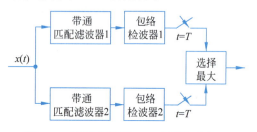

图 5-38　最佳非相干 2FSK 接收机方框图

最佳非相干 ASK 的误比特率为

$$P_{b,\text{NCASK}} = \frac{1}{2}\exp\left(-\frac{E_b}{2n_0}\right) \tag{5-111}$$

E_b 是发送信号在一个码元内的平均能量,如用峰值能量 E_s 代替 E_b,则误比特率为

$$P_{b,\text{NCASK}} = \frac{1}{2}\exp\left(-\frac{E_s}{4n_0}\right) \tag{5-112}$$

2DPSK 差分相干解调方框图如图 5-18 所示。虽然它以延时后的信号作为解调使用的参考信号,但本质上仍然是非相干解调。

相邻两个码元的 2DPSK 信号有两种情况:一种是相位相同,另一种是相位相差 180°。这样,可将两个码元为一组的信号分别表示如下:

$$s_1(t) = \begin{cases} \sqrt{\dfrac{2E_b}{T}}\cos\omega_c t, & 0 \leqslant t \leqslant T \\ \sqrt{\dfrac{2E_b}{T}}\cos\omega_c t, & T \leqslant t \leqslant 2T \end{cases} \tag{5-113}$$

$$s_2(t) = \begin{cases} \sqrt{\dfrac{2E_b}{T}}\cos\omega_c t, & 0 \leqslant t \leqslant T \\ \sqrt{\dfrac{2E_b}{T}}\cos(\omega_c t + \pi), & T \leqslant t \leqslant 2T \end{cases} \tag{5-114}$$

显然,$s_1(t)$ 和 $s_2(t)$ 这两组信号在 $0 \leqslant t \leqslant 2T$ 内是正交的,因此 2DPSK 是非相干正交调制的一个特例,但这时 $T_s = 2T$,$E_s = 2E_b$。只要用 E_s 代替式(5-110)中的 E_b,即可得到 2DPSK 的误比特率,有

$$P_{b,\text{2DPSK}} = \frac{1}{2}\exp\left(-\frac{E_b}{n_0}\right) \tag{5-115}$$

5.3.5 最佳系统性能比较

表 5-2 列出了最佳相干解调 ASK、FSK、PSK 和最佳非相干解调 ASK、FSK、DPSK 系统的误比特率表示式。

表 5-2 最佳系统性能比较

方式	误比特率	说明
相干 ASK	$Q\left(\sqrt{\dfrac{E_b}{n_0}}\right)$	$E_b = E_s/2$
非相干 ASK	$\dfrac{1}{2}\exp\left(-\dfrac{E_b}{2n_0}\right)$	
相干 FSK	$Q\left(\sqrt{\dfrac{E_b}{n_0}}\right)$	$E_b = E_s = A^2 T/2$
非相干 FSK	$\dfrac{1}{2}\exp\left(-\dfrac{E_b}{2n_0}\right)$	

续表

方　式	误比特率	说　明
相干 PSK	$Q\left(\sqrt{\dfrac{2E_b}{n_0}}\right)$	$E_b = E_s = A^2 T/2$
延迟 DPSK	$\dfrac{1}{2}\exp\left(-\dfrac{E_b}{n_0}\right)$	

图 5-39 画出了上述各公式的曲线,以作性能比较。在误比特率相同时,相干 PSK 方式要求的功率最小,其次是延迟 DPSK、相干 FSK 和相干 ASK、非相干 FSK 和非相干 ASK。由于该图用平均功率作比较,所以 ASK 和 FSK 的性能相同。如果实际系统的 P_b 为 $10^{-4} \sim 10^{-7}$,ASK 和 FSK 系统的相干方式比非相干方式最多能节省 1dB 的功率,DPSK 比 PSK 要增加 1dB 的功率。

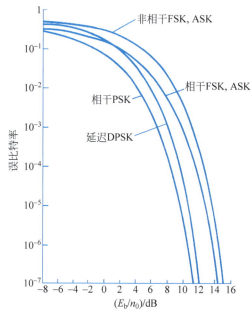

图 5-39　二进制调制的误比特率曲线

比较表 5-1 和表 5-2 可以看出,P_b 表达式的形式相同。普通接收机的输入信噪比 r 与最佳接收机的 E_b/n_0 相对应。设普通接收机带通滤波器的带宽为 B,则带通滤波器输出噪声平均功率 $\sigma^2 = n_0 B$,所以 r 的表达式又可写为

$$r = \frac{A^2}{2\sigma^2} = \frac{A^2}{2n_0 B} \tag{5-116}$$

而最佳接收机的 E_b/n_0 可表示为

$$\frac{E_b}{n_0} = \frac{(A^2/2)T}{n_0} = \frac{A^2}{2n_0(1/T)} \tag{5-117}$$

如果 r 和 E_b/n_0 相等,普通接收机和最佳接收机就具有相同的性能,这时要求下式成立:

$$B = 1/T \tag{5-118}$$

可是对于码元周期为 T 的二进制数字调制信号,其带宽绝对不可能满足式(5-118)的条件。这样,在同样的输入条件下,普通接收机的性能不如最佳接收机,相差的程度取决于带通滤波器带宽 B 与 $1/T$ 之比。

在抗噪声性能的推导中,E_b/n_0 是一个十分重要的参数。在实际系统中能够直接测量的是信噪比 $r=S/N$,S/N 与 E_b/n_0 之间有确定的关系。

对于二进制调制,码元传输速率 R_s 与信息传输速率 R_b 在数量上相等,因此信号平均功率为

$$S = \frac{E_b}{T} = E_b R_b \tag{5-119}$$

若接收机带宽为 B,则接收到的噪声功率为

$$N = n_0 B \tag{5-120}$$

因此信噪比可表示为

$$\frac{S}{N} = \frac{E_b R_b}{n_0 B} = \left(\frac{E_b}{n_0}\right)\left(\frac{R_b}{B}\right) \tag{5-121}$$

式中,R_b/B 为单位频带的比特率,即频带利用率,又称频带效率。式(5-121)表明了信噪比与 E_b/n_0 的关系。当信噪比一定时,E_b/n_0 随不同调制方案的频带利用率而变化。而当 E_b/n_0 一定时,信噪比也随频带利用率而变化。

5.4 多进制数字调制

在二进制数字调制中,每个码元只传输 1bit 信息,频带利用率最高为 1bit/(s·Hz)。为了提高频带利用率,最有效的办法是采用多进制数字调制。用多进制的数字基带信号调制载波,就可以得到多进制数字调制信号。通常,将多进制的数目 M 取为 $M=2^n$。当携带信息的参数分别为载波的幅度、频率或相位时,数字调制信号为 M 进制幅度键控(MASK)、M 进制频移键控(MFSK)或 M 进制相移键控(MPSK)。

当信道频带受限时,采用 M 进制数字调制可以增大信息传输速率,提高频带利用率。因此,在现代调制技术中,多进制调制方法得到了广泛应用,第 6 章将对其典型应用进行具体说明,本节主要对多进制数字调制方法的基本概念作简要介绍。

5.4.1 多进制幅度键控

在 M 进制的幅度键控信号中,载波幅度有 M 种取值。当基带信号的码元间隔为 T_s 时,M 进制幅度键控信号的时域表达式为

$$s_{\text{MASK}}(t) = \left[\sum_n a_n g(t - nT_s)\right] \cos\omega_c t \tag{5-122}$$

式中,$g(t)$ 为基带信号的波形;ω_c 为载波的角频率;a_n 为幅度值,a_n 有 M 种取值。

由式(5-122)可知,MASK 信号相当于 M 电平的基带信号对载波进行双边带调幅。为了了解 MASK 信号与 2ASK 信号的关系,图 5-40 示意性地画出 2ASK 信号和 4ASK

信号的波形。其中,图 5-40(a)为四电平基带信号 $B(t)$ 的波形,图 5-40(b)为 4ASK 信号的波形。图 5-40(b)所示的 4ASK 信号波形可等效成图 5-40(c)中 4 种波形之和,其中 3 种波形都分别是一个 2ASK 信号,它们的码元速率与 4ASK 信号的码元速率相同。这就是说,MASK 信号可以看成由时间上互不相容的 $M-1$ 个不同振幅值的 2ASK 信号的叠加。所以,MASK 信号的功率谱便是这 $M-1$ 个信号的功率谱之和。尽管叠加后功率谱的结构是复杂的,但就信号的带宽而言,当码元速率 R_s 相同时,MASK 信号的带宽与 2ASK 信号的带宽相同,都是基带信号带宽的 2 倍。但是 M 进制基带信号的每个码元携带有 $\log_2 M$ 比特信息。这样,在带宽相同的情况下,MASK 信号的信息速率是 2ASK 信号的 $\log_2 M$ 倍。或者说,在信息速率相同的情况下,MASK 信号的带宽仅为 2ASK 信号的 $1/\log_2 M$。

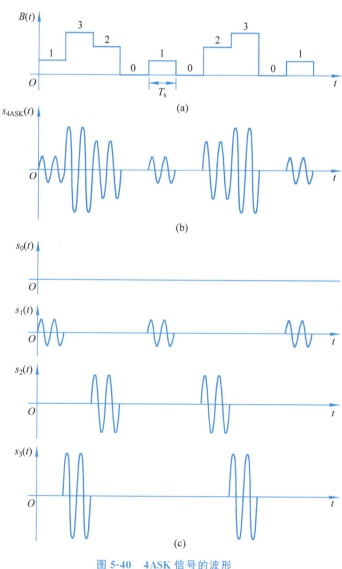

图 5-40 4ASK 信号的波形

MASK 的调制方法与 2ASK 相同,但是首先要把基带信号由二电平变为 M 电平。将二进制信息序列分为 n 个一组,$n=\log_2 M$,然后变换为 M 电平基带信号。M 电平基带信号对载波进行调制,便可得到 MASK 信号。由于是多电平调制,所以要求调制器在调制范围内是线性的,即已调信号的幅度与基带信号的幅度成正比。

MASK 调制中最简单的基带信号波形是矩形。为了限制信号频谱,也可以采用其他波形,如升余弦滚降信号或部分响应信号等。

MASK 信号的解调可以采用包络检波或相干解调的方法,其原理与 2ASK 信号的解调完全相同。

5.4.2 多进制相移键控

1. MPSK 信号的表达

在 M 进制相移键控中,载波相位有 M 种取值。当基带信号的码元间隔为 T_s 时,MPSK 信号可表示为

$$s_{\text{MPSK}}(t) = \sqrt{\frac{2E_s}{T_s}} \cos(\omega_c t + \varphi_i), \quad i = 0, 1, \cdots, M-1 \tag{5-123}$$

式中,E_s 为信号在一个码元间隔内的能量;ω_c 为载波角频率;φ_i 为有 M 种取值的相位。

MPSK 信号仅用相位携带基带信号的数字信息,为了表达出基带信号与载波相位的联系,可将码元持续时间为 T_s 的基带信号用矩形函数表示,即

$$\text{rect}(t) = \begin{cases} 1, & 0 \leqslant t \leqslant T_s \\ 0, & \text{其他} \end{cases} \tag{5-124}$$

这样,MPSK 信号的表达式又可写为

$$s_{\text{MPSK}}(t) = \sum_n \sqrt{\frac{2E_s}{T_s}} \text{rect}(t - nT_s) \cos[\omega_c t + \varphi(n)] \tag{5-125}$$

式中,矩形函数与基带信号的码元相对应;$\varphi(n)$ 为载波在 $t = nT_s$ 时刻的相位,取式(5-123)中 φ_i 的某一种取值。φ_i 有 M 种取值,通常是等间隔的,即

$$\varphi_i = \frac{2\pi i}{M} + \theta, \quad i = 0, 1, \cdots, M-1 \tag{5-126}$$

式中,θ 为初相位。为计算方便,设 $\theta = 0$,将式(5-125)展开,得

$$s_{\text{MPSK}}(t) = \cos\omega_c t \sum_n \cos\varphi(n) \sqrt{\frac{2E_s}{T_s}} \text{rect}(t - nT_s) - \\ \sin\omega_c t \sum_n \sin\varphi(n) \sqrt{\frac{2E_s}{T_s}} \text{rect}(t - nT_s) \tag{5-127}$$

令

$$a_n = \sqrt{\frac{2E_s}{T_s}} \cos\varphi(n)$$

$$b_n = \sqrt{\frac{2E_s}{T_s}} \sin\varphi(n)$$

代入式(5-127),可得

$$s_{\text{MPSK}}(t) = \left[\sum_n a_n \text{rect}(t-nT_s)\right]\cos\omega_c t - \left[\sum_n b_n \text{rect}(t-nT_s)\right]\sin\omega_c t$$

(5-128)

考虑到三角函数的对称性,a_n 和 b_n 最多有 M 种取值,所以式(5-128)中的每一项都是一个 M 电平双边带调幅信号即 MASK 信号,但载波是正交的。这就是说,MPSK 信号可以看成两个正交载波的 MASK 信号的叠加,所以 MPSK 信号的频带宽度应与 MASK 信号的频带宽度相同。与 MASK 信号一样,当信息速率相同时,MPSK 信号与 2PSK 信号相比,带宽节省到 $1/\log_2 M$,即频带利用率提高到 $\log_2 M$ 倍。

式(5-128)可简写成

$$s_{\text{MPSK}}(t) = I(t)\cos\omega_c t - Q(t)\sin\omega_c t \tag{5-129}$$

式中

$$I(t) = \sum_n a_n \text{rect}(t-nT_s)$$

$$Q(t) = \sum_n b_n \text{rect}(t-nT_s)$$

通常将式(5-129)的第一项称为同相分量,第二项称为正交分量。由此可知,MPSK 信号可以用正交调制的方法产生。

MPSK 信号是相位不同的等幅信号,所以用矢量图可对 MPSK 信号进行形象而简单的描述。在矢量图中通常以 0 相位载波作为参考矢量。图 5-41 中画出 $M=2,4,8$ 三种情况下的矢量图。当初始相位 $\theta=0$ 和 $\theta=\pi/M$ 时,矢量图有不同的形式。2PSK 信号的载波相位只有 0 和 π 两种取值,或者只有 $\frac{\pi}{2}$ 和 $\frac{3\pi}{2}$ 两种取值,它们分别对应于数字信息 1 和 0,见图 5-41(a)、图 5-41(d)。4PSK 时,4 种相位为 $0,\frac{\pi}{2},\pi$ 和 $\frac{3\pi}{2}$,或者为 $\frac{\pi}{4},\frac{3\pi}{4},\frac{5\pi}{4},\frac{7\pi}{4}$,它们分别对应数字信息 11,01,00 和 10,见图 5-41(b)、图 5-41(e)。8PSK 时,8 种相位分别为 $0,\frac{\pi}{4},\frac{\pi}{2},\frac{3\pi}{4},\pi,\frac{5\pi}{4},\frac{3\pi}{2},\frac{7\pi}{4}$,或者为 $\frac{\pi}{8},\frac{3\pi}{8},\frac{5\pi}{8},\frac{7\pi}{8},\frac{9\pi}{8},\frac{11\pi}{8},\frac{13\pi}{8},\frac{15\pi}{8}$,见图 5-41(c)、图 5-41(f)。不同初始相位 θ 的 MPSK 信号原理上没有差别,只是实现的方法稍有不同。产生有 π/M 初始相位的 MPSK 信号,同相路 $I(t)$ 和正交路 $Q(t)$ 均为 $M/2$ 电平信号。

在用矢量图表示已调信号时,矢量端点的分布形状好像天空中的星座,故形象地称为星座图。在数字调制中常常用星座图来分析已调信号的抗噪声性能,有关内容将在第 6 章中作具体介绍。

2. MPSK 信号的调制

在 MPSK 信号的调制中,随着 M 值的增加,相位之间的相位差减小,使系统的可靠

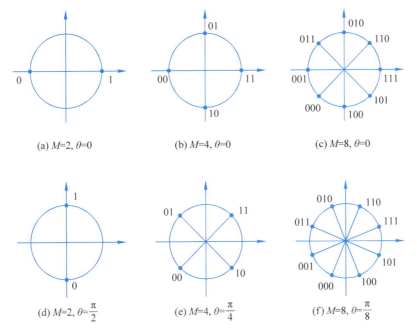

图 5-41　MPSK 信号的矢量图表示

性降低。因此,MPSK 调制中最常用的是 4PSK 和 8PSK。

4PSK 又称 QPSK。QPSK 信号的产生方法有正交调制法、相位选择法和插入脉冲法,后两种方法的载波采用方波。

QPSK 正交调制器方框图如图 5-42(a)所示。输入的串行二进制码经串并变换,分为两路速率减半的序列,电平发生器分别产生双极性二电平信号 $I(t)$ 和 $Q(t)$,然后分别对同相载波 $\cos\omega_c t$ 和正交载波 $\sin\omega_c t$ 进行调制,相加后即得到了 QPSK 信号。$I(t)$ 和 $Q(t)$ 的典型波形如图 5-42(b)所示。

QPSK 也可以用相位选择法产生,用数字信号去选择所需相位的载波,从而实现相移键控,其原理框图如图 5-43 所示。载波发生器产生 4 种相位的载波,输入的数字信息经串并变换成为双比特码,经逻辑选择电路,每次选择其中一种作为输出,然后经过带通滤波器滤除高频分量。这是一种全数字化的方法,适合于载频频率较高的场合。

8PSK 是另一种常用的多相键控,它是用载波的 8 种相位代表八进制码元。八进制的每个码元包含 3 个二进制码,称为 3 比特码元。8PSK 调制方框图如图 5-44(a)所示。输入的二进制信息序列经串并变换每次产生一个 3 位码组 $b_1b_2b_3$,在 $b_1b_2b_3$ 控制下,同相路和正交路分别产生一个四电平基带信号 $I(t)$ 和 $Q(t)$。b_1 用于决定同相路信号的极性,b_2 决定正交路信号的极性,b_3 则用于确定同相路和正交路信号的幅度。为保证已调信号的幅度相同,同相路与正交路的基带信号幅度互相关联,不能独立选取。如图 5-44(b)所示,设 8PSK 信号幅度为 1,则 $b_3=1$ 时同相路基带信号应为 0.924,而正交路幅度为 0.383。$b_3=0$ 时同相路幅度为 0.383,而正交路幅度为 0.924。这样,$I(t)$ 的极性和幅度由 $b_1\bar{b}_3$ 决定,$Q(t)$ 的极性和幅度由 $b_2\bar{b}_3$ 决定。$I(t)$ 和 $Q(t)$ 分别对同相载

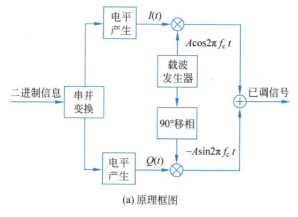

(a) 原理框图

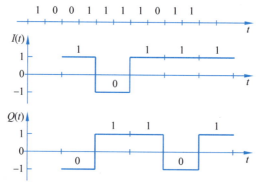

(b) 典型波形图

图 5-42 QPSK 正交调制器

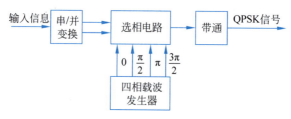

图 5-43 相位选择法产生 QPSK 信号

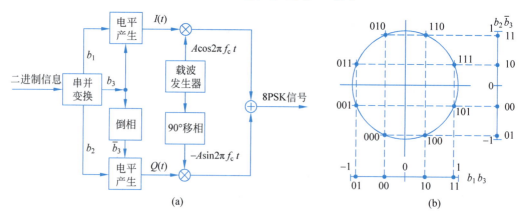

图 5-44 8PSK 正交调制器

波和正交载波进行幅度调制,得到两个 4ASK 信号,由式(5-129)可知,其叠加结果为 8PSK 信号。

3. MPSK 信号的解调

由式(5-128)可知,MPSK 信号等效于两个正交载波的幅度调制,所以 MPSK 信号可以用两个正交的本地载波信号实现相干解调。以 QPSK 为例,图 5-45 示出相干解调器的框图。同相路和正交路分别设置两个相关器。QPSK 信号同时送到解调器的两个信道,在相乘器中与对应的载波相乘,并从中取出基带信号送到积分器,在 $0 \sim 2T_b$ 时间内积分,分别得到 $I(t)$ 和 $Q(t)$,再经抽样判决和并/串变换即可恢复原始信息。

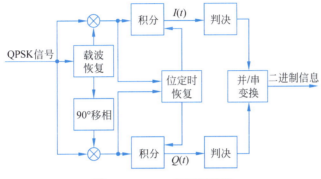

图 5-45 QPSK 相干解调器

8PSK 也可采用图 5-45 所示的相干解调方式,但电平判决为四电平判决。8PSK 还可采用其他相干解调方式。

在 MPSK 相干解调中,恢复载波时同样存在相位模糊度问题。与 BPSK 时一样,对于 M 进制调相也要采用相对调相的方法。对输入的二进制信息进行串并变换时,同时进行逻辑运算,将其编为多进制差分码,然后再进行绝对调相。解调时,可以采用相干解调和差分译码的方法,也可采用差分相干解调即延迟解调的方法。

5.4.3 多进制频移键控

在 MFSK 中,载波频率有 M 种取值。MFSK 信号的表达式为

$$s_{\text{MFSK}}(t) = \sqrt{\frac{2E_s}{T_s}} \cos\omega_i t, \quad 0 \leqslant t \leqslant T_s, \quad i = 0, 1, \cdots, M-1 \tag{5-130}$$

式中,E_s 为单位符号的信号能量;ω_i 为载波角频率,有 M 种取值。

MFSK 调制可用频率选择法实现,如图 5-46(a)所示。二进制信息经串并变换后形成 M 种形式,通过逻辑电路分别控制 M 个振荡源。MFSK 信号通常用非相干解调,如图 5-46(b)所示。

例 5-6 已知电话信道的可用传输频带为 $600 \sim 3000\text{Hz}$。为了传输 3000bit/s 的数据信号,设计物理可实现的幅度键控和相移键控的传输方案。

解 由数据信号的速率 R_b 和信道带宽 B_c,已调信号的频带利用率 η_b 应为

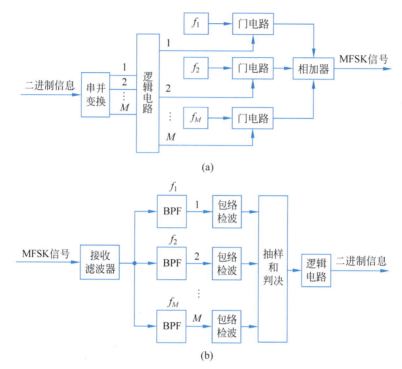

图 5-46　MFSK 调制器和非相干解调器

$$\eta_b \geqslant \frac{R_b}{B_c} = \frac{3000}{2400} = 1.25 \, (\text{bit}/(\text{s} \cdot \text{Hz}))$$

所以必须采用多进制调制。设传输方案所需的带宽为 B_x，当 $B_x \leqslant B_c$ 时方案才是可行的。

（1）设基带信号是滚降系数为 $\alpha(\alpha \neq 0)$ 的升余弦滚降信号，已调信号为 4ASK 或 4PSK 信号，α 的取值应满足

$$\eta_b = \frac{1}{1+\alpha}\log_2 4 \geqslant 1.25 \, (\text{bit}/(\text{s} \cdot \text{Hz}))$$

即

$$\alpha \leqslant 0.6$$

已调信号的带宽

$$B_x = \frac{R_b}{\eta_b} = \frac{R_b(1+\alpha)}{\log_2 4} \leqslant \frac{3000 \times 1.6}{2} = 2400 \, (\text{Hz})$$

能满足信道条件，且 $\alpha \neq 0$，方案是可行的。

（2）设基带信号是矩形波，已调信号为 8ASK 或 8PSK 信号，已调信号的带宽 B_x 取谱零点带宽，已调信号的频带利用率为

$$\eta_b = 0.5 \times \log_2 M = 0.5 \times 3 = 1.5 \, (\text{bit}/(\text{s} \cdot \text{Hz}))$$

已调信号的带宽为

$$B_x = \frac{R_b}{\eta_b} = \frac{3000}{1.5} = 2000(\text{Hz})$$

由于 2000Hz < 2400Hz，所以方案也是可行的。

例 5-7 带通型信道的带宽为 3000Hz，基带信号是二元 NRZ 码。求 2PSK 和 QPSK 信号的频带利用率和最高信息速率。

解 当 2PSK 信号的带宽取谱零点带宽时，频带利用率为

$$\eta_{2PSK} = \frac{R_b}{B_{2PSK}} = \frac{R_s}{2R_s} = 0.5(\text{bit}/(\text{s}\cdot\text{Hz}))$$

取信号的带宽为信道带宽，得最高信息速率为

$$R_b = \eta_{2PSK} B_{2PSK} = 0.5 \times 3000 = 1500(\text{bit/s})$$

MPSK 信号的频带利用率是 2PSK 信号的 $\log_2 M$ 倍，所以 QPSK 信号的频带利用率为

$$\eta_{QPSK} = \eta_{2PSK} \log_2 4 = 0.5 \times 2 = 1(\text{bit}/(\text{s}\cdot\text{Hz}))$$

同样，取 QPSK 信号的带宽为信道带宽，得最高信息速率为

$$R_b = \eta_{QPSK} B_{QPSK} = 1 \times 3000 = 3000(\text{bit/s})$$

可见，在带宽不变的前提下，多进制调制信号提高了信息传输速率。

例 5-8 对最高频率为 6MHz 的模拟信号进行线性 PCM 编码，量化电平数 $L=8$，编码信号先通过 $\alpha=0.2$ 的升余弦滚降滤波器，再对载波进行调制。

(1) 求 2PSK 信号的传输带宽和频带利用率；

(2) 将调制方式改为 8PSK，求信号带宽和频带利用率。

解 (1) 模拟信号的最高频率为 f_H，将取样频率 f_s 取为 $f_s=2f_H$。当量化电平数 $L=8$ 时，编码位数 $n=\log_2 8=3$。PCM 编码信号的码元速率为

$$R_s = f_s n = 2f_H n = 2 \times 6 \times 10^6 \times 3 = 3.6 \times 10^7 (\text{baud})$$

相应的信息速率为

$$R_b = R_s = 36(\text{Mbit/s})$$

基带信号为升余弦滚降信号，其带宽 B_B 为

$$B_B = \frac{1+\alpha}{2} R_s = \frac{1+0.2}{2} \times 3.6 \times 10^7 = 21.6(\text{MHz})$$

所以 2PSK 信号的带宽为

$$B_{2PSK} = 2B_B = 2 \times 21.6 = 43.2(\text{MHz})$$

2PSK 信号的频带利用率为

$$\eta_{2PSK} = \frac{R_b}{B_{2PSK}} = \frac{36 \times 10^6}{43.2 \times 10^6} \approx 0.83(\text{bit}/(\text{s}\cdot\text{Hz}))$$

2PSK 信号的频带利用率是基带信号频带利用率的 1/2，据此，η_{2PSK} 也可由下式求出：

$$\eta_{2PSK} = \frac{1}{2}\eta_B = \frac{1}{2} \times \frac{2}{1+\alpha} = \frac{1}{1+0.2} \approx 0.83(\text{bit}/(\text{s}\cdot\text{Hz}))$$

(2) 信息速率相同时，MPSK 信号的带宽是 2PSK 信号的 $1/\log_2 M$，所以 8PSK 信号

的带宽为
$$B_{8PSK} = B_{2PSK} \frac{1}{\log_2 8} = 43.2 \times \frac{1}{3} = 14.4 (\text{MHz})$$

8PSK 信号的频带利用率为
$$\eta_{8PSK} = \frac{R_b}{B_{8PSK}} = \frac{36 \times 10^6}{14.4 \times 10^6} = 2.5 (\text{bit}/(\text{s} \cdot \text{Hz}))$$

8PSK 信号的频带利用率是 2PSK 信号的 $\log_2 M$ 倍,据此,η_{8PSK} 也可由下式求出:
$$\eta_{8PSK} = \eta_{2PSK} \log_2 8 = \frac{1}{2} \times \frac{2}{1+\alpha} \times 3 = \frac{3}{1+0.2} = 2.5 (\text{bit}/(\text{s} \cdot \text{Hz}))$$

可见,当信息速率相同时,由于多进制调制信号提高了频带利用率,所以节省了传输带宽。

例 5-9 采用 4PSK 调制传输 2400bit/s 数据。

(1) 最小理论传输带宽是多少?

(2) 若传输带宽不变而数据速率加倍,则调制方式应作何变化?

(3) 若调制方式不变而数据速率加倍,为达到相同的误比特率,则发送信号的功率应作何变化?

解 (1) 4PSK 信号可达到的最大频带利用率
$$\eta_b = \log_2 4 = 2 (\text{bit}/(\text{s} \cdot \text{Hz}))$$

最小理论传输带宽是
$$B = \frac{R_b}{\eta_b} = \frac{2400}{2} = 1200 (\text{Hz})$$

(2) 若传输带宽不变而数据速率加倍,则频带利用率必须加倍,即
$$\eta_b = \log_2 M = 4 (\text{bit}/(\text{s} \cdot \text{Hz}))$$

可求出多进制数 M 为
$$M = 2^4 = 16$$

调制方式应改为 16ASK、16PSK、16QAM。

(3) 若调制方式不变,则误比特率要求的信噪比不变,有
$$\frac{S}{N} = \frac{S}{n_0 B}$$

数据速率加倍时信号带宽加倍,为保持信噪比不变,则发送信号的功率应加倍。

习题

5.1 已知待传送二元序列为 $\{a_k\} = 1011010011$,试画出 ASK、FSK、PSK 和 DPSK 信号波形图。

5.2 2FSK 信号可表示为
$$\begin{cases} s_1(t) = A\cos(\omega_1 t), & 0 \leqslant t \leqslant T_b \\ s_2(t) = A\cos(\omega_2 t), & 0 \leqslant t \leqslant T_b \end{cases}$$

其中，T_b 为比特间隔，二进制序列等概出现，$\omega_1=2\omega_2=16\pi/T_b$，若发送的数字信息为 11010010，试画出相应的 2FSK 信号波形。

5.3 2DPSK 数字通信系统的信息速率为 R_b，输入数据为 1000110101。

(1) 写出传号差分码(设前一位相对码为 0)；

(2) 写出 2DPSK 发送信号的载波相位(设相对码 0 对应的载波相位为 π)。

5.4 在相对相移键控中，假设传输的差分码是 01111001000110101011，且规定差分码的前一位为 0，试求出下列两种情况下原来的数字信号：

(1) 规定遇到数字信号为 1 时，差分码保持前位信号不变，否则改变前位信号；

(2) 规定遇到数字信号为 0 时，差分码保持前位信号不变，否则改变前位信号。

5.5 已知二元序列为 1100100010，采用 DPSK 调制。

(1) 若采用相对码调制方案，设计发送端方框图，并画出已调信号波形(设一个码元周期内含一个周期载波)；

(2) 设计两种解调方案，画出相应的接收端方框图，并画出各点波形(假设信道不限带)；

(3) 用列表的方式说明调制和解调的过程。

5.6 设输入二元序列为 0,1 交替码，计算并画出载频为 f_c 的 PSK 信号频谱。

5.7 在 2PSK 数字系统中，信道受到均值为 0，双边功率谱密度为 $n_0/2$ 的加性高斯白噪声的干扰，接收端带通滤波器的带宽 $B=2/T_b$，T_b 为比特间隔，若二进制码出现"1"的概率为 3/4，出现"0"的概率为 1/4。

(1) 推导出相干解调器的最佳判决门限 V_d；

(2) 推导出该系统的误比特率计算公式。

5.8 在数字通信系统中，采用 2PSK 传输时系统误码率 $P_s=10^{-6}$，如果传输方式和传输条件不变，输入数据速率减半。在保持误比特率不变情况下，要求发送功率作何变化？

5.9 2PSK 相干解调中相乘器所需的相干载波若与理想载波有相位差 θ，求相位差对系统误比特率的影响。

5.10 某 ASK 传输系统传送等概率的二元数字信号序列。已知码元宽度 $T=100\mu s$，信道白噪声功率谱密度为 $n_0=1.338\times 10^{-5}$ W/Hz。

(1) 若利用相干方式接收，限定误比特率为 $P_b=2.005\times 10^{-5}$，求所需 ASK 接收信号的幅度 A；

(2) 若保持误比特率 P_b 不变，改用非相干接收，求所需 ASK 接收信号的幅度 A。

5.11 某一型号的调制解调器(Modem)利用 FSK 方式在电话信道 600～3000Hz 传送低速二元数字信号，且规定 $f_1=2025$Hz 代表空号，$f_2=2225$Hz 代表传号，若信息速率 $R_b=300$bit/s，接收端输入信噪比要求为 6dB，求：

(1) FSK 信号带宽；

(2) 利用相干接收时的误比特率；

(3) 非相干接收时的误比特率，并与(2)的结果比较。

5.12 已知数字基带信号为 1 码时,发出数字调制信号的幅度为 8V,假定信道衰减为 50dB,接收端输入噪声功率为 $N_i = 10^{-4}$ W。试求:

(1) 相干 ASK 的误比特率 P_b;

(2) 相干 PSK 的误比特率 P_b。

5.13 已知发送载波幅度 $A = 10$V,在 4kHz 带宽的电话信道中分别利用 ASK、FSK 及 PSK 系统进行传输,信道衰减为 1dB/km,$n_0 = 10^{-8}$ W/Hz,若采用相干解调,试求解以下问题:

(1) 误比特率都确保在 10^{-5} 时,各种传输方式分别传送多少千米?

(2) 若 ASK 所用载波幅度 $A_{ASK} = 20$V,并分别是 FSK 和 PSK 的 $\sqrt{2}$ 倍和 2 倍,重做 (1)。

5.14 在相同误比特率时,分别按接收机所需的最低峰值信号功率和平均信号功率对 2ASK、2FSK 和 2PSK 进行比较、排序。

5.15 已知码元传输速率 $R_s = 10^3$ baud,接收机输入噪声双边功率谱密度 $n_0/2 = 10^{-10}$ W/Hz,如果要求误比特率 $P_b < 10^{-5}$,试分别计算相干 2ASK、非相干 2FSK、差分相干 2DPSK 以及相干 2PSK 系统所要求的输入信号最大功率,并对计算结果进行比较。

5.16 已知矩形脉冲波形 $p(t) = A[U(t) - U(t-T)]$,$U(t)$ 为阶跃函数。

(1) 求匹配滤波器的冲激响应;

(2) 求匹配滤波器的输出波形;

(3) 在什么时刻输出可以达到最大值?并求最大值。

5.17 设高斯白噪声的双边功率谱密度为 $n_0/2$,设计图题 5-17 中 $s(t)$ 的匹配滤波器。

(1) 画出 $s(t)$ 的匹配滤波器的冲激响应;

(2) 求出匹配滤波器的最大输出信噪比。

5.18 在数字通信系统中,设到达接收机输入端的二进制信号 $s_1(t)$ 和 $s_2(t)$ 的波形如图题 5-18 所示,输入噪声双边功率谱密度为 $n_0/2$。

(1) 画出匹配滤波器形式的最佳接收机结构;

(2) 确定匹配滤波器的单位冲激响应及可能的输出波形;

(3) 求系统的误码率。

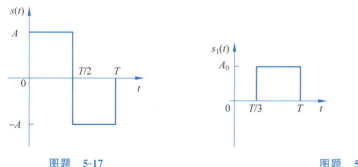

图题 5-17

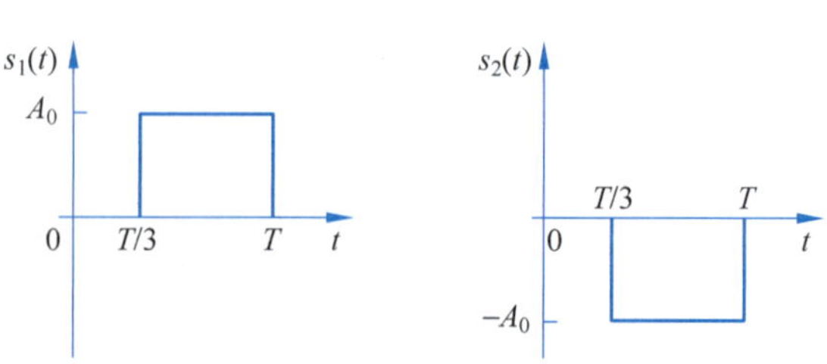

图题 5-18

5.19 2PSK 信号可表示为
$$\begin{cases} s_1(t)=A\cos(\omega t), & 0 \leqslant t \leqslant T_b \\ s_2(t)=-A\cos(\omega t), & 0 \leqslant t \leqslant T_b \end{cases}$$

其中,T_b 为二进制符号间隔。信号在传输过程中受加性高斯白噪声干扰,噪声的均值为 0,双边功率谱密度为 $n_0/2$,$s_1(t)$ 和 $s_2(t)$ 等概率出现。

(1) 求 2PSK 两信号的互相关系数 ρ 和平均比特能量 E_b;

(2) 画出用相关器实现 2PSK 最佳接收的系统框图;

(3) 写出用相关器实现 2PSK 最佳接收的平均误比特率公式。

5.20 一个使用匹配滤波器接收的 ASK 系统,在信道上发送的峰值电压为 5V,信道的损耗未知。如果接收端的白噪声功率谱密度为 $n_0=6\times10^{-18}$ W/Hz,比特间隔的持续时间为 $0.5\mu s$,该系统的误比特率为 $P_b=10^{-4}$,试求信道的功率损耗为多少?

5.21 在使用匹配滤波器接收的 2PSK 系统中,数字信号为 PCM 信号。若误比特率 $P_b=10^{-7}$,2PSK 信号的幅度为 $A=10$V,在白噪声功率谱密度为 $n_0=3.69\times10^{-7}$ W/Hz 的信道上传输,求码元速率是多少?如果消息信号的频率范围为 $B=5\times10^3$ Hz,按奈奎斯特频率抽样,并采用 5bit PCM 编码(为非归零码),试问采用时分多路复用时可以通多少路消息信号?

5.22 在高频信道上使用 ASK 方式传输二进制数据,传输速率为 4.8×10^6 bit/s,接收机输入的载波幅度为 $A=1$mV,信道噪声功率谱密度为 $n_0=10^{-15}$ W/Hz。

(1) 求相干和非相干接收机的误比特率 P_b;

(2) 如果采用匹配滤波器的最佳接收,求最佳相干和最佳非相干的 P_b。

5.23 基带数字信号 $g(t)$ 如图题 5-23 所示。

(1) 试画出 MASK 的时域波形;

(2) 试大略画出 MFSK 的时域波形;

(3) 若图示 $g(t)$ 波形直接作为调制信号进行 DSB 模拟调幅,已调波形是什么?与(1)的结果有何不同?

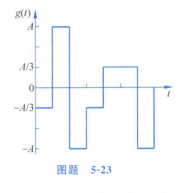

图题 5-23

5.24 待传送二元数字序列 $\{a_k\}=1011010011$。

(1) 试画出 QPSK 信号波形,假定载频 $f_0=R_b=1/T$,4 种双比特码 00,10,11,01 分别用相位偏移 $0,\pi/2,\pi,3\pi/2$ 的振荡波形表示;

(2) 写出 QPSK 信号表达式。

5.25 已知电话信道可用的信号传输频带为 $600\sim3000$Hz,取载频为 1800Hz,试说明:

(1) 采用 $\alpha=1$ 升余弦滚降基带信号时,QPSK 调制可以传输 2400bit/s 数据;

(2) 采用 $\alpha=0.5$ 升余弦滚降基带信号时,8PSK 调制可以传输 4800bit/s 数据。

5.26 采用 8PSK 调制传输 4800bit/s 数据。

(1) 最小理论带宽是多少?

(2) 若传输带宽不变,而数据率加倍,则调制方式应作何改变?

(3) 若调制方式不变,而数据率加倍,为达到相同误比特率,发送功率应作何变化?

5.27 现有速率为 4000bit/s 的二元基带数字信号,要求通过频带为 300~3400Hz 的信道实现传输,试设计发送电路的系统模型并标明基本参数。

5.28 一个数字传输系统示意图如图题 5-28 所示。8 路最高频率为 f_H 的模拟信号经过 8bit 的 PCM 编码后进行时分复用传输,由于信道带宽受限,时分复用后的信号选择 QPSK 调制后进行传输。现已知 QPSK 信号的传输速率为 960kbit/s,求无码间串扰下每路模拟信号的最高频率 f_H。

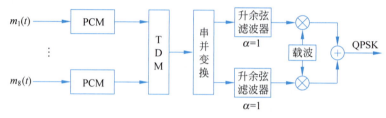

图题 5-28

第 6 章 现代数字调制技术

在第 5 章中已经讨论了几种基本的数字调制技术原理。随着社会的发展，人们对通信的需求日益迫切，对通信的要求也越来越高。通信的理想目标是能在任何时候、在任何地方、与任何人都能及时沟通联系和交流信息，因此通信的环境日益复杂，并且面临各种干扰和电波传播影响，移动通信中的多径衰落就是一个典型例子。信号在无线传播的过程中会经过多点反射，从多条路径到达接收端，这种多径信号的幅度、相位和到达时间都不一样，这样造成的信号衰落称为多径衰落。为了适应通信需求的快速增长，各种数字调制方式也在不断地改进和发展，现代通信系统中出现了很多性能良好的数字调制技术。

数字调制方式应考虑如下因素：抗干扰性，抗多径衰落的能力，已调信号的带宽，以及使用、成本等因素。好的调制方案应在低信噪比的情况下具有良好的误码性能，具有良好的抗多径衰落能力，占有较小的带宽，使用方便，成本低。

按照在某一时刻调制是否只使用单一频率的载波，调制分为单载波调制和多载波调制；按照已调信号的包络是否保持不变，单载波调制又分为恒定包络调制和不恒定包络调制。第 5 章中讨论的 ASK、FSK 和 PSK 都属于单载波调制，其中 FSK 和 PSK 信号的幅度是不变的，属于恒包络调制。

本章主要介绍目前通信系统中常用的几种现代数字调制技术。首先介绍几种恒包络调制，包括偏移四相相移键控（OQPSK）、π/4 四相相移键控（π/4-QPSK）、最小频移键控（MSK）和高斯型最小频移键控（GMSK）；然后介绍正交幅度调制（QAM），它是一种不恒定包络调制。介绍了这几种单载波调制后，再引入多载波调制，其中着重介绍正交频分复用（OFDM）。

最后，本章对第五代（5G）移动通信技术中的新型调制技术进行介绍，包括 5G 新空口（5G-NR）物理信道中的调制技术，以及 5G 调制技术的发展趋势。

6.1 偏移四相相移键控

模拟调制中，恒包络调制（调频和调相）可以采用限幅的方法去除干扰引起的幅度变化，具有较高的抗干扰能力。在数字调制中，假设 QPSK 信号对应的基带信号为矩形方波，则数字调相信号也具有恒包络特性，但这时已调信号的频谱将为无穷宽。而实际上信道带宽总是有限的，为了对 QPSK 信号的带宽进行限制，先将基带信号经过基带成形滤波器，然后进行 QPSK 调制，再经过带通滤波器送入信道。但通过带限滤波处理后的 QPSK 信号已不再是恒包络，而且当码组的变化为 00→11，或 01→10 时，会产生 180°的载波相位跳变。这种相位跳变会引起带限滤波后的 QPSK 信号包络起伏，甚至出现包络为 0 的现象，如图 6-1 所示。当包络起

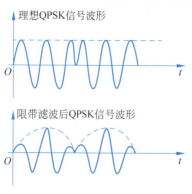

图 6-1　QPSK 信号限带滤波前后的波形

伏很大的限带 QPSK 信号通过非线性器件后，其功率谱旁瓣增生，导致频谱扩散，会增加对相邻信道的干扰。为了消除 180°的相位跳变，在 QPSK 的基础上提出 OQPSK。

QPSK 信号是利用正交调制方法产生的，其原理是先对输入数据做串并变换，即将二进制数据每两比特分为一组，得到 4 种组合：(1,1)、(−1,1)、(−1,−1) 和 (1,−1)，每组的前一比特为同相分量 I，后一比特为正交分量 Q。然后利用同相分量和正交分量分别对两个正交的载波进行 2PSK 调制，最后将调制结果叠加，得到 QPSK 信号。其相位有 4 种可能的取值，如图 6-2(a) 所示。随着输入数据的不同，QPSK 信号的相位会在这 4 种相位上跳变，跳变量可能为 ±π/2 或 ±π，如图 6-2(a) 中的箭头所示。当发生对角过渡，即产生 ±π 的相移时，经过带通滤波器之后所形成的包络起伏必然达到最大。

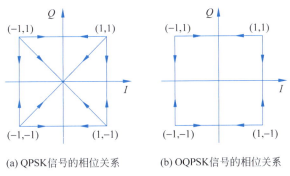

(a) QPSK信号的相位关系　　(b) OQPSK信号的相位关系

图 6-2　QPSK 和 OQPSK 信号的相位关系

为了减小包络起伏，要对 QPSK 信号的产生进行改进。在对 QPSK 做正交调制时，将正交分量 $Q(t)$ 的基带信号和同相分量 $I(t)$ 的基带信号在时间上相互错开半个码元间隔 $T_s/2$(1bit 间隔)，如图 6-3 所示。这种调制方法称为偏移四相相移键控，它的表达式为

$$s_{\text{OQPSK}}(t) = I(t)\cos(\omega_c t) - Q\left(t - \frac{T_s}{2}\right)\sin(\omega_c t) \tag{6-1}$$

式中，$I(t)$ 表示同相分量；$Q(t-T_s/2)$ 表示正交分量，它相对于同相分量偏移 $T_s/2$。这样，由于同相分量和正交分量不能同时发生变化，相邻一个比特信号的相位只可能发生 ±90°的变化，如图 6-3 中的相位路径所示。因此，星座图中的信号点只能沿正方形四边移动，不再出现沿对角线移动，消除了已调信号中相位突变 180°的现象，如图 6-2(b) 所示。经带通滤波器后，OQPSK 信号中包络的最大值与最小值之比约为 $\sqrt{2}$，不再出现比值无限大的现象，这也是 OQPSK 信号在实际信道中的功率谱特性优于 QPSK 信号的主要原因。也就是说，滤波后的 QPSK 信号和 OQPSK 信号有很大区别。

OQPSK 信号的调制和解调原理框图如图 6-4 所示。由于 OQPSK 信号也可以看作同相支路和正交支路的 2PSK 信号的叠加，所以 OQPSK 信号的功率谱与 QPSK 信号的功率谱形状相同。

QPSK 信号和 OQPSK 信号均采用相干解调，理论上它们的误码性能相同。由于频带受限的 OQPSK 信号包络起伏比频带受限的 QPSK 信号小，经限幅放大后功率谱展宽

得少,所以 OQPSK 的性能优于 QPSK。在实际中,OQPSK 比 QPSK 应用更广泛,但是 OQPSK 信号不能接受差分检测,接收机的设计比较复杂。

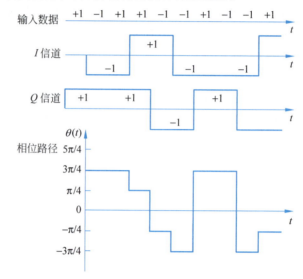

图 6-3　OQPSK 的 I、Q 信道波形及相位路径

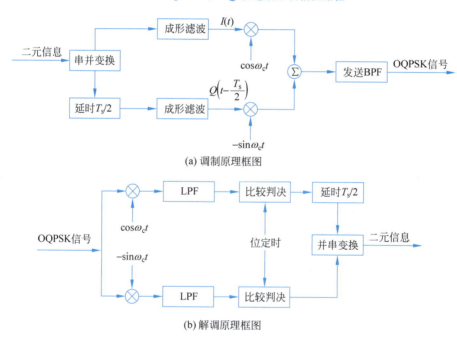

(a) 调制原理框图

(b) 解调原理框图

图 6-4　OQPSK 信号的调制和解调原理框图

6.2　π/4 四相相移键控

π/4-QPSK 调制是对 OQPSK 和 QPSK 在最大相位变化上进行折中,是在 QPSK 和 OQPSK 基础上发展起来的。它可以用相干或非相干方法进行解调。

π/4-QPSK 信号与 QPSK 和 OQPSK 相比，改进之一是它的最大相位改变为 ±45°或 ±135°，比 QPSK 最大跳变相位 ±180°小，从而改善了功率谱特性。改进之二是解调方式。QPSK 和 OQPSK 只能用相干解调，而 π/4-QPSK 既可采用相干解调，也可采用非相干解调，即在采用差分编码后，π/4-QPSK 成为 π/4-DQPSK，这时可以使用差分检测。差分检测是一种非相干解调，可以避免 QPSK 信号相干解调中的"倒 π 现象"，同时大大简化接收机的设计。

与 OQPSK 只有 4 个相位点不同，π/4-QPSK 信号已调信号的相位被均匀地分配为相距 π/4 的 8 个相位点，如图 6-5(a)所示。8 个相位点被分为两组，分别用"●"和"○"表示，如图 6-5(b)和(c)所示。如果能够使已调信号的相位在两组之间交替跳变，则相位跳变值就只能有 ±45°和 ±135° 4 种取值，这样就避免了 QPSK 信号相位突变 180°的现象；而且相邻码元间至少有 π/4 的相位变化，从而使接收机的时钟恢复和同步更容易实现。由于最大相移 135°比 QPSK 的最大相移 180°小 π/4，所以称为 π/4-QPSK。

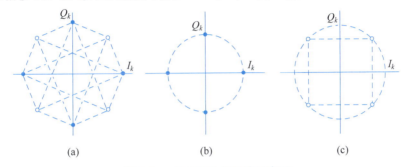

图 6-5 π/4-QPSK 信号的星座图

表 6-1 给出了双比特信息 m_{I_k}、m_{Q_k} 和相邻码元之间相位跳变 $\Delta\theta_k$ 之间的关系。由表 6-1 可见，相位跳变量只有 ±π/4 和 ±3π/4 共 4 种取值，对应于 4 组双比特信息码，即 4 种四进制符号。在这样的约束下，信号的相位也必在图 6-5 中的"●"组和"○"组之间跳变，而不可能产生如 QPSK 信号 ±π 的相位跳变，从而使得信号的频谱特性得到较大改善。

表 6-1 m_{I_k}、m_{Q_k} 与 $\Delta\theta_k$ 的对应关系

m_{I_k}	m_{Q_k}	$\Delta\theta_k$	$\cos\Delta\theta_k$	$\sin\Delta\theta_k$
1	1	$\frac{\pi}{4}$	$\frac{1}{\sqrt{2}}$	$\frac{1}{\sqrt{2}}$
−1	1	$\frac{3\pi}{4}$	$-\frac{1}{\sqrt{2}}$	$\frac{1}{\sqrt{2}}$
−1	1	$-\frac{3\pi}{4}$	$-\frac{1}{\sqrt{2}}$	$-\frac{1}{\sqrt{2}}$
1	−1	$-\frac{\pi}{4}$	$\frac{1}{\sqrt{2}}$	$-\frac{1}{\sqrt{2}}$

π/4-QPSK 调制器原理如图 6-6 所示。调制前，二元信息经过串并变换分成两路，形成双比特信息 m_{I_k} 和 m_{Q_k}，再经过电平变换形成同相分量 I_k 和正交分量 Q_k，这里的电平变换又称为信号映射。同相分量 I_k 和正交分量 Q_k 通过脉冲成形滤波器后，分别形成进入 QPSK 调制器的同相分量 $I(t)$ 和正交分量 $Q(t)$，然后对两个相互正交的载波调制，产生 π/4-QPSK 信号。

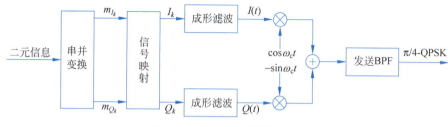

图 6-6 π/4-QPSK 信号的产生

设已调信号为

$$s(t) = \cos[\omega_c t + \theta_k] \quad (6\text{-}2)$$

式中,θ_k 为 $kT \leqslant t \leqslant (k+1)T$ 间的附加相位。将上式展开为

$$s(t) = \cos\theta_k \cos\omega_c t - \sin\theta_k \sin\omega_c t \quad (6\text{-}3)$$

式中,θ_k 是前一码元附加相位 θ_{k-1} 与当前码元相位跳变量 $\Delta\theta_k$ 之和,所以当前相位可以表示为

$$\theta_k = \theta_{k-1} + \Delta\theta_k \quad (6\text{-}4)$$

设当前码元的两正交信号分别表示为

$$\begin{cases} I_k = \cos\theta_k = \cos(\theta_{k-1} + \Delta\theta_k) \\ \quad = \cos\Delta\theta_k \cos\theta_{k-1} - \sin\Delta\theta_k \sin\theta_{k-1} & (6\text{-}5) \\ Q_k = \sin\theta_k = \sin(\theta_{k-1} + \Delta\theta_k) \\ \quad = \cos\Delta\theta_k \sin\theta_{k-1} + \sin\Delta\theta_k \cos\theta_{k-1} & (6\text{-}6) \end{cases}$$

令前一码元的两正交信号为 $I_{k-1} = \cos\theta_{k-1}$,$Q_{k-1} = \sin\theta_{k-1}$,则式(6-5)及式(6-6)可表示为

$$I_k = I_{k-1}\cos\Delta\theta_k - Q_{k-1}\sin\Delta\theta_k \quad (6\text{-}7)$$

$$Q_k = Q_{k-1}\cos\Delta\theta_k + I_{k-1}\sin\Delta\theta_k \quad (6\text{-}8)$$

从式(6-7)和式(6-8)可以看出,当前码元的两正交信号 (I_k,Q_k) 不仅与当前码元相位跳变量 $\Delta\theta_k$ 有关,还与前一码元的两正交信号 (I_{k-1},Q_{k-1}) 有关,即与信号变换电路的输入码组有关。与前面所讨论的 DPSK 原理类似,这是一种差分的方式,所以这种调制方式也称为 π/4-DQPSK,解调时也可以采用差分延迟的非相干方式,可降低接收机复杂度。

一种新颖的全数字式 π/4-QPSK 调制器如图 6-7 所示。载波信号发生器产生相位为 $0,\pi/4,\pi/2,\cdots,7\pi/4$ 等 8 种载波信号,固定送给相位选择器 $D_0,D_1,\cdots,D_7$。地址码发生器由编码电路和延迟电路组成,编码器完成双比特 I_k,Q_k 输入和 3 比特 A_k,B_k,C_k 输出之间的转换,延迟电路完成相对码变换。3bit 共有 8 种取值,每种取值对应控制 8 选 1 相位选择器,把所需的载波选取出来,再经滤波器形成 π/4-QPSK 输出信号。由于信息包含在两个抽样瞬间的载波相位差之中,故解调时只需检测这个相位差。这种解调器具有电路简单、工作稳定、易于集成等特点。

如前所述,π/4-QPSK 既可以采用非相干解调,也可以采用相干解调。如果采用相干解调,π/4-QPSK 信号的抗噪声性能与 QPSK 信号的抗噪声性能相同。但是,带限后的 π/4-QPSK 信号保持恒包络的性能比带限后的 QPSK 好,但不如 OQPSK,这是因为三者中 OQPSK 的最大相位变化最小,π/4-QPSK 其次,QPSK 最大。

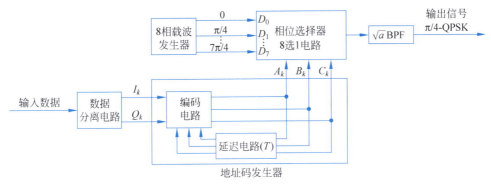

图 6-7　全数字式 π/4-QPSK 调制电路

如果采用非相干差分延迟解调,则不需要提取载波,大大简化了接收机的设计,如图 6-8 所示。在非移动环境(静态条件)下与相干解调相比误码率特性约差 2dB。但是通过研究发现,在存在多径衰落时,π/4-QPSK 的性能优于 OQPSK。

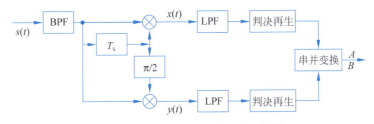

图 6-8　π/4-QPSK 延迟解调原理框图

实践证明,π/4-QPSK 信号具有频谱特性好、功率效率高、抗干扰能力强等特点。由于能有效地提高频谱利用率,增大系统容量,因而在数字移动通信中,特别是小功率系统中得到应用。如北美和日本的数字蜂窝移动通信系统中已采用 π/4-QPSK 调制方式。此外,中国的卫星直播电视系统中采用了四相差分相移键控(DQPSK)调制方式。

6.3　最小频移键控

OQPSK 和 π/4-QPSK 因为避免了 QPSK 信号相位突变 180°的现象,所以改善了包络起伏,但并没有完全解决这一问题。由于包络起伏的根本原因在于相位的非连续变化,如果使用相位连续变化的调制方式就能够从根本上解决包络起伏的问题,这种方式称为连续相位调制。

最小频移键控(MSK)是 2FSK 的改进,它是二进制连续相位频移键控的一种特殊情况。在第 5 章中讨论的 2FSK 信号虽然性能优良,易于实现,并得到了广泛的应用,但它还存在一些不足之处。首先,它的频带利用率较低,所占用的频带宽度比 2PSK 大;其次,用开关法产生的 2FSK 信号其相邻码元的载波波形的相位可能不连续,通过带限系统后,会产生影响系统性能的包络的起伏。最后,2FSK 信号的两种波形不一定保证严格正交,而对于二进制数字调制信号来说,两种信号相互正交将会改善系统的误码性能并提高频带利用率。为了克服上述缺点,对 2FSK 信号进行改进,形成了 MSK 调制方式。

MSK 称为最小频移键控,有时也称为快速频移键控,所谓最小是指这种调制方式能以最小的频移指数(0.5)获得正交信号;而快速的含义是指在给定同样的频带内,MSK 能比 2PSK 的数据传输速率更高,且带外频谱分量衰减得比 2PSK 快。

6.3.1 MSK 信号的正交性

信号的正交性是指两个信号在理论上是无相互干扰的,即这两个信号的互相关系数为 0。在数字通信中,使用相互正交的信号进行传输意味着节省带宽和降低干扰。所以,如何利用信号的正交性质是数字调制技术需要研究的重要问题。

对于一般的 2FSK 信号来说,根据相关系数的定义,其两路码元波形的互相关系数为

$$\rho = \frac{\sin 2\pi (f_2 - f_1) T_s}{2\pi (f_2 - f_1) T_s} + \frac{\sin 4\pi f_c T_s}{4\pi f_c T_s} \tag{6-9}$$

式中,$f_c = \dfrac{f_2 + f_1}{2}$ 是载波频率;T_s 是码元周期。

由于 MSK 信号是正交调制,所以两路信号波形的相关系数应该等于零,也就是式(6-9)应为 0。此时,该式右边的两项都应为 0。由此可得

$$f_2 - f_1 = \frac{k}{2T_s}, \quad k = 1, 2, 3, \cdots \tag{6-10}$$

$$T_s = \frac{n}{4f_c}, \quad n = 1, 2, 3, \cdots \tag{6-11}$$

上述结论说明,在 2FSK 的两路信号正交的条件下,FSK 信号的频差应是 $1/(2T_s)$ 的整数倍,显然当 $k=1$ 时,频差达到最小,满足 MSK 调制的要求,故称为最小频移键控。此时频差 Δf 为 $1/(2T_s)$,即最小频差 Δf 等于码元传递速率的一半。此外,MSK 信号的每个码元周期都是四分之一载波周期的整数倍。

设 $a_k = \pm 1$ 是数字基带信号,当 $a_k = +1$ 时,信号频率为

$$f_2 = f_c + \frac{1}{4T_s} \tag{6-12}$$

当 $a_k = -1$ 时,信号频率为

$$f_1 = f_c - \frac{1}{4T_s} \tag{6-13}$$

因此可计算出频差为

$$\Delta f = f_2 - f_1 = \frac{1}{2T_s} \tag{6-14}$$

即最小频差 Δf 等于码元传递速率的一半。对应的频移指数为

$$h = \frac{\Delta f}{f_s} = \Delta f \times T_s = \frac{1}{2T_s} \times T_s = 0.5 \tag{6-15}$$

6.3.2 MSK 信号的相位连续性

根据上述分析，MSK 信号可以表示为

$$s_{\text{MSK}}(t) = \cos[\omega_c t + \theta_k(t)]$$
$$= \cos\left(\omega_c t + \frac{\pi a_k}{2T_s} t + \varphi_k\right), \quad kT_s \leqslant t \leqslant (k+1)T_s \quad (6\text{-}16)$$

式中，ω_c 表示载频；$\pi a_k / 2T_s$ 表示相对载频的频偏；φ_k 表示第 k 个码元的起始相位；$a_k = \pm 1$ 是数字基带信号；$\theta_k(t)$ 称为附加相位函数，

$$\theta_k(t) = \frac{\pi a_k}{2T_s} t + \varphi_k \quad (6\text{-}17)$$

它是除载波相位之外的附加相位。

根据相位 $\theta_k(t)$ 连续条件，要求在 $t = kT_s$ 时应满足 $\theta_{k-1}(t) = \theta_k(t)$，即

$$a_{k-1} \frac{\pi k T_s}{2T_s} + \varphi_{k-1} = a_k \frac{\pi k T_s}{2T_s} + \varphi_k \quad (6\text{-}18)$$

可得

$$\varphi_k = \varphi_{k-1} + (a_{k-1} - a_k)\frac{\pi k}{2}$$
$$= \begin{cases} \varphi_{k-1}, & a_k = a_{k-1} \\ \varphi_{k-1} \pm k\pi, & a_k \neq a_{k-1} \end{cases} \quad (6\text{-}19)$$

可见，MSK 信号在第 k 个码元的起始相位不仅与当前的 a_k 有关，还与前面的 a_{k-1} 和 φ_{k-1} 有关。为简便起见，设第一个码元的起始相位为 0，则

$$\varphi_k = 0 \quad \text{或} \quad \pi \quad (6\text{-}20)$$

现在来讨论在每个码元间隔 T_s 内相对于载波相位的附加相位函数 $\theta_k(t)$ 的变化。由式(6-17)可知，$\theta_k(t)$ 是 MSK 信号的总相位减去随时间线性增长的载波相位得到的剩余相位，它是一个直线方程式。在一个码元间隔内，当 $a_k = +1$ 时，$\theta_k(t)$ 增大 $\pi/2$；当 $a_k = -1$ 时，$\theta_k(t)$ 减小 $\pi/2$。$\theta_k(t)$ 随 t 的变化规律如图 6-9 所示。图中正斜率直线表示传"1"码时的相位轨迹，负斜率直线表示传"0"码时的相位轨迹，这种由相位轨迹构成的图形称为相位网格图。

例 6-1 已知载波频率 $f_c = 1.75/T_s$，初始相位 $\varphi_0 = 0$。

(1) 当数字基带信号 $a_k = \pm 1$ 时，MSK 信号的两个频率 f_1 和 f_2 分别是多少？
(2) 对应的最小频差及调制指数是多少？
(3) 若基带信号为 +1 −1 −1 +1 +1 +1，画出相应的 MSK 信号波形。

解 (1) 当 $a_k = -1$ 时，信号频率 f_1 为

$$f_1 = f_c - \frac{1}{4T_s} = \frac{1.75}{T_s} - \frac{1}{4T_s} = \frac{1.5}{T_s}$$

当 $a_k = +1$ 时，信号频率 f_2 为

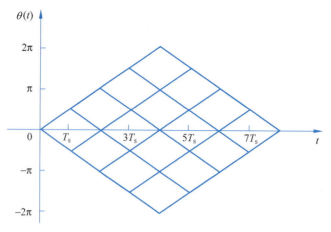

图 6-9　MSK 相位网格图

$$f_2 = f_c + \frac{1}{4T_s} = \frac{1.75}{T_s} + \frac{1}{4T_s} = \frac{2}{T_s}$$

(2) 最小频差 Δf 为

$$\Delta f = f_2 - f_1 = \frac{2}{T_s} - \frac{1.5}{T_s} = \frac{1}{2T_s}$$

它等于码元传递速率的一半。

调制指数为

$$h = \frac{\Delta f}{f_s} = \Delta f \times T_s = \frac{1}{2T_s} \times T_s = 0.5$$

(3) 根据以上计算结果,可以画出相应的 MSK 波形,如图 6-10 所示。"+1"和"-1"对应 MSK 波形相位在码元转换时刻是连续的,而且在一个码元期间所对应的波形频率恰好相差 1/2 码元周期。

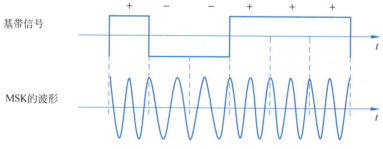

图 6-10　例 6-1 中的 MSK 信号波形图

综合以上分析可知,MSK 信号具有如下特点。

(1) MSK 信号的包络是恒定不变的。

(2) MSK 是频移指数为 0.5 的正交信号,频率偏移等于 $\pm \dfrac{1}{4T_s}$。

(3) MSK 波形的相位在码元转换时刻是连续的。

（4）MSK 波形的附加相位在一个码元持续时间内线性地变化 $\pm\pi/2$ 等。

6.3.3 MSK 信号的产生与解调

考虑到 $a_k = \pm 1, \varphi_k = 0$ 或 π，MSK 信号可以用两个正交分量表示为

$$s_{\mathrm{MSK}}(t) = \cos\varphi_k \cos\frac{\pi t}{2T_s}\cos\omega_c t - a_k\cos\varphi_k \sin\frac{\pi t}{2T_s}\sin\omega_c t$$

$$= I_k \cos\frac{\pi t}{2T_s}\cos\omega_c t + Q_k \sin\frac{\pi t}{2T_s}\sin\omega_c t \tag{6-21}$$

式中，$I_k = \cos\varphi_k$，为同相分量；$Q_k = -a_k\cos\varphi_k$，为正交分量。

根据该式构成的 MSK 信号产生方框图如图 6-11 所示。图中输入数据序列为 a_k，它经过差分编码后变成序列 c_k，经过串并转换，将一路延迟 T_s，得到相互交错一个码元宽度的两路信号 I_k 和 Q_k。加权函数 $\cos\pi t/2T_s$ 和 $\sin\pi t/2T_s$ 分别对两路数据信号 I_k 和 Q_k 进行加权，加权后的两路信号再分别对正交载波 $\cos\omega_c t$ 和 $\sin\omega_c t$ 进行调制，调制后的信号相加再通过带通滤波器，就得到 MSK 信号。

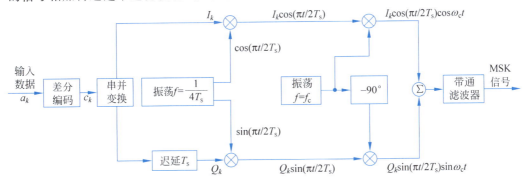

图 6-11 MSK 信号的产生方框图

由于 MSK 信号是一种 FSK 信号，所以它可以采用相干解调和非相干解调，其中相干解调器原理如图 6-12 所示。MSK 信号经带通滤波器滤除带外噪声，然后借助正交的相干载波与输入信号相乘，将 I_k 和 Q_k 两路信号区分开，再经低通滤波后输出。同相支路在 $2kT_s$ 时刻抽样，正交支路在 $(2k+1)T_s$ 时刻抽样，判决器根据抽样后的信号极性进行判决，大于 0 判为"1"，小于 0 判为"0"，经并串变换，变为串行数据。与调制器相对应，因在发送端经差分编码，故接收端输出需经差分译码后，即可恢复原始数据。

6.3.4 MSK 信号的功率谱特性

通过推导，MSK 信号的归一化双边功率频谱密度 $P_s(f)$ 的表达式为

$$P_s(f) = \frac{16T_s}{\pi^2}\left[\frac{\cos 2\pi(f-f_c)T_s}{1-16(f-f_c)^2 T_s^2}\right]^2 \tag{6-22}$$

式中，f_c 为载频；T_s 为码元宽度。

按照式(6-22)画出 MSK 信号的功率谱曲线，如图 6-13 中实线所示。应当注意，图中

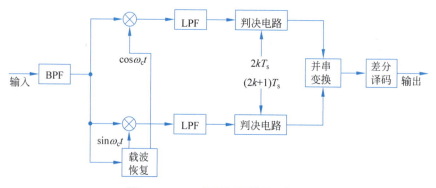

图 6-12　MSK 相干解调器原理框图

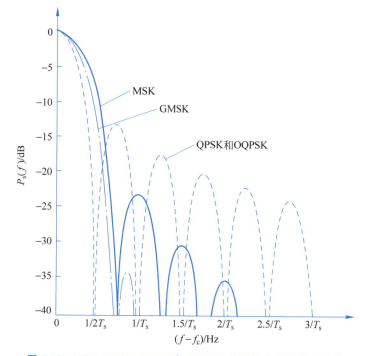

图 6-13　MSK、GMSK、QPSK 和 OQPSK 信号的功率谱密度曲线

横坐标是以载频为中心画的,即横坐标代表频率$(f-f_c)$；T_s 表示二进制码元间隔。图中还给出了其他几种调制信号的功率谱密度曲线作为比较。由图可见,与 QPSK 和 OQPSK 信号相比,MSK 信号功率谱更为集中,即其旁瓣下降得更快,故它对相邻频道的干扰较小。具体的计算数据表明,包含 99% 信号功率的带宽近似值中,MSK 最小,约为 $1.2/T_s$；QPSK 及 OQPSK 其次,为 $6/T_s$；BPSK 最大,为 $9/T_s$。由此可见,MSK 信号的带外功率下降非常快。

6.4　高斯最小频移键控

MSK 信号虽然包络恒定,带外功率谱密度下降快,但在一些通信场合,例如在移动通信中，MSK 所占带宽和频谱的带外衰减速度仍不能满足需要，以至于在 25kHz 信道间隔内传输 16kbit/s 的数字信号时，将会产生邻道干扰，因此应对 MSK 的调制方式进行改进。在频率调制之前，用一个高斯型低通滤波器对基带信号进行预滤波，滤除高频分量，使得功率谱更加紧凑。这样的调制称为高斯最小频移键控(GMSK)。此高斯型滤波器的传输函数为

$$H(f) = \exp[-(\ln 2/2)(f/B)^2] \tag{6-23}$$

式中，B 为高斯滤波器的 3dB 带宽。

将式(6-23)作傅里叶反变换，得到此滤波器的冲激响应为

$$h(t) = \frac{\sqrt{\pi}}{\alpha} \exp\left(-\frac{\pi^2}{\alpha^2} t^2\right) \tag{6-24}$$

式中，$\alpha = \sqrt{\ln 2/2}/B$。由于 $h(t)$ 为高斯型特性，故称为高斯型滤波器。

习惯上使用 BT_s 作为 GMSK 的重要指标。其中，B 为 3dB 带宽，T_s 为码元间隔。BT_s 表明了滤波器的 3dB 带宽与码元速率的关系，例如，$BT_s = 0.5$ 表示滤波器的 3dB 带宽是码元速率的 0.5 倍。

GMSK 信号的功率谱很难分析计算，用计算机仿真的方法得到的结果如图 6-13 所示。由图可见，GMSK 具有功率谱集中的优点。需要指明的是，GMSK 信号频谱特性的改善是以降低误比特率性能为代价的，预滤波器的带宽越窄，输出功率谱就越紧凑，但同时码间串扰也越明显，即 BT_s 值越小，码间串扰越大，误比特率性能也会变得越差。因此，在实际应用中 BT_s 应该折中选择。例如在 GSM 体制的蜂窝网中，为了得到更大的用户容量，采用 $BT_s = 0.3$ 的 GSM 调制。

知识扩展：色移键控，可以扫描二维码阅读。色移键控(Color-Shift Keying, CSK)作为 IEEE 802.15.7 近距离可见光通信标准，可以实现在可见光频谱中的高效数据传输。

知识扩展

6.5 正交幅度调制

从前面的章节中知道，在二进制 ASK 系统中，其频带利用率是 1bit/(s·Hz)，而多进制的相移键控(MPSK)调制在带宽和功率占用方面都具有优势，即带宽占用小和比特信噪比要求低，但随着进制数 M 的增加其误比特率难以保证。如果采用正交载波技术传输 ASK 信号，可使得频带利用率提高一倍。若再把多进制与其他技术结合起来，还可进一步提高频带利用率，并改善 M 较大时的抗噪声性能。由此发展出了正交幅度调制(QAM)技术，它是一种幅度和相位联合键控的调制方式。它可以提高系统可靠性，且能获得较高的频带利用率，是目前应用较为广泛的一种数字调制方式。

在 QAM 调制中，载波的幅度和相位两个参量同时受基带信号控制，在一个码元中的信号可以表示为

$$s_k(t) = A_k \cos(\omega_c t + \theta_k), \quad kT < t \leqslant (k+1)T \tag{6-25}$$

式中，k 为整数；A_k 和 θ_k 分别可以取多个离散值。

式(6-25)可展开为

$$s_k(t) = A_k \cos\omega_c t \cos\theta_k - A_k \sin\omega_c t \sin\theta_k \tag{6-26}$$

令

$$\begin{cases} X_k = A_k \cos\theta_k \\ Y_k = -A_k \sin\theta_k \end{cases} \quad (6\text{-}27)$$

将式(6-27)代入式(6-26),得到

$$s_k(t) = X_k \cos\omega_c t + Y_k \sin\omega_c t \quad (6\text{-}28)$$

式中,X_k、Y_k 也是可以取多个离散值的变量。从式(6-28)可以看出,正交幅度调制是用两路独立的基带数字信号作为调制信号,对两个相互正交的同频载波进行抑制载波的双边带调制,它利用已调信号的正交性质来实现两路并行的数字信息传输。

若 QAM 的同相和正交支路都采用二进制信号,则信号空间中的坐标点数目(状态数)$M=4$,记为 4QAM;若同相和正交支路都采用四进制信号,则将得到 16QAM 信号。以此类推,两条支路都采用 L 进制信号得到 MQAM 信号,其中 $M=L^2$。

矢量端点的分布图称为星座图。通常用星座图来描述 QAM 信号的信号空间分布状态。下面以 16QAM 为例进行分析。

对于 16QAM 来说,有多种分布形式的信号星座图。两种具有代表意义的信号星座图如图 6-14 所示。在图 6-14(a)中,信号点的分布成方形,故称为方形 16QAM 星座图,也称为标准型 16QAM。在图 6-14(b)中,信号点的分布成星形,故称为星形 16QAM 星座。这两种星座结构有重要的差别,从图 6-14 中可以直观地看到,在图 6-14(a)所示的方形星座图中,信号点共有 3 种振幅值和 12 种相位值,而图 6-14(b)所示的星形星座图中,信号点共有 2 种振幅值和 8 种相位值。在无线移动通信的环境中,存在多径效应和各种干扰,信号振幅和相位的取值种类越多,受到的影响越大,接收端越难以恢复原信号,这使得在衰落信道中,星形 16QAM 比方形 16QAM 更具有吸引力。

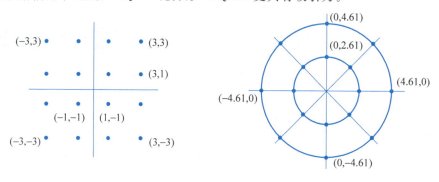

(a) 方形16QAM星座 (b) 星形16QAM星座

图 6-14 16QAM 的星座图

若所有信号点以等概率出现,则平均发射信号功率为

$$P_s = \frac{1}{M} \sum_{n=1}^{M} (X_n^2 + Y_n^2) \quad (6\text{-}29)$$

假设两种星座图的信号点之间的最小距离都为 2,如图 6-14 所示。对于方形 16QAM,信号平均功率为

$$P_s = \frac{1}{M}\sum_{n=1}^{M}(X_n^2 + Y_n^2) = \frac{1}{16}(4\times 2 + 8\times 10 + 4\times 18) = 10 \quad (6\text{-}30)$$

对于星形 16QAM,信号平均功率为

$$P_s = \frac{1}{M}\sum_{n=1}^{M}(X_n^2 + Y_n^2) = \frac{1}{16}(8\times 2.61^2 + 8\times 4.61^2) \approx 14.03 \quad (6\text{-}31)$$

由此可见,方形比星形 16QAM 的功率小 1.4dB,而且方形星座的 MQAM 信号的产生及解调比较容易实现,所以方形星座的 MQAM 信号在实际通信中得到广泛的应用。当 M 分别为 4、16、32 和 64 时,MQAM 信号的星座图如图 6-15 所示。

为了传输和检测方便,同相和正交支路的 L 进制码元一般为双极性码元,其间隔相同。例如,当 L 为偶数时,L 个信号电平取为 $\pm 1, \pm 3, \cdots, \pm(L-1)$。由星座图容易看出,如果 $M = L^2$ 为 2 的偶数次方,则方形星座的 MQAM 信号可等效为同相和正交支路的 L 进制抑制载波的 ASK 信号之和。

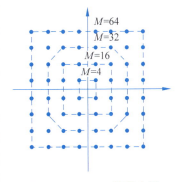

图 6-15　MQAM 的星座图

若状态数 $M \neq L^2$,如 $M = 32$,也需利用 36QAM 的星座图,将最远的角顶上的 4 个星座点空置,如图 6-15 所示,这样就可以在同样的抗噪声性能下节省发送功率。

MQAM 信号是由同相和正交支路的 $\sqrt{M}$ 进制的 ASK 信号叠加而成,所以它的功率谱是两支路信号功率谱的叠加。第一零点带宽(主瓣宽度)为 $B = 2R_s$,即码元频带利用率为

$$\eta_s = \frac{R_s}{B} = \frac{1}{2}(\text{baud/Hz}) \quad (6\text{-}32)$$

MQAM 信号的信息频带利用率为

$$\eta_b = \frac{R_b}{B} = \frac{R_s \log_2 M}{B} = \frac{\log_2 M}{2} = \log_2 L \,(\text{bit}/(\text{s}\cdot\text{Hz})) \quad (6\text{-}33)$$

利用已调信号的正交性,MQAM 实现了两路数字信息在同一带宽内的并行传输,所以与一路 L 进制的 ASK 信号相比较,相同带宽的 MQAM 信号可以传送 2 倍的信息量。

在星座图中可以看出各信号点之间的距离,该距离也称为信号点之间的欧氏距离。相邻点的最小距离(即最小欧氏距离)直接代表噪声容限的大小。例如,随着进制数 M 的增加,在信号空间中各信号点间的最小距离减小,相应的信号判决区域随之减小。因此,当信号受到噪声和干扰的损害时,接收信号错误概率将随之增大。对相同进制数的 PSK 和 QAM 的抗噪声性能可进行具体比较。

假设已调信号的最大幅度为 1,则 MPSK 信号星座图上信号点间的最小距离为

$$d_{\text{MPSK}} = 2\sin\left(\frac{\pi}{M}\right) \quad (6\text{-}34)$$

而 MQAM 信号方形星座图上信号点间的最小距离为

$$d_{\text{MQAM}} = \frac{\sqrt{2}}{L-1} = \frac{\sqrt{2}}{\sqrt{M}-1} \tag{6-35}$$

式中，L 为星座图上信号点在水平轴或垂直轴上投影的电平数，$M=L^2$。

可以看出，当 $M=4$ 时，4PSK 和 4QAM 的星座图相同，$d_{4\text{PSK}} = d_{4\text{QAM}}$。当 $M=16$ 时，假设最大功率(最大幅度)相同，根据式(6-34)和式(6-35)，在最大幅度为 1 的条件下

$$d_{\text{MPSK}} = 2\sin\left(\frac{\pi}{M}\right) = 2\sin\left(\frac{\pi}{16}\right) \approx 0.39$$

$$d_{\text{MQAM}} = \frac{\sqrt{2}}{L-1} = \frac{\sqrt{2}}{\sqrt{M}-1} = \frac{\sqrt{2}}{4-1} \approx 0.47$$

可见，$d_{16\text{QAM}}$ 超过 $d_{16\text{PSK}}$ 大约 1.6dB。

实际上，一般都在平均功率相同的条件下来比较各信号点之间的最短距离。可以证明，MQAM 信号的最大功率与平均功率之比为

$$\frac{\text{最大功率}}{\text{平均功率}} = \frac{L(L-1)^2}{2\sum_{i=1}^{L/2}(2i-1)^2} \tag{6-36}$$

当 $M=16$ 时，这个比值为 1.8，即 2.55dB。这样，在平均功率相同的条件下，$d_{16\text{QAM}}$ 超过 $d_{16\text{PSK}}$ 大约 4.19dB，这表明 16QAM 系统的抗干扰能力优于 16PSK。

知识扩展：无载波幅度相位调制，可以扫描二维码阅读。与正交幅度调制相比，无载波调制技术(Carrierless Amplitude and Phase, CAP)不需要载频本振源，取而代之的是一对特殊的匹配滤波器，极大地降低了系统的复杂度，避免了处理接收端与发送端载波同步的问题。

6.6 正交频分复用

上述各种调制系统在某一时刻都只用单一的载波频率来发送信号，如果信道不理想，就会造成信号的失真和码间串扰。尤其在无线移动通信环境下，即使传输低速码流，也会产生严重的码间串扰。解决这个问题的途径除了采用均衡器之外，还可以采用多载波传输技术，即把信道分成多个子信道，将基带码元均匀分散到每个子信道中对载波进行调制传输。

多载波调制技术并不是现在才发展起来的新技术，早在 1957 年就出现了使用 20 个子载波并行传输低速率(150baud)码元的多载波系统，它在当时克服了短波信道上的严重多径效应。早期的多载波技术主要用于军用的无线高频通信系统，由于实现复杂而限制了它的进一步应用。直到 20 世纪 80 年代，人们提出了采用离散傅里叶变换来实现多个载波的调制，简化了系统结构，使得以正交频分复用(OFDM)为代表的多载波调制技术更趋于实用化。在当今能提供高速率传输的各种无线解决方案中，OFDM 是最有前途的方案之一，它已经作为关键技术，被应用在第四代(4G)和第五代(5G)移动通信系统中。

6.6.1 多载波调制技术

多载波调制技术是一种并行体制。它将高速率的数据序列经串并变换后分割为若

干路低速数据流,每路低速数据采用一个独立的载波进行调制,各路叠加在一起构成发送信号;在接收端用同样数量的载波对发送信号进行相干接收,获得各路低速率信息数据后,再通过并串变换得到原来的高速信号。多载波传输系统原理框图如图 6-16 所示。

图 6-16 多载波传输系统原理框图

与单载波系统相比,多载波调制技术具有如下优点。

(1) 抗多径干扰和频率选择性衰落的能力强。因为串并变换降低了码元速率,从而增大了码元宽度,减少了多径时延在接收信息码元中所占的相对百分比,以削弱多径干扰对传输系统性能的影响;如果在每一路符号中插入保护时隙大于最大时延,可以进一步消除符号间干扰(ISI)。

(2) 它可以采用动态比特分配技术,即优质信道多传输,较差信道少传输,劣质信道不传输的原则,可使系统达到最大比特率。

在多载波调制方式中,子载波设置主要有 3 种方案。第一种方案为图 6-17(a)所示的传统频分复用方案,它将整个频带划分为 N 个互不重叠的子信道。在接收端可以通过滤波器组进行分离。

第二种方案为图 6-17(b)所示的偏置 QAM 方案,它在 3dB 处载波频谱重叠,其复合谱是平坦的。

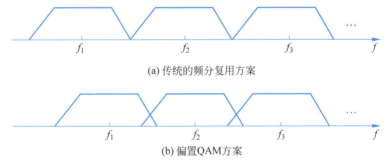

图 6-17 子载波的两种设置方案

第三种方案为正交频分复用(OFDM)方案,要求各子载波保持相互正交。它是一种高效的调制技术,适合在多径传播和多普勒频移的无线移动信道中传输高速数据。由于它具有较强的抗多径传播和频率选择性衰落的能力,并有较高的频谱利用率,因此受到大量关注。目前 OFDM 作为核心技术已被多种有线和无线接入标准采纳,包括接入网中的数字环路(DSL)、欧洲数字音视频广播(DVB、DAB)、高清晰度电视(HDTV)的地面广播系统以及无线局域网标准等。

6.6.2 正交频分复用技术

正交频分复用作为一种多载波传输技术,要求各子载波保持相互正交。每个子载波可以调制 PSK 或 QAM 符号,下面以子载波调制为 2PSK 为例,简述 OFDM 的工作原理。OFDM 在发送端的调制原理框图如图 6-18 所示,N 个待发送的串行数据经过串并变换之后得到码元周期为 T_s 的 N 路并行码,码型选用双极性非归零矩形脉冲,然后用 N 个子载波分别对 N 路并行码进行 2PSK 调制,相加后得到的波形表示为

$$s_m(t) = \sum_{n=0}^{N-1} A_n \cos\omega_n t \tag{6-37}$$

式中,A_n 为第 n 路并行码;ω_n 为第 n 路码的子载波角频率,$\omega_n = 2\pi f_n$。

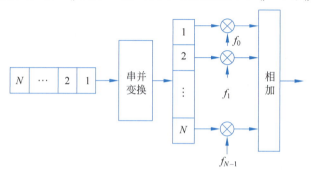

图 6-18 OFDM 调制原理框图

为了保证 N 个子载波相互正交,也就是在信道传输符号的持续时间 T_s 内任意两个子载波乘积的积分值为 0。由三角函数系的正交性,任意两个子载波应满足的关系为

$$\int_0^{T_s} \cos 2\pi \frac{mt}{T_s} \cos 2\pi \frac{nt}{T_s} dt = \begin{cases} 0, & m \neq n \\ \dfrac{T_s}{2}, & m = n \end{cases}, \quad m,n = 1,2,\cdots \tag{6-38}$$

因此,要求子载波频率间隔应满足

$$\Delta f = f_n - f_{n-1} = \frac{1}{T_s}, \quad n = 1,2,\cdots,N-1 \tag{6-39}$$

由式(6-37)可知,OFDM 信号由 N 个信号叠加而成,每个信号的频谱都是以子载波频率为中心频率的 Sa 函数,如图 6-19 所示。子载波之间虽然相互重叠,但由于相邻子载波间隔为 $1/T_s$,因此每个子载波频谱的最大值处正好是其他子载波频谱的零点,从而避免载波间干扰。

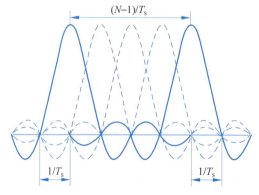

图 6-19 OFDM 信号的频谱结构示意图

忽略旁瓣的功率,由图 6-19 可知 OFDM 的频谱宽度为

$$B = (N-1)\frac{1}{T_s} + \frac{2}{T_s} = \frac{N+1}{T_s} \tag{6-40}$$

由于信道中每 T_s 内传 N 个并行的码元,所以码元速率

$$R_s = \frac{N}{T_s} \tag{6-41}$$

所以码元频带利用率为

$$\eta_s = \frac{R_s}{B} = \frac{N}{N+1} \tag{6-42}$$

可见,当 $N \gg 1$ 时,η_s 趋近 1。如果使用二进制符号传输,与用单个载波的串行体制相比,OFDM 频带利用率提高近一倍。

在接收端,对 $s_m(t)$ 用频率为 $f_n(n)$ 的正弦波在 $[0,T_s]$ 进行相关运算,就可以得到各子载波上携带的信息 $A_n(n)$,然后通过并串变换,恢复出发送的二进制数据序列。OFDM 的解调原理框图如图 6-20 所示。

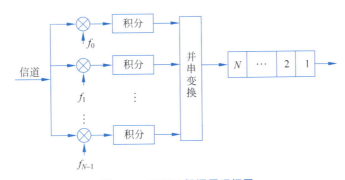

图 6-20　OFDM 解调原理框图

图 6-18 和图 6-20 中的实现方法需要 N 套正弦波发生器、调制器和相关解调器等设备,当 N 很大时,所需设备将会十分复杂和昂贵,所以这种方法在实际中很难应用。20世纪 80 年代,人们发现可以采用离散傅里叶反变换(IDFT)来实现多个载波的调制,接收端用离散傅里叶变换(DFT)来实现解调,从而降低 OFDM 系统的复杂度和成本,使得 OFDM 技术更趋于实用化。

将式(6-37)改写为如下形式:

$$s_m(t) = \text{Re}\left[\sum_{n=0}^{N-1} A_n e^{j\omega_n t}\right] \tag{6-43}$$

如果对 $s_m(t)$ 以 N/T_s 的抽样速率进行抽样,则在 $[0,T_s]$ 内得到 N 点离散序列 $d(n)$,$n=0,1,\cdots,N-1$。这时,抽样间隔 $T=T_s/N$,则抽样时刻 $t=kT$ 的 OFDM 信号为

$$s_m(kT) = \text{Re}\left[\sum_{n=0}^{N-1} d(n) e^{j\omega_n kT}\right] = \text{Re}\left[\sum_{n=0}^{N-1} d(n) e^{j\omega_n kT_s/N}\right] \tag{6-44}$$

为了简便起见,设 $\omega_n = 2\pi f_n = \frac{2\pi n}{T_s}$,则式(6-44)为

$$s_m(kT) = \text{Re}\left[\sum_{n=0}^{N-1} d(n) e^{j2\pi nk/N}\right] \quad (6\text{-}45)$$

观察式(6-45)可以看出,该式就是对序列 $d_n(n=0,1,\cdots,N-1)$ 进行 IDFT 并取实部的结果,而 d_n 可以看作第 n 路子载波的数据符号。因此,OFDM 信号的产生可以用 IDFT 实现,在接收端,则利用 IDFT 的可逆性,借助 DFT 就能恢复发送的 n 路数据符号 d_n。用 DFT 实现 OFDM 的原理框图如图 6-21 所示。在发送端对串并变换的数据序列进行 IDFT,将结果经信道发送至接收端,然后对接收到的信号再作 DFT,就可以恢复出原始的数据。

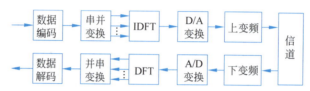

图 6-21　用 DFT 实现 OFDM 的原理框图

在 OFDM 系统的实际应用中,可以采用更加方便快捷的快速傅里叶变换(FFT/IFFT)来实现调制和解调。这样能显著降低运算的复杂度,并且易于和 DSP 技术相结合,通过使用软件无线电手段实现大规模的应用。

OFDM 技术的优点是:①能有效克服多径衰落和码间串扰,特别是加入循环前缀后,能进一步消除码间串扰;②频谱效率高;③硬件复杂度大大降低;④动态分配子载波,充分利用衰落小的子信道。OFDM 技术的缺点是:①对频率和定时偏差敏感度高,偏差会破坏子载波的正交性,导致载波间干扰(ICI);②信号的峰均功率比值过高,对放大器的线性动态范围要求高。

6.7　5G 中的新型调制技术

第五代(5G)移动通信技术是最新一代蜂窝移动通信技术,具有高速率、低时延、全覆盖和智能化等优势,支持增强型移动宽带、大规模机器类通信和超高可靠超低时延通信三大场景。与 4G 相比,5G 拥有更大的信息容量、更全面的网络覆盖、更快的速度和更灵敏的反应,旨在实现 1000 倍的容量提升、1000 亿的网络连接、10Gbps 的下行峰值传输速率和 1ms 的网络时延。为了支撑 5G 三大场景下的极高需求和差异化需求,5G 的调制技术需要具备灵活性和可扩展性的特征。

6.7.1　5G-NR 物理信道中的调制技术

5G 新空口(5G-NR)是基于 OFDM 的新型无线接入技术。根据国际标准化组织第三代合作伙伴计划(3GPP)制定的 5G 标准 3GPP Release 15,5G-NR 的物理信道分为上行信道和下行信道,采用的调制方式如表 6-2 所示。下行信道采用基于循环前缀(CP)的正交频分复用技术(OFDM+CP),单载波调制方式包括 QPSK、16QAM、64QAM 和 256QAM。上行信道采用两种多载波调制技术,对应的单载波调制方式有所不同:首先采用 OFDM+CP 技术,单载波调制方式与下行信道相同;其次采用基于离散傅里叶变换扩频(DFT-S)的 OFDM+CP 技术,简称 DFT-S-OFDM+CP 技术,与下行信道相比增加了 π/2-BPSK 调制方式。

表 6-2 5G-NR 物理信道中的调制技术

物 理 信 道	多载波调制	单载波调制
下行信道	OFDM+CP	QPSK、16QAM、64QAM 和 256QAM
上行信道	OFDM+CP	QPSK、16QAM、64QAM 和 256QAM
	DFT-S-OFDM+CP	π/2-BPSK、QPSK、16QAM、64QAM 和 256QAM

按照在某一时刻调制是否只使用单一频率的载波,5G 采用的调制方式可以分为单载波调制和多载波调制。在多载波调制方面,5G 系统采用基于 OFDM 的多载波调制技术,上行信道和下行信道均支持 OFDM+CP 技术,具有统一上下行传输机制和简化系统设计的优势,并且采用 DFT-S-OFDM+CP 作为 5G-NR 上行信道的辅助调制方式,具有峰均功率比低和功放效率高的特点。在单载波调制方面,5G 系统采用相移键控和正交振幅调制两类方式,其中相移键控包括 π/2-BPSK 和 QPSK,正交振幅调制包括 16QAM、64QAM 和 256QAM。由于第 5 章和第 6 章已对 OFDM、QPSK 和正交振幅调制进行阐述,本节重点介绍单载波调制中的 π/2-BPSK 技术,以及多载波调制中 OFDM+CP 和 DFT-S-OFDM+CP 技术的原理。

π/2-BPSK 是 5G 上行信道采用的一种单载波调制方式,主要用于大规模机器类通信场景中,适用于数据速率要求较低,但功放效率要求高的业务。π/2-BPSK 信号可表示为

$$s_{\pi/2\text{-BPSK}}(t) = \sum_n a_n e^{jn\frac{\pi}{2}} g(t - nT_s) \tag{6-46}$$

式中,双极性数字 $a_n \in \{\pm 1\}$。根据式(6-46),π/2-BPSK 信号的相位被均匀分配为相距 π/2 的 4 个相位点,也就是说,π/2-BPSK 调制方式定义了 4 种相位来表示二进制比特。π/2-BPSK 的最大相移 90°比 BPSK 的最大相移 180°小 π/2,因此称为 π/2-BPSK。与其他常见的相移键控技术相比,π/2-BPSK 的误比特率与 QPSK 相同,发射功率比 QPSK 系统降低一半,在功耗和恒包络性能方面比 QPSK、π/4-QPSK、BPSK 更好。因此,π/2-BPSK 被采纳为 5G 上行信道的一种调制方式,支撑 5G 不同场景中的差异化通信性能需求。

OFDM 技术凭借其有效对抗多径效应、频谱利用率高和调制解调易实现等优势,被 4G 系统采纳,并沿用到 5G 系统中。5G 中的 OFDM 技术具有数值可扩展性特征,体现在子载波间隔为 $15 \times 2n$ kHz(n 为整数),其数值是灵活可扩展的,其中参数 n 的选择取决于 5G-NR 的网络类型、载波频率、业务需求、移动性和复杂度等。

多径效应是通信系统产生码间串扰的主要原因。多径效应是指无线电波经不同路径传播后,接收端接收的信号是幅度、相位、频率和到达时间都不尽相同的多条路径上信号的合成,从而造成信号失真。为了对抗无线通信中的多径效应,OFDM 添加长度大于或等于最大信道多径时延的循环前缀作为保护间隔,称为 OFDM+CP 技术,其原理框图如图 6-22 所示。

图 6-22　OFDM＋CP 技术的原理框图

OFDM＋CP 技术取 OFDM 符号末端的长度为 N_g 的符号序列作为循环前缀,在待发送时域符号前端添加循环前缀作为保护间隔,从而使得实际发送的符号序列长度扩展至 $N+N_g$。经过多径信道,前时隙 OFDM 符号的时延展宽落在了循环前缀中,并未对后时隙符号的接收产生影响,在接收端再去除对应的循环前缀,可有效避免多径效应导致的码间串扰。同时,基于离散傅里叶变换的循环卷积特性,添加循环前缀不会影响信号的频域信息,仅在子载波间引入相位偏移,因此 OFDM＋CP 技术可以避免信道间干扰,保证子载波之间的正交性。

OFDM＋CP 技术的缺陷在于信号峰均功率比相对较大,使得发送端功率放大器的功率转换效率下降,导致电池寿命缩短。因此,5G 系统在对发射功率敏感的上行信道中,采用 DFT-S-OFDM＋CP 技术解决 OFDM 峰均功率比的问题。图 6-23 为 DFT-S-OFDM＋CP 的实现原理框图。

图 6-23　DFT-S-OFDM＋CP 的实现原理框图

从图 6-23 中可以看出,DFT-S-OFDM＋CP 符号的生成依次经过离散傅里叶变换、子载波资源映射、离散傅里叶反变换和添加循环前缀,与 OFDM＋CP 符号的生成具有一定相似性,主要差异在于增加了离散傅里叶变换。生成 DFT-S-OFDM＋CP 符号首先需要对基带调制符号作 M 点 DFT,输出频域信号。然后,通过子载波映射,将 DFT 产生的频域信号映射到 OFDM 系统的若干子载波上,由于 DFT 的点数 M 小于 IDFT 的点数 N,因此子载波映射时需要对数据进行扩充,典型的扩充方法是在 DFT 变换后的数据块中插入 K 个 0,使得 $M+K=N$。接着,通过 N 点 IDFT 将频域信号转换为时域信号。最后,添加循环前缀来避免多径效应的影响。

DFT-S-OFDM＋CP 系统输出的信号具有单载波特性。假设 IDFT 输出信号的采样频率为 f_s,信号带宽为 $M/N \times f_s$,即信号带宽与 DFT 的点数 M 有关。因此,在频段不冲突的前提下,可以同时有多个终端发射信号,接收端只需作 N 点 DFT,即可得到多个发射端的独立的频域信号,然后再通过 M 点 IDFT,还原发送数据。DFT-S-OFDM＋CP 与 OFDM＋CP 的区别在于:在一个符号周期内,OFDM＋CP 同时并行传输多个符号,每个符号占用独立的子信道,即多个子信道同时传输数据;DFT-S-OFDM＋CP 在同一时刻,所有子信道传输同一符号的信息,相当于只有单个载波传输数据。

6.7.2　5G 调制技术的发展趋势

面向无线通信系统更加多样化的业务类型、更多的设备连接数和更高的频谱效率需求，OFDM 技术存在需要循环前缀、峰均功率比较大和带外功率泄漏较严重等缺陷，难以满足无线通信系统发展的新需求。首先，OFDM 各子载波之间必须同步以保持正交性，在通信设备密集分布时同步的代价将难以承受；其次，OFDM 采用方波作为基带波形，载波旁瓣较大；最后，循环前缀长度与无线信道有关，在频繁传输短帧时，循环前缀会造成无线资源的大量浪费。

单一的 OFDM 技术难以满足不同通信场景下的差异化需求，引入新型多载波调制技术成为必然选择。基于滤波器的新型多载波调制技术可以有效降低带外功率泄漏，并且不需要严格的时间同步，能够满足未来急剧增长的窄带业务传输需求和异步海量终端接入，并且支持碎片化的频谱接入，是备受关注的新型多载波调制技术。本节简要介绍 3 种常见的新型多载波调制技术：滤波器组多载波（FBMC）、通用滤波多载波（UFMC）、广义频分复用（GFDM）和正交时频空间（OTFS）多载波调制技术。

（1）FBMC：一种频谱利用率高，并且不需要同步的多载波传输技术。基本思想是通过一种并行的、可以过滤出特定范围频率分量的多载波信号的滤波器，对多载波信号的每个子载波进行滤波，降低带外功率泄漏。与 OFDM 技术相比，FBMC 在收发机中引入了偏移正交幅度调制模块和滤波器组，改善了 OFDM 带外功率泄漏严重的问题，同时由于各子载波之间不必是正交的，允许更小的频率保护带，因此不需要插入循环前缀，降低系统开销，但也存在调制复杂度更高、时延更长的缺点。

（2）UFMC：一种结合了 OFDM 和 FBMC 优点的多载波调制技术。通过对子带滤波来抑制带外功率泄漏，实现宽松同步，满足低端设备低功耗的需求。与 FBMC 相比，UFMC 对一组连续的子载波而非单个子载波进行滤波，因此 UFMC 滤波器的通带宽度比 FBMC 滤波器的通带宽度大，缩短了滤波器长度，解决了 FBMC 复杂度过高的问题，并且 UFMC 也可以抑制功率谱旁瓣，减小子载波间干扰。与 OFDM 技术相比，UFMC 不需要使用循环前缀，在松弛同步条件下表现出更强的稳健性。

（3）GFDM：一种收发简单的多载波调制技术，具有频谱效率高、带外功率泄漏小和各子载波无须同步等优点。GFDM 是 OFDM 的推广，与 OFDM 不同的是，GFDM 不必在每个符号前添加循环前缀，而是将若干时隙和若干子载波上的符号块视为一帧，在每帧上添加循环前缀即可。GFDM 循环地利用脉冲成形滤波器，通过使用循环卷积代替线性卷积，避免滤波器的拖尾效应。在发送端，各子载波在频域上不再保持正交性，会引入载波间干扰，因此接收端通过干扰消除，使用一阶频域均衡即可彻底消除载波间干扰。

（4）OTFS：在高移动性环境下，充分利用时间和频率的正交性进行信息编码，将时域和频域信息编码在传输时域频率矩阵中，以对抗多径传输信道中的多普勒频移。与 OFDM 技术不同的是，OTFS 在时延多普勒域中开展资源映射，并基于时延多普勒域信道的稀疏性和稳定性，可以在高速移动条件下，有效克服传统调制技术在多径传播环境中面临的多径衰落问题，实现与 OFDM 相比更高的数据传输可靠性。

党的二十大报告指出,坚持科技是第一生产力、人才是第一资源、创新是第一动力。作为战略性、基础性、先导性的信息通信业,具有巨大的创新驱动和赋能效应。面对未来 B5G 和 6G 应用场景和业务类型的巨大差异,单一的多载波调制技术难以满足所有需求,多种多载波调制技术将共存,无线通信技术必将推陈出新,朝着更高速、更智能、更可靠的方向发展。新型多载波技术从应用场景和通信业务的根本需求出发,以最合适的波形和参数,为特定业务达到最佳性能发挥基础性的作用。

6.8 新型调制技术的应用

6.8.1 数字电视地面广播

随着数字技术的发展,目前国内使用的广播标准主要为数字电视地面广播。数字电视地面广播传输系统是广播电视系统的重要组成部分,不但支持传统电视广播服务的基本功能,而且具有适应广播电视业务发展的可扩展功能。

数字电视地面广播系统支持固定(含室内外)接收和移动接收两种模式。在固定接收模式下,可以提供标准清晰度数字电视业务、高清晰度电视业务、数字声音广播业务、多媒体广播和数据服务等业务;在移动接收模式下,可以提供标准清晰度数字电视业务、数字声音广播业务、多媒体广播和数据服务等业务。同时,数字电视地面广播系统支持多频网和单频网的组网模式,可根据应用业务的特性和组网环境选择不同的传输模式和参数,并支持多业务的混合模式,以达到业务特性与传输模式的匹配,实现业务运营的灵活性和经济性。此外,数字电视地面广播系统采用时域同步-正交频分复用方式,每个频道上的带宽包括载波信号带宽与保护带宽。

如图 6-24 所示为数据电视地面广播系统的发送端原理框图,完成从输入数据码流到地面电视广播信号的转换,具体过程为:输入数据码流经过扰码器随机化处理和前向纠错编码后,进行从比特流到符号流的星座映射,再进行交织形成基本数据块;基本数据块与系统信息复用后,经过帧体数据处理形成帧体;帧体与相应的帧头(PN 序列)复接形成信号帧(组帧);接着,进行基带后处理形成基带信号(8MHz 带宽内);该基带信号通过正交上变频转换为射频信号(UHF 和 VHF 频段范围内),再通过天线发送出去。相应地,在接收端,先进行 QAM 解调,将模拟信号转换为数字信号,然后使用前向纠错编码

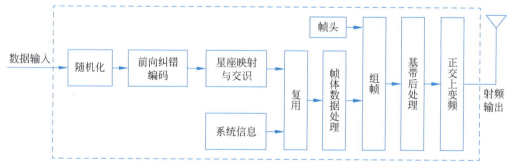

图 6-24 数字电视地面广播系统发送端原理图

进行解码,以恢复原始的数字数据。采用前向纠错编码和 QAM 调制,可以提高数字通信系统的抗干扰能力和可靠性,同时实现高速数据传输。

6.8.2 卫星直播电视

直播电视是卫星通信的主要服务对象之一。5G 技术的出现将为卫星直播电视带来更快速的信号传输速度和更高清晰度的画质,使观众能够更加畅快地观看电视节目。随着 5G 技术的不断普及,卫星直播电视的未来发展前景广阔。卫星直播电视的实现可采用两种方式:一种是将广播电视信号通过卫星传送给地面有线电视前端,再由有线电视网络分发到用户家中;另一种则是通过卫星,直接将广播电视信号传送到用户家中。

与传统的模拟系统相比,卫星数字直播电视采用数字卫星地球站和数字卫星电视接收机。如图 6-25 所示,该接收系统主要是由卫星接收天线、高频头、馈源、传输同轴电缆、线性放大器、功率放大器、卫星接收机和终端监视器等部分组成。具体地,在信号传输过程中,抛物面天线主要利用电波反射原理,将电波聚焦后辐射到位于焦点的馈源之上,然后由高频头对信号进行射频、下变频和中频放大处理。待完成这 3 个环节的处理后,再通过电缆将信号传输至卫星接收机。由于在实际应用中,经常会遇到多套广播电视节目共同传输的问题,所以需要利用功率放大器将信号分成几路,以确保其能顺利输入不同的卫星接收机。最后,卫星接收机会将输出的模拟音视频信号传输至电视转播台发射机,或将信号直接传输至有线电视台的信号调制器,用户便可以顺利收看到节目。

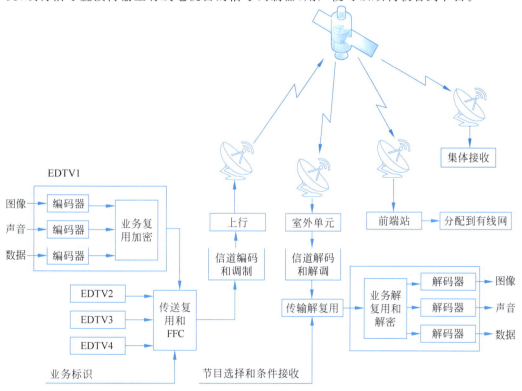

图 6-25 卫星数字直播电视系统的整体结构图

卫星广播电视信号传输遵循不同的标准。为了提高频谱效率、增强信号稳定性和降低误码率，卫星直播电视系统中的调制技术经历了不断的发展和演变。我国主要采用拥有自主知识产权的音视频编码标准-监控（Audio Video Coding Standard-Surveillance，AVS-S），同时数字卫星广播传输标准（Digital Video Broadcasting-Satellite，DVB-S）也被广泛应用。

当前，卫星直播电视主要使用新一代数字卫星广播标准（DVB-S2）和 DVB-S 的扩展版本标准（DVB-S2X）。其中，DVB-S2 是继 DVB-S 之后的第二代数字卫星广播标准，引入了更高效的调制和编码方案，包括更高级别的前向纠错编码（FEC）和多种调制模式（如 QPSK、8PSK、16APSK、32APSK），大幅提高了频谱效率和数据传输速率，能够支持高清乃至超高清节目的传输。而 DVB-S2X 作为 DVB-S2 标准的进一步扩展，提供了更多的调制和编码选项，进一步优化了频谱效率，支持更灵活的传输参数配置，特别适合于高带宽需求和多载波操作。此外，DVB-S2X 还引入整形偏移正交相移键控（Shaped-Offset QPSK，SOQPSK）、时分多路正交相移键控（TDM-QPSK）等作为 QPSK 调制技术的改进方案。

习题

6.1 什么是 π/4-QPSK，它与 QPSK 以及 OQPSK 有何异同？

6.2 简要说明 MSK 信号与 2FSK 信号的异同点。

6.3 设有某个 MSK 信号，其码元速率为 1000baud，分别用频率 f_1 和 f_0 表示码元"1"和"0"。若 $f_1 = 2500$Hz，试求其 f_0 应等于多少，并画出 3 个码元"101"的波形。

6.4 GMSK 调制有何特点？

6.5 一个 GMSK 信号的 $BT_s = 0.3$，码元速率 $R_s = 270$kbaud，试计算高斯滤波器的 3dB 带宽 B。

6.6 计算 64QAM 信号的信息频带利用率的理论最大值。

6.7 假设已调信号的最大幅度为 A_m，分别计算 16QAM 方形星座图和 16PSK 星座图上信号点间的最小距离，并说明哪种方式的抗干扰能力强。

6.8 什么是多载波调制技术，它和 OFDM 有什么关系？

6.9 简单说明 OFDM 的原理，并分析 OFDM 系统的频带利用率情况。

6.10 5G 中 OFDM 技术添加循环前缀的作用是什么？

第 7 章 差错控制编码

由数字传输系统的抗噪声性能可以知道,差错率是信噪比的函数。某些系统要求的差错率很低,如计算机局域网,要求差错率不大于 10^{-9} 量级,但是发送功率和信道带宽受到限制,这时就必须采用信道编码,即差错控制编码。随着差错控制编码理论的完善和数字技术的发展,信道编码在各种高质量通信系统以及计算机网络、磁记录与存储中都得到了日益广泛的应用。

正如绪论中指出的那样,差错控制编码是对数字信号进行抗干扰编码,目的是提高数字通信的可靠性。具体地说,就是在发送端被传输的信息码元序列中,以一定的编码规则附加一些监督码元,接收端利用该规则进行相应的译码,译码的结果有可能发现差错或纠正差错。

7.1 差错控制编码的基本概念

7.1.1 差错控制方式

在差错控制系统中,常用的差错控制方式主要有 3 种:前向纠错(FEC)、检错重发(ARQ)和混合纠错(HEC)。图 7-1 给出了由这 3 种方式构成的差错控制系统。

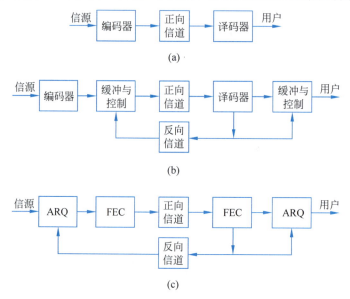

图 7-1 差错控制系统

前向纠错系统如图 7-1(a)所示,发送端经编码发出能够纠正错误的码组,接收端收到这些码组后,通过译码能自动发现并纠正传输中的错误。前向纠错方式只要求正向信道,因此特别适合于只能提供单向信道的场合,同时也适合一点发送多点接收的同播方式。由于能自动纠错,不要求检错重发,因而接收信号的延时小,实时性好。为了使纠错后获得低差错率,纠错码应具有较强的纠错能力,但纠错能力越强,编译码设备越复杂。

检错重发系统如图 7-1(b)所示。发送端经编码后发出能够检错的码,接收端收到后进行检验,再通过反向信道反馈给发送端一个应答信号。发送端收到应答信号后进行分析,如果接收端认为有错,发送端就把储存在缓冲存储器中的原有码组复本读出后重新传输,直到接收端认为已正确收到信息为止。

混合纠错方式是前向纠错方式和检错重发方式的结合,如图 7-1(c)所示。其内层采用 FEC 方式,纠正部分差错;外层采用 ARQ 方式,重传那些虽已检出但未纠正的差错。混合纠错方式在实时性和译码复杂性方面是前向纠错和检错重发方式的折中,较适合于环路延迟大的高速数据传输系统。

常用的检错重发系统有 3 种,即停发等候重发、返回重发和选择重发。图 7-2 画出这 3 种 ARQ 系统的工作原理图。图 7-2(a)描述停发等候重发系统的工作过程。发送端在 T_W 时间内发送码组 1 给接收端,然后停止一段时间 T_D,T_D 大于应答信号和线路延时的时间。接收端收到后经检验若未发现错误,则通过反向信道发回一个无错应答(认可)信号 ACK。发送端收到 ACK 信号后再控制发送码组 2。接收端检测出码组 2 有错(图中用 * 号表示),由反向信道发回一个否认信号 NAK,请求重发。发送端收到 NAK 信号后重发码组 2,并再次等候 ACK 或 NAK 信号。以此类推,可了解整个过程。图中用虚线表示应答信号 ACK,实线表示 NAK。这种工作方式在两个码组之间有停顿时间,使传输效率受到影响,但由于工作原理简单,在计算机通信中得到应用。

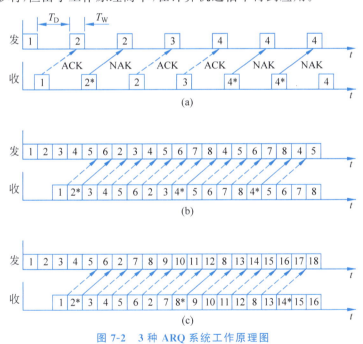

图 7-2 3 种 ARQ 系统工作原理图

图 7-2(b)描述返回重发系统的工作过程。在这种系统中发送端不停顿地发送一个又一个码组,不再等候 ACK 信号,但一旦接收端发现错误并发回 NAK 信号,则发送端从下一个码组开始重发前一段 N 个码组,N 的大小取决于信号传输和处理所造成的延时,图 7-2(b)中 N=5。接收端收到码组 2 有错,发送端在码组 6 后重发码组 2,3,4,5,6,接收端重新接收。图中码组 4 连续两次出错,发送端重发两次。这种返回重发系统的传输效率比停发等候系统有很大改进,在很多数据传输系统中得到应用。

图 7-2(c)描述选择重发系统的工作过程。这种重发系统也是连续不断地发送码组，接收端检测到错误后发回 NAK 信号，但是发送端不是重发前 N 个码组，而是只重发有错误的那一组。图 7-2(c)中显示发送端只重发接收端检出有错的码组 2、8 和 14，对其他码组不再重发。接收端对已认可的码组，从缓冲存储器读出时重新排序，恢复出正常的码组序列。显然，选择重发系统传输效率最高，但价格也最贵，因为它的控制较为复杂，在收、发两端都要求有数据缓存器。

7.1.2 差错控制编码分类

差错控制编码的方法很多，也有不同的分类方法。

按照信息码元和附加的监督码元之间的检验关系可以分为线性码和非线性码。若信息码元与监督码元之间的关系为线性关系，即监督码元是信息码元的线性组合，则称为线性码。反之，若两者不存在线性关系，则称为非线性码。

按照信息码元和监督码元之间的约束方式可分为分组码和卷积码。在分组码中，编码前先把信息序列分为 k 位一组，然后用一定规则附加 m 位监督码元，形成 $n=k+m$ 位的码组。监督码元仅与本码组的信息码元有关，而与其他码组的信息码元无关。但在卷积码中，码组中的监督码元不但与本组信息码元有关，而且与前面码组的信息码元也有约束关系，就像链条那样一环扣一环，所以卷积码又称连环码或链码。

7.1.3 几种简单的检错码

在了解差错控制编码原理之前，先来认识几种简单的检错码。这些信道编码很简单，但有一定的检错能力，且容易实现，所以得到了实际应用。

1. 奇偶监督码

奇偶监督码是一种最简单也是基本的检错码，又称奇偶校验码。编码方法是把信息码元先分组，在每组最后加一位监督码元，使该码中 1 的数目为奇数或偶数，奇数时称为奇校验码，偶数时称为偶校验码，统称奇偶校验码。例如信息码元每两位一组，加一位校验位，使码组中 1 的总数为 0 或 2，即构成偶校验码。这时许用码组为 000,011,101,110；禁用码组为 001,010,100,111。接收端译码时，对各码元进行模 2 加运算，其结果应为 0。如果传输过程中码组中任何一位发生了错误，则收到的码组必定不再符合偶校验的条件，因而能发现错误。

一般情况下，奇偶校验码的编码规则可以用公式表示。设码组长度为 n，表示为 $a_{n-1}a_{n-2}a_{n-3}\cdots a_0$，其中前 $n-1$ 位为信息位，第 n 位为校验位，则偶校验时有

$$a_0 \oplus a_1 \oplus \cdots \oplus a_{n-1} = 0 \qquad (7\text{-}1)$$

奇校验时有

$$a_0 \oplus a_1 \oplus \cdots \oplus a_{n-1} = 1 \qquad (7\text{-}2)$$

不难看出，这种奇偶校验只能发现单个和奇数个错误，而不能检测出偶数个错误，因此它的检错能力不高，但是由于该码的编码方法简单且实用性很强，所以很多计算机数据传输系统及其他编码标准都采用了这种编码。

2. 二维奇偶监督码

二维奇偶监督码又称方阵码，它是在上述奇偶校验码的基础上形成的。将奇偶校验码的若干码组排列成矩阵，每一码组写成一行，然后再按列的方向增加第二维校验位，如图 7-3 所示。图中 $a_0^1, a_0^2, \cdots, a_0^m$ 为 m 行奇偶监督码中的 m 个监督位，$c_{n-1}, c_{n-2}, \cdots, c_0$ 为按列进行第二次编码所增加的监督位，n 个监督位构成了一监督位行。

$$\begin{matrix} a_{n-1}^1 & a_{n-2}^1 & \cdots & a_1^1 & a_0^1 \\ a_{n-1}^2 & a_{n-2}^2 & \cdots & a_1^2 & a_0^2 \\ \vdots & \vdots & \ddots & \vdots & \vdots \\ a_{n-1}^m & a_{n-2}^m & \cdots & a_1^m & a_0^m \\ c_{n-1} & c_{n-2} & \cdots & c_1 & c_0 \end{matrix}$$

图 7-3 二维奇偶监督码

除了能检出所有行和列中的奇数个差错以外，方阵码有更强的检错能力。虽然每行的监督位 $a_0^1, a_0^2, \cdots, a_0^m$ 不能用于检验本行中的偶数个错码，但按列的方向有可能由 $c_{n-1}, c_{n-2}, \cdots, c_0$ 等监督位检测出来，这样就能检出大多数偶数个差错。此外，方阵码对检测突发错码也有一定的适应能力。因为突发错码常常成串出现，随后有较长一段无错区间，所以在某一行中出现多个奇数或偶数错码的机会较多，而行校验和列校验的共同作用正适合这种码。前述的一维奇偶监督码一般只适用于检测随机的零星错码。

3. 重复码

重复码是在每位信息码元之后，用简单重复多次的方法编码。例如重复两次时，用 111 传输 1 码，用 000 传输 0 码。接收端译码时采用多数表决法，当出现 2 个或 3 个 1 时判为 1，当出现 2 个或 3 个 0 时判为 0。这样的码可以纠正 1 个差错，或者检出 2 个差错。重复 4 次可以纠正 2 个差错。

4. 恒比码

恒比码是从某确定码长的码组中挑选那些 1 和 0 的比例为恒定值的码组作为许用码。在检测时，只要计算接收码组中 1 的数目是否正确，就可知道有无错误。

我国邮电部门在国内通信中采用的五单位数字保护电码，是一种五中取三的恒比码，即每个码组的长度为 5，其中有 3 个 1。这里可能编成的不同码组数目等于从 5 个取 3 的组合数 $C_5^3 = 5!/(3!2!) = 10$，这 10 种许用码组恰好可用来表示 10 个阿拉伯数字，如表 7-1 所示。

表 7-1 五单位保护电码表

数 字	电 码	数 字	电 码
0	0 1 1 0 1	5	0 0 1 1 1
1	0 1 0 1 1	6	1 0 1 0 1
2	1 1 0 0 1	7	1 1 1 0 0
3	1 0 1 1 0	8	0 1 1 1 0
4	1 1 0 1 0	9	1 0 0 1 1

不难看出，恒比码能够检测码组中所有奇数个错误及部分偶数个错误。该码的主要优点是简单，并适用于传输电传机或其他键盘设备产生的字母和符号。经验表明，使用这种编码能使差错率明显降低。

7.1.4 检错和纠错的基本原理

从以上几种简单差错控制编码的实例可以看出，当采用不同的编码方法和形式时，检错、纠错的能力不同，由于差错编码的基本思想是在被传输的信息中附加一些监督码元而实现的，所以检错和纠错能力是用信息量的冗余度来换取的。

以 3 位二进制码组为例，可说明检错纠错的基本原理。3 位二进制码元共有 8 种组合：000，001，010，011，100，101，110，111。假如这 8 种码组都用于传递消息，在传输过程中若发生一个误码，则一种码组就会错误地变成另一种码组，但接收端不能发现错误，因为任何一个码组都是许用码组。但是，如果只选取其中 000，011，101，110 作为许用码组来传递消息，则相当于只传递 00，01，10，11 这 4 种消息，而第 3 位是附加的，其作用是保证码组中 1 码的个数为偶数。除上述 4 种许用码组以外的另外 4 种码组不满足这种校验关系，称为禁用码组。在接收时一旦发现这些禁用码组，就表明传输过程中发生了错误。用这种简单的校验关系可以发现 1 个和 3 个错误，但不能纠正错误。如果进一步将许用码组限制为 2 种：000 和 111，那么就可以发现所有 2 个以下的错误。若用来纠错，则可纠正 1 位错误。可见，码组之间的差别与码组的差错控制能力有着至关重要的关系。

在差错控制编码中，定义码组中非零码元的数目为码组的重量，简称码重。例如，001 码组的码重为 1，110 码组的码重为 2。还定义两个码组中对应码位上具有不同码元的位数为两码组的距离，称为汉明（Hamming）距，简称码距。在上述 3 位码组例子中，8 种码组均为许用码组时，两码组间的最小距离为 1，称这种编码的最小码距为 1，记作 $d_{\min}=1$。在选 4 种码组为许用码组情况下，最小码距 $d_{\min}=2$；采用 2 种许用码组时，$d_{\min}=3$。3 位码组之间的码距可用一个三维立方体来表示，如图 7-3 所示。图中立方体各顶点分别表示 8 种码组，3 位码元顺序表示 x,y,z 轴的坐标。由立方体的图示可知，码距即为从一个顶点沿立方体各边移到另一个顶点所经过的最少边数。图中，粗线表示 000 与 111 之间的一条最短路径。上例中各种情况的码距均可得到验证。

通过以上的分析和图示可知，一种编码的最小码距直接关系到这种码的检错和纠错能力，因此最小码距是信道编码的一个重要参数，在一般情况下，对于分组码有以下结论。

(1) 在一个码组内检测 e 个误码，要求最小码距

$$d_{\min} \geqslant e+1 \qquad (7\text{-}3)$$

(2) 在一个码组内纠正 t 个误码，要求最小码距

$$d_{\min} \geqslant 2t+1 \qquad (7\text{-}4)$$

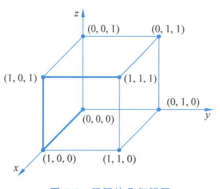

图 7-3 码距的几何解释

(3) 在一个码组内纠正 t 个误码，同时检测 $e(e \geqslant t)$ 个误码，要求最小码距

$$d_{\min} \geqslant t+e+1 \qquad (7\text{-}5)$$

差错控制编码提高了通信系统的可靠性，这是用降低有效性的代价换来的。为了衡量换取的效率，定义编码效率 R_c 为

$$R_c = k/n \qquad (7\text{-}6)$$

式中，k 是编码前的码组中的码元数，即信息码元数；n 是编码后的码组中的码元数，它包含了校验码元。显然，$n > k$，$R_c < 1$。

对于 3 位奇偶校验码，$R_c = 2/3$；对于 3 位重复码，$R_c = 1/3$。

在差错控制能力相同的前提下，希望找到编码效率尽可能高，同时译码方法尽量简单的编码方法，这是使差错控制编码实用化的关键技术。

作为差错控制编码的学习基础，本章讨论线性分组码和卷积码，只使用矩阵和多项式等数学工具。有兴趣的读者在学习了有关的数学知识后，可深入学习差错控制编码的专著。

7.2　线性分组码

如 7.1.2 节所述，线性分组码中信息码元和监督码元是用线性方程联系起来的。线性码的一个重要性质是封闭性，即任意两个许用码组之和（逐位模 2 和）仍为一许用码组。设分组码的码组由 n 位码组成，即 $c_1, c_2, \cdots, c_n$；信息码组由 k 位码组成，即 $d_1, d_2, \cdots, d_k$。以上分码组记为 (n,k) 码，编码码组和信息码组可用行矩阵 $\boldsymbol{C}$ 和 $\boldsymbol{D}$ 表示：

$$\boldsymbol{C} = [c_1 \quad c_2 \quad \cdots \quad c_n] \qquad (7\text{-}7)$$

$$\boldsymbol{D} = [d_1 \quad d_2 \quad \cdots \quad d_k] \qquad (7\text{-}8)$$

在线性分组码中，$\boldsymbol{C}$ 中的 n 个元素都是由 $\boldsymbol{D}$ 中的 k 个元素经线性组合形成的。以一种系统分组码为例，$\boldsymbol{C}$ 中的前 k 位与 $\boldsymbol{D}$ 中的 k 个元素相同，而后 $n-k$ 位是 $\boldsymbol{D}$ 元素的线性组合。下面主要讨论该系统码的编码与译码过程。

7.2.1　系统码编码

系统分组码用联立方程可表示为

$$\begin{cases} c_1 = d_1 \\ c_2 = d_2 \\ \quad \vdots \\ c_k = d_k \\ c_{k+1} = h_{11}d_1 \oplus h_{12}d_2 \oplus \cdots \oplus h_{1k}d_k \\ c_{k+2} = h_{21}d_1 \oplus h_{22}d_2 \oplus \cdots \oplus h_{2k}d_k \\ \quad \vdots \\ c_n = h_{m1}d_1 \oplus h_{m2}d_2 \oplus \cdots \oplus h_{mk}d_k \end{cases} \qquad (7\text{-}9)$$

式中，$m = n-k$，是校验位数。将联立方程(7-9)写成矩阵形式：

$$\boldsymbol{C} = \boldsymbol{D} \cdot \boldsymbol{G} \qquad (7\text{-}10)$$

视频

式中，矩阵 G 称为生成矩阵，如果已知 G，就可以根据信息码组 D，生成编码码组 C。因此，生成矩阵是编码的关键，它是一个 $k \times n$ 的矩阵：

$$G = \begin{bmatrix} 1 & 0 & 0 & \cdots & 0 & h_{11} & h_{21} & \cdots & h_{m1} \\ 0 & 1 & 0 & \cdots & 0 & h_{12} & h_{22} & \cdots & h_{m2} \\ \vdots & \vdots & \vdots & \ddots & \vdots & \vdots & \vdots & \ddots & \vdots \\ 0 & 0 & 0 & \cdots & 1 & h_{1k} & h_{2k} & \cdots & h_{mk} \end{bmatrix} \qquad (7\text{-}11)$$

根据系统码的编码规则，观察矩阵 G 有什么特点？发现矩阵 G 可分成 $k \times k$ 的单位矩阵 I_k 和 $k \times m$ 的矩阵 P，即有

$$I_k = \begin{bmatrix} 1 & 0 & 0 & \cdots & 0 \\ 0 & 1 & 0 & \cdots & 0 \\ \vdots & \vdots & \vdots & \ddots & \vdots \\ 0 & 0 & 0 & \cdots & 1 \end{bmatrix} \qquad (7\text{-}12)$$

$$P = \begin{bmatrix} h_{11} & h_{21} & \cdots & h_{m1} \\ h_{12} & h_{22} & \cdots & h_{m2} \\ \vdots & \vdots & \ddots & \vdots \\ h_{1k} & h_{2k} & \cdots & h_{mk} \end{bmatrix} \qquad (7\text{-}13)$$

这样，码组 C 又可表示为

$$C = D[I_k \quad P] = [DI_k \quad DP] = [D \quad DP] = [D \quad C_m] \qquad (7\text{-}14)$$

式中，前 k 位 D 为信息位，后 m 位 C_m 是监督位或校验位，对应于联立方程组中 c_{k+1} 到 c_n 的方程式。

由以上讨论可知，编码前的信息码组有 k 位码元，k 位码元共有 2^k 种组合。而编码后的码组有 n 位码元，其中除 k 位信息码元外还附加了 m 位校验码元，n 位码元共有 2^n 种组合，显然，$2^n > 2^k$。选择适当的矩阵 P，便可使二者一一对应，得到较强的检错或纠错能力，又能使实现方法尽可能简单且编码效率高。目前已经找到不少性能较好的矩阵 P。

在数学上已经证明，线性码的最小码距 $d_{\min}$ 正好等于非零码的最小码重。为了估算线性码的差错控制能力，应首先求出码组的最小码距，然后利用式(7-3)、式(7-4)和式(7-5)计算检纠错能力。

例 7-1 已知(6,3)码的生成矩阵为

$$G = \begin{bmatrix} 1 & 0 & 0 & 1 & 0 & 1 \\ 0 & 1 & 0 & 0 & 1 & 1 \\ 0 & 0 & 1 & 1 & 1 & 0 \end{bmatrix}$$

试求：(1)编码码组和各码组的码重；(2)最小码距 $d_{\min}$ 和该码的差错控制能力。

解题思路：

(1) 首先确定编码前的信息码组，根据已知条件(6,3)码，可知信息码组包含 3 位码，对应 8 种信息码组，构成矩阵 D，然后生成编码码组矩阵 $C = DG$；

（2）根据"线性码的最小码距等于非零码组的最小码重"，先求出上述编码码组中非零码组的最小码重，进而判断该码的差错控制能力。

解　（1）由 3 位码组成的信息码组矩阵为

$$D = \begin{bmatrix} 0 & 0 & 0 \\ 0 & 0 & 1 \\ 0 & 1 & 0 \\ 0 & 1 & 1 \\ 1 & 0 & 0 \\ 1 & 0 & 1 \\ 1 & 1 & 0 \\ 1 & 1 & 1 \end{bmatrix}$$

由式(7-10)可求出码组矩阵为

$$C = \begin{bmatrix} 0 & 0 & 0 \\ 0 & 0 & 1 \\ 0 & 1 & 0 \\ 0 & 1 & 1 \\ 1 & 0 & 0 \\ 1 & 0 & 1 \\ 1 & 1 & 0 \\ 1 & 1 & 1 \end{bmatrix} \begin{bmatrix} 1 & 0 & 0 & 1 & 0 & 1 \\ 0 & 1 & 0 & 0 & 1 & 1 \\ 0 & 0 & 1 & 1 & 1 & 0 \end{bmatrix} = \begin{bmatrix} 0 & 0 & 0 & 0 & 0 & 0 \\ 0 & 0 & 1 & 1 & 1 & 0 \\ 0 & 1 & 0 & 0 & 1 & 1 \\ 0 & 1 & 1 & 1 & 0 & 1 \\ 1 & 0 & 0 & 1 & 0 & 1 \\ 1 & 0 & 1 & 0 & 1 & 1 \\ 1 & 1 & 0 & 1 & 1 & 0 \\ 1 & 1 & 1 & 0 & 0 & 0 \end{bmatrix}$$

信息码组、编码码组及码重如表 7-2 所示。

表 7-2　例 7-1 编码表

信 息 码 组	编 码 码 组	码重 W
0　0　0	0　0　0　0　0　0	0
0　0　1	0　0　1　1　1　0	3
0　1　0	0　1　0　0　1　1	3
0　1　1	0　1　1　1　0　1	4
1　0　0	1　0　0　1　0　1	3
1　0　1	1　0　1　0　1　1	4
1　1　0	1　1　0　1　1　0	4
1　1　1	1　1　1　0　0　0	3

（2）由表 7-2 可知，非零码组的最小码重

$$W_{\min} = 3$$

所以最小码距

$$d_{\min} = 3$$

因此，该码有纠 1 错，或检 2 错，或纠 1 错同时检 1 错的能力。

视频

7.2.2 系统码译码

编码码组通过信道传送时可能引入差错，在接收端，就要对收到的码组进行检错纠错，恢复信息码组，即完成译码。为了理解译码的原理，首先要讨论码组的性质。由式(7-14)可得

$$DP = C_m$$
$$DP \oplus C_m = 0$$

写成矩阵形式，有

$$\begin{bmatrix} D & C_m \end{bmatrix} \begin{bmatrix} P \\ I_m \end{bmatrix} = 0 \tag{7-15}$$

其中，I_m 是 $m \times m$ 的单位矩阵。式(7-15)又可写成

$$CH^T = 0 \tag{7-16}$$

其中

$$H^T = \begin{bmatrix} P \\ I_m \end{bmatrix} \tag{7-17}$$

或者表示为

$$H = \begin{bmatrix} P^T & I_m \end{bmatrix} \tag{7-18}$$

任一编码码组 C 都应满足式(7-16)的关系，也就是说，信息码元与监督码元之间的校验关系完全由 H 决定。由于这个原因，H 称为校验矩阵或一致监督矩阵。在接收端就可以利用该矩阵，对接收码组进行纠错，得到发送码组，再根据系统码编码特点，从中恢复信息码组，完成译码。因此，校验矩阵 H 是译码的关键。

设接收码组为 R，它是 n 位码的行矢量。如果接收码组有错，码组可分解为正确码组 C 和错误图样 E（差错矢量）之和，即

$$R = C \oplus E \tag{7-19}$$

定义伴随式 S 为

$$S = RH^T \tag{7-20}$$

将式(7-19)及式(7-16)代入式(7-20)，得

$$S = CH^T \oplus EH^T = EH^T \tag{7-21}$$

可见，当码组出现错误时，伴随式 S 为非零矢量，它的取值只取决于错误图样 E，与发送的码组 C 无关。因此，对式(7-21)求解，得到 E 矢量，然后用式(7-19)可得纠错后的码组

$$C = R \oplus E \tag{7-22}$$

这样就可得到正确码组。但是，式(7-21)的解答不是唯一的。由于信息码组 D 有 2^k 个，当错误图样有多种不同的形式时，纠错后得到的码组 C 有 2^k 个均为可用码组，所以式(7-21)可能有 2^k 种解答。为了实现最佳译码，要使用最大似然比准则，选择与 R 最相似的 C。从几何意义上来说，就是选择与 R 距离最小的码组。R 与 C 之间距离最近意味着差错矢量 E 是含 1 码最少的矢量（码重最小）。由式(7-21)可以算出伴随式与最小码

重的差错矢量的对照表,提供给译码使用。由上述推理可制定查表法译码器的原理框图如图7-4所示。

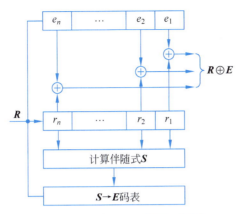

图7-4 查表法译码器原理框图

最后,为了更清晰地理解线性分组码系统码的译码过程,可按照图7-5进行梳理。

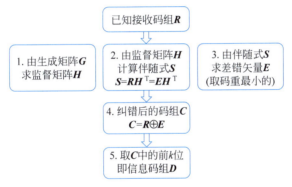

图7-5 线性分组码系统码的译码过程

例7-2 按照例7-1生成矩阵 G,列出 S 与 E 的对照表。当收到码组

$$R = \begin{bmatrix} 1 & 1 & 1 & 0 & 1 & 1 \end{bmatrix}$$

时,解出对应的信息码组 D。

解 已知生成矩阵 G 为

$$G = \begin{bmatrix} 1 & 0 & 0 & 1 & 0 & 1 \\ 0 & 1 & 0 & 0 & 1 & 1 \\ 0 & 0 & 1 & 1 & 1 & 0 \end{bmatrix} = \begin{bmatrix} I_k & P \end{bmatrix}$$

由式(7-17)可列出监督矩阵转置 H^{T} 为

$$H^{\mathrm{T}} = \begin{bmatrix} P \\ I_m \end{bmatrix} = \begin{bmatrix} 1 & 0 & 1 \\ 0 & 1 & 1 \\ 1 & 1 & 0 \\ 1 & 0 & 0 \\ 0 & 1 & 0 \\ 0 & 0 & 1 \end{bmatrix}$$

这里的 $\boldsymbol{H}^\mathrm{T}$ 为 6 行 3 列的矩阵。由式(7-21)可知，$\boldsymbol{S}$ 共有 2^3 种形式，相对应的码重最小的 $\boldsymbol{E}$ 矢量有 8 种，其对应关系如表 7-3 所示。由列表结果可知，这种 (6,3) 码具有纠 1 错能力。虽然 $\boldsymbol{S}=[1\ 1\ 1]$ 时对应一种双错图案，可纠错，但除此以外的双错不能得到纠正。

表 7-3　例 7-2 中的 $\boldsymbol{S}$ 和 $\boldsymbol{E}$ 对照表

$\boldsymbol{E}$	$\boldsymbol{S}$
0 0 0 0 0 0	0 0 0
1 0 0 0 0 0	1 0 1
0 1 0 0 0 0	0 1 1
0 0 1 0 0 0	1 1 0
0 0 0 1 0 0	1 0 0
0 0 0 0 1 0	0 1 0
0 0 0 0 0 1	0 0 1
1 0 0 0 1 0	1 1 1

将接收的码组矢量 $\boldsymbol{R}=[1\ 1\ 1\ 0\ 1\ 1]$ 代入式(7-20)，可得

$$\boldsymbol{S}=\boldsymbol{R}\boldsymbol{H}^\mathrm{T}=[1\ 1\ 1\ 0\ 1\ 1]\begin{bmatrix}1&0&1\\0&1&1\\1&1&0\\1&0&0\\0&1&0\\0&0&1\end{bmatrix}=[0\ 1\ 1]$$

查表 7-3，可找到差错矢量 $\boldsymbol{E}$ 为

$$\boldsymbol{E}=[0\ 1\ 0\ 0\ 0\ 0]$$

由式(7-22)，可得到正确码组，即

$$\boldsymbol{C}=\boldsymbol{R}\oplus\boldsymbol{E}=[1\ 0\ 1\ 0\ 1\ 1]$$

所以信息码组为

$$\boldsymbol{D}=[1\ 0\ 1]$$

由以上方法构成的线性分组码中，能纠正单个错误的线性分组码称为汉明码。为了指示所有单错位置和无错情况，线性分组码的码长 n、信息位 k 和监督位 m 之间应满足不等式

$$2^m \geqslant n+1 \tag{7-23}$$

上式取等号时就是汉明码。此时 n、k、m 之间的关系为

$$\begin{cases}n=2^m-1\\k=n-m=2^m-m-1\end{cases} \tag{7-24}$$

由于 $m=n-k$，所以式(7-23)可写成

$$\begin{cases}n-k\geqslant\log_2(n+1)\\n\geqslant k+\log_2(n+1)\end{cases} \tag{7-25}$$

式(7-25)在给定信息码组长度 k 后,可以求出能纠单错的码组最小长度 n。由式(7-4)可知,此时 $d_{\min}=3$。按式(7-25)可求得有(3,1)码、(7,4)码、(15,11)码、(31,26)码等。

汉明码的编码效率为

$$R_c = \frac{k}{n} = \frac{2^m - m - 1}{2^m - 1} = 1 - \frac{m}{2^m - 1} \tag{7-26}$$

当 m 很大时,极限趋于 1。

推广到一般情况,如果码组有纠 t 个差错的能力,则应能指出无错、单错到 t 个差错所有可能的情况,校验位数 m 应满足不等式

$$2^m \geq \sum_{j=0}^{t} C_n^j \tag{7-27}$$

式(7-27)称为汉明界,它给出了纠 t 个差错的一个必要条件。

7.3 循环码

循环码是线性分组码的一个重要分支。循环码有许多特殊的代数性质,基于这些性质,循环码有较强的纠错能力,而且其编码和译码电路很容易用移位寄存器实现,因而在 FEC 系统中得到了广泛的应用。

7.3.1 循环码的描述

循环码是一种系统分组码,前 k 位为信息码元,后 r 位为监督码元。它除了具有线性分组码的封闭特性之外,还具有一个独立的特性即循环性。循环性是指任一许用码组经过循环移位后所得到的码组仍为一许用码组。即若 $\boldsymbol{C} = [c_{n-1} \quad c_{n-2} \quad \cdots \quad c_0]$ 是一个循环码组,经过一次循环移位得到的 $\boldsymbol{C}^{(1)} = [c_{n-2} \quad \cdots \quad c_1 \quad c_0 \quad c_{n-1}]$ 也是许用码组,经过 i 次循环移位得到的 $\boldsymbol{C}^{(i)} = [c_{n-i-1} \quad c_{n-i-2} \quad \cdots \quad c_0 \quad c_{n-1} \quad \cdots \quad c_{n-i}]$ 也是许用码组,无论左移或者右移,移位位数多少,其结果均为循环码组。

基于循环码的循环移位特性,一般用多项式来描述循环码,在描述中把循环码中的各个许用码组分别当成多项式的系数,即把一个 n 位长的码组 $\boldsymbol{C} = [c_{n-1} \quad c_{n-2} \quad \cdots \quad c_0]$ 用一个次数不超过 $(n-1)$ 的多项式来表示:

$$c(x) = c_{n-1}x^{n-1} + c_{n-2}x^{n-2} + \cdots + c_1 x + c_0 \tag{7-28}$$

式中,$c(x)$ 称为码多项式,变量 x 表示多项式的元素,它的幂次对应元素的位置,它的系数对应元素的取值,系数之间的加法和乘法运算服从模 2 运算规则。经过 i 次循环移位得到的 $\boldsymbol{C}^{(i)}$ 码组所对应的码多项式为

$$c^{(i)}(x) = c_{n-i-1}x^{n-1} + c_{n-i-2}x^{n-2} + \cdots + c_{n-i} \tag{7-29}$$

循环码的码多项式是有规律可循的。可以证明,一个长度为 n 的循环码的码多项式必定是模 $(x^n + 1)$ 运算的一个余式。

为了说明循环码的特性需要先了解多项式的按模运算。如果一个多项式 $m(x)$ 被另一个 n 次多项式 $n(x)$ 除,得到一个商式 $q(x)$ 和一个次数小于 n 的余式 $r(x)$,即

$$m(x) = n(x)q(x) + r(x) \tag{7-30}$$

记作

$$m(x) \equiv r(x) \quad [\mathrm{mod}\, n(x)] \tag{7-31}$$

则称在模 $n(x)$ 运算下，$m(x) \equiv r(x)$。

多项式的按模运算可以用长除法来完成，但需要注意的是，模 2 运算中用加法代替减法。

循环码的循环特性可以通过码多项式运算来验证。将式(7-28)乘以 x，再除以 (x^n+1)，可以得到

$$\frac{xc(x)}{x^n+1} = c_{n-1} + \frac{c_{n-2}x^{n-1} + \cdots + c_1 x^2 + c_0 x + c_{n-1}}{x^n+1} \tag{7-32}$$

式(7-32)表明，码多项式 $c(x)$ 乘以 x 再除以 (x^n+1) 所得的余式就是码组左循环一次的码多项式；同样，码多项式 $c(x)$ 乘以 x^i 再除以 (x^n+1) 所得的余式就是码组左循环 i 次的码多项式。也就是说，$c^{(i)}(x)$ 等于 $x^i c(x)$ 被 (x^n+1) 除后的余式。

7.3.2 循环码的生成多项式

根据循环码的循环特性，可由一个码组的循环移位得到其他非 0 码组。在 (n,k) 循环码的 2^k 个码多项式中，取前 $(k-1)$ 位皆为 0 的码多项式 $g(x)$（其次数为 $n-k$），再经过 $(k-1)$ 次左循环移位，可以得到 k 个码多项式：$g(x), xg(x), \cdots, x^{k-1}g(x)$。也就是说，$(n,k)$ 循环码可以由它的一个 $(n-k)$ 次码多项式 $g(x)$ 来确定，$g(x)$ 称为码生成多项式。

(n,k) 循环码的生成多项式 $g(x)$ 具有如下性质。

(1) $g(x)$ 是唯一的，即 $c(x)$ 中除 0 多项式外次数最低的多项式只有一个，且 $g(x)$ 的 0 次项是 1。

(2) 循环码中的每个多项式 $c(x)$ 都是 $g(x)$ 的倍式，且每个小于或等于 $(n-1)$ 次的 $g(x)$ 倍式一定是码多项式。

(3) $g(x)$ 是 (x^n+1) 的一个次数为 $(n-k)$ 的因式。

由 (n,k) 循环码的生成多项式 $g(x)$ 的性质可以得到其具体形式，从而确定循环码的码组。由于 $g(x)$ 是 (x^n+1) 的一个 $(n-k)$ 次因式，因此可以通过对 (x^n+1) 进行因式分解，从而确定 $g(x)$ 的具体形式。因式分解工作可以由计算机完成，在有关的参考书上已经将因式分解的结果列成表格。

给定循环码的生成多项式 $g(x)$，将它与输入信息码组多项式 $d(x)$ 相乘，输出就为循环码码组，即

$$c(x) = d(x) \cdot g(x) \tag{7-33}$$

例 7-3 求 $(7,4)$ 循环码的生成多项式 $g(x)$。当信息码组 $\boldsymbol{D} = [1\ 0\ 1\ 0]$ 时，求输出码组 $\boldsymbol{C}$。

解 由本例条件可知 $n=7, k=4, m=3$，$g(x)$ 应为 (x^7+1) 的 3 次因式。对 (x^7+1) 分解因式，有

$$x^7 + 1 = (x+1)(x^3+x+1)(x^3+x^2+1)$$

得到两个生成多项式：
$$g_1(x) = x^3 + x + 1$$
$$g_2(x) = x^3 + x^2 + 1$$

由式(7-33)可计算输出码组 C。由于有两个生成多项式，经计算可得到两个码多项式和两个码组，计算过程如下：

$$d(x) = x^3 + x$$
$$c_1(x) = d(x)g_1(x) = (x^3+x)(x^3+x+1) = x^6+x^3+x^2+x$$
$$\boldsymbol{C}_1 = [1 \ 0 \ 0 \ 1 \ 1 \ 1 \ 0]$$
$$c_2(x) = d(x)g_2(x) = (x^3+x)(x^3+x^2+1) = x^6+x^5+x^4+x$$
$$\boldsymbol{C}_2 = [1 \ 1 \ 1 \ 0 \ 0 \ 1 \ 0]$$

通常，由信息码组 D 和生成多项式 $g(x)$ 直接求出的码组不是系统码。在例 7-3 的结果中，码组的前 4 位码不是 $[1 \ 0 \ 1 \ 0]$。为了得到系统循环码，必须按照系统码的规则表示码组。根据系统码的定义，码组 C 的前 k 位是信息码元，后 m 位是校验码元，用多项式可表示为

$$c(x) = x^{n-k}d(x) + R(x) \tag{7-34}$$

式中，$d(x)$ 是不大于 $k-1$ 次多项式；$x^{n-k}d(x)$ 是不大于 $n-1$ 次多项式；$R(x)$ 是不大于 $m-1$ 次多项式，称为校验位多项式。用 $d_1(x)$ 代表某一个信息多项式，由式(7-33)可将码组多项式表示为

$$c(x) = d_1(x)g(x) \tag{7-35}$$

式中，$d_1(x)$ 是不大于 $k-1$ 次多项式；$g(x)$ 是 $n-k$ 次的生成多项式。将式(7-34)和式(7-35)对照后可得

$$x^{n-k}d(x) + R(x) = d_1(x)g(x)$$

移项后为

$$x^{n-k}d(x) = d_1(x)g(x) + R(x)$$

即

$$\frac{x^{n-k}d(x)}{g(x)} = d_1(x) + \frac{R(x)}{g(x)}$$

由上式可知，$R(x)$ 是 $x^{n-k}d(x)$ 除以 $g(x)$ 得到的余式，表示为

$$R(x) = \mathrm{rem}\left[\frac{x^{n-k}d(x)}{g(x)}\right] \tag{7-36}$$

例 7-4 用例 7-3 的生成多项式求系统循环码的码组，已知 $\boldsymbol{D} = [1 \ 0 \ 1 \ 0]$。

解 当 $g_1(x) = x^3 + x + 1$ 时，信息多项式和升位后的多项式分别为

$$d(x) = x^3 + x$$
$$x^{7-4}d(x) = x^3(x^3 + x) = x^6 + x^4$$

求余式 $R(x)$ 的长除法为

$$\begin{array}{r}x^3+1\text{-----------}d_1(x)\\x^3+x+1\overline{)x^6+x^4}\\\underline{x^6+x^4+x^3}\\x^3\\\underline{x^3+x+1}\\x+1\quad\text{--------}R(x)\end{array}$$

余式和码组多项式分别为

$$R(x)=x+1$$
$$c_1(x)=x^6+x^4+x+1$$

可得系统循环码码组为

$$\boldsymbol{C}_1=[1\ 0\ 1\ 0\ 0\ 1\ 1]$$

当 $g_2(x)=x^3+x^2+1$ 时，用同样的方法可得

$$R(x)=1$$
$$c_2(x)=x^6+x^4+1$$
$$\boldsymbol{C}_2=[1\ 0\ 1\ 0\ 0\ 0\ 1]$$

由以上结果可以看出，用不同的生成多项式都可以得到系统循环码。

循环码中应用最广泛的就是循环冗余校验码（CRC），它的"循环"表现在 $g(x)$ 是循环码的生成多项式，"冗余"表现在校验码的长度 $(n-k)$ 一定。CRC 是一种系统的缩短循环码，缩短循环码是取 (n,k) 循环码中前 i 位信息位为 0 的码字作为其码字，得到一个 $(n-i,k-i),0 \leqslant i \leqslant k$ 缩短循环码。CRC 广泛应用于数据通信领域的帧校验中。

7.3.3 循环码的编码和译码

系统循环码的优点是编码和译码电路都可以用移位寄存器和模 2 加法器构成的线性时序网络来完成。由式(7-34)可知，编码的关键是求出校验位多项式 $R(x)$，而 $R(x)$ 则要通过式(7-36)求解。

多项式除法可以用带反馈的线性移位寄存器来实现。$g(x)$ 与移位寄存器的反馈逻辑相对应，$x^{n-k}d(x)$ 是初始预置状态，随着码元的节拍就可以进行求解余式的运算。以 (7,4)系统循环码为例，已知它的生成多项式为 $g(x)=x^3+x^2+1$，所对应的编码电路如图 7-6 所示。与门 1 在 0 拍～3 拍接通，其余时间断开；与门 2 在 4 拍～6 拍接通，其余时间断开。用 3 级移位寄存器 D_1、D_2、D_3 以及 2 个模 2 加法器实现除法电路，反馈逻辑与

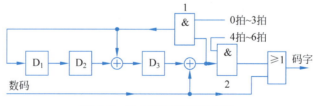

图 7-6 (7,4)循环码编码电路

$g(x)$对应。或门把信息码元和校验码元合路,输出编码码组$c(x)$。由于输入信息码组直接加到除法电路的高端,相当于自动乘以x^3。当信息码组$\boldsymbol{D}=[1\ 0\ 1\ 0]$时编码过程如表7-4所示,在0拍时对移位寄存器状态清零。

表7-4 图7-6电路工作过程

节拍	0	1	2	3	4	5	6
信息码元	1	0	1	0	0	0	0
D_1出	0	1	1	0	1	0	0
D_2出	0	0	1	1	0	1	0
D_3出	0	1	1	1	0	0	1
码组	1	0	1	0	0	0	1

由式(7-33)可知,发送码组多项式$c(x)$是生成多项式$g(x)$的倍式。如果经信道传输后发生错误,接收码组多项式$r(x)$不再是$g(x)$的倍式,可表示为

$$\frac{r(x)}{g(x)}=m_1(x)+\frac{s(x)}{g(x)} \tag{7-37}$$

或者写成

$$s(x)=\mathrm{rem}[r(x)/g(x)] \tag{7-38}$$

式中,$s(x)$是$r(x)$除以$g(x)$后的余式,是不大于$m-1$次的码组多项式,称为伴随多项式或校正子多项式。

接收码组多项式$r(x)$可表示为发送码组多项式与差错多项式之和,即

$$r(x)=c(x)+e(x) \tag{7-39}$$

代入式(7-38),得

$$\begin{aligned}s(x)&=\mathrm{rem}\left[\frac{c(x)+e(x)}{g(x)}\right]\\&=\mathrm{rem}[e(x)/g(x)]\end{aligned} \tag{7-40}$$

由$s(x)$就可进一步确定$e(x)$。对于一个$s(x)$,$e(x)$可能有多种形式。由$s(x)$确定$e(x)$时同样使用最大似然比准则。对最小码重的差错多项式$e(x)$,由式(7-40)求出对应的伴随多项式$s(x)$,将$e(x)$与$s(x)$的对应关系列成译码表。当收到任一码组$r(x)$后,利用式(7-38)求出$s(x)$,对照译码表找到$e(x)$,再用式(7-39)求$c(x)$,即

$$c(x)=r(x)+e(x) \tag{7-41}$$

例7-5 已知纠单错(7,4)系统循环码的生成多项式为$g(x)=x^3+x^2+1$,试构成译码表。若接收码组$\boldsymbol{R}=[1\ 0\ 0\ 0\ 1\ 0\ 1]$,求发送码组。

解 根据式(7-40),对码重为1的差错多项式$e(x)$,求出相应的伴随多项式$s(x)$,将其对应结果列成译码表,如表7-5所示。

表7-5 例7-5译码表

$e(x)$	x^6	x^5	x^4	x^3	x^2	x	1
$s(x)$	x^2+x	$x+1$	x^2+x+1	x^2+1	x^2	x	1

当接收码组无错误时,$e(x)=0$,则$s(x)=0$。本题给出的接收码组为

$$R = [1\ 0\ 0\ 0\ 1\ 0\ 1]$$

由此可写出接收码组多项式

$$r(x) = x^6 + x^2 + 1$$

由式(7-38)可计算出伴随多项式

$$s(x) = \mathrm{rem}\left[\frac{x^6 + x^2 + 1}{x^3 + x^2 + 1}\right] = x + 1$$

查表得到

$$e(x) = x^5$$

由 $r(x)$ 和 $e(x)$ 可得到译码码组多项式

$$c(x) = r(x) + e(x) = x^6 + x^5 + x^2 + 1$$

相应的码组为

$$C = [1\ 1\ 0\ 0\ 1\ 0\ 1]$$

由于是系统循环码,所以信息码组为

$$D = [1\ 1\ 0\ 0]$$

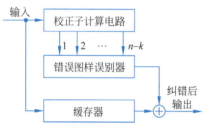

图 7-7 一种循环码译码器的原理图

由以上理论分析可构成一种译码器,原理框图如图 7-7 所示。图中伴随式计算电路对接收到的码多项式计算出相应的伴随式多项式。错误图样识别器是一个具有 $n-k$ 个输入端的逻辑电路,原则上可以采用查表的方法,根据伴随式找到错误图样。缓存器用于存储 k 位信息码元。模 2 和电路用于纠正错误。当伴随式为 0 时,模 2 和电路来自错误图样识别电路的输入端为 0,输出即为缓存器的信息码元。当伴随式不为 0 时,识别电路在相应的错误码元时刻输出为 1,它使缓存器输出取补,这样便可纠正错误。

7.4 卷积码

前面讨论的是分组码。为了达到一定的纠错能力和编码效率,分组码的编码长度 n 比较大,但 n 增大时译码的时延也随之增大。卷积码则是另一类编码,它是非分组码。在编码过程中,卷积码充分利用了各组之间的相关性,信息码的码长 k 和卷积码的码长 n 都比较小,因此其性能在许多实际应用情况下优于分组码,而且设备也较简单。通常它更适用于前向纠错,在高质量的通信设备中已得到广泛应用。

7.4.1 卷积码的编码及描述

1. 编码方法

卷积码编码器的一般形式如图 7-8 所示,它由 N 段输入移位寄存器、n 个模 2 加法器和 n 级输出移位寄存器 3 部分组成。其中,N 段输入移位寄存器每段均为 k 位,这样共有 Nk 位输入移位寄存器。

编码器每输入 k 位信息比特,输出移位寄存器输出 n 位比特的编码。由图可知,n 位输出比特不但与当前的 k 个输入信息比特有关,而且与以前的 $(N-1)k$ 个输入信息比

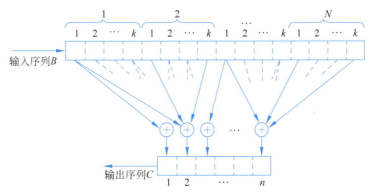

图 7-8　卷积码编码器的一般形式

特有关。通常把 N 称为编码约束长度,把卷积码记作 (n,k,N),编码效率 $R_c=k/n$。在有的文献中将 $N-1$ 或 nN 称为约束长度。

图 7-9 是一个 $(2,1,3)$ 卷积码编码器的实例,输出移位寄存器用转换开关代替。每个时隙中,只有 1bit 输入信息进入移位寄存器,并且移位寄存器暂存的内容向右移 1 位,开关旋转一周输出 2bit。图中,b_i 是当前输入信息位,b_{i-1} 为 b_i 前面第一个信息位,b_{i-2} 为 b_i 前面第二个信息位。每输入一个信息比特,经编码器产生两个输出比特 c_1 和 c_2。c_1,c_2 与 b_i,b_{i-1},b_{i-2} 的关系为

$$\begin{cases} c_1 = b_i \oplus b_{i-1} \oplus b_{i-2} \\ c_2 = b_i \oplus b_{i-2} \end{cases} \tag{7-42}$$

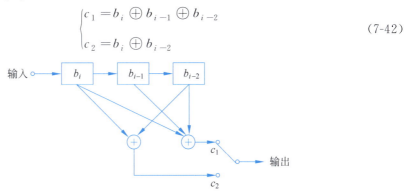

图 7-9　一种 $(2,1,3)$ 卷积码编码器方框图

设起始状态使所有级清零,即 $b_i b_{i-1} b_{i-2} = 000$。当第 1 位数据为 1 时,即 $b_i=1$,$b_{i-2}b_{i-1}=00$,输出码组 $c_1 c_2 = 11$。当第 2 位数据为 1 时,$b_i=1$,$b_{i-2}b_{i-1}=01$,$c_1 c_2 = 01$。以此类推,可求出所有输入数据输入后的输出码组。若输入数据为 11010,编码器的状态如表 7-6 所示。为保证全部数据通过移位寄存器,还必须在数据后加 3 个 0。

表 7-6　图 7-9 编码器的状态

b_i	1	1	0	1	0	0	0	0
$b_{i-2}b_{i-1}$	00	01	11	10	01	10	00	00
$c_1 c_2$	11	01	01	00	10	11	00	00
状态	a	b	d	c	b	c	a	a

由图 7-9 和表 7-6 可知,当第 4 位数据输入时,第 1 位数据移出移位寄存器而消失,所以每位数据影响 3 个输出码组,即(2,1,3)卷积码的约束度为 3。

2. 卷积码的描述

描述卷积码的方法有两类,即图解法和解析法。图解法描述编码过程比较直观。

图解法的第一种方法称为树状图,它描述在任何数据序列输入时,码组所有可能的输出。对应于图 7-9 的编码电路,可画出树状图如图 7-10 所示。

把树状图的起始节点放在最左边。以 $b_i=0$ 和 $b_{i-2}b_{i-1}=00$ 作为起点,用 a,b,c,d 表示 $b_{i-2}b_{i-1}$ 的 4 种可能状态 $00,01,10,11$。当第 1 个输入比特 $b_i=0$ 时,输出码组 $c_1c_2=00$;若 $b_i=1$,则 $c_1c_2=11$。因此从 a 点出发有两条支路(树杈)可供选择。$b_i=0$ 时取上支路,$b_i=1$ 时取下支路。输入第 2 个比特时,移位寄存器状态右移一位,上支路移位寄存器状态仍为 00,下支路的状态则为 01,即状态 b。新的一个输入比特到来时,随着移位寄存器状态和输入比特的不同,树状图继续分叉成 4 条支路,2 条向上,2 条向下。这样,即可得到图 7-10 所示的二叉树图形。树状图中,每条树杈上所标注的是输出比特,每个节点上标注的为移位寄存器的状态。由图 7-10 可以看出,从第三条支路开始,树状图呈现出重复性,即图中表明的上半部与下半部完全相同,这意味着从第 4 位数据开始,输出码组已与第一位数据无关,这也解释了前述编码约束度为 3 的含义。当输入数据为 11010…时,沿树状图可得到输出序列为 11010100…,其路径如图 7-10 中虚线所示。

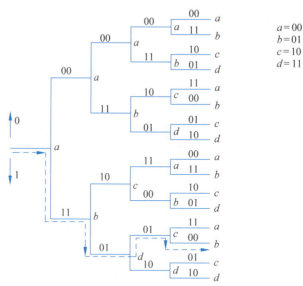

图 7-10 (2,1,3)卷积码的树状图

卷积码图解法的第二种方法为状态图,第三种方法为网格图,在此不作叙述。

卷积码的解析法表示分为生成多项式和生成矩阵两种,生成多项式是一种很方便的表示方法。

编码器中输入移位寄存器与模 2 加法器的连接关系以及输入、输出序列都可表示为延时算子 D 的多项式。例如,输入序列为 11010…的表达式为

$$B(D) = 1 + D + D^3 + \cdots \qquad (7\text{-}43)$$

式中，D 的幂次等于时间起点的单位延时数，一般选择第一个比特作为时间起点。通常把表示移位寄存器与模 2 加法器之间连接关系的多项式称为生成多项式。因为由它们可以用多项式相乘计算出输出序列。若某级寄存器与某个模 2 加法器相连接，则生成多项式相应系数取 1，否则取 0。图 7-9 所示的 (2,1,3) 卷积码的编码器结构可以用以下两个生成多项式描述：

$$\begin{aligned} G_1(D) &= 1 + D + D^2 \\ G_2(D) &= 1 + D^2 \end{aligned} \qquad (7\text{-}44)$$

仍以输入数据 11010… 为例，可得

$$C_1(D) = G_1(D) \cdot B(D) = (1+D+D^2)(1+D+D^3) = 1 + D^4 + D^5 + \cdots$$
$$C_2(D) = G_2(D) \cdot B(D) = (1+D^2)(1+D+D^3) = 1 + D + D^2 + D^5 + \cdots$$
$$(7\text{-}45)$$

两个模 2 和的输出序列分别为

$$c_1 = 100011\cdots$$
$$c_2 = 111001\cdots$$

输出序列为

$$c_1 c_2 = 110101001011\cdots$$

上述结果与表 7-6 是相同的。

为了方便，有时还可以用二进制数或八进制数来表示生成多项式的系数，即

$$G_1(D) = 1 + D + D^2 \Rightarrow g_1 = (111)_2 = (7)_8$$
$$G_2(D) = 1 + D^2 \Rightarrow g_2 = (101)_2 = (5)_8$$

解析表示的生成矩阵不够方便，在此就不作介绍。

7.4.2 卷积码的译码方法

卷积码的译码方法可分为两大类，一类是代数译码，另一类是概率译码。

代数译码利用编码本身的代数结构进行译码，而不考虑信道的统计特性。该方法的硬件实现简单，但性能较差。其中具有典型意义的是门限译码。它的译码方法是从线性译码的校正子出发，找到一组特殊的能够检查信息位置是否发生错误的方程组，实现纠错译码。

概率译码建立在最大似然准则的基础上，在计算时用到了信道的统计特性，所以提高了译码性能，但同时增加了硬件的复杂性。常用的概率译码方法有维特比译码和序列译码。

维特比译码的基本思想是把已经接收到的序列与所有可能的发送序列相比较，选择其中汉明距离最小的一个发送序列作为译码输出。维特比译码的复杂性随发送序列的长度按指数增大，在实际应用中需要采用一些措施进行简化。目前维特比译码已经得到了广泛的应用。

序列译码在硬件和性能方面介于门限译码和维特比译码之间,适用于约束长度很大的卷积码。

7.5 Turbo 码

信道编码定理指出,用码长为无限长的随机编码可达到香农容量,但此编码方式不实用。因此要寻找的是随着编码长度的增加,系统的差错率趋于零,且编码后的传输码率趋于信道容量的实用信道编码方法。

Turbo 码是一种带有内部交织器的并行级联码,采用软输入/输出译码器可以获得接近香农极限的性能。Turbo 码由两个或两个以上的简单分量编码器通过交织器并行级联在一起而构成。Turbo 码的编码器结构如图 7-11 所示,信息序列先送入第一个分量编码器 RSC-1,交织后送入第二个分量编码器 RSC-2。输出的码字 c_k 由 3 部分组成:输入的信息序列 X_k、第一个分量编码器 RSC-1 产生的校验序列 Y_{1k} 和第二个分量编码器对交织后的信息序列产生的校验序列 Y_{2k}。由于交织器在 RSC-2 之前将信息序列中的比特位置进行了随机置换,使得突发错误随机化,当交织器充分大时,Turbo 码就具有近似于伪随机长码的特性。

Turbo 码的分量码主要采用的是递归系统卷积码(RSC),递归系统卷积编码器就是指带有反馈的系统卷积编码器。图 7-12 为一个 16 状态,生成多项式为 $\boldsymbol{G}=(37,21)$ 的 RSC 编码器。

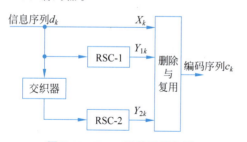

图 7-11 Turbo 码编码器框图

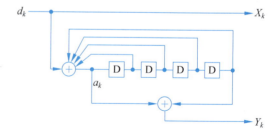

图 7-12 16 状态 RSC 编码器

Turbo 码的一个重要特点就是在译码时采用了迭代译码。迭代译码的基本思想是分别对两个分量码进行最优译码,以迭代的方式使两者分享共同的信息,并利用反馈环路来改善译码器的性能。对于 Turbo 码来说,采用迭代译码的方式可以保证在译码可实现的前提下,达到接近香农理论极限的译码性能。实际上,之所以称为"Turbo"码,就是因为在译码器中存在反馈,类似于涡轮机(Turbines)的工作原理。

Turbo 码译码器的基本结构如图 7-13 所示。它是两个软输入软输出译码器 DEC-1 和 DEC-2 的串行级联,其中交织器与编码器所使用的交织器相同。迭代译码的过程如下:DEC-1 对接收到的编码序列 c_k 和内部的校验序列 y_{1k} 进行最佳译码,产生信息比特的似然信息,并将其中的"外部信息"经过交织器后传给 DEC-2;译码器 DEC-2 将此信息作为先验信息,对交织过的接收编码序列和内部的校验序列 y_{2k} 进行最佳译码,产生交织后的信息比特的似然信息,并将其中的"外部信息"经过解交织器后传给 DEC-1,译码器 DEC-1 将此信息作为先验信息，进行下一回合的译码。经过若干次迭代后，DEC-1 或 DEC-2 的"外部信息"趋于稳定，似然比渐进值逼近于整个码的最大似然译码，然后对此似然比进行判决输出，即可以得到恢复的信息序列 $\hat{d}_k$。

图 7-13 Turbo 码的译码器

近年来，Turbo 码应用相当广泛，在许多国际标准中都被作为首推的纠错编码。第三代移动通信系统（3G）中，各种无线传输技术方案的信道编码中均选用了 Turbo 编码技术。

7.6 差错控制编码对系统性能的改善

前向差错控制的纠错编码系统与无纠错编码的系统相比，在信息传输可靠性方面，其性能究竟有多少改善，是一个值得分析的问题。以下简单讨论在信号功率相同和信道条件相同的条件下，纠 t 个差错的分组码的情况。若在时间 T 内传送 k 位信息码元，对于无编码系统，编码前的信息速率 R_b 与信道传输的信息速率 R_{bc} 相同，即

$$R_b = R_{bc} = k/T (\text{bit/s}) \tag{7-46}$$

但对于差错编码系统，由于编码后在同样的时间 T 内输出 n 位码元，所以信道传输的信息速率 R_{bc} 要大于 R_b，即

$$R_{bc} = n/T = (k/T)(n/k) = (n/k)R_b \tag{7-47}$$

也就是说，编码系统是无编码系统在信道中信息速率的 n/k 倍。因此，传输带宽就增大到 n/k 倍，信噪比降低到 n/k 倍，这样就导致编码系统在信道传输的误比特率 P_{bc} 高于无编码系统的误比特率 P_b。但是译码后的误码组率明显下降。对于无编码系统，设码组有 k 位码元，则误码组率 P_w 为

$$P_w = 1 - (1 - P_e)^k \tag{7-48}$$

通常有 $P_e \ll 1$，式(7-48)可近似为

$$P_w \approx k P_e \tag{7-49}$$

对于编码系统，用了纠 t 错的 (n,k) 码，设此时误比特率为 P_{ec}，在 n 位码的码组中有 t 个以上差错时，码组才会出错。在 n 位码中错 i 位码的概率为

$$P(i,n) = C_n^i P_{ec}^i (1 - P_{ec})^{n-i} \tag{7-50}$$

由此得误码组率 P_{wc} 为

$$P_{wc} = \sum_{i=t+1}^{n} C_n^i P_{ec}^i (1 - P_{ec})^{n-i} \tag{7-51}$$

当 $P_{ec} \ll 1$ 时,出现 $t+1$ 个差错的概率远大于出现 $t+1$ 个以上差错的概率,式(7-51)可近似为

$$P_{wc} \approx C_n^{t+1} P_{ec}^{t+1} \tag{7-52}$$

为了具体说明 P_w 与 P_{wc} 的差别,设传输系统采用相干 2PSK 系统,信息传输速率为 R_b,信道白噪声双边功率谱密度为 $n_0/2$。为书写方便,设参数 $\lambda = S_i/(n_0 R_b)$,S_i 为信号平均功率。在无编码系统中,$R_b = R_{bc}$,误比特率 P_e 为

$$P_e = Q(\sqrt{2\lambda}) \tag{7-53}$$

误码组率为

$$P_w \approx kQ(\sqrt{2\lambda}) \tag{7-54}$$

纠错码采用纠 t 错的 (n,k) 码系统,$R_{bc} = (n/k)R_b$,则误比特率 P_{ec} 为

$$P_{ec} = Q(\sqrt{2\lambda(k/n)}) \tag{7-55}$$

误码组率为

$$P_{wc} \approx C_n^{t+1} \left[Q(\sqrt{2\lambda(k/n)}) \right]^{t+1} \tag{7-56}$$

例如纠错码采用(7,4)分组码,这时 $n=7,k=4,t=1$,代入式(7-50)和式(7-52),可分别得到

$$P_w \approx 4Q(\sqrt{2\lambda})$$

$$P_{wc} \approx 21 \left[Q(\sqrt{1.14\lambda}) \right]^2$$

将以上两式的结果画成曲线,如图 7-14 所示。当误码组率较小且相同时,编码系统比无编码系统的 λ 约小 1dB,即平均功率可以小 1dB,这是用设备的复杂性换来的。如果用纠错能力更强的编码,可期望得到更大的好处,但设备会更加复杂。但同时也要看到,当误码组率较大时,改善并不明显。

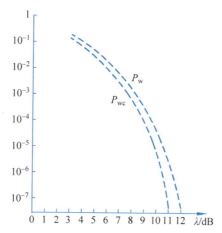

图 7-14 有无纠错时误码组率的比较

7.7 5G 中的新型编码技术

信道编码技术是 5G 新空口的关键技术之一,需要具备灵活的码块长度和码率,满足 5G 系统不同应用场景下的误块率、吞吐量、译码时延和能量效率等性能要求。5G 系统

包含数据信道和控制信道，数据信道负责传输数据，控制信道用于传输指令和同步数据参数等。在 5G 标准 3GPP Release 15 中，低密度校验（low density parity check，LDPC）码和极化（Polar）码分别被确定为数据信道和控制信道的 5G 编码方案。本节将对低密度校验码和极化码的原理进行介绍。

7.7.1 低密度校验码

根据信道编码定理，逼近香农极限的一个必要条件是码长足够长，因此要想进一步提高性能，就必须增加码长 n，不过增加码长必然会提高译码的复杂度，以现有的技术无法实现，这样的码实际上是"不可译"的。所以，要解决的问题就是寻找对长码有效的译码方法，使其性能接近最大似然译码，且该方法的复杂度是可以接受的。

LDPC 码是一种码长 n 非常大的线性分组码，码长一般是成百上千，甚至更长。于是其校验矩阵也很大，并且有一个重要特征就是 H 中的非零元素很少，即"1"的个数很少，故称为低密度，矩阵 H 也称为稀疏矩阵。LDPC 码译码方法特殊，它解决了长码"不可译"问题，同时，这种译码方法要求 H 具有低密度特性，否则无法保证译码有较低的复杂度和良好的性能。

LDPC 码的编码很容易理解，它就是线性分组码。给定校验矩阵 H 后，可求出相应系统码的生成矩阵 G，再用信息码组 D 乘以 G 就得到了系统码的 LDPC 码编码结果。一般情况下，由于校验矩阵 H 都很大，那么生成矩阵 G 自然也很大，这样矩阵乘法 DG 的运算复杂度也会很大，所以一般是通过设计校验矩阵 H，避免用矩阵乘法 DG 进行编码，从而降低编码的复杂度。

LDPC 码的创新之处在于译码，其码的译码方法较为复杂。下面通过一个例子说明 LDPC 码的译码思想。

考虑 (7,4) 汉明码，假设其监督矩阵（校验矩阵）为

$$H = \begin{bmatrix} 1 & 1 & 1 & 1 & 0 & 0 & 0 \\ 0 & 0 & 1 & 1 & 1 & 1 & 0 \\ 0 & 1 & 0 & 1 & 1 & 0 & 1 \end{bmatrix} \tag{7-57}$$

注意，此汉明码不是低密度校验码，因为校验矩阵 H 不够稀疏，这里只是借用来说明 LDPC 码的译码思想。

假设发送码组是 $C = (c_6 \quad c_5 \quad \cdots \quad c_0)$，$C$ 必然满足线性方程组 $CH^T = 0$，即

$$\begin{cases} c_6 + c_5 + c_4 + c_3 = 0 \\ c_4 + c_3 + c_2 + c_1 = 0 \\ c_5 + c_3 + c_2 + c_0 = 0 \end{cases} \tag{7-58}$$

通过信道后的接收码组 $R = (r_6 \quad r_5 \quad \cdots \quad r_0)$ 可能包含错误，因此伴随式 $S = RH^T \neq 0$。

可以将这个线性方程组用图 7-15 来表示，该图称为 Tanner 图。图中的黑色圆点 $V_6, V_5, \cdots, V_0$ 称为变量节点，代表 7 个比特 $c_6, c_5, \cdots, c_0$，它们是译码器待求解的未知变量。图中的符号"⊞"称为校验节点，代表式 (7-58) 中的每个校验方程。换句话说，H 的每一行就是一个校验节点，每一列就是一个变量节点，H 中的每个"1"就是图中的一条连

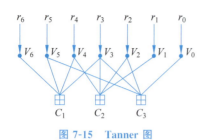

图 7-15　Tanner 图

线。例如，校验节点 C_1 代表第一个方程 $c_6+c_5+c_4+c_3=0$。它包含 c_6,c_5,c_4,c_3 这 4 个待求解的变量，所以 C_1 与 V_6,V_5,V_4,V_3 相连。另外，变量 c_3 同时出现在 3 个方程中，所以 V_3 与 C_1,C_2,C_3 相连，其余类似。

译码时要在变量节点和校验节点之间传递信息。每个变量节点告诉它所连接的校验节点"我认为该变量是什么（是 1 或者是 0）"，而校验节点告诉它所连接的变量节点"我认为该变量应该是什么"。在反复的消息传递中，变量节点和校验节点不断改变自己对各变量是什么的看法，最终形成一个满足校验方程的码字，得到译码结果。可见译码的过程相当于迭代运算，如果经过充分的迭代后仍然不能形成一个满足校验方程的码字，则译码器宣布无法译出这个码字，即译码失败。

上面只是 LDPC 码译码最为简单的形式，实际应用的译码算法复杂度要高一些，当然性能也更好。容易想到的是，让节点之间传递的信息不仅仅是变量的值是"0"还是"1"，还可以传递它以多大的把握认为这些值是"0"还是"1"。例如传递的消息可能是"我认为 C_3 有 80% 的把握是 0"。这样的可靠性信息显然有助于各节点更好地判断变量，但所涉及的概率估算会引来很多的复杂性，相应的硬件成本也会升高。具体到硬件设计时，还会采用更为合适的实现方法。目前主流的 LDPC 码译码都是采用这种传递概率信息的方法或者其变化形式。

LDPC 码迭代译码的运算量与消息传递的次数成正比，一次迭代中消息传递的次数等于图中的边的个数，而图中边的个数正是 H 中 1 的个数。由此可见，要是 LDPC 码译码的计算量达到实际应用可以承受的程度，H 的密度应该在保证译码性能的前提下尽量低。

7.7.2　极化码

极化码是基于信道极化理论提出的一种线性分组码，是目前唯一通过严格的数学方法证明可以达到香农极限的编码方案。相比于 LDPC 码和 Turbo 码，极化码具有以下优点：首先，理论上可达香农极限，性能最优；其次，在中短码长情况下，拥有更优的误块率性能；最后，可构造任意长度的极化码，在速率匹配方面更加灵活，对性能提升更有利。

信道极化理论是极化码理论的核心，包括信道组合和信道分解部分。信道极化是指对于任意的二进制输入的离散无记忆信道，将其进行多次复用，并经过信道组合与信道分解过程，使得这些相互独立的信道转换成为彼此相关联的虚拟信道，即极化信道。当参与到复用中的信道数量足够多时，极化信道会呈现一种两极化的现象，其中一部分信道的信道容量趋于 1，即趋于一种无噪传输的理想状态；另一部分信道的信道容量趋于 0，即趋于一种全噪信道的状态。根据极化后的信道特征，可以在信道容量趋于 1 的信道中传输信息比特，在信道容量趋于 0 的信道中传输固定冗余信息，即冻结比特，这种编码方式就是极化编码。按照上述方法进行传输，极化码在码长趋于无限长时，可以达到香农极限。

极化码的结构可由 $P(N,K)$ 表示，其中 N 为码字长度，K 为信息比特数。由于码长为有限长，大量信道的容量界于 0 和 1 之间，即有大量的信道受到不同程度的噪声污染。因此，极化码编码的基本思想是：估计每个子信道的错误概率，选择 K 个可靠性较高的子信道发送信息比特，常用数字 1 表示；剩余信道发送冻结比特，常用数字 0 表示。由于极化码具有二元线性分组码的基本编码要素，因此可以通过生成矩阵构造编码，编码结果为

$$x_1^N = u_1^N \boldsymbol{G}_N \tag{7-59}$$

式中，u_1^N 为原始比特序列，$\boldsymbol{G}_N$ 为生成矩阵，x_1^N 为编码后的比特序列，码长 N 被严格限制为 2 的 n 次幂。

极化码生成矩阵 $\boldsymbol{G}_N$ 的计算公式为

$$\boldsymbol{G}_N = \boldsymbol{B}_N \boldsymbol{F}^{\otimes n} \tag{7-60}$$

式中，$\otimes$ 为克罗内克积运算，一个 $m \times n$ 的矩阵 $\boldsymbol{A}$ 与 $p \times q$ 的矩阵 $\boldsymbol{B}$ 的克罗内克积为 $mp \times nq$ 的矩阵，定义为 $\boldsymbol{A} \otimes \boldsymbol{B} = \begin{bmatrix} A_{11}\boldsymbol{B} & \cdots & A_{1n}\boldsymbol{B} \\ \vdots & \ddots & \vdots \\ A_{m1}\boldsymbol{B} & \cdots & A_{mn}\boldsymbol{B} \end{bmatrix}$。$\boldsymbol{F} = \begin{bmatrix} 1 & 0 \\ 1 & 1 \end{bmatrix}$，$\boldsymbol{F}^{\otimes(n-1)}$ 为 $\boldsymbol{F}$ 的克罗内克幂，其中 $n \geqslant 1$，$\boldsymbol{F}^{\otimes 0} \stackrel{\triangle}{=} [1]$。$\boldsymbol{B}_N$ 为排序矩阵，用于完成比特反序重排，即将每组原序列的十进制符号 i 按照二进制表示，再将二进制序列反序，得到十进制为 j，令输出序列的第 j 个元素取值为原序列的第 i 个元素。

依次传输在信道 W 上的 u_1^N 经过生成矩阵 $\boldsymbol{G}_N$ 编码后，等效为在一个合并的矢量信道 $\boldsymbol{W}_N$ 上传输，即信道组合。以 $N=4$ 时的极化码为例，极化码编码的原理如图 7-16 所示。

串行消除译码是极化码的基础译码算法。该算法在理论上被证明在无限码长情况下，可使得极化码达到香农极限，但在中短码长下译码性能并不理想。目前应用最广的极化码译码算法是 CRC 辅助的列表译码算法。该算法可看作一个串行级联编码系统，其中 CRC 作为外码，极化码作为内码。CRC 一方面可以增加码的最小距离，改进高信噪比下的性能，另一方面可帮助列表译码器选择正确路径。该算法在进行极化码编码前先对信息序列进行 r 位的 CRC 校验，译码器对接收序列进行列表译码，在译码最后一个比特后，译码器选择表中能通过 CRC 校验的度量最大的路径作为输出。

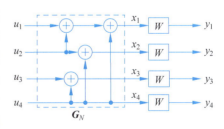

图 7-16 极化码编码的原理框图

极化码被 3GPP 采纳为 5G 中的信道编码技术之一，是中国在通信技术研究和标准化上迈出的重要一步。体现了我国通信技术历经"1G 空白"、"2G 跟随"、"3G 突破"、"4G

同步"、"5G 引领"的历史性跨越,也说明了科技自立自强是我国面临的复杂严峻形势的破题之笔。相比于 2G、3G 和 4G 时代,中国正在 5G 的发展竞赛中处于世界领先地位。

编码技术是无线通信的基础,通信系统的发展总是伴随编码技术的变革。从 Turbo 码、LDPC 码到极化码的发明,以逼近香农极限为目标的编码技术得到快速的发展。面对未来更加复杂异构的无线通信场景和业务需求,需要考虑超高吞吐量需求,超大带宽信道、超高频信道、可见光信道、高空/太空信道、远洋/深海信道、深地信道等复杂的传播环境及更多样的业务类型等,新型编码技术的研究与突破依然是具有挑战性的重要问题。

习题

7.1 用奇偶校验码进行检错编码,设每组数据有 7bit,附加 1 位偶数校验位。若输入数据为 110100100011100100001,试写出编码后的序列,并说明它可检出哪几类差错?不能检出哪几类差错?

7.2 用方阵码进行检错编码,设每行有 8bit,其中数据占 7bit,用奇数校验。试问它能检出哪几类差错?不能检出哪几类差错?

7.3 已知 (7,3) 码的生成矩阵为

$$G = \begin{bmatrix} 1 & 0 & 0 & 1 & 1 & 1 & 0 \\ 0 & 1 & 0 & 0 & 1 & 1 & 1 \\ 0 & 0 & 1 & 1 & 1 & 0 & 1 \end{bmatrix}$$

(1) 列出编码表和各码组的码重;
(2) 求最小码距 d_{min} 和该码的差错控制能力;
(3) 列出伴随式 S 与差错矢量 E 的对照表。

7.4 已知某线性码监督矩阵

$$H = \begin{bmatrix} 1 & 1 & 1 & 0 & 1 & 0 & 0 \\ 1 & 1 & 0 & 1 & 0 & 1 & 0 \\ 1 & 0 & 1 & 1 & 0 & 0 & 1 \end{bmatrix}$$

列出所有许用码组。

7.5 已知 (7,4) 码的生成矩阵为

$$G = \begin{bmatrix} 1 & 0 & 0 & 0 & 1 & 1 & 1 \\ 0 & 1 & 0 & 0 & 1 & 0 & 1 \\ 0 & 0 & 1 & 0 & 0 & 1 & 1 \\ 0 & 0 & 0 & 1 & 1 & 1 & 0 \end{bmatrix}$$

写出所有许用码组,并求监督矩阵。若接收码组为 1101101,计算校正子。

7.6 已知 (7,4) 循环码的生成多项式为
$$g(x) = x^3 + x^2 + 1$$

(1) 当信息码组为 1001,求编码后的循环码组;
(2) 求系统循环码码组。

7.7 (7,3)循环码的生成多项式为
$$g(x)=x^4+x^3+x^2+1$$
(1) 当数据 $D=\begin{bmatrix}1 & 0 & 1\end{bmatrix}$时,求相应码组 C;

(2) 当数据 $D=\begin{bmatrix}1 & 0 & 1\end{bmatrix}$时,求系统循环码的码组 C。

7.8 用习题 7.7 的 $g(x)$。

(1) 用移位寄存器和模 2 加法器构成编码电路,并列出工作过程;

(2) 试构成译码表,并设计一个译码电路。

7.9 使用图 7-9 所示的卷积码编码器,如果输入信息序列为 10110…,计算输出码序列。

(1) 由树状图求输出序列;

(2) 由生成多项式求输出序列。

7.10 (2,1,3)卷积码编码器的输出比特 c_1、c_2 与 b_i、b_{i-1}、b_{i-2} 的关系为
$$\begin{cases}c_1=b_i \oplus b_{i-1} \\ c_2=b_i \oplus b_{i-1} \oplus b_{i-2}\end{cases}$$
(1) 画出编码电路;

(2) 写出生成多项式;

(3) 如果输入信息序列为 10011…,计算输出码序列。

7.11 什么是信道极化?极化码是如何基于信道极化理论进行编码的?

第 8 章 同步技术

同步是通信系统中的一个重要问题。通信系统能否可靠有效地工作，在很大程度上取决于同步技术的性能。当采用同步解调或者相干解调时，接收端必须提供一个与发送端载波同频同相的相干载波，这就需要载波同步。在数字通信系统中，为了从接收信号中恢复出原始的基带数字信号，需要对接收码元波形在特定的时刻进行抽样判决。为了产生与发送码元的重复频率和相位一致的定时脉冲序列就需要位同步。在数字时分复用通信系统中，各路信号的编码码组安排在规定的时隙内，多路编码码组形成一定的帧结构后进行传输。在接收端为了正确地分离出各路信号，就需要帧同步。

8.1~8.3节分别讲述载波同步、位同步和帧同步的定义和产生方法。8.4节分析同步技术在通信系统中的应用。8.5节以数字音频广播为例，讨论数字调制、信道编码和同步技术等通信技术的典型应用。

8.1 载波同步

在同步解调或相干解调中，接收端需要提供一个与发送端的调制载波同频同相的相干载波。从接收信号中获取相干载波称为载波提取，或称为载波同步。

接收端提取载波的方法分为两类：一类是发送端在发送有用信号的同时，在适当的频率位置上，插入一个载波或与它有关的称为导频的信号，这种方法称为插入导频法；另一类是发送端不专门发送导频信号，而在接收端直接从接收的已调信号中提取出载波，这种方法称为直接法。

8.1.1 插入导频法

插入导频法主要用于接收信号频谱中没有离散载波分量，或者即使含有一定的载波分量，也很难从接收信号中分离出来的情况。

插入导频的频率点应该选在信号频谱的零点处，否则导频与信号频谱成分重叠在一起，接收时不易提取。以抑制载波的双边带调制系统插入导频为例，在载频 f_c 处，已调信号的频谱分量为零。如果对调制信号 $f(t)$ 进行适当的处理，就可以使已调信号在 f_c 附近的频谱分量很小，这样就可以在 f_c 处插入导频，这时插入的导频对信号的影响最小。图 8-1 所示为插入的导频和已调信号的频谱示意图。

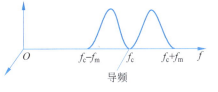

图 8-1 插入的导频和已调信号频谱示意图

在这个方案中，插入的导频是将原载波移相 90°后的"正交载波"，如图 8-1 所示。根据上述原理，就可构成插入导频法的发送端方框图，如图 8-2(a)所示。

假设调制信号 $f(t)$ 中无直流分量，且最高频率为 f_m。载波信号为 $a\sin\omega_c t$，将它经过一个 90°相移后形成插入导频 $a\cos\omega_c t$，则发送端输出的信号为

$$s(t) = af(t)\sin\omega_c t + a\cos\omega_c t \tag{8-1}$$

接收端实际上收到的是经过信道失真和噪声干扰后的信号，但是为了突出考虑载波提取问题，这里假设接收端收到的信号与发送端发出的信号完全相同。这样，接收端接收

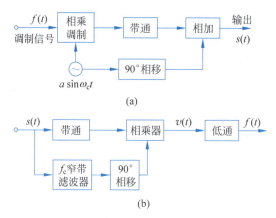

图 8-2　插入导频法原理方框图

到的信号中包含有导频信号 $a\cos\omega_c t$，用一个中心频率为 f_c 的窄带滤波器取出并移相 $90°$，就可以得到与调制载波同频同相的载波信号 $\sin\omega_c t$。接收端提取载波的方框图如图 8-2(b) 所示，图中相乘器的输出为

$$v(t) = s(t)\sin\omega_c t = [af(t)\sin\omega_c t + a\cos\omega_c t]\sin\omega_c t$$
$$= af(t)\sin^2\omega_c t + a\cos\omega_c t\sin\omega_c t \qquad (8-2)$$
$$= \frac{a}{2}f(t) - \frac{a}{2}f(t)\cos 2\omega_c t + \frac{a}{2}\sin 2\omega_c t$$

该信号通过一个截止频率与 $f(t)$ 相适应的低通滤波器后，滤除 $2f_c$ 频率分量，就可以恢复出原调制信号 $f(t)$，实现相干解调。如果发送端导频不是正交载波，即不经过 $90°$ 相移，式(8-2)的结果中将出现一个直流分量。该直流分量无法通过低通滤波器滤除，并且会在判决时对数字基带信号产生影响。这就是发送端插入正交载波的原因。

8.1.2　直接法

直接法是根据接收端接收到的有用信号经过一定的运算直接提取出同步载波，主要有平方变换法、平方环法和科斯塔斯环法。

1. 平方变换法和平方环法

设调制信号表达式为 $f(t)$，且没有直流分量，则对应的抑制载波双边带信号为

$$s(t) = f(t)\cos\omega_c t \qquad (8-3)$$

接收端将此信号进行平方变换。将信号 $s(t)$ 通过一个平方律器件后可以得到

$$s^2(t) = f^2(t)\cos^2\omega_c t = \frac{1}{2}f^2(t) + \frac{1}{2}f^2(t)\cos 2\omega_c t \qquad (8-4)$$

由式(8-4)可知，$s(t)$ 经平方处理之后产生了包含频率为 $2f_c$ 的频率分量，即两倍载频分量。若采用一个中心频率为 $2f_c$ 的窄带滤波器进行滤波就能将此频率分量滤出，再经二分频，便可得到载波分量，这就是所需的同步载波。平方变换法的方框图如图 8-3 所示。

若数字信号 $f(t)=\pm 1$，则该抑制载波双边带信号平方后的输出为

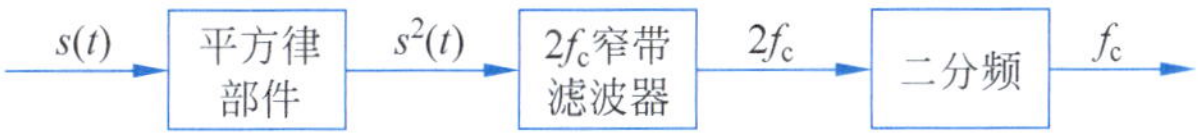

图 8-3 平方变换法提取同步载波原理方框图

$$s^2(t) = f^2(t)\cos^2\omega_c t = \frac{1}{2} + \frac{1}{2}\cos 2\omega_c t \tag{8-5}$$

从式(8-5)可知,如果将输出信号经过中心频率为 $2f_c$ 的窄带滤波器滤除直流分量 $1/2$,取出 $2f_c$ 频率分量,再经过二分频,就可以得到载波频率分量 f_c。

平方变换法从原理上能够实现同步载波提取,但由于窄带滤波器的非理想滤波特性,平方变换法获得的同步载波存在频率偏移的问题。为了改善平方变换的性能,在平方变换法中提取载波用的窄带滤波器用锁相环来代替,这种方法的框图如图 8-4 所示。采用锁相环提取载波的方法称为平方环法。因为锁相环具有良好的跟踪、窄带滤波和记忆性能,所以平方环法比一般的平方变换法性能更好。

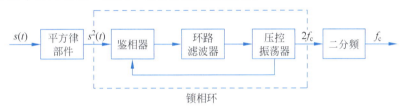

图 8-4 平方环法提取载波方框图

由于在图 8-3 和图 8-4 中都应用了二分频电路,该二分频电路的输入是 $\cos 2\omega_c t$,经过二分频电路后的输出可能是 $\cos\omega_c t$,也可能是 $\cos(\omega_c t + \pi)$,所以提取出来的载波频率是准确的,但相位是不确定的,可能存在 $180°$ 的相位模糊。相位模糊对模拟通信的影响不大,因为人耳对相位的变化不敏感。但是对于数字通信来说相位的影响会使相移键控调制(2PSK)信号相干解调后出现"倒 π 现象"。解决这个问题的办法在前面数字信号调制技术里面已经提到,就是采用差分相移键控调制(2DPSK)方式。在 2DPSK 调制中不涉及相位模糊的问题,这也是 2DPSK 调制获得广泛应用的原因。

2. 科斯塔斯环法(Costas 环法)

在平方环法中,压控振荡器(VCO)工作在 $2f_c$ 频率上,当载波 f_c 很高时,实现 $2f_c$ 振荡器技术要求很高。为了解决这个问题,人们提出了科斯塔斯环法,也称同相正交环法。

科斯塔斯环法提取载波所用的压控振荡器工作频率就在 f_c 上,不需要预先做平方处理,并且可以直接得到输出解调信号。实现科斯塔斯环提取载波的原理方框图如图 8-5 所示。

在图 8-5 中,加在两个乘法器相乘的本地载波为

$$v_1 = \cos(\omega_c t + \theta) \tag{8-6}$$
$$v_2 = \sin(\omega_c t + \theta) \tag{8-7}$$

设输入信号是如式(8-3)所示的抑制载波双边带信号 $s(t)$,则输入信号和本地载波

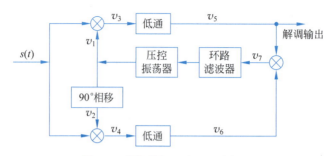

图 8-5 科斯塔斯环法原理方框图

相乘后得到的结果分别为

$$v_3 = f(t)\cos\omega_c t\cos(\omega_c t+\theta) = \frac{1}{2}f(t)[\cos\theta + \cos(2\omega_c t+\theta)] \quad (8\text{-}8)$$

$$v_4 = f(t)\cos\omega_c t\sin(\omega_c t+\theta) = \frac{1}{2}f(t)[\sin\theta + \sin(2\omega_c t+\theta)] \quad (8\text{-}9)$$

经低通滤波器滤除高频分量后,输出分别为

$$v_5 = \frac{1}{2}f(t)\cos\theta \quad (8\text{-}10)$$

$$v_6 = \frac{1}{2}f(t)\sin\theta \quad (8\text{-}11)$$

再将 v_5 和 v_6 相乘,可得

$$v_7 = v_5 \cdot v_6 = \frac{1}{4}f^2(t)\sin\theta\cos\theta = \frac{1}{8}f^2(t)\sin2\theta \quad (8\text{-}12)$$

式中,θ 为本地锁相环中压控振荡器产生的本地载波与接收信号载波的相位误差。当 θ 较小时,式(8-12)可以近似为

$$v_7 = \frac{1}{8}f^2(t)\sin2\theta \approx \frac{1}{8}f^2(t)(2\theta) = \frac{1}{4}f^2(t)\theta \quad (8\text{-}13)$$

乘法器输出的 v_7 经过环路滤波器加到压控振荡器上,控制其振荡频率使它与载波 f_c 同频。环路滤波器是一个低通滤波器,它只允许接近直流的电压通过,此电压用来调整压控振荡器输出的相位 θ,使 θ 尽可能地小。当 θ 很小时,压控振荡器的输出 $v_1 = \cos(\omega_c t+\theta)$ 就是从接收信号中提取出来的载波,而

$$v_5 = \frac{1}{2}f(t)\cos\theta \approx \frac{1}{2}f(t) \quad (8\text{-}14)$$

就是解调输出信号。

科斯塔斯环工作在 f_c 的频率上,比平方环工作频率低,且不需要用平方器件和分频器。当环路正常工作后,同相鉴别器的输出就是所需要解调的原输入信号,因此这种电路具有提取载波和相干解调的双重功能。科斯塔斯环电路比较复杂,锁相环使 θ 接近等于 0 的稳定点有两个,即 $\theta=0$ 或 π。这样科斯塔斯环法提取的载波相位也可能产生 180°相位模糊,这种相位模糊问题同样可以通过差分相移键控的方法来解决。

载波同步系统的性能指标有效率、精度、同步建立时间和同步保持时间等。对载波同步系统的主要性能要求是高效率、高精度,同步建立时间短和保持时间长等。在此不再详述。

8.2 位同步

在数字通信系统中,发送端按照确定的时间顺序,逐个传输数字脉冲序列中的每个码元。而接收端必须在准确的时刻判决才能正确恢复所发送的码元,因此,接收端必须提供一个用来确定抽样判决时刻的定时脉冲序列。这个定时脉冲序列的重复频率必须与发送的数字脉冲序列一致,同时在最佳判决时刻对接收码元进行抽样判决。通常把在接收端产生的定时脉冲序列称为码元同步,或称为位同步。

实现位同步的方法与载波同步相类似,也可分为外同步法和自同步法两种。其中,外同步法是在发送端额外地加入位定时信息,以便接收端根据这个位定时信息实现位同步;自同步法是直接通过发送的信号经过一定的变化获取位同步信息从而实现位同步。

8.2.1 外同步法

外同步法与载波同步时的插入导频法类似,也是在发送端信号中插入频率为码元速率($1/T$)或码元速率的倍数的位同步信号。在接收端利用一个窄带滤波器,将其分离出来,并形成码元定时脉冲。

插入位同步信息的方法可分为时域插入导频法和频域插入导频法。其中时域插入导频的方法有:①连续插入,并随信号码元同时传输;②在每组信号码元之前增加一个"位同步头",由它在接收端建立位同步,并用锁相环使同步状态在相邻两个"位同步头"之间得以保持。频域插入导频的方法有:①在信号码元频谱之外占用一段频谱,专门用于传输同步信息;②利用信号码元频谱中的"空隙"处,插入同步信息。

插入导频法的优点是接收端提取位同步的电路简单;缺点是需要占用一定的频谱带宽和发送功率,降低了传输的信噪比,减弱了抗干扰能力。然而,在宽带传输系统中,如多路电话系统中,传输同步信息占用的频带和功率为各路信号所分担,每路信号的负担不大,所以这种方法还是比较实用的。

8.2.2 自同步法

自同步法也叫直接法。发送端不专门向接收端发送位同步信号,接收端所需要的位同步信号从接收端接收到的数字信息码元序列中提取出来。这是数字通信中常用的一种方法。自同步法又可分为滤波法和数字锁相法两类。

1. 滤波法

二进制非归零码序列的频谱中没有位同步的频率分量,不能用窄带滤波器直接提取位同步信息。但是通过适当的非线性变换能够获得离散的位同步分量,然后再用窄带滤波器或者用锁相环进行提取,便可以得到所需要的位同步信号。

滤波法中最重要的一种是微分整流滤波法。该方法是直接从数字信息中提取同步信号,其原理方框图如图 8-6(a)所示。图中输入信号为二进制非归零脉冲,它首先通过微分和全波整流后,将非归零脉冲转变为归零脉冲。这样在脉冲序列频谱中就有了码元速率分量,即位同步分量。将此分量用窄带滤波器滤出来,经过移相电路调整其相位后,就可以由脉冲形成器产生出所需要的码元同步脉冲。处理过程中各点电路的波形示意图如图 8-6(b)所示。

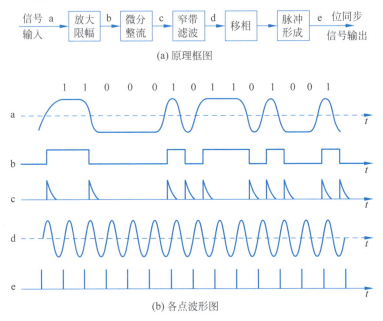

图 8-6 微分整流法原理图及各点波形

2. 数字锁相法

锁相法的基本原理是在接收端利用一个相位比较器,比较接收码元与本地码元定时脉冲的相位,如果两者相位不一致,即出现相位超前或者滞后,就将产生一个误差信号,通过控制电路去调整定时脉冲的相位,直至获得精确的同步为止。

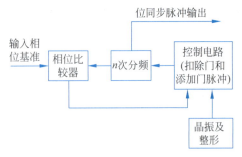

图 8-7 数字锁相法原理方框图

数字锁相法的原理方框图如图 8-7 所示。它由高稳定度的标准振荡器(晶振)、分频器、相位比较器和控制电路组成。其中振荡器产生的信号经整形电路变成周期性脉冲,然后经控制器送入分频器,输出位同步脉冲序列。输入相位基准与 n 次分频后的相位脉冲(该相位脉冲由高稳定振荡器产生并经过整形)进行比较,由两者相位的超前或滞后,通过控制电路来确定扣除或添加一个脉冲,以调整位同步脉冲的相位。

与载波同步系统类似,位同步系统的性能指标主要有相位误差、同步建立时间、同步保持时间和同步带宽等。

8.3 帧同步

在数字通信系统中,位同步实现了信息码元的正确判断,但是正确判决后的信码流是一连串的无头无尾信码流。为了在接收端能够辨认出每一帧的起始位置,必须在发送端提供每帧的起始标志。帧同步的目的就是将接收端与发送端相应的帧在时间上对准,以便从收到的信码流中分辨出哪几位码元组成一个码字,从而正确解码;在数字电话时分复用系统中,还需要分辨出哪几位码是哪个话路的,从而正确分路。

在实际系统中应用的帧同步方法主要包括起止式同步法和插入特殊同步码组的方法。起止式同步法结构简单,易于实现,适用于异步低速数字传输方式。但为了同步的目的插入的冗余码元相对来说比较多,因此传输效率比较低。插入特殊同步码组的方法有两种,分别是连贯式插入法和间歇式插入法。

8.3.1 连贯式插入法

连贯式插入法又称为集中式插入法。它是指在每一信息群的开头插入作为帧同步码组的特殊码组。例如,数字电话时分复用传输系统就采用了这种方法。在连贯式插入法中,将传输的数据比特编成帧,每帧包含一个码组或一群码组,帧的首部加一个特殊字符来指明一帧的开始。当接收端对接收到的比特流进行搜索时,一旦检测到这种特殊字符,便确定了帧的开始,并据此划分帧内的码组,从而建立了帧同步。

连贯式插入法是在帧的首部插入特殊字符作为帧同步码,由于帧同步码是插在数字信息流中传送的,它必须与随机的数字序列有明显的区别。连贯式插入法的关键是寻找实现帧同步的特殊码组,该码组应该满足的基本要求包括:必须具有尖锐的自相关函数,便于与信息码区别;码长必须适当,以保证传送的效率。符合上述要求的特殊码组包括:全"0"码、全"1"码、巴克码、m 序列、A 律基群帧同步码 0011011 等。

当突发性干扰或传输链路性能恶化,往往会造成信息码大量丢失,直接影响通信质量,甚至造成通信中断。此时同步系统因连续监测不到帧同步码而处于帧失步状态,必须重新开始同步捕捉,重建帧同步。当帧同步系统捕捉帧同步码时,需要从比特流中监测帧同步码。语音信息中很有可能会出现与帧同步码型相同的码组,这种情况称为伪同步。为避免进入伪同步,必须引入后方保护时间,它是指从同步系统捕捉到第一个帧同步码到进入同步状态为止的这一段时间。ITU 对 PCM30/32 路时分多路系统对前后方保护时间的建议如表 8-1 所示。表 8-1 中在前后方保护时间中所指的同步帧长为两组同步码之间的比特数,PCM30/32 基群信号只在偶帧插入同步码,因此两组同步码之间的间隔为 512bit,即 $250\mu s$。如果连续 3 个以上同步帧丢失,则判断 PCM30/32 基群信号出现帧失步,否则判断为漏同步,不需要重新捕获帧同步。在 PCM30/32 基群信号帧同步捕获过程中,第一次捕获到同步码 0011011 后,如果下一个同步帧间隔后仍然能够捕捉到同步码,则系统进入正确帧同步。

表 8-1 PCM30/32 路设备系列对同步系统的前后方保护时间的规定

序号	名称	同步帧长/bit	同步码位数	同步码型	前方保护时间（同步帧）	后方保护时间（同步帧）
1	PCM30/32 路基群设备	512	7	0011011	连续 3 帧或 4 帧	1 帧
2	二次群设备（120 路）	848	10	1111010000	连续 4 帧	1 帧
3	三次群设备（480 路）	1536	10	1111010000	连续 4 帧	1 帧
4	四次群设备（1920 路）	2928	12	111110100000	连续 4 帧	1 帧

8.3.2 间歇式插入法

间歇式插入法又称为分散式插入法,它是将同步码以分散的形式插入信息码流中。这种方式比较多地用在多路数字电话系统中。间歇式插入特殊码字同步法,如图 8-8 所示,帧同步码均匀地分散插入在一帧之内。例如,采用 μ 律的 24 路 PCM 系统中,一个话路的编码码组用 8 位码元表示,24 个话路共 192 个信息码元。在这 192 个信息码元末尾插入一个帧同步码元,这样形成每帧共有 193 个码元。接收端检出帧同步信息后,再得出分路的定时脉冲。间歇式插入的优点是同步码不占用信息时隙,每帧的传输效率较高。缺点是当失步时,同步恢复时间较长、设备较复杂。

图 8-8 间歇式插入法原理示意图

帧同步系统的主要指标包括同步可靠性（包括漏同步概率 P_1 和假同步概率 P_2）及同步建立时间 t_s 等。

8.4 同步技术在卫星通信中的应用

卫星通信信号的传播路径近似为自由空间,因此卫星到终端接收机的多径传播现象可以忽略。针对卫星通信高动态跳频信号的特点,接收机面临的主要问题是如何解决高动态下的同步问题,包括定时同步和载波同步等。针对高动态带来的时钟偏移（以下简称"钟偏"）,可以通过钟偏估计、钟偏调整、定时估计的方法进行定时同步。该方法利用跳频帧结构中的同步序列,周期性进行频偏估计,然后根据频偏估计出多普勒钟偏,再反馈调整数控振荡器（Numerically Controlled Oscillator,NCO）进行时钟偏差跟踪,具体实现流程框图如图 8-9 所示。

接收到的数字基带信号经过重采样和低通滤波后,对同步序列进行捕获,捕获成功后利用该序列进行频率估计、再将频率转换为钟偏、接着对钟偏进行环路滤波后送入 NCO 进行时钟调整,NCO 产生的新时钟送入重抽样,重抽样按照调整后的时钟对信号进行抽样,完成钟偏估计和调整。具体实现步骤主要包括:

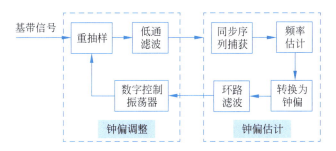

图 8-9 定时同步实现框图

（1）接收数字基带信号，进行重抽样和低通滤波。

（2）进行同步序列捕获。为了捕获跳频帧结构中的同步序列，需要考虑低轨卫星的运动速度，从而计算最大频偏，鉴于频偏较大，捕获通常采用差分匹配滤波的方式。

（3）捕获到同步序列以后，利用同步序列进行频率估计。频率估计采用 FFT 方法，FFT 的输入为将同步序列分段累加后的数据，分段累加的目的是提高信噪比，同时减小 FFT 的长度，从而节省资源。

（4）将频率估计得出的频偏转换为钟偏。

（5）对钟偏结果进行初步判断，判断估计出的钟偏结果是否满足实际钟偏范围。如果结果在范围内，则判定该次估计值有效，否则判定为无效，需要重新进行钟偏估计。

（6）对钟偏结果进行环路滤波，并将环路滤波输出的结果，作为 NCO 的输入，调整本地时钟频率，完成大钟偏校正，从而产生校正后新时钟。

8.5 综合应用：数字通信技术典型案例分析

1. 案例背景

智能手机普遍配备了内置的收音机功能，而汽车也往往安装了车载广播。当前的手机和车载广播系统是否与传统收音机的工作原理完全相同呢？答案是否定的，传统收音机采用 AM 和 FM 调制方式发送和接收模拟信号，除了上述模拟调制方式，采用数字调制的数字音频广播正在成为主流技术。

2. 基本原理

与模拟广播信号相比，数字音频广播具有音质好、覆盖面广、频谱利用率高、免受多路广播干扰和所需发射机功率小的优点。数字音频广播系统采用了信源编码、单载波调制、多载波调制、信道编码和同步等技术，以数字信号承载广播节目，例如我国采用的 GYT 268.1—2013 标准中，物理层功能如图 8-10 所示。

（1）在信源编码中，采用掩蔽型通用子带综合编码和复用（Masking Pattern Adapted Universal Subband Integrated Coding and Multiplexing，MUSICAM）方法来压缩数据长度。MUSICAM 是音频编码器的基础算法，基于此算法进行音频信源编码，可以压缩音频数据，降低编码效率。

（2）在单载波调制中，将二进制差分相移键控技术扩展成多进制数字调制技术，通过

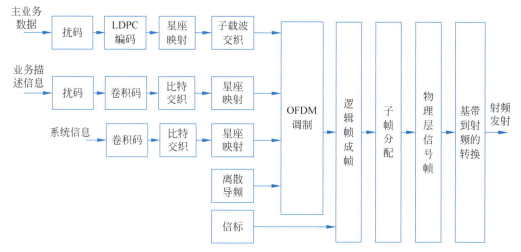

图 8-10 数字音频广播系统物理层功能

以四进制差分相移键控(QDPSK)为代表的单载波调制技术,将数字基带信号调制到载波频率上发送至接收端。

(3) 在多载波数字调制中,利用正交频分复用(OFDM)技术,有效地抵抗无线移动环境中的频率选择性衰落,相比于模拟广播信号,OFDM 技术为数字音频广播提供较高的频谱利用率和较高的信息传输速率。

(4) 在信道编码方面,基于卷积码和低密度奇偶校验码等,降低数据传输过程中由于干扰导致的误码率,提升数字音频广播系统的可靠性。

(5) 在同步技术方面,采用了网同步技术。网同步是指通信网中各站之间时钟的同步,它的目的是使全网各站能够互联互通,正确地接收信息码元。与载波同步、位同步和帧同步不同,上述同步技术既可以用于点对点通信,又可用于数字通信系统,网同步技术只存在于数字通信系统。通过采用网同步技术,使得处在不同地点的数字音频广播电台可以使用相同的频率块,频率和时间同步地传送相同的节目。

中国数字音频广播(China Digital Radio,CDR)是中国自主研发的新一代数字广播技术,创造性地建立了具有我国调频频段数字音频广播系统自主知识产权的标准体系,于 2013 年 8 月正式作为国家广电总局行业的标准。CDR 地面覆盖网络使用一个调频广播频率,以模拟和数字同时播出的方式进行传输覆盖。该系统可以实现模拟调频(FM)广播、FM-CDR 全数字广播、模拟调频和数字同播 3 种工作模式。

3. 研讨内容

研讨主题一:相比于模拟广播,数字音频广播为什么具有诸多的性能优势?

根据数字音频广播的基本原理,了解其采用的数字通信技术,包括信源编码、信道编码、单载波调制、多载波调制和同步技术,并逐一分析数字通信技术为数字音频广播带来的性能增益。

研讨主题二:CDR 数字广播是如何实现模数同播的?

通过调研 CDR 数字广播系统的发射机和接收机结构,深入分析该系统的工作原理,理解模数同播的技术原理,理论联系实际,从技术和成本角度认识模数同播的实际意义。

4. 课后仿真

信道编码、单载波调制和多载波调制是数字音频广播的 3 种关键技术。选用 MATLAB 软件,对卷积编码、QDPSK 和 OFDM 功能进行仿真分析,实现数字音频信号的发送和接收。首先将数字基带信号进行卷积编码,然后将经过串并变换后的数据进行 QDPSK 调制,进而采用 OFDM 完成多载波调制,通过 AWGN 信道后,最后在接收端恢复数字基带信号。通过仿真,对比采用和不采用卷积编码时的误比特率性能,并分析采用了 OFDM 后的频带利用率。

习题

8.1 已知单边带信号 $s_{SSB}(t)=m(t)\cos\omega_c t+\hat{m}(t)\sin\omega_c t$,试证明它不能用平方变换法提取载波。

8.2 在图 8-1 所示的插入导频法发送端方框图中,如果 $a\sin\omega_c t$ 不经过 $\pi/2$ 相移,直接与已调信号相加后输出,试证明接收端的解调输出中会含有直流分量。

8.3 正交双边带调制的原理方框图如图题 8-3 所示,试讨论载波相位误差 φ 对该系统有什么影响。

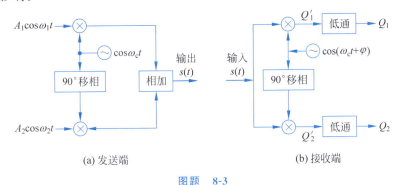

(a) 发送端   (b) 接收端

图题 8-3

8.4 设有如图题 8-4 所示的基带信号,它经过一带限滤波器后变为带限信号,试画出从带限基带信号中提取位同步信号的原理方框图和波形。

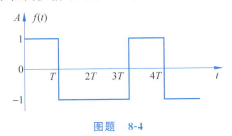

图题 8-4

部分习题答案

第 1 章

1.1 $I(m_1)=1\text{bit}, I(m_2)=2\text{bit}, I(m_3)=3\text{bit}, I(m_4)=4\text{bit}, I(m_5)=4\text{bit}$

1.2 $H(x)=1.730\text{bit/sym}$

1.3 $H(x)=1.75\text{bit/sym}$

1.4 $H(x)=1.846\text{bit/sym}, R_b=1846\text{bit/s}$

1.5 800baud

1.6 1200bit/s

1.7 $P_b=10^{-8}$

1.8 100s

1.9 $P_w \approx 4\times 10^{-1}, P_w \approx 5\times 10^{-8}$

第 2 章

2.1 $s_{AM}(t)=A_0\cos\omega_c t+\dfrac{A_m}{2}\cos[(\omega_c-\omega_m)t]+\dfrac{A_m}{4}\cos[(\omega_c+\omega_m)t]$

2.2 (1) $P_f=25\text{W}$

   (2) $\beta_{AM}=1$

   (3) $A=200\text{V}$

   (4) $P=108\text{W}$

2.3 (1) $F(\omega)=F_1(\omega)+\dfrac{1}{2}[F_2(\omega-2\omega_m)+F_2(\omega+2\omega_m)]$

   (2) $S(\omega)=\dfrac{1}{2}[F_1(\omega-\omega_c)+F_1(\omega+\omega_c)]+\dfrac{1}{4}[F_2(\omega-\omega_c-2\omega_m)+F_2(\omega-\omega_c+2\omega_m)]+\dfrac{1}{4}[F_2(\omega+\omega_c-2\omega_m)+F_2(\omega+\omega_c+2\omega_m)]$

2.4 $\Delta\theta=25.8°$

2.5 略

2.6 (1) 略

   (2) $s(t)=\dfrac{1}{4}f(t)\cos\omega_b t+\dfrac{1}{4}\hat{f}(t)\sin\omega_b t$

   (3) 略

2.7 略

2.8 (1) $s_{VSB}(t)=\dfrac{3}{8}A\cos(2.1\times 10^4\pi t)+\dfrac{1}{8}A\cos(1.9\times 10^4\pi t)$

   (2) $s_{VSB}(t)=\dfrac{3}{8}A\cos(2.1\times 10^4\pi t)+\dfrac{1}{8}A\cos(1.9\times 10^4\pi t)+\dfrac{1}{2}A\cos(2.6\times 10^4\pi t)$

   (3) $s_{VSB}(t)=\dfrac{3}{16}A\cos(2.1\times 10^4\pi t)+\dfrac{1}{16}A\cos(1.9\times 10^4\pi t)+\dfrac{1}{4}A\cos(2.3\times 10^4\pi t)$

2.9 略

2.10 (1) $(S_i/N_i)_{DSB} : (S_i/N_i)_{SSB} = 1:2$

(2) $(S_o/N_o)_{DSB} : (S_o/N_o)_{SSB} = 1:1$

2.11 (1) 100

(2) 7.78dB

2.12 (1) 2×10^3 W

(2) 4×10^3 W

2.13 0.375mW

2.14 (1) $f(t) = 50\cos\omega_m t$

(2) $f(t) = -50\omega_m \sin\omega_m t$

(3) 调相信号的频偏和调频信号的频偏均为 $\Delta f_{max} = \dfrac{50\omega_m}{\pi}$

2.15 (1) $f_c = 5 \times 10^5$ Hz

(2) $\beta_{FM} = 8$

(3) $\Delta f_{max} = 4$ kHz

(4) $f(t) = -20\sin(10^3 \pi t)$

2.16 $s_{FM}(t) = 3\cos[2 \times 10^6 \pi t - 2.5\cos(4 \times 10^3 \pi t)]$

2.17 (1) $B_{FM} = 40$ kHz

(2) $B_{FM} = 60$ kHz

(3) $B_{FM} = 60$ kHz

(4) $B_{FM} = 80$ kHz

(5) $B_{FM} = 22$ kHz, 24 kHz, 42 kHz, 44 kHz

2.18 (1) 常规调幅时域表达式为

$$s_{AM}(t) = [2 + \cos(4 \times 10^3 \pi t)]\cos(2 \times 10^6 \pi t)$$

窄带调频时域表达式为

$$s_{NBFM}(t) = 2\cos(2 \times 10^6 \pi t) - 0.3\sin(4 \times 10^3 \pi t)\sin(2 \times 10^6 \pi t)$$

(2) 略

(3) 略

2.19 (1) $K_{FM} = 250\pi$ rad/(V·s)

(2) $P_c = 0.324$ W

(3) 22.28%

(4) 带宽减少了 1250Hz

2.20 $f_{01} = 2$ MHz, $B_1 = 620$ kHz; $f_{02} = 196$ MHz, $B_2 = 28.82$ MHz

2.21 $A = 2.8 \times 10^{-2}$ V

2.22 (1) 8×10^8 W, 1.19×10^7 W

(2) 3.98×10^6 W

(3) 4.25×10^5 W

2.23 (1) $(S_i/N_i)_{dB}=52.36\text{dB}, A=0.7\text{V}$

(2) $(S_i/N_i)_{dB}=18.44\text{dB}, A=48.79\text{mV}$

2.24 65.74dB

2.25 (1) $2.5\times 10^4\text{W}$

(2) $3.3\times 10^3\text{W}$

(3) $5\times 10^3\text{W}$

2.26 (1) $B=50\text{kHz}, f_c=125\text{kHz}$

(2) $\beta_{FM}=4, \Delta f_{max}=20\text{kHz}$

(3) $A=10\text{V}$

(4) $s_{FM}(t)=10\cos[2.5\times 10^5\pi t+4\sin(10^4\pi t)]$

2.27 0.4dB/km

2.28 30kHz,360kHz

2.29 (1) $\Delta f_{max}=39\text{kHz}$

(2) 增大

2.30 (1) $B_{60}=240\text{kHz}$

(2) $B_{FM}=2080\text{kHz}$

2.31 略

第 3 章

3.1 (1) 略

(2) $f_s=2\omega_1/\pi$

(3) 略

3.2 略

3.3 (1) $X_s(\omega)=250\sum_{n=-\infty}^{\infty}5\pi[\delta(\omega-220\pi-500n\pi)+\delta(\omega+220\pi-500n\pi)+$
$\delta(\omega-180\pi-500n\pi)+\delta(\omega+180\pi-500n\pi)]$

(2) $f_H=110\text{Hz}$

(3) $f_s=220\text{Hz}$

3.4 略

3.5 180Hz,200Hz,300Hz,320Hz

3.6 $f_s=108\text{kHz}$

3.7 略

3.8 (1) $\omega_s=2\omega_m$

(2) 略

(3) 略

3.9 略

3.10 略

3.11 (1) SNR=8

(2) $\Delta=0.25, y_k=\pm 0.125; \pm 0.375; \pm 0.625; \pm 0.875$

(3) 量化区间：$[0,0.13]; [0.13,0.29]; [0.29,0.5]; [0.5,1]; [0,-0.13];$
$[-0.13,-0.29]; [-0.29,-0.5]; [-0.5,-1]$

量化电平：$\pm 0.06; \pm 0.21; \pm 0.39; \pm 0.65$

3.12　12 位

3.13　(1) 6 位

(2) 37.88dB

3.14　(1) 0.5V

(2) 6

3.15　$[-5,-1.46], [-1.46,0], [0,1.46], [1.46,5]$

3.16　$\Delta=0.125\text{V}, n=5$

3.17　$C=01011000, q=-0.0195\text{V}$

3.18　-560_Δ

3.19　(1) 略

(2) 列表如下：

n	$x(n)$	$y(n)$	$\hat{x}(n)$	$q(n)$
0	0_Δ	10000000	1_Δ	-1_Δ
1	2407_Δ	11110010	2368_Δ	39_Δ
2	3895_Δ	11111110	3904_Δ	-9_Δ
3	3895_Δ	11111110	3904_Δ	-9_Δ
4	2407_Δ	11110010	2368_Δ	39_Δ
5	0_Δ	10000000	1_Δ	-1_Δ
6	-2407_Δ	01110010	-2368_Δ	-39_Δ
7	-3895_Δ	01111110	-3904_Δ	9_Δ
8	-3895_Δ	01111110	-3904_Δ	9_Δ
9	-2407_Δ	01110010	-2368_Δ	-39_Δ
10	0_Δ	10000000	1_Δ	-1_Δ

3.20　SNR=24.40, 200.94, 726.24, 1024

3.21　$R_b=70\text{kbit/s}, B=35\text{kHz}$

3.22　$\Delta=0.6673\text{V}$

3.23　SNR−0.46dB, 6.58dB, 15.61dB, 20.90dB, 24.65dB

3.24　PCM 编码时，$R_b=40\text{kbit/s}$；ΔM 编码时，$R_b=117.1\text{kbit/s}$

3.25　192kbit/s

3.26　(1) 1 帧 8 时隙，时隙宽度 $T_c=1/48W$，码元宽度 $T_s=1/384W$

(2) $B=384W$

3.27　$R_b=560\text{kbit/s}$

3.28　$m=2.7\times 10^3 \text{bit}$

3.29　$B=240\text{kHz}$

第 4 章

4.1 略

4.2 略

4.3 略

4.4 (1) $1.33 \times 10^{-9} \text{Sa}^2(10^{-5}\pi f)$

(2) $1.33 \times 10^{-11} \text{Sa}^2(10^{-7}\pi f)$

4.5 (1) 16kbit/s

(2) 64kbit/s

4.6 略

4.7 (a) 不满足；(b) 不满足；(c) 满足；(d) 不满足

4.8 (1) 略

(2) 略

(3) 44.8kHz

(4) 1.43bit/(s·Hz)

4.9 (1) $B=40\text{kHz}, \eta_b=1.6\text{bit}/(\text{s}\cdot\text{Hz})$

(2) $B=41.6\text{kHz}, \eta_b=1.54\text{bit}/(\text{s}\cdot\text{Hz})$

(3) $B=48\text{kHz}, \eta_b=1.33\text{bit}/(\text{s}\cdot\text{Hz})$

(4) $B=64\text{kHz}, \eta_b=1\text{bit}/(\text{s}\cdot\text{Hz})$

4.10 $R_b=\dfrac{1}{2\tau_0}$；$T_s=2\tau_0$

4.11 略

4.12 略

4.13 略

4.14 $V_d=\dfrac{A}{2}+\dfrac{\sigma^2}{A}\ln\dfrac{2}{3}, P_b=\dfrac{2}{5}Q\left(\dfrac{V_d}{\sigma}\right)+\dfrac{3}{5}Q\left(\dfrac{A-V_d}{\sigma}\right)$

4.15 (1) 略

(2) $V_d=0$

(3) $V_d>0$

(4) $V_d<0$

4.16 单极性码的最低信噪比 $S/N=46.08$，双极性码的最低信噪比 $S/N=23.04$

4.17 (1) $S=2.15\times 10^{-15}\text{W}$

(2) $P_b=5.91\times 10^{-5}$

4.18 (1) $S/N=45.18, S/N=54.06$

(2) $S/N=22.59, S/N=27.03$

4.19 $D_0=0.77$；$D=0.14$

4.20 $C_{-1}=-0.2048, C_0=0.8816, C_1=0.2850$

4.21 (1) 全1序列

(2) 否

4.22 (1) 末级输出序列为 0000100101100111110001101110101 或
0000101011101100011111001101001

(2) 符合

4.23 略

4.24 略

第 5 章

5.1 略

5.2 略

5.3 (1) 01111011001

(2) π0000π00ππ0

5.4 (1) 10111010011010000001

(2) 01000101100101111110

5.5 略

5.6 略

5.7 (1) $V_d = -\dfrac{n_0}{AT_b}\ln 3$

(2) $P_b = \dfrac{3}{4}Q\left(\dfrac{A-V_d}{\sigma}\right) + \dfrac{1}{4}Q\left(\dfrac{A+V_d}{\sigma}\right)$

5.8 发送功率减半

5.9 $P_b = Q(\sqrt{2r}\cos\theta)$

5.10 (1) $A = 4.24\text{V}$

(2) $A = 4.70\text{V}$

5.11 (1) $B \approx 800\text{Hz}$

(2) $P_b = 3.17 \times 10^{-5}$

(3) $P_b = 1.68 \times 10^{-4}$

5.12 (1) $P_b = 1.04 \times 10^{-1}$

(2) $P_b = 5.70 \times 10^{-3}$

5.13 (1) ASK：45.4km；FSK：48.4km；PSK：51.4km

(2) 均为 51.4km

5.14 $S_{2\text{PSK}} : S_{2\text{FSK}} : S_{2\text{ASK}} = 1 : 2 : 4$；$\overline{S}_{2\text{PSK}} : \overline{S}_{2\text{FSK}} : \overline{S}_{2\text{ASK}} = 1 : 2 : 2$

5.15 $1.45 \times 10^{-5}\text{W}, 8.66 \times 10^{-6}\text{W}, 4.33 \times 10^{-6}\text{W}, 3.7 \times 10^{-6}\text{W}$

5.16 (1) $h(t) = A[U(t) - U(t-T)]$

(2) $y(t) = \begin{cases} A^2 t, & 0 \leqslant t \leqslant T \\ A^2(2T-t), & T < t \leqslant 2T \end{cases}$

(3) $T, A^2 T$

5.17 (1) 略

(2) $\text{SNR} = \dfrac{2A^2 T}{n_0}$

5.18 (1) 略

(2) 略

(3) $P_s = Q\left(\sqrt{\dfrac{4A_0^2 T}{3n_0}}\right)$

5.19 (1) $\rho = -1, E_b = \dfrac{A^2 T_b}{2}$

(2) 略

(3) $P_b = Q\left(\sqrt{\dfrac{2E_b}{n_0}}\right)$

5.20 108.4dB

5.21 $R_s = 10^7 \text{baud}, 200$ 路

5.22 (1) 相干：$P_b = 1.70 \times 10^{-7}$；非相干：$P_b = 1.11 \times 10^{-6}$

(2) 相干：$P_b = 2.66 \times 10^{-13}$；非相干：$P_b = 2.45 \times 10^{-12}$

5.23 略

5.24 略

5.25 略

5.26 (1) $B = 1600\text{Hz}$

(2) 64QAM

(3) 发送功率加倍

5.27 略

5.28 $f_H = 7.5\text{kHz}$

第 6 章

6.1 略

6.2 略

6.3 $f_0 = 2000\text{Hz}$

6.4 略

6.5 $B = 81\text{kHz}$

6.6 $\eta_{b\,\max} = 6\text{bit}/(\text{s} \cdot \text{Hz})$

6.7 $d_{16\text{QAM}} = 0.47 A_m, d_{16\text{PSK}} = 0.39 A_m$，16QAM 抗干扰能力强

6.8 略

6.9 略

6.10 略

第 7 章

7.1 110100100001110101000010，只能检出单个和奇数个错，不能检出偶数个错

7.2 能检出所有列和行中的奇数个差错和大多数偶数个差错,不能检出在行和列中均为偶数个的差错

7.3 (1) 略

(2) $d_{min}=4$,纠 1 错,或检 3 错,或纠 1 错同时检 2 错

(3) 略

7.4 略

7.5 所有许用码组略,$H = \begin{bmatrix} 1 & 1 & 0 & 1 & 1 & 0 & 0 \\ 1 & 0 & 1 & 1 & 0 & 1 & 0 \\ 1 & 1 & 1 & 0 & 0 & 0 & 1 \end{bmatrix}$, $S = \begin{bmatrix} 0 & 0 & 1 \end{bmatrix}$

7.6 (1) $C = [1100101]$

(2) $C = [1001011]$

7.7 (1) $C = [1101001]$

(2) $C = [1010011]$

7.8 略

7.9 (1) 111000010111

(2) 111000010111

7.10 (1) 略

(2) 略

(3) 11110111001001

7.11 略

第 8 章

答案略

附录 A 基础知识概要

常用信号的傅里叶变换表、傅里叶变换的运算特性、确定信号的分析、随机信号的分析、随机过程和统计特性、信道数学模型分别如表 A-1～表 A-6 所示。

表 A-1 常用信号的傅里叶变换表

序 号	$f(t)$	$F(\omega)$
1	$e^{-at}u(t)$	$\dfrac{1}{a+j\omega}$
2	$te^{-at}u(t)$	$\dfrac{1}{(a+j\omega)^2}$
3	$\lvert t \rvert$	$\dfrac{-2}{\omega^2}$
4	$\delta(t)$	1
5	1	$2\pi\delta(\omega)$
6	$u(t)$	$\pi\delta(\omega)+\dfrac{1}{j\omega}$
7	$(\cos\omega_0 t)u(t)$	$\dfrac{\pi}{2}[\delta(\omega-\omega_0)+\delta(\omega+\omega_0)]+\dfrac{j\omega}{\omega_0^2-\omega^2}$
8	$(\sin\omega_0 t)u(t)$	$\dfrac{\pi}{2j}[\delta(\omega-\omega_0)-\delta(\omega+\omega_0)]+\dfrac{\omega_0}{\omega_0^2-\omega^2}$
9	$\cos\omega_0 t$	$\pi[\delta(\omega-\omega_0)+\delta(\omega+\omega_0)]$
10	$\sin\omega_0 t$	$j\pi[\delta(\omega+\omega_0)-\delta(\omega-\omega_0)]$
11	$\dfrac{w}{2\pi}\mathrm{Sa}\left(\dfrac{wt}{2}\right)$	$D_w(\omega)$
12	$D_\tau(t)$	$\tau\mathrm{Sa}\left(\dfrac{\omega\tau}{2}\right)$
13	$e^{-a\lvert t \rvert}$	$\dfrac{2a}{a^2+\omega^2}$
14	$e^{-t^2/2\sigma^2}$	$\sigma\sqrt{2\pi}\,e^{-\sigma^2\omega^2/2},\sigma>0$
15	$\delta_{T_0}(t)$	$\dfrac{2\pi}{T_0}\sum\limits_{n=-\infty}^{\infty}\delta(\omega-n\omega_0),\omega_0=\dfrac{2\pi}{T_0}$

表 A-2 傅里叶变换的运算特性

序 号	运算名称	时间函数	频谱函数
1	放大	$K_0 f(t)$	$K_0 F(\omega)$
2	比例	$f(at)$	$\dfrac{1}{\lvert a \rvert}F\left(\dfrac{\omega}{a}\right)$
3	时移	$f(t-t_0)$	$F(\omega)e^{-j\omega t_0}$
4	频移	$f(t)e^{j\omega_0 t}$	$F(\omega-\omega_0)$
5	时间微分	$\dfrac{df}{dt}$	$(j\omega)F(\omega)$
6	n 次时间微分	$\dfrac{d^n f}{dt^n}$	$(j\omega)^n F(\omega)$
7	时间积分	$\int_{-\infty}^{t} f(\tau)d\tau$	$\dfrac{1}{j\omega}F(\omega)+\pi F(0)\delta(\omega)$

续表

序 号	运算名称	时间函数	频谱函数
8	频率微分	$(-\mathrm{j}t)f(t)$	$\dfrac{\mathrm{d}F}{\mathrm{d}\omega}$
9	n 次频率微分	$(-\mathrm{j}t)^n f(t)$	$\dfrac{\mathrm{d}^n F}{\mathrm{d}\omega^n}$
10	叠加	$Af_1(t)+Bf_2(t)$	$AF_1(\omega)+BF_2(\omega)$
11	时间卷积	$f_1(t)*f_2(t)$	$F_1(\omega)F_2(\omega)$
12	频率卷积	$f_1(t)f_2(t)$	$\dfrac{1}{2\pi}[F_1(\omega)*F_2(\omega)]$

表 A-3　确定信号的分析

名 称	公 式	说 明
归一化能量 E	$E=\displaystyle\int_{-\infty}^{\infty} f^2(t)\mathrm{d}t$	信号 $f(t)$（电压或电流）在 1Ω 电阻上所消耗的能量
平均功率 P	$P=\displaystyle\lim_{T\to\infty}\frac{1}{T}\int_{-T/2}^{T/2} f^2(t)\mathrm{d}t$	信号 $f(t)$（电压或电流）在 1Ω 电阻上所消耗的平均功率
能量谱密度 $E(\omega)$	$E=\dfrac{1}{2\pi}\displaystyle\int_{-\infty}^{\infty} E(\omega)\mathrm{d}\omega=\int_{-\infty}^{\infty} E(f)\mathrm{d}f$	E 表示归一化能量
功率谱密度 $P(\omega)$	$P=\dfrac{1}{2\pi}\displaystyle\int_{-\infty}^{\infty} P(\omega)\mathrm{d}\omega=\int_{-\infty}^{\infty} P(f)\mathrm{d}f$	P 表示平均功率
能量信号互相关函数	$R_{12}(t)=\displaystyle\int_{-\infty}^{\infty} f_1(\tau)f_2(t+\tau)\mathrm{d}\tau$	t 表示时移，τ 为虚设变量
功率信号互相关函数	$R_{12}(t)=\displaystyle\lim_{T\to\infty}\frac{1}{T}\int_{-T/2}^{T/2} f_1(\tau)f_2(t+\tau)\mathrm{d}\tau$	T 为取时间平均的区间
能量信号自相关函数	$R(t)=\displaystyle\int_{-\infty}^{\infty} f(\tau)f(t+\tau)\mathrm{d}\tau$	
功率信号自相关函数	$R(t)=\displaystyle\lim_{T\to\infty}\frac{1}{T}\int_{-T/2}^{T/2} f(\tau)f(t+\tau)\mathrm{d}\tau$	
能量信号归一化相关系数	$\rho_{12}=\dfrac{\displaystyle\int_{-\infty}^{\infty} f_1(\tau)f_2(\tau)\mathrm{d}\tau}{\left[\displaystyle\int_{-\infty}^{\infty}|f_1(\tau)|^2\mathrm{d}\tau\cdot\int_{-\infty}^{\infty}|f_2(\tau)|^2\mathrm{d}\tau\right]^{\frac{1}{2}}}$	
功率信号归一化相关系数	$\rho_{12}=\dfrac{\displaystyle\lim_{T\to\infty}\frac{1}{T}\int_{-T/2}^{T/2} f_1(\tau)f_2(\tau)\mathrm{d}\tau}{\left[\displaystyle\lim_{T\to\infty}\frac{1}{T}\int_{-T/2}^{T/2}|f_1(\tau)|^2\mathrm{d}\tau\cdot\lim_{T\to\infty}\frac{1}{T}\int_{-T/2}^{T/2}|f_2(\tau)|^2\mathrm{d}\tau\right]^{\frac{1}{2}}}$	
信号卷积	$f_1(t)*f_2(t)=\displaystyle\int_{-\infty}^{\infty} f_1(\tau)f_2(t-\tau)\mathrm{d}\tau$	

续表

名　　称	公　　式	说　　明
时域卷积定理	$f_1(t) * f_2(t) \leftrightarrow F_1(\omega)F_2(\omega)$	$f_1(t) \leftrightarrow F_1(\omega)$, $f_2(t) \leftrightarrow F_2(\omega)$
频域卷积定理	$f_1(t)f_2(t) \leftrightarrow \dfrac{1}{2\pi}[F_1(\omega) * F_2(\omega)]$	

表 A-4　随机信号的分析

名　　称	公　　式	说　　明
概率分布函数	$F_X(x) = P(X \leqslant x)$	X 的取值小于或等于 x 的概率
概率密度函数	$p_X(x) = \dfrac{\mathrm{d}F_X(x)}{\mathrm{d}x}$	概率分布函数的导数
联合概率分布函数	$F_{X,Y}(x,y) = P(X \leqslant x, Y \leqslant y)$	X 小于或等于 x 和 Y 小于或等于 y 的联合概率
联合概率密度函数	$p_{X,Y}(x,y) = \dfrac{\partial^2 F_{X,Y}(x,y)}{\partial x \partial y}$	前提：联合分布函数是处处连续的
二维随机变量的边缘概率密度函数	$p_X(x) = \int_{-\infty}^{\infty} p_{X,Y}(x,y)\mathrm{d}y$ $p_Y(y) = \int_{-\infty}^{\infty} p_{X,Y}(x,y)\mathrm{d}x$	
随机变量的数学期望	$a_X = E[X] = \int_{-\infty}^{\infty} x p_X(x)\mathrm{d}x$	
随机变量的方差	$D[X] = E[(X-a_X)^2]$ $= \int_{-\infty}^{\infty} (x-a_X)^2 p_X(x)\mathrm{d}x$	
二维随机变量的协方差	$C[XY] = E[(X-E[X])(Y-E[Y])]$	
随机过程的数学期望	$a(t) = E[X(t)] = \int_{-\infty}^{\infty} x p_1(x;t)\mathrm{d}x$	
随机过程的方差	$\sigma^2(t) = D[X(t)] = E\{[X(t)-E(X(t))]^2\}$ $= E[X(t)-a(t)]^2$ $= \int_{-\infty}^{\infty} [x-a(t)]^2 p_1(x;t)\mathrm{d}x$	
随机过程的自协方差函数	$C_X(t_1,t_2) = E\{[X(t_1)-a(t_1)][X(t_2)-a(t_2)]\}$ $= \int_{-\infty}^{\infty}\int_{-\infty}^{\infty} [x_1-a(t_1)][x_2-a(t_2)] \cdot p_2(x_1,x_2;t_1,t_2)\mathrm{d}x_1\mathrm{d}x_2$	t_1 和 t_2 是任取的两个瞬间
随机过程的相关函数	$R_X(t_1,t_2) = E[X(t_1)X(t_2)]$ $= \int_{-\infty}^{\infty}\int_{-\infty}^{\infty} x_1 x_2 p_2(x_1,x_2;t_1,t_2)\mathrm{d}x_1\mathrm{d}x_2$	

表 A-5　随机过程和统计特性

分 类	名 称	公 式	说 明
平稳随机过程概念	平稳随机过程	$p_n(x_1,x_2,\cdots,x_n;t_1,t_2,\cdots,t_n)=p_n(x_1,x_2,\cdots,x_n;t_1+\tau,t_2+\tau,\cdots,t_n+\tau)$	设 $X(t_1),X(t_2),\cdots,X(t_n)$ 是随机过程 $X(t)$ 的随机变量，它们是在 $t_1,t_2,\cdots,t_n$ 时刻所选取的样本，样本的取值分别用 $x_1,x_2,\cdots,x_n$ 表示，其概率密度函数为 $p_n(x_1,x_2,\cdots,x^n;t_1,t_2,\cdots,t_n)$
	一维概率密度函数	$p_1(x;t)=p_1(x)$	平稳随机过程的一维概率密度函数与时间无关
	二维概率密度函数	$p_2(x_1,x_2;t_1,t_2)=p_2(x_1,x_2;\tau)$	平稳随机过程的二维概率密度函数只与时间间隔 $\tau=t_2-t_1$ 有关
	数学期望	$a(t)=E[X(t)]$ $=\int_{-\infty}^{\infty}xp_1(x;t)\mathrm{d}x$ $=\int_{-\infty}^{\infty}xp_1(x)\mathrm{d}x=a$	
	方差	$\sigma^2(t)=D[X(t)]$ $=E\{[X(t)-E(X(t))]^2\}$ $=\int_{-\infty}^{\infty}[x-a(t)]^2p_1(x;t)\mathrm{d}x$ $=\int_{-\infty}^{\infty}(x-a)^2p_1(x)\mathrm{d}x=\sigma^2$	
	自相关函数	$R(t_1,t_2)=E[X(t_1)X(t_2)]$ $=\int_{-\infty}^{\infty}\int_{-\infty}^{\infty}x_1x_2p_2(x_1,x_2;t_1,t_2)\mathrm{d}x_1\mathrm{d}x_2$ $=\int_{-\infty}^{\infty}\int_{-\infty}^{\infty}x_1x_2p_2(x_1,x_2;\tau)\mathrm{d}x_1\mathrm{d}x_2=R(\tau)$ 或改写为 $R(\tau)=E[X(t)X(t+\tau)]$	
	时间平均值	$\overline{a}=\overline{x(t)}=\lim_{T\to\infty}\frac{1}{T}\int_{-T/2}^{T/2}x(t)\mathrm{d}t$	设 $x(t)$ 是随机过程的一个样本
	时间平均的方差	$\overline{\sigma^2}=\overline{[x(t)-\overline{x(t)}]^2}$ $=\lim_{T\to\infty}\frac{1}{T}\int_{-T/2}^{T/2}[x(t)-\overline{a}]^2\mathrm{d}t$	
	时间平均的自相关函数	$\overline{R(\tau)}=\overline{x(t)x(t+\tau)}$ $=\lim_{T\to\infty}\frac{1}{T}\int_{-T/2}^{T/2}x(t)x(t+\tau)\mathrm{d}t$	

续表

分 类	名 称	公 式	说 明
平稳随机过程概念	各态历经性的概念	$\begin{cases} a = \overline{a} \\ \sigma^2 = \overline{\sigma^2} \\ R(\tau) = \overline{R(\tau)} \end{cases}$	各统计平均值等于它的任何一个样本的相应时间平均值
	各态历经性的条件	$\lim\limits_{T \to \infty} \dfrac{1}{T} \int_{-T/2}^{T/2} R(\tau) \mathrm{d}\tau < \infty$	
	随机过程的功率谱密度	$P_X(\omega) = E[P_x(\omega)]$ $= E\left[\lim\limits_{T \to \infty} \dfrac{\mid X_T(\omega) \mid^2}{T}\right]$ $= \lim\limits_{T \to \infty} \dfrac{E[\mid X_T(\omega) \mid^2]}{T}$	
	随机过程的平均功率	$P = \dfrac{1}{2\pi} \int_{-\infty}^{\infty} P_X(\omega) \mathrm{d}\omega$	
高斯随机过程	一维高斯分布	$p(x) = \dfrac{1}{\sqrt{2\pi}\sigma} \exp\left[-\dfrac{(x-a)^2}{2\sigma^2}\right]$	
	标准化正态分布	$p(x) = \dfrac{1}{\sqrt{2\pi}} \exp\left(-\dfrac{x^2}{2}\right)$	
	Q 函数	$Q(\alpha) = \int_{\alpha}^{\infty} \dfrac{1}{\sqrt{2\pi}} \mathrm{e}^{-y^2/2} \mathrm{d}y$	
	误差函数	$\mathrm{erf}(\beta) = \dfrac{2}{\sqrt{\pi}} \int_0^{\beta} \mathrm{e}^{-y^2} \mathrm{d}y$	
	互补误差函数	$\mathrm{erfc}(\beta) = 1 - \mathrm{erf}(\beta)$ $= \dfrac{2}{\sqrt{\pi}} \int_{\beta}^{\infty} \mathrm{e}^{-y^2} \mathrm{d}y$	
	Q 函数和误差函数变换	$Q(\sqrt{2}\alpha) = \dfrac{1}{2} \mathrm{erfc}(\alpha)$ $= \dfrac{1}{2}[1 - \mathrm{erf}(\alpha)]$	
平稳随机过程通过线性系统	确定信号通过线性系统的输出	$y(t) = x(t) * h(t)$ $= \int_{-\infty}^{\infty} x(\tau) h(t-\tau) \mathrm{d}\tau$ 或 $y(t) = h(t) * x(t)$ $= \int_{-\infty}^{\infty} h(\tau) x(t-\tau) \mathrm{d}\tau$	
	随机过程通过线性系统的输出	$Y(t) = \int_{-\infty}^{\infty} h(\tau) X(t-\tau) \mathrm{d}\tau$	
	直流增益	$\int_{-\infty}^{\infty} h(t) \mathrm{d}t = \int_{-\infty}^{\infty} h(\tau) \mathrm{d}\tau = H(0)$	
	输出随机过程的数学期望	$E[Y(t)] = E[X(t)] \cdot H(0)$ $= a_X \cdot H(0)$	输出随机过程 $Y(t)$ 的数学期望也是与 t 无关的常数
	输出随机过程的自相关函数	$R_Y(t_1, t_2) = \int_{-\infty}^{\infty} \int_{-\infty}^{\infty} h(u) h(v) R_X(\tau + u - v) \mathrm{d}u \mathrm{d}v = R_Y(\tau)$	

续表

分 类	名 称	公 式	说 明
平稳随机过程通过线性系统	输出随机过程的功率谱密度	$P_Y(\omega) = H^*(\omega)H(\omega)P_X(\omega)$ $= \|H(\omega)\|^2 P_X(\omega)$	输出随机过程 $Y(t)$ 的功率谱密度等于输入随机过程 $X(t)$ 的功率谱密度 $P_X(\omega)$ 与系统传递函数模值平方 $\|H(\omega)\|^2$ 的乘积
平稳随机过程通过乘法器	输出随机过程的自相关函数	$R_Y(t, t+\tau)$ $= R_Y(\tau) = E[Y(t)Y(t+\tau)]$ $= E[AX(t)\cos(\omega_c t)AX(t+\tau) \cdot \cos\omega_c(t+\tau)]$ $= E[A^2 X(t)\cos(\omega_c t)X(t+\tau) \cdot \cos\omega_c(t+\tau)]$ $= \dfrac{A^2 R_X(\tau)}{2}[\cos(\omega_c \tau) + \cos(2\omega_c t + \omega_c \tau)]$	
	输出随机过程的功率谱密度	$P_Y(\omega) = \displaystyle\int_{-\infty}^{\infty} \overline{R_Y(t, t+\tau)} e^{-j\omega\tau} d\tau$ $= \displaystyle\int_{-\infty}^{\infty} \dfrac{A^2}{2} R_X(\tau)\cos(\omega_c \tau) e^{-j\omega\tau} d\tau$ $= \dfrac{A^2}{4}[P_X(\omega+\omega_c) + P_X(\omega-\omega_c)]$	乘法器输出的功率谱密度等于对输入随机过程 $X(t)$ 的功率谱密度 $P_X(\omega)$ 的线性搬移
窄带随机过程	窄带随机过程的表示方法1	$X(t) = A_X(t)\cos[\omega_c t + \varphi_X(t)]$	$A_X(t)$ 及 $\varphi_X(t)$ 是窄带随机过程 $X(t)$ 的包络函数及随机相位函数；ω_c 是正弦波的中心角频率
	窄带随机过程的表示方法2	$X(t) = A_X(t)\cos[\omega_c t + \varphi_X(t)]$ $= A_X(t)\cos\varphi_X(t)\cos\omega_c t - A_X(t)\sin\varphi_X(t)\sin\omega_c t$ $= X_I(t)\cos\omega_c t - X_Q(t)\sin\omega_c t$	$X_I(t) = A_X(t)\cos\varphi_X(t)$ $X_Q(t) = A_X(t)\sin\varphi_X(t)$
	数学期望	$E[X(t)] = E[X_I(t)\cos\omega_c t - X_Q(t)\sin\omega_c t]$ $= E[X_I(t)]\cos\omega_c t - E[X_Q(t)]\sin\omega_c t$	
	自相关函数	$R_X(t, t+\tau)$ $= E[X(t)X(t+\tau)]$ $= E\{[X_I(t)\cos\omega_c t - X_Q(t)\sin\omega_c t] \cdot [X_I(t+\tau)\cos\omega_c(t+\tau) - X_Q(t+\tau)\sin\omega_c(t+\tau)]\}$ $= R_I(t, t+\tau)\cos\omega_c t\cos\omega_c(t+\tau) - R_{IQ}(t, t+\tau)\cos\omega_c t\sin\omega_c(t+\tau) - R_{QI}(t, t+\tau)\sin\omega_c t\cos\omega_c(t+\tau) + R_Q(t, t+\tau)\sin\omega_c t\sin\omega_c(t+\tau)$	同相分量和正交分量具有相同的功率谱密度，而且与窄带随机过程的功率谱密度 $P_X(\omega)$ 相关联

续表

分 类	名 称	公 式	说 明
窄带随机过程	白噪声的功率谱密度	$P_n(\omega) = n_0/2$	
	白噪声的自相关函数	$R(\tau) = \dfrac{n_0}{2}\delta(\tau)$	
	正弦波加窄带高斯过程的合成信号	$r(t) = A\cos(\omega_c t + \theta) + n(t)$ $= A\cos(\omega_c t + \theta) +$ $\quad [x(t)\cos\omega_c t - y(t)\sin\omega_c t]$ $= [A\cos\theta + x(t)]\cos\omega_c t -$ $\quad [A\sin\theta + y(t)]\sin\omega_c t$ $= z(t)\cos[\omega_c t + \varphi(t)]$	$z(t) =$ $\sqrt{[A\cos\theta + x(t)]^2 + [A\sin\theta + y(t)]^2}$ $\varphi(t) = \arctan\dfrac{A\sin\theta + y(t)}{A\cos\theta + x(t)}$
	正弦波加窄带高斯随机过程的包络概率密度函数	$f(z) = \dfrac{z}{\sigma^2}\exp\left[-\dfrac{1}{2\sigma^2}(z^2 + A^2)\right]J_0\left(\dfrac{Az}{\sigma^2}\right),$ $z \geqslant 0$	

表 A-6 信道数学模型

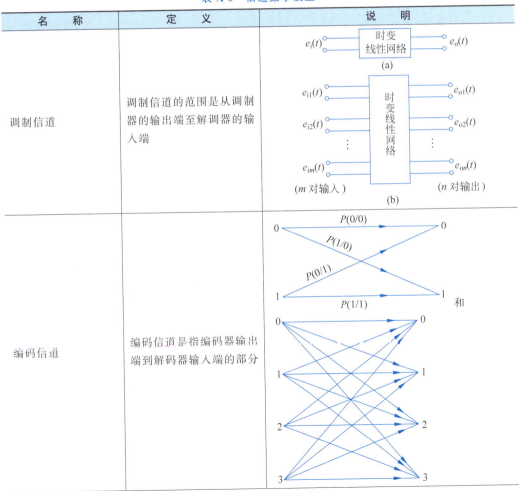

名 称	定 义	说 明
调制信道	调制信道的范围是从调制器的输出端至解调器的输入端	
编码信道	编码信道是指编码器输出端到解码器输入端的部分	

续表

名　　称		定　　义	说　　明
恒参信道		参数不随时间变化而变化的信道	恒参信道是一个非时变线性网络,该网络的传输特性可用幅度-频率特性及相位-频率特性表示。为了实现信号的无失真传输,要求幅度特性与频率无关,即幅度-频率特性曲线是一条水平直线;而且还要求其相位-频率特性曲线是一条通过原点的直线
随参信道	特性	参数随时间变化而变化的信道	①对信号的衰耗随时间变化而变化;②传输的时延随时间变化而变化;③存在多径传播现象
	衰落	信号包络因为传播而有了起伏的现象	
	快衰落	衰落的周期能和数字信号的码元周期相比	
	慢衰落	衰落的周期很长的衰落	
	频率选择性衰落	衰落强弱与信号频率有关	
信道容量		$C = B\log_2\left(1+\dfrac{S}{N}\right)$ (bit/s)	

附录 B 常用三角公式

常用三角公式如下：

$$\sin(A \pm B) = \sin A \cos B \pm \cos A \sin B$$

$$\cos(A \pm B) = \cos A \cos B \mp \sin A \sin B$$

$$\cos A \cos B = \frac{1}{2}[\cos(A+B) + \cos(A-B)]$$

$$\sin A \sin B = \frac{1}{2}[\cos(A-B) - \cos(A+B)]$$

$$\sin A \cos B = \frac{1}{2}[\sin(A+B) + \sin(A-B)]$$

$$\sin A + \sin B = 2\sin\frac{1}{2}(A+B)\cos\frac{1}{2}(A-B)$$

$$\sin A - \sin B = 2\sin\frac{1}{2}(A-B)\cos\frac{1}{2}(A+B)$$

$$\cos A + \cos B = -\cos\frac{1}{2}(A+B)\cos\frac{1}{2}(A-B)$$

$$\cos A - \cos B = 2\sin\frac{1}{2}(A+B)\sin\frac{1}{2}(A-B)$$

$$\sin(\omega t + \varphi) = \cos\left(\omega t + \varphi - \frac{\pi}{2}\right)$$

$$\sin 2A = 2\sin A \cos A$$

$$\cos 2A = 2\cos^2 A - 1 = 1 - 2\sin^2 A = \cos^2 A - \sin^2 A$$

$$\sin\frac{1}{2}A = \sqrt{\frac{1}{2}(1-\cos A)}, \cos\frac{1}{2}A = \sqrt{\frac{1}{2}(1+\cos A)}$$

$$\sin^2 A = \frac{1}{2}(1-\cos 2A), \cos^2 A = \frac{1}{2}(1+\cos 2A)$$

$$\sin x = \frac{e^{jx} - e^{-jx}}{2j}, \cos x = \frac{e^{jx} + e^{-jx}}{2}, e^{jx} = \cos x + j\sin x$$

$$A\cos(\omega t + \varphi_1) + B\cos(\omega t + \varphi_2) = C\cos(\omega t + \varphi_3)$$

式中

$$C = \sqrt{A^2 + B^2 - 2AB\cos(\varphi_2 - \varphi_1)}$$

$$\varphi_3 = \arctan\left(\frac{A\sin\varphi_1 + B\sin\varphi_2}{A\cos\varphi_1 + B\cos\varphi_2}\right)$$

附录 C

Q 函数表和误差函数表

Q 函数表有两个，当 $x < 3$ 时使用表 C-1，当 $x > 3$ 时使用表 C-2。图 C-1 是 Q 函数曲线，曲线上的箭头表示对应的横坐标是上坐标还是下坐标。表 C-3 为误差函数和互补误差函数表。

表 C-1　小 x 值的 $Q(x)$ 函数表

x	0.00	0.01	0.02	0.03	0.04	0.05	0.06	0.07	0.08	0.09
0.0	0.5000	0.4960	0.4820	0.4880	0.4840	0.4801	0.4761	0.472	0.4681	0.4641
0.1	0.4602	0.4562	0.4522	0.4830	0.4443	0.4404	0.4364	0.4325	0.4286	0.4247
0.2	0.4207	0.4680	0.4129	0.4090	0.4052	0.4013	0.3974	0.3936	0.3897	0.3859
0.3	0.3821	0.3783	0.3745	0.3707	0.3669	0.3632	0.3594	0.3557	0.3520	0.3483
0.4	0.3446	0.3409	0.3372	0.3336	0.3300	0.3264	0.3228	0.3192	0.3156	0.3121
0.5	0.3085	0.3050	0.3015	0.2981	0.2946	0.2912	0.2877	0.2843	0.2810	0.2776
0.6	0.2743	0.2709	0.2676	0.2643	0.2611	0.2578	0.2546	0.2514	0.2483	0.2451
0.7	0.2420	0.2389	0.2358	0.2327	0.2296	0.2266	0.2236	0.2206	0.2177	0.2184
0.8	0.2119	0.2090	0.2061	0.2033	0.2005	0.1977	0.1949	0.1922	0.1894	0.1867
0.9	0.1841	0.1814	0.1788	0.1762	0.1736	0.1711	0.1685	0.1660	0.1635	0.1611
1.0	0.1587	0.1562	0.1539	0.1515	0.1492	0.1469	0.1446	0.1423	0.1401	0.1379
1.1	0.1357	0.1335	0.1314	0.1292	0.1271	0.1251	0.1230	0.1210	0.1190	0.1170
1.2	0.1151	0.1131	0.1112	0.1093	0.1075	0.1056	0.1038	0.1020	0.11003	0.0985
1.3	0.0986	0.0951	0.0934	0.0918	0.0901	0.0885	0.0869	0.0853	0.0838	0.0823
1.4	0.0808	0.0793	0.0778	0.0764	0.0749	0.0735	0.0721	0.0708	0.0694	0.0681
1.5	0.0668	0.0655	0.0643	0.0630	0.0618	0.0606	0.0594	0.0582	0.0571	0.0559
1.6	0.0548	0.0537	0.0526	0.0516	0.0505	0.0495	0.0485	0.0475	0.0465	0.0455
1.7	0.0446	0.0436	0.0427	0.0418	0.0409	0.0401	0.0392	0.0384	0.0375	0.0367
1.8	0.0359	0.0351	0.0344	0.0336	0.0329	0.0322	0.0314	0.0307	0.0301	0.0294
1.9	0.0287	0.0281	0.0274	0.0268	0.0262	0.0256	0.0250	0.0244	0.0239	0.0233
2.0	0.0228	0.0222	0.0217	0.0212	0.0207	0.0202	0.0197	0.0192	0.0188	0.0183
2.1	0.0179	0.014	0.0170	0.0166	0.0162	0.0158	0.0154	0.0150	0.0146	0.0143
2.2	0.0139	0.0136	0.0132	0.0129	0.0125	0.0122	0.0119	0.0116	0.0113	0.0110
2.3	0.0107	0.0104	0.0102	0.009 90	0.009 64	0.009 39	0.001 94	0.008 89	0.008 66	0.008 42
2.4	0.008 20	0.007 98	0.007 76	0.007 55	0.007 34	0.007 14	0.007 94	0.006 95	0.006 76	0.006 57	0.006 39
2.5	0.006 21	0.006 04	0.005 87	0.005 70	0.005 54	0.005 39	0.005 23	0.005 08	0.004 94	0.004 84
2.6	0.004 66	0.004 53	0.004 40	0.004 27	0.004 15	0.004 02	0.003 91	0.003 79	0.003 69	0.003 57
2.7	0.003 47	0.003 36	0.003 26	0.003 17	0.003 07	0.002 98	0.002 89	0.002 80	0.002 72	0.002 64
2.8	0.002 56	0.002 48	0.002 40	0.002 33	0.002 26	0.002 19	0.002 12	0.002 05	0.001 99	0.001 93
2.9	0.001 87	0.001 81	0.001 75	0.001 69	0.001 64	0.001 59	0.001 54	0.001 49	0.001 44	0.001 39

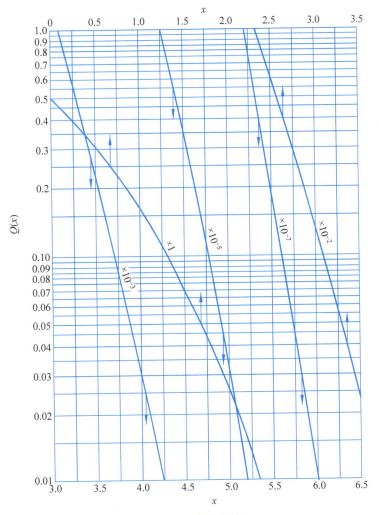

图 C-1　Q 函数曲线

表 C-2　大 x 值的 $Q(x)$ 函数表

x	$Q(x)$	x	$Q(x)$	x	$Q(x)$
3.00	1.35×10^{-3}	3.50	2.33×10^{-4}	4.00	3.17×10^{-5}
3.05	1.14×10^{-3}	3.55	1.93×10^{-4}	4.05	2.56×10^{-5}
3.10	9.68×10^{-4}	3.60	1.59×10^{-4}	4.10	2.07×10^{-5}
3.15	8.16×10^{-4}	3.65	1.31×10^{-4}	4.15	1.66×10^{-5}
3.20	6.87×10^{-4}	3.70	1.08×10^{-4}	4.20	1.33×10^{-5}
3.25	5.77×10^{-4}	3.75	8.84×10^{-5}	4.25	1.07×10^{-5}
3.30	4.83×10^{-4}	3.80	7.23×10^{-5}	4.30	8.54×10^{-6}
3.35	4.04×10^{-4}	3.85	5.91×10^{-5}	4.35	6.81×10^{-6}
3.40	3.37×10^{-4}	3.90	4.81×10^{-5}	4.40	5.41×10^{-6}
3.45	2.80×10^{-4}	3.95	3.91×10^{-5}	4.45	4.29×10^{-6}

续表

x	$Q(x)$	x	$Q(x)$	x	$Q(x)$
4.50	3.40×10^{-6}	5.00	2.87×10^{-7}	5.50	1.90×10^{-8}
4.55	2.68×10^{-6}	5.05	2.21×10^{-7}	5.55	1.43×10^{-8}
4.60	2.11×10^{-6}	5.10	1.70×10^{-7}	5.60	1.07×10^{-8}
4.65	1.66×10^{-6}	5.15	1.30×10^{-7}	5.65	8.03×10^{-9}
4.70	1.30×10^{-6}	5.20	9.96×10^{-8}	5.70	6.00×10^{-9}
4.75	1.02×10^{-6}	5.25	7.61×10^{-8}	5.75	4.47×10^{-9}
4.80	7.93×10^{-7}	5.30	5.79×10^{-8}	5.80	3.32×10^{-9}
4.85	6.17×10^{-7}	5.35	4.40×10^{-8}	5.85	2.46×10^{-9}
4.90	4.79×10^{-7}	5.40	3.33×10^{-8}	5.90	1.82×10^{-9}
4.95	3.71×10^{-7}	5.45	2.52×10^{-8}	5.95	1.34×10^{-9}

表 C-3 误差函数和互补误差函数表

x	erf x	erfc x	x	erf x	erfc x
0.05	0.056 37	0.943 63	1.65	0.980 37	0.019 63
0.10	0.112 46	0.887 45	1.70	0.983 79	0.016 21
0.15	0.167 99	0.832 01	1.75	0.986 67	0.013 33
0.20	0.222 70	0.777 30	1.80	0.989 09	0.010 91
0.25	0.276 32	0.723 68	1.85	0.991 11	0.008 89
0.30	0.328 62	0.671 38	1.90	0.992 79	0.007 21
0.35	0.379 38	0.620 62	1.95	0.994 18	0.005 82
0.40	0.428 39	0.571 63	2.00	0.995 32	0.004 68
0.45	0.475 48	0.524 52	2.05	0.996 26	0.003 74
0.50	0.520 50	0.479 50	2.10	0.997 02	0.002 98
0.55	0.563 32	0.436 68	2.15	0.997 63	0.002 37
0.60	0.603 85	0.396 15	2.20	0.998 14	0.001 86
0.65	0.642 03	0.357 97	2.25	0.998 54	0.001 46
0.70	0.677 80	0.322 20	2.30	0.998 86	0.001 14
0.75	0.711 15	0.288 85	2.35	0.999 11	8.9×10^{-4}
0.80	0.742 10	0.257 90	2.40	0.999 31	6.9×10^{-4}
0.85	0.770 66	0.229 34	2.45	0.999 47	5.3×10^{-4}
0.90	0.796 91	0.203 09	2.50	0.999 59	4.1×10^{-4}
0.95	0.820 89	0.179 11	2.55	0.999 69	3.1×10^{-4}
1.00	0.842 70	0.157 30	2.60	0.999 76	2.4×10^{-4}
1.05	0.862 44	0.137 56	2.65	0.999 82	1.8×10^{-4}
1.10	0.880 20	0.119 80	2.70	0.999 87	1.3×10^{-4}
1.15	0.899 12	0.103 88	2.75	0.999 90	1×10^{-4}
1.20	0.910 31	0.089 69	2.80	0.999 925	7.5×10^{-5}
1.25	0.922 90	0.077 10	2.85	0.999 944	5.6×10^{-5}
1.30	0.934 01	0.065 99	2.90	0.999 959	4.1×10^{-5}
1.35	0.943 76	0.056 24	2.95	0.999 970	3×10^{-5}
1.40	0.952 28	0.047 72	3.00	0.999 978	2.2×10^{-5}
1.45	0.959 69	0.040 31	3.50	0.999 993	7×10^{-7}
1.50	0.966 10	0.033 90	4.00	0.999 999 984	1.6×10^{-8}
1.55	0.971 62	0.028 38	4.50	0.999 999 999 8	2×10^{-10}
1.60	0.976 35	0.023 65	5.00	0.999 999 999 5	1.5×10^{-12}

附录 D

第一类贝塞尔函数表

表 D-1　第一类贝塞尔函数表

β	J_0	J_1	J_2	J_3	J_4	J_5	J_6	J_7	J_8	J_9	J_{10}
0.0	1.00										
0.2	0.99	0.10									
0.4	0.96	0.20	0.02								
0.6	0.91	0.29	0.04								
0.8	0.85	0.37	0.08	0.01							
1.0	0.77	0.44	0.11	0.02							
1.2	0.67	0.50	0.16	0.03	0.01^-						
1.4	0.57	0.54	0.21	0.05	0.01^-						
1.6	0.46	0.57	0.26	0.07	0.01						
1.8	0.34	0.58	0.31	0.10	0.02						
2.0	0.22	0.58	0.35	0.13	0.03	0.01^-					
2.4	0.00	0.52	0.43	0.20	0.06	0.02					
2.6	−0.10	0.47	0.46	0.24	0.08	0.02	0.01^-				
2.8	−0.19	0.41	0.48	0.27	0.11	0.03	0.01^-				
3.0	−0.26	0.34	0.49	0.31	0.13	0.04	0.01				
3.2	−0.32	0.26	0.48	0.34	0.16	0.06	0.02				
3.4	−0.36	0.18	0.47	0.37	0.19	0.07	0.02	0.01^-			
3.6	−0.39	0.10	0.44	0.40	0.22	0.09	0.03	0.01^-			
3.8	−0.40	0.01	0.41	0.42	0.25	0.11	0.04	0.01			
4.0	−0.40	−0.07	0.36	0.43	0.28	0.13	0.05	0.02			
4.2	−0.38	−0.14	0.31	0.43	0.31	0.16	0.06	0.02	0.01^-		
4.4	−0.34	−0.20	0.25	0.43	0.34	0.18	0.08	0.03	0.01^-		
4.6	−0.30	−0.26	0.18	0.42	0.36	0.21	0.09	0.03	0.01		
4.8	−0.24	−0.30	0.12	0.40	0.38	0.23	0.11	0.04	0.01		
5.0	−0.18	−0.33	0.05	0.36	0.39	0.26	0.13	0.05	0.02	0.01^-	
5.2	−0.11	−0.34	−0.02	0.33	0.40	0.29	0.15	0.07	0.02	0.01^-	
5.4	−0.04	−0.35	−0.09	0.28	0.40	0.31	0.18	0.08	0.03	0.01^-	
5.6	0.03	−0.33	−0.15	0.23	0.39	0.33	0.20	0.09	0.04	0.01	
5.8	0.09	−0.31	−0.20	0.17	0.38	0.35	0.22	0.11	0.05	0.02	0.01^-
6.0	0.15	−0.28	−0.24	0.11	0.36	0.36	0.25	0.13	0.06	0.02	0.01^-
6.2	0.20	−0.23	−0.28	0.05	0.33	0.37	0.27	0.15	0.07	0.03	0.01^-
6.4	0.24	−0.18	−0.30	−0.01	0.29	0.37	0.29	0.17	0.08	0.03	0.01
6.6	0.27	−0.12	−0.31	−0.06	0.25	0.37	0.31	0.19	0.10	0.04	0.01
6.8	0.29	−0.07	−0.31	−0.12	0.21	0.36	0.33	0.21	0.11	0.05	0.02
7.0	0.30	−0.00	−0.30	−0.17	0.16	0.35	0.34	0.23	0.13	0.06	0.02
7.2	0.30	0.05	−0.28	−0.21	0.11	0.33	0.35	0.25	0.15	0.07	0.03
7.4	0.28	0.11	−0.25	−0.24	0.05	0.30	0.35	0.27	0.16	0.08	0.04
7.6	0.25	0.16	−0.21	−0.27	−0.00	0.27	0.35	0.29	0.18	0.10	0.04
7.8	0.22	0.20	−0.16	−0.29	−0.06	0.23	0.35	0.31	0.20	0.11	0.05
8.0	0.17	0.23	−0.11	−0.29	−0.11	0.19	0.34	0.32	0.22	0.13	0.06

续表

β	J_0	J_1	J_2	J_3	J_4	J_5	J_6	J_7	J_8	J_9	J_{10}
8.2	0.12	0.26	−0.06	−0.29	−0.15	0.14	0.32	0.33	0.24	0.14	0.07
8.4	0.07	0.27	−0.00	−0.27	−0.19	0.09	0.30	0.34	0.26	0.16	0.08
8.6	0.01	0.27	0.05	−0.25	−0.22	0.04	0.27	0.34	0.28	0.18	0.10
8.8	−0.04	0.26	0.10	−0.22	−0.25	−0.01	0.24	0.34	0.29	0.20	0.11
9.0	−0.09	0.25	0.14	−0.18	−0.27	−0.06	0.20	0.33	0.31	0.21	0.12
9.2	−0.14	0.22	0.18	−0.14	−0.27	−0.10	0.16	0.31	0.31	0.23	0.14
9.4	−0.18	0.18	0.22	−0.09	−0.27	−0.14	0.12	0.30	0.32	0.25	0.16
9.6	−0.21	0.14	0.24	−0.04	−0.26	−0.18	0.08	0.27	0.32	0.27	0.17
9.8	−0.23	0.09	0.25	0.01	−0.25	−0.21	0.03	0.25	0.32	0.28	0.19
10.0	−0.25	0.04	0.25	0.06	−0.22	−0.23	−0.01	0.22	0.32	0.29	0.21

附录 E

缩写词表

3GPP	third generation partnership project		第三代合作伙伴计划
ACK	acknowledge		确认
A/D	analog to digital		模数变换
ADM	adaptive delta modulation		自适应增量调制
ADPCM	adaptive differential pulse code modulation		自适应差分脉码调制
AM	amplitude modulation		幅度调制
AMI	alternate mark inversion		传号交替反转码
ARQ	automatic repeat request		自动要求重发
ASK	amplitude shift keying		幅度键控
AWGN	additive white Gaussian noise		加性高斯白噪声
BER	bit error rate		误比特率
BPF	band pass filter		带通滤波器
BPSK	binary phase shift keying		二进制相移键控
CCITT	International Telegraph and Telephone Consultative Committee		国际电话与电报咨询委员会
CDMA	code division multiple access		码分多址
CDR	China Digital Radio		中国数字音频广播
CMI	coded mark inversion		传号反转码
Codec	coder-decoder		编译码器
CP	cyclic prefix		循环前缀
CRC	cyclic redundancy check		循环冗余校验
DFT-S	discrete Fourier transform-spread		离散傅里叶扩频
DM(ΔM)	delta modulation		增量调制
DPCM	differential pulse code modulation		差分脉码调制
DPSK	differential phase shift keying		差分相移键控
DSB-SC	double sideband-suppressed carrier		抑制载波双边带
FBC	folded binary code		折叠二进制码
FBMC	filterbank multicarrier		滤波器组多载波
FDM	frequency division multiplexing		频分复用
FEC	forward-error correcting		前向纠错编码
FER	frame error rate		误帧率
FM	frequency modulation		频率调制
FSK	frequency shift keying		频移键控
GFDM	generalized frequency division multiplexing		广义频分复用
GMSK	Gaussian minimum shift keying		高斯最小移频键控
GSM	global system for mobile communication		全球移动通信系统
HDB$_3$	high density bipolar-3zeros		三阶高密度双极性码
HDTV	high definition TV		高清晰度电视
HEC	hybrid error correction		混合纠错

LDPC	low density parity check	低密度检验
LPC	linear predictive coding	线性预测编码
LSB	lower sideband	下边带
ISDN	integrated services digital network	综合业务数字网
ISI	intersymbol interference	符号间干扰
ISO	International Standard Organization	国际标准化组织
ITU	International Telecommunication Union	国际电信联盟
Modem	modulator-demodulator	调制解调器
MSK	minimum frequency shift keying	最小频移键控
MUSICAM	Masking Pattern Adapted Universal Subband Integrated Coding and Multiplexing	掩蔽型通用子带综合编码和复用
NAK	negative-acknowledge	否认
NBC	natural-binary code	自然二进制码
NBFM	narrow banded frequency modulation	窄带调频
NCO	Numerically Controlled Oscillator	数字控制振荡器
NR	new radio	新空口
NRZ	non-return zero	非归零码
OFDM	orthogonal frequency division multiplexing	正交频分复用
OQPSK	offset quadrature phase shift keying	交错正交四相相移键控
OOK	on-off keying	通断键控
PAM	pulse amplitude modulation	脉冲幅度调制
PDH	plesiochronous digital hierarchy	准同步数字序列
PCM	pulse code modulation	脉冲编码调制
PDN	public data network	公用数据网
PM	phase modulation	相位调制
PN	pseudo noise	伪噪声
PSK	phase shift keying	相移键控
PSTN	public switching telephone network	公用电话网
QAM	quadrature amplitude modulation	正交幅度调制
QPSK	quadrature phase shift keying	正交相移键控
RBC	Gray binary code	格雷二进制码
RZ	return zero	归零码
SDH	synchronous digital hierarchy	同步数字序列
SSB	single sideband	单边带
STM	synchronous transportation module	同步传输模块
TDM	time division multiplexing	时分复用
TS	time slot	时隙
UFMC	universal filtered multi-carrier	通用滤波多载波
USB	upper sideband	上边带
VSB	vestigial sideband	残留边带

参 考 文 献

[1] 樊昌信,曹丽娜.通信原理[M].6 版.北京:国防工业出版社,2006.
[2] 曹志刚,钱亚生.现代通信原理[M].北京:清华大学出版社,1992.
[3] 张甫翊,徐炳祥,吴成柯.通信原理[M].北京:清华大学出版社,2012.
[4] 李晓峰,周宁,周亮.通信原理[M].北京:清华大学出版社,2008.
[5] 达新宇,陈树新,王瑜.通信原理教程[M].2 版.北京:北京邮电大学出版社,2009.
[6] 张力军,钱学荣,张宗橙,等.通信原理[M].北京:高等教育出版社,2008.
[7] Haykin S.通信系统[M].沈连丰,等译.4 版.北京:电子工业出版社,2003.
[8] 王福昌,熊兆飞,黄本雄.通信原理[M].北京:清华大学出版社,2006.
[9] 王秉钧,窦晋江,张广森,等.通信原理及其应用[M].2 版.北京:国防工业出版社,2006.
[10] 周炯槃,庞沁华,续大我.通信原理[M].3 版.北京:北京邮电大学出版社,2008.
[11] 曹达仲,侯春萍,由磊,等.移动通信原理、系统及技术[M].北京:清华大学出版社,2004.
[12] 韩冷,鲜继清,等.现代通信系统[M].西安:西安电子科技大学出版社,2003.
[13] 尹长川,罗涛,乐光新.多载波宽带无线通信技术[M].北京:北京邮电大学出版社,2004.
[14] 唐朝京,等.现代通信原理[M].北京:电子工业出版社,2010.
[15] 徐台松,李在铭.数字通信原理[M].北京:电子工业出版社,1990.
[16] 章坚武.移动通信[M].西安:西安电子科技大学出版社,2003.
[17] 张宗橙.纠错编码原理和应用[M].北京:电子工业出版社,2003.